吴青林　辛洪芹　编

新世纪

农业新品种大全

（种植业卷）

U0264588

化学工业出版社

·北京·

图书在版编目（CIP）数据

新世纪农业新品种大全（种植业卷）/吴青林，辛洪芹编.
北京：化学工业出版社，2014.2
ISBN 978-7-122-19455-8

Ⅰ. ①新…　Ⅱ. ①吴…②辛…　Ⅲ. ①品种-中国②种植
业-作物-品种-中国　Ⅳ. ①S329.2

中国版本图书馆 CIP 数据核字（2014）第 004321 号

责任编辑：邵桂林　　　　　　　　　文字编辑：漆艳萍
责任校对：顾淑云　程晓彤　　　　　装帧设计：刘丽华

出版发行：化学工业出版社（北京市东城区青年湖南街 13 号　邮政编码 100011）
印　　刷：北京云浩印刷有限责任公司
装　　订：三河市前程装订厂
850mm×1168mm　1/32　印张 15¾　字数 451 千字
2014 年 4 月北京第 1 版第 1 次印刷

购书咨询：010-64518888（传真：010-64519686）
售后服务：010-64518899
网　　址：http://www.cip.com.cn
凡购买本书，如有缺损质量问题，本社销售中心负责调换。

定　　价：49.00 元

前言

　　2004—2013 年连续十年发布的以"三农"（农业、农村、农民）为主题的中央一号文件，强调了"三农"问题在中国的社会主义现代化时期"重中之重"的地位，其中促进农民持续增收是"三农"问题的核心。十年来，粮食产量实现"九连增"，农业综合生产力迈上新台阶；农民增收实现"九连快"，农村贫困人口生存和温饱问题基本解决。2013 年中央一号文件强调指出："推进种养业良种工程，加快农作物制种基地和新品种引进示范场建设。"国以农为本，农以种为先，推广农作物优良品种是农业生产重要的生物措施，在农业诸多增产因素中占 1/3 以上，它对确保农业增效、农民增收、农村社会全面发展起着举足轻重的作用。特别是随着市场经济的发展和政府的各项惠农政策的实施，广大农业工作人员和广大农民的科技意识进一步增强，对农作物优良品种的信息需求越来越迫切。

　　本书立足于农业基层读者的文化水平，从 2008—2013 年国家和省级农作物品种审定委员会审定的 6000 余种农作物品种中，精选出 574 种当前畅销的以及有发展前景的种植业新品种，按粮食作物、豆类作物、薯类作物、饲料作物、绿肥作物、经济作物等进行分类介绍，目的就是想为我们可亲可敬的广大农民朋友和相关从业者提供一些力所能及的帮助。

　　真诚希望本书的出版，能为读者朋友选择适合自身的种植业新品种、加快创业致富的步伐提供信息服务，从而按照农业部《优势农产品区域布局规划》要求，不断提高我国农产品国际竞争力水平，推进农业结构战略性调整向纵深发展。

本书资料来源十分广泛，对于资料的选用，大多进行了综合整理编写，故未注明出处，请予见谅。由于水平有限，加之时间仓促，书中疏漏之处在所难免，敬请广大读者朋友批评指正。

编者
2014 年 1 月

目录

>>> Ⅱ 豆类作物

>>> Ⅲ 薯类作物

>>> X 果树

>>> 参考文献

Ⅰ. 粮食作物

一、稻

（一）常规稻

1. 津原 85

审定编号： 国审稻 2009050
选育单位： 天津市原种场
品种来源： 中作 321/辽盐 2 号
以往审定情况： 2005 年国家农作物品种审定委员会审定
特征特性： 该品种属粳型常规旱稻。在黄淮海地区作麦茬旱稻种植全生育期 118 天，比对照旱稻 277（下同）晚熟 6 天。株高 80.1 厘米，穗长 18.8 厘米，每亩（1 亩＝667 米²，下同）有效穗数 19.8 万穗，每穗粒数 84.7 粒，结实率 86.6%，千粒重 25.2 克。抗性：中抗叶瘟和穗颈瘟，抗旱性 5 级。主要品质指标：整精米率 66.1%，垩白粒率 10.5%，垩白度 1.0%，直链淀粉含量 14.4%，胶稠度 84 毫米。
产量表现： 2006 年参加黄淮海麦茬稻区中晚熟组旱稻品种区域试验，平均亩产 312.5 千克，比对照增产 8.5%（极显著）；

2007 年续试，平均亩产 326.9 千克，比对照增产 15.7％（极显著）。两年区域试验平均亩产 319.7 千克，比对照增产 12.1％，增产点比例 81％。2008 年生产试验，平均亩产 350.8 千克，比对照增产 12％。

栽培技术要点： ①播种。黄淮地区 5 月下旬至 6 月上旬播种，播前可种子包衣或撒毒土防治地下害虫。条播行距 25 厘米，播种量 5～7 千克/亩，播深 2 厘米。②除草。用旱稻田除草剂于播后苗前实施"土壤封闭"或于幼苗期"茎叶处理"，后辅以人工及时除草。③肥水管理。氮、磷、钾肥以及硅、锌全量基肥配合施用；齐苗后酌情补水，在孕穗、灌浆期，如遇干旱应及时补水。④病虫害防治。拔节前后和始穗前后注意防治稻纵卷叶螟、稻飞虱及纹枯病等，始穗期兼防稻曲病。

审定意见： 该品种丰产性较好，较稳产，抗旱性中等，中抗稻瘟病，抗倒能力强，米质较优。适宜在河南省、江苏省、安徽省、山东省的黄淮流域和陕西省汉中稻区作夏播旱稻种植。

2. 九稻 63

审定编号： 国审稻 2008040
选育单位： 吉林省吉林市农业科学院
品种来源： 吉 8945/Jefferson//九稻 22
省级审定情况： 2007 年吉林省农作物品种审定委员会审定
特征特性： 该品种属粳型常规水稻。在东北、西北早熟稻区种植，全生育期 150.8 天，比对照吉玉粳（下同）晚熟 4.2 天。株高 101 厘米，穗长 16.7 厘米，每穗总粒数 94.5 粒，结实率 85.1％，千粒重 26 克。抗性：苗瘟 5 级，叶瘟 4 级，穗颈瘟发病率 3 级，穗颈瘟损失率 3 级，综合抗性指数 3.4。米质主要指标：整精米率 63.7％，垩白粒率 12％，垩白度 1.0％，直链淀粉含量 18％，胶稠度 78 毫米，达到国家《优质稻谷》标准 3 级。

产量表现： 2006 年参加中早粳早熟组区域试验，平均亩产 660.2 千克，比对照增产 5.6％（极显著）；2007 年续试，平均亩产 646.9 千克，比对照增产 0.8％（不显著）；两年区域试验平均亩产 653.2 千克，比对照增产 3％，增产点比例 73.7％。2007 年生产试验，平均亩产 605.6 千克，比对照增产 3.5%。

栽培技术要点：①育秧。东北、西北早熟稻区根据当地生产情况与吉玉粳同期播种。盘育苗每盘播 60 克芽种，旱育苗每平方米播 200 克芽种。②移栽。秧龄 40 天左右插秧，行株距 30 厘米×20 厘米为宜，每穴 3～5 苗。③肥水管理。一般每亩施纯氮量 10 千克左右、纯钾量 5 千克左右、纯磷量 5 千克左右；磷肥全部作底肥一次性施入，钾肥的 2/3 作底肥，1/3 作穗肥施入；氮肥按底肥、蘖肥、穗肥比例 6∶3∶1 的比例施入。水浆管理以浅水层为主，抽穗后间歇灌溉。④病虫害防治。生育期间结合长势与天气情况注意病害、虫害的防治。

审定意见：熟期适中，产量较高，中抗稻瘟病，米质优。适宜在黑龙江省第一积温带上限、吉林省中熟稻区、辽宁省东北部、宁夏区引黄灌区以及内蒙古自治区赤峰、通辽南部地区种植。

3. 圣稻 16

审定编号：国审稻 2010048

选育单位：山东省水稻研究所

品种来源：镇稻 88/圣稻 301

省级审定情况：2009 年山东省农作物品种审定委员会审定

特征特性：该品种属粳型常规水稻。在黄淮地区种植，全生育期平均 154.1 天，比对照 9 优 418（下同）早熟 3.8 天。株高 104.5 厘米，穗长 17.3 厘米，每穗总粒数 156.7 粒，结实率 81.9%，千粒重 26.9 克。抗性：稻瘟病综合抗性指数 4.6，穗颈瘟损失率最高级 5 级，条纹叶枯病最高发病率 5.4%。米质主要指标：整精米率 64.9%，垩白粒率 25%，垩白度 2.1%，胶稠度 83.5 毫米，直链淀粉含量 15.9%，达到国家《优质稻谷》标准 3 级。

产量表现：2007 年参加黄淮粳稻组品种区域试验，平均亩产 621.9 千克，比对照增产 2.7%（显著）；2008 年续试，平均亩产 633.2 千克，比对照增产 1.9%（显著）；两年区域试验平均亩产 628.2 千克，比对照增产 2.2%，增产点比例 61.1%；2009 年生产试验，平均亩产 581.6 千克，较对照增产 1.6%。

栽培技术要点：①育秧。黄淮麦茬稻区一般4月底至5月中旬播种，播种前严格药剂浸种，防治恶苗病，培育带蘖壮秧。②移栽。秧龄35天左右移栽，行株距为23厘米×13厘米，亩栽2万穴左右，每穴4～5苗。③肥水管理。注意氮、磷、钾平衡施肥，亩施磷酸二铵15～20千克作基肥或面肥，钾肥10千克于插秧后15天左右施入，前期重施分蘖肥促苗早发，尿素总量控制在40千克内。水浆管理做到：薄水栽秧，深水护苗，浅水分蘖，够苗晾田，烤田，浅水孕穗扬花，乳熟期后应干湿交替，成熟前5～7天断水。④病虫害防治。加强对稻瘟病、稻纵卷叶螟、飞虱等病虫害防治。

审定意见：该品种熟期适中，产量中等，中感稻瘟病，米质优。适宜在河南沿黄、山东南部、江苏淮北、安徽沿淮及淮北地区种植。

4. 松辽7号

审定编号：国审稻2010053

选育单位：公主岭市松辽农业科学研究所

品种来源：吉农大3号/藤747

省级审定情况：2010年吉林省农作物品种审定委员会审定

特征特性：该品种属粳型常规水稻。在东北、西北早熟稻区种植，全生育期平均152.5天，比对照吉玉粳（下同）晚熟4.3天。株高97.7厘米，穗长16.9厘米，每穗总粒数109.9粒，结实率84.2%，千粒重26.1克。抗性：稻瘟病综合抗性指数1.9，穗颈瘟损失率最高级1级。米质主要指标：整精米率67.7%，垩白粒率29%，垩白度2.3%，胶稠度81.5毫米，直链淀粉含量16.1%，达到国家《优质稻谷》标准3级。

产量表现：2007年参加中早粳早熟组品种区域试验，平均亩产642.5千克，与对照相当；2008年续试，平均亩产641.3千克，比对照增产3.1%（极显著）。两年区域试验平均亩产641.9千克，比对照增产1.5%，增产点比例73.7%。2009年生产试验，平均亩产591千克，比对照增产0.6%。

栽培技术要点：①育秧。东北、西北早熟稻区根据当地生产情况与吉玉粳同期播种，播种前做好种子消毒，防止恶苗病，每平方米播催芽种子 300～350 克，稀播育壮秧。②移栽。秧龄 35～40 天左右插秧，行株距 30 厘米×18 厘米，每穴插秧 3～4 苗。③肥水管理。氮、磷、钾配方施肥，亩施纯氮 12 千克，按底肥、蘖肥、补肥、穗肥 3∶4∶2∶1 比例施用；亩施五氧化二磷 7 千克用作底肥；亩施氧化钾 5 千克，底肥施 70％，拔节期施 30％。浅水栽秧，深水护苗，薄水分蘖，够苗晒田，孕穗期至齐穗期不能缺水，灌浆后期间歇灌溉，黄熟期停水。④病虫害防治。7 月上中旬注意防治二化螟虫，抽穗前药剂防治稻瘟病。

审定意见：该品种熟期适中，产量中等，抗稻瘟病，米质优。适宜在黑龙江省第一积温带上限、吉林省中熟稻区、辽宁省东北部、宁夏回族自治区引黄灌区以及内蒙古自治区赤峰、通辽南部地区种植。

5. 新稻 18 号

审定编号：国审稻 2008028

选育单位：河南省新乡市农业科学院

品种来源：盐粳 334-6//津星 1 号/豫粳 6 号

省级审定情况：2007 年河南省农作物品种审定委员会审定

特征特性：该品种属粳型常规水稻。在黄淮地区种植，全生育期 156 天，比对照豫粳 6 号晚熟 2.6 天。株高 106.6 厘米，穗长 15.5 厘米，每穗总粒数 138.3 粒，结实率 85.5％，千粒重 25.6 克。抗性：苗瘟 4 级，叶瘟 2 级，穗颈瘟发病率 3 级，穗颈瘟损失率 3 级，综合抗性指数 2.8。米质主要指标：整精米率 65.1％，垩白粒率 38％，垩白度 3.7％，直链淀粉含量 16.1％，胶稠度 82 毫米。

产量表现：2006 年参加黄淮粳稻组品种区域试验，平均亩产 628.3 千克，比对照豫粳 6 号增产 13.5％（极显著）；2007 年续试，平均亩产 640.4 千克，比对照豫粳 6 号增产 17.6％（极显著），比对照 9 优 418 增产 4.7％（极显著）；两年区域试验平均亩产 634.4 千克，比对照豫粳 6 号增产 15.6％，增产点比例 100％。2007 年生产试验，平均亩产 579.2 千克，比对照豫粳 6 号增产 12.3%。

栽培技术要点：①育秧。黄淮麦茬稻区一般 4 月底至 5 月中旬播种，亩播量 30 千克左右，秧龄 30～40 天。②移栽。6 月中旬移栽，一般中上等肥力田块，栽插株行距 13.3 厘米×30 厘米，每穴栽插 3～4 粒谷苗；高肥力田块株行距可增大至 13.3 厘米×33 厘米，每穴栽插 2～3 粒谷苗，做到浅插、匀栽。③肥水管理。本田总施氮量控制在每亩 15 千克左右，一般基肥占 50%～60%，分蘖肥占 30%，穗肥占 10%～20%。分蘖肥宜早施、重施，适当增施钾肥、锌肥，穗肥看苗酌施，高肥条件下注意防倒。水浆管理上做到：薄水栽秧，前期浅水促苗，中期湿润稳长，够苗适当搁田，孕穗期小水勤灌，灌浆成熟期浅水湿润交替，成熟收割前 7 天左右断水，切忌断水过早。④病虫害防治。重点做好二化螟、稻纵卷叶螟以及纹枯病等的防治工作。

审定意见：该品种熟期适中，产量高，米质较优，中抗稻瘟病。适宜在河南沿黄、山东南部、江苏淮北、安徽沿淮及淮北地区种植。

6. 秀水 09

审定编号：国审稻 2008021
选育单位：浙江省嘉兴市农业科学研究院
品种来源：秀水 110/嘉粳 2717//秀水 110
省级审定情况：2005 年浙江省、上海市农作物品种审定委员会审定

特征特性：该品种属粳型常规水稻。在长江中下游作单季晚稻种植，全生育期平均 148.4 天，比对照秀水 63（下同）长 0.8 天。株型紧凑，叶片短小直挺，长相清秀，熟期转色好，每亩有效穗数 20.3 万穗，株高 92.5 厘米，穗长 15.9 厘米，每穗总粒数 127.1 粒，结实率 89.0%，千粒重 25.9 克。抗性：稻瘟病综合指数 3.4 级，穗瘟损失率最高 9 级，抗性频率 100%；白叶枯病平均 2 级，最高 3 级。米质主要指标：整精米率 75.2%，长宽比 1.8，垩白粒率 4%，垩白度 0.2%，胶稠度 71 毫米，直链淀粉含量 16.3%，达到国家《优质稻谷》标准 1 级。

产量表现：2005 年参加长江中下游单季晚粳组品种区域试验，平均亩产 541.7 千克，比对照增产 1.98％（不显著）；2006 年续试，平均亩产 562.9 千克，比对照增产 3.24％（极显著）；两年区域试验平均亩产 552.3 千克，比对照增产 2.62％，增产点比例 67.5％。2007 年生产试验，平均亩产 541.7 千克，比对照增产 10.15％。

栽培技术要点：①育秧。适时播种，秧田每亩播种量 25 千克，大田每亩用种量 3 千克，培育壮秧。②移栽。秧龄 30 天内移栽，合理密植，栽插规格可采用 20 厘米×16.7 厘米或 23.3 厘米×13.3 厘米，每穴栽插 2～3 粒谷苗。作直播稻每亩用种量 3 千克，要求催短芽播种。③肥水管理。根据当地生产习惯科学施肥。水浆管理上做到：一是当每亩苗数达 25 万苗时及时分次搁烤田，二是齐穗后干湿交替。④病虫害防治。注意及时防治稻瘟病、灰飞虱、条纹叶枯病、纹枯病、稻曲病、蚜虫等病虫害。

审定意见：该品种熟期适中，产量中等，高感稻瘟病，中抗白叶枯病，米质优。适宜在浙江、上海、江苏南部、湖北南部、安徽南部的稻瘟病轻发的晚粳稻区作单季晚稻种植。

7. 阳光 200

审定编号：国审稻 2008043
选育单位：山东省郯城县种子公司
品种来源：淮稻 6 号系选
省级审定情况：2005 年山东省农作物品种审定委员会审定
特征特性：该品种属粳型常规水稻，在黄淮地区种植全生育期 152 天，比对照豫粳 6 号（下同）早熟 4 天。株高 99.4 厘米，穗长 16.6 厘米，每穗总粒数 131.3 粒，结实率 83.9％，千粒重 26.6 克。抗性：苗瘟 5 级，叶瘟 4 级，穗颈瘟 5 级，综合抗性指数 5。米质主要指标：整精米率 72.9％，垩白粒率 33％，垩白度 3.4％，胶稠度 79 毫米，直链淀粉含量 16.8％。

产量表现：2005 年参加黄淮粳稻组品种区域试验，平均亩产 554.4 千克，比对照增产 14.4％（极显著）；2006 年续试，平均亩产 603.1 千克，比对照增产 9％（极显著）；两年区域试验平均亩产 576 千克，比对照增产 11.8％，增产点比例 94.4％。2006 年生产试验，平均亩产 560.8 千克，比对照增产 5.5％。

栽培技术要点：①育秧。黄淮麦茬稻区根据当地生产情况适时播种，选用高效杀菌剂浸种 2～3 天，防治干尖线虫病和恶苗病。②移栽。一般行株距 25 厘米×14 厘米，每穴 2 粒谷苗即可。③肥水管理。增施有机肥，适当控制氮肥用量，增施磷钾肥，补施微肥。追肥上应早施促蘖肥，轻施保蘖肥，增施促花复合肥，酌施保花肥，喷施谷粒肥。在水层管理上做到：浅水插秧，深水活棵，浅水分蘖，够苗晒田，足水孕穗，浅水扬花，湿润壮籽，黄熟落干。④病虫害防治。根据当地病虫预测预报及时防病治虫。

审定意见：该品种熟期适中，产量高，米质较优，中感稻瘟病。适宜在河南省沿黄、山东省南部、江苏省淮北、安徽省沿淮及淮北地区种植。

8. 中嘉早 17

审定编号：国审稻 2009008
选育单位：中国水稻研究所、浙江省嘉兴市农业科学研究院
品种来源：中选 181/嘉育 253
省级审定情况：2008 浙江省农作物品种审定委员会审定
特征特性：该品种属籼型常规水稻。在长江中下游作双季早稻种植，全生育期平均 109 天，比对照浙 733（下同）长 0.6 天。株型适中，分蘖力中等，茎秆粗壮，叶片宽挺，熟期转色好，每亩有效穗数 20.6 万穗，株高 88.4 厘米，穗长 18.0 厘米，每穗总粒数 122.5 粒，结实率 82.5％，千粒重 26.3 克。抗性：稻瘟病综合指数 5.7 级，穗瘟损失率最高 9 级；白叶枯病 7 级；褐飞虱 9 级；白背飞虱 7 级。米质主要指标：整精米率 66.7％，长宽比 2.2，垩白粒率 96％，垩白度 17.9％，胶稠度 77 毫米，直链淀粉含量 25.9％。

产量表现：2007 年参加长江中下游早中熟早籼组品种区域试验，平均亩产 531.40 千克，比对照增产 10.50％（极显著）；2008年续试，平均亩产 503.88 千克，比对照增产 7.70％（极显著）；两年区域试验平均亩产 517.64 千克，比对照增产 9.12％，增产点

比例 91.2％；2008 年生产试验，平均亩产 517.88 千克，比对照增产 14.71％。

栽培技术要点： ①育秧。适时播种，塑料软盘育秧宜适当早播，大田每亩用种量 3～3.5 千克；地膜湿润育秧每亩大田用种量 4.5～5 千克。注意种子消毒处理，培育壮秧。直播掌握在日平均气温稳定在 13℃ 以上时播种。②移栽。适时移栽，每亩插足基本苗 10 万苗以上；抛秧一般在 3 叶 1 心至 4 叶 1 心期，每亩抛栽 2.5 万株、基本苗 10 万苗以上。③肥水管理。需肥量中等，宜施足基肥，早施追肥。总用肥量每亩纯氮 10～12 千克，氮、磷、钾比例为 1：0.5：1。用有机肥作基肥，一般每亩施 55～60 担标准肥，并每亩配施钾肥 7.5～10 千克。合理管水，抛秧后应轻搁田 1～2 天促扎根立苗，抛、插秧后约 5 天施用除草剂并保持 4～5 天水层，当每亩苗数达到 24 万苗左右开始多次露田控苗促根，成熟收获前 4～6 天断水。④病虫害防治。注意及时防治螟虫、稻瘟病、白叶枯病、褐飞虱等病虫害。

审定意见： 该品种熟期适中，产量高，高感稻瘟病，感白叶枯病，高感褐飞虱，感白背飞虱，米质一般。适宜在江西、湖南、安徽、浙江等稻瘟病、白叶枯病轻发的双季稻区作早稻种植。

9. 中早 39

审定编号： 国审稻 2012015
选育单位： 中国水稻研究所
品种来源： 嘉育 253/中组 3 号
省级审定情况： 2009 年浙江省农作物品种审定委员会审定

特征特性： 该品种属籼型常规水稻品种。长江中下游作双季早稻种植，全生育期平均 112.2 天，比对照株两优 819（下同）长 0.7 天。每亩有效穗数 19.6 万穗，株高 82.0 厘米，穗长 17.6 厘米，每穗总粒数 125.3 粒，结实率 84.1％，千粒重 26 克。抗性：稻瘟病综合指数 1.8，穗瘟损失率最高级 5 级，白叶枯病 7 级，褐飞虱 9 级，白背飞虱 9 级，中感稻瘟病，感白叶枯病，高感褐飞虱、白背飞虱。米质主要指标：整精米率 69.1％，长宽比 1.9，垩白粒率 98％，垩白度 22.5％，胶稠度 48 毫米，直链淀粉含量 24.2%。

产量表现：2009 年参加长江中下游早籼早中熟组区域试验，平均亩产 507.8 千克，比对照增产 2.0%；2010 年续试，平均亩产 458.1 千克，比对照增产 4.4%。两年区域试验平均亩产 482.9 千克，比对照增产 3.1%。2011 年生产试验，平均亩产 523.7 千克，比对照增产 6.1%。

栽培技术要点：①育秧。塑料软盘育秧 3 月 20～25 日播种，地膜湿润育秧 3 月下旬至 4 月初播种，秧田亩播量 40 千克左右。②移栽。亩栽插基本苗 10 万苗左右。③肥水管理。需肥量中等偏上，适当增施钾肥，施足基肥，早施追肥，亩施纯氮 10～12 千克，氮、磷、钾肥比例为 1∶0.5∶1。浅水分蘖，适时晒田，多露轻晒，有水抽穗，干湿壮籽，成熟收割前 4～6 天断水，忌断水过早。④病虫害防治。严格种子消毒防止恶苗病的发生；及时防治稻瘟病等病虫害。

审定意见：该品种适宜在江西、湖南、湖北、浙江省及安徽省长江以南白叶枯病轻发区的双季稻区作早稻种植。

（二）杂交稻

10. 10优18

审定编号：国审稻 2009045

选育单位：天津市水稻研究所

品种来源：10A×R148

以往审定情况：2004 年国家农作物品种审定委员会审定（黄淮粳稻区）

特征特性：该品种属粳型三系杂交水稻。在京、津、唐地区种植，全生育期平均 176 天，与对照津原 45（下同）相当。株高 121.5 厘米，穗长 18.9 厘米，每穗总粒数 162.4 粒，结实率 85.9%，千粒重 27 克。抗性：稻瘟病综合抗性指数 2，穗颈瘟损失率最高级 1 级。米质主要指标：整精米率 68.2%，垩白米率 14.5%，垩白度 1.5%，直链淀粉含量 16.1%，胶稠度 82 毫米，达到国家《优质稻谷》标准 2 级。

　　产量表现： 2007 年参加京、津、唐粳稻组品种区域试验，平均亩产 679.2 千克，比对照增产 15.2%（极显著）；2008 年续试，平均亩产 617.4 千克，比对照增产 8.4%（极显著）；两年区域试验平均亩产 648.3 千克，比对照增产 11.8%，增产点比例 75%。2008 年生产试验，平均亩产 611.9 千克，比对照增产 11.5%。

　　栽培技术要点： ①育秧。适时播种，播种前做好晒种与消毒，防治干尖线虫病和恶苗病。秧田用种量约为常规品种的 1/2，培育带蘖壮秧。②移栽。秧龄 35 天左右移栽，行株距为 30 厘米×13.3 厘米，每穴栽双株。③肥水管理。氮、磷、钾、锌肥配合使用，注意干湿交替，确保每亩有效穗数在 18 万穗左右。④病虫害防治。注意防治稻曲病，其他病虫草害同一般常规稻。

　　审定意见： 该品种熟期适中，产量高，米质优，抗稻瘟病。适宜在北京市、天津市、河北省冀东及中北部的一季春稻区种植。

11. Ⅱ优 264

　　审定编号： 国审稻 2009035

　　选育单位： 湖北省恩施自治州农业科学院水稻油菜研究所

　　品种来源： Ⅱ-32A×恩恢 264

　　省级审定情况： 2006 年湖北省农作物品种审定委员会审定

　　特征特性： 该品种属籼型三系杂交水稻。在武陵山区作一季中稻种植，全生育期平均 145.4 天，比对照Ⅱ优 58（下同）短 0.5 天。株型适中，茎秆粗壮，叶片略披，叶片宽大，叶鞘紫色，谷粒释尖紫色，每亩有效穗数 17.9 万穗，株高 119.7 厘米，穗长 23.8 厘米，每穗总粒数 136.0 粒，结实率 89.0%，千粒重 28.1 克。抗性：稻瘟病综合指数 1.2，穗瘟损失率最高级 1 级；纹枯病 5 级；稻曲病 3 级。米质主要指标：整精米率 56.2%，长宽比 2.7，垩白粒率 63%，垩白度 6.8%，胶稠度 64 毫米，直链淀粉含量 20.6%。

　　产量表现： 2006 年参加武陵山中籼组品种区域试验，平均亩产 616.83 千克，比对照增产 1.37%（不显著）；2007 年续试，平均亩产 556.31 千克，比对照增产 4.04%（极显著）；两年区域试验平均亩产 586.57 千克，比对照增产 2.62%，增产点比例

57.1％。2008 年生产试验，平均亩产 599.73 千克，比对照增产 8.60％。

栽培技术要点：①育秧。适时早播，宜采用旱育早发技术，稀播，培育多蘖壮秧。②移栽。秧龄 25～30 天移栽，每亩栽插 1.2 万～1.5 万穴、10 万苗基本苗。③肥水管理。要求底肥足，苗肥早，穗肥巧，酌情补粒肥，注意增施农家肥，氮、磷、钾肥配合施用。总氮量以每亩 10～11 千克为宜，氮、磷、钾比例以 1.0：0.6：1.2 为宜。注重肥、水调控，每亩最高苗数控制在 35 万～40 万苗，每亩有效穗数达到 18 万～20 万穗，特别要防止后期过早脱水。④病虫害防治。注意及时防治稻瘟病、稻曲病、螟虫、纹枯病、稻飞虱、稻曲病等病虫害。

审定意见：该品种熟期适中，产量中等，抗稻瘟病，中感纹枯病，中抗稻曲病，米质一般。适宜在贵州、湖南、湖北、重庆的武陵山区海拔 800 米以下稻区作一季中稻种植。

12. 95优161

审定编号：国审稻 2011023

选育单位：江苏省农业科学院粮食作物研究所

品种来源：95122A×晚 161

省级审定情况：2009 年江苏省农作物品种审定委员会审定

特征特性：该品种属粳型三系杂交水稻。在长江中下游作单季晚稻种植，全生育期平均 146.9 天，比对照常优 1 号（下同）短 1.0 天。株高 106.5 厘米，穗长 18.2 厘米，每亩有效穗数 17.0 万穗，每穗总粒数 164.0 粒，结实率 83.0％，千粒重 25.5 克。株型适中，群体整齐，直立穗。抗性：稻瘟病综合指数 3.4 级，穗瘟损失率最高级 7 级；白叶枯病 3 级；褐飞虱 9 级；条纹叶枯病 5 级。感稻瘟病，中抗白叶枯病，高感褐飞虱，中感条纹叶枯病。米质主要指标：整精米率 68.7％，长宽比 1.9，垩白粒率 17％，垩白度 2.6％，胶稠度 78 毫米，直链淀粉含量 15.9％，达到国家《优质稻谷》标准 2 级。

产量表现：2008 年参加长江中下游单季晚粳组品种区域试验，平均亩产 524.3 千克，比对照减产 1.9％（不显著）；2009 年续试，平均亩产 555.3 千克，比对照减产 0.9%（不显著）。两年区域试验平均亩产 539.8 千克，比对照减产 1.4%，增产点比率 45.0%。2010 年生产试验，平均亩产 585.3 千克，比对照减产 1.6%。

栽培技术要点： ①育秧。做好种子消毒处理，每亩大田用种量 1～1.5 千克，适期播种，培育壮秧。②移栽。秧龄控制在 30 天左右适时移栽，合理密植，行株距 25 厘米×13 厘米，每穴栽插 2～3 棵带蘖种子苗。③肥水管理。一般每亩施纯氮 15～18 千克，肥料运筹上掌握前重、中稳、后补的施肥原则，早施分蘖肥，拔节期稳施氮肥，增施磷钾肥，后期看苗补施穗肥。水分管理上前期浅水勤灌，中期干干湿湿，后期湿润灌溉。④病虫害防治。注意及时防治稻瘟病、纹枯病、螟虫、稻飞虱等病虫害。

审定意见： 该品种适宜在浙江、上海、江苏苏南、湖北沿江、安徽沿江的稻瘟病轻发的粳稻区作单季晚稻种植。

13. C 两优 396

审定编号： 国审稻 2010014
选育单位： 湖南农业大学
品种来源： C815S×396
省级审定情况： 2007 年湖南省农作物品种审定委员会审定，2009 年湖北省农作物品种审定委员会审定

特征特性： 该品种属籼型两系杂交水稻。在长江中下游作一季中稻种植，全生育期平均 133.6 天，比对照Ⅱ优 838（下同）短 1.2 天。株型适中，长势繁茂，叶姿挺直，熟期转色好，稃尖紫色，穗顶部分籽粒有芒，每亩有效穗数 17.7 万穗，株高 115.5 厘米，穗长 24.3 厘米，每穗总粒数 144.0 粒，结实率 83.6%，千粒重 29.6 克。抗性：稻瘟病综合指数 5.6 级，穗瘟损失率最高级 9 级；白叶枯病 7 级；褐飞虱 9 级。米质主要指标：整精米率 57.2%，长宽比 2.9，垩白粒率 39%，垩白度 8.9%，胶稠度 83 毫米，直链淀粉含量 14.9%。

产量表现： 2008 年参加长江中下游中籼迟熟组品种区域试验，平均亩产 617.4 千克，比对照增产 7.5%（极显著）；2009 年续试，平均亩产 571.8 千克，比对照增产 2.6%（极显著）。两年区域试

验平均亩产 594.6 千克，比对照增产 5.1%，增产点比率 82.1%。2009 年生产试验，平均亩产 597.1 千克，比对照增产 9.8%。

栽培技术要点： ①育秧。适时播种，大田每亩用种量 0.85 千克，稀播匀播，培育壮秧。②移栽。秧龄 25 天左右移栽，每亩栽插 1.25 万穴，每亩基本苗 6 万苗左右。③肥水管理。施足底肥，每亩施碳铵 35 千克、过磷酸钙 35 千克；早施追肥，移栽后 5～7 天每亩施尿素 4 千克、氯化钾 10 千克，大田氮、磷、钾施用比例为 2：0.8：1，并结合追肥搞好化学除草。深水活棵，浅水促蘖，移栽后 15～20 天开始晒田，幼穗分化第三期复水，生长中后期干干湿湿，收割前 7 天断水。④病虫害防治。注意及时防治稻瘟病、白叶枯病、纹枯病、稻纵卷叶螟、稻飞虱等病虫害。

审定意见： 该品种熟期适中，产量高，高感稻瘟病，感白叶枯病，高感褐飞虱，米质一般。适宜在江西、湖南、湖北、安徽、浙江、江苏的长江流域稻区（武陵山区除外）以及福建北部、河南南部稻区的稻瘟病、白叶枯病轻发区作一季中稻种植。

14. 常优 5 号

审定编号： 国审稻 2010037
选育单位： 江苏省常熟市农业科学研究所
品种来源： 常 01-11A×CR-205
省级审定情况： 2010 年江苏省农作物品种审定委员会审定
特征特性： 该品种属粳型三系杂交水稻。在长江中下游作单季晚稻种植，全生育期平均 147.4 天，比对照常优 1 号（下同）短 0.5 天。株型适中，叶姿挺直，颖壳、秆尖黄色，偶有顶芒，每亩有效穗数 16.8 万穗，株高 119.4 厘米，穗长 22.0 厘米，每穗总粒数 160.4 粒，结实率 87.0%，千粒重 26.2 克。抗性：稻瘟病综合指数 3.4 级，穗瘟损失率最高级 5 级；白叶枯病 5 级；褐飞虱 9 级；条纹叶枯病 5 级。米质主要指标：整精米率 72.0%，长宽比 2.4，垩白粒率 16%，垩白度 2.0%，胶稠度 71 毫米，直链淀粉含量 16.3%，达到国家《优质稻谷》标准 2 级。

产量表现： 2008 年参加长江中下游单季晚粳组品种区域试验，平均亩产 558.4 千克，比对照增产 4.5%（极显著）；2009 年续试，平均亩产 569.7 千克，比对照增产 1.7%（不显著）。两年区域试验平均亩产 564.1 千克，比对照增产 3.1%，增产点比率 70.0%。2009 年生产试验，平均亩产 518.1 千克，比对照增产 0.5%。

栽培技术要点： ①育秧。适时播种，做好种子消毒处理，大田每亩用种量 1 千克，适施秧田肥，及时防治灰飞虱等病虫害，培育带蘖壮秧。②移栽。秧龄 30 天左右移栽，株距 26.6 厘米×（14～16.7）厘米，每亩栽插 1.5 万～1.8 万穴，每穴栽插 1 粒带蘖种子苗。③肥水管理。耐肥抗倒性一般，中等肥力田块每亩施纯氮 15 千克左右，并配施一定比例磷、钾肥，氮、磷、钾比例以 1：0.4：0.6 为宜。基面肥每亩施高浓度复合肥 25 千克、碳铵 25 千克，促蘖肥每亩施尿素 12.5 千克，保蘖肥每亩施尿素 5 千克，适时补施氯化钾每亩 7.5 千克。适时搁田，坚持轻搁田，多次搁田，抽穗期保持浅水层，后期保持田间湿润，收获前 7 天断水。④病虫害防治。注意及时防治稻瘟病、白叶枯病、纹枯病、螟虫、条纹叶枯病、褐飞虱、稻曲病等病虫害。

审定意见： 该品种熟期适中，产量较高，中感稻瘟病和白叶枯病，高感褐飞虱，中感条纹叶枯病，米质优。适宜在浙江、上海和江苏苏南、湖北沿江、安徽沿江的粳稻区作单季晚稻种植。

15. 川香 8 号

审定编号： 国审稻 2010042
选育单位： 四川省农业科学院作物研究所
品种来源： 川香 29A×成恢 157
以往审定情况： 2004 年四川省农作物品种审定委员会审定，2007 年河南省农作物品种审定委员会审定，2008 年国家农作物品种审定委员会审定

特征特性： 该品种属籼型三系杂交水稻。在武陵山区作一季中稻种植，全生育期平均 147.8 天，比对照Ⅱ优 58（下同）长 2.2 天。株型适中，颖尖紫色，每亩有效穗数 16.9 万穗，株高 113.0 厘米，穗长 24.5 厘米，每穗总粒数 159.4 粒，结实率 79.8%，千粒重 29.3 克。抗性：稻瘟病综合指数 1.8，穗瘟发病率 5 级，穗瘟损失率最高级 1 级；纹枯病 7 级；稻曲病 7 级。米质主要指标：

整精米率 60.8%，长宽比 2.8，垩白粒率 44%，垩白度 3.8%，胶稠度 58 毫米，直链淀粉含量 21.8%。

产量表现：2007 年参加武陵山区中籼组品种区域试验，平均亩产 537.3 千克，比对照增产 0.5%（不显著）；2008 年续试，平均亩产 605.2 千克，比对照增产 2.9%（显著）。两年区域试验平均亩产 571.2 千克，比对照增产 1.7%，增产点比率 61.9%。2009 年生产试验，平均亩产 563.7 千克，比对照增产 2.7%。

栽培技术要点：①育秧。适时播种，培育壮秧。②移栽。控制秧龄，适时移栽，合理密植，一般每亩栽插 1.6 万穴左右。③肥水管理。需肥量中等，施足基肥，早施追肥，注意氮、磷、钾肥配合施用，一般每亩可施纯氮 8～10 千克、磷肥 25～30 千克、钾肥 15～20 千克。灌溉管理做到深水返青，浅水促蘖，够苗搁田，湿润孕穗，薄水扬花，中后期干湿相间，切忌过早断水。④病虫害防治。注意及时防治稻瘟病、纹枯病、螟虫、稻飞虱、稻曲病等病虫害。

审定意见：该品种熟期适中，产量较高，中感稻瘟病，感纹枯病和稻曲病，米质较优。适宜在贵州、湖南、湖北、重庆的武陵山区海拔 800 米以下稻区作一季中稻种植。

16. 德香 4103

审定编号：国审稻 2012024

选育单位：四川省农业科学院水稻高粱研究所

品种来源：德香 074A×泸恢 H103

省级审定情况：2008 年四川省农作物品种审定委员会审定，2011 年云南省农作物品种审定委员会审定

特征特性：籼型三系杂交水稻品种。长江中下游作一季中稻种植，全生育期平均 134.4 天，比对照Ⅱ优 838（下同）长 0.8 天。每亩有效穗数 15.5 万穗，株高 125.0 厘米，穗长 25.9 厘米，每穗总粒数 162.1 粒，结实率 79.9%，千粒重 31.1 克。抗性：稻瘟病综合指数 5.3 级，穗瘟损失率最高级 9 级，白叶枯病 9 级，褐飞虱 7 级，高感稻瘟病、白叶枯病，感褐飞虱，抽穗期耐热性一般。米质主要指标：整精米率 52.1%，长宽比 2.7，垩白粒率 44.3%，

垩白度 8.6％，胶稠度 82 毫米，直链淀粉含量 15.7％。

产量表现： 2009 年参加长江中下游中籼迟熟组区域试验，平均亩产 581.1 千克，比对照增产 4.8％；2010 年续试，平均亩产 565.7 千克，比对照增产 5.5％。两年区域试验平均亩产 573.4 千克，比对照增产 5.2％。2011 年生产试验，平均亩产 593.2 千克，比对照增产 7.1％。

栽培技术要点： ①育秧。大田每亩用种量 1 千克，秧田每亩播种量 15 千克。②移栽。4.5～5.5 叶移栽，栽插规格 26.7 厘米×16.7 厘米，每穴插 2 粒谷苗，每亩基本苗 6 万苗以上。③肥水管理。重施底肥，早施追肥，氮、磷、钾肥配合施用，一般每亩施纯氮 8～10 千克、过磷酸钙 20 千克、钾肥 10 千克作底肥，栽后 7 天每亩追施 3 千克纯氮。后期不宜断水过早，完熟收获。④病虫害防治。及时防治稻瘟病、白叶枯病、螟虫、稻飞虱等病虫害。

审定意见： 该品种适宜在江西、湖南（武陵山区除外）、湖北（武陵山区除外）、安徽、浙江、江苏的长江流域稻区、福建北部、河南南部稻区的稻瘟病、白叶枯病轻发区作一季中稻种植；稻瘟病重发区不宜种植。

17. 淦鑫 203

审定编号： 国审稻 2009009

选育单位： 广东省农业科学院水稻研究所，江西现代种业有限责任公司，江西农业大学农学院

品种来源： 荣丰 A×R3

省级审定情况： 2006 年江西省农作物品种审定委员会审定

特征特性： 该品种属籼型三系杂交水稻。在长江中下游作双季早稻种植，全生育期平均 114.4 天，比对照金优 402（下同）长 1.7 天。株型适中，叶色淡绿，叶片挺直，剑叶短宽挺，熟期转色好，叶鞘、稃尖紫色，穗顶部间有短芒，每亩有效穗数 21.8 万穗，株高 95.5 厘米，穗长 18.4 厘米，每穗总粒数 103.5 粒，结实率 86.3％，千粒重 28.3 克。抗性：稻瘟病综合指数 4.7 级，穗瘟损失率最高 7 级；白叶枯病 5 级；褐飞虱 9 级；白背飞虱 9 级。米质主要指标：整精米率 48.6％，长宽比 2.9，垩白粒率 49％，垩白

度 12.1％，胶稠度 51 毫米，直链淀粉含量 20.9％。

产量表现： 2007 年参加长江中下游迟熟早籼组品种区域试验，平均亩产 513.46 千克，比对照增产 4.37％（极显著）；2008 年续试，平均亩产 528.49 千克，比对照增产 4.94％（极显著）；两年区域试验平均亩产 520.97 千克，比对照增产 4.66％，增产点比例 88.3％；2008 年生产试验，平均亩产 537.34 千克，比对照增产 4.37％。

栽培技术要点： ①育秧。适时播种，旱育秧适当早播，大田每亩用种量育秧移栽为 1.5～2 千克、抛秧为 2～3 千克，秧田每亩播种量 10～15 千克，注意种子消毒处理，培育壮秧。②移栽。适宜抛秧或小苗带土移栽，一般塑料软盘育秧 3.1～3.5 叶抛秧，水育秧 4.5～5.0 叶移栽，栽插规格为 13.3 厘米×16.7 厘米或 16.7 厘米×16.7 厘米，每穴 2 粒谷苗，每亩基本苗 8 万～10 万苗。③肥水管理。采用基肥足、早追肥、巧补穗肥方法。水分管理做到分蘖时干湿相间促分蘖，当每亩总苗数达到 25 万苗时及时晒田，孕穗期以湿为主，保持田面有水，后期干湿交替壮籽，保持根系活力，切忌脱水过早。④病虫害防治。注意及时防治螟虫、稻瘟病、稻飞虱等病虫害。

审定意见： 该品种熟期适中，产量较高，感稻瘟病，中感白叶枯病，高感褐飞虱和白背飞虱，米质一般。适宜在江西平原地区、湖南以及福建北部、浙江中南部的稻瘟病轻发的双季稻区作早稻种植。

18. 冈香 707

审定编号： 国审稻 2010007

选育单位： 四川农业大学水稻研究所，四川金堂莲花农业研究所

品种来源： 冈香 1A×蜀恢 707

省级审定情况： 2008 年云南省农作物品种审定委员会审定

特征特性： 该品种属籼型三系杂交水稻。在长江上游作一季中稻种植，全生育期平均 155.2 天，比对照Ⅱ优 838（下同）短 2.7 天。株型适中，长势繁茂，熟期转色好，叶鞘、叶缘、颖尖紫色，

每亩有效穗数 16.0 万穗，株高 114.0 厘米，穗长 25.0 厘米，每穗总粒数 165.4 粒，结实率 83.9%，千粒重 29.4 克。抗性：稻瘟病综合指数 3.8 级，穗瘟损失率最高级 5 级；褐飞虱 9 级；抽穗期耐冷性弱。米质主要指标：整精米率 67.9%，长宽比 2.8，垩白粒率 25%，垩白度 5.3%，胶稠度 79 毫米，直链淀粉含量 22.1%。

产量表现： 2008 年参加长江上游中籼迟熟组品种区域试验，平均亩产 637.8 千克，比对照增产 5.39%（极显著）；2009 年续试，平均亩产 587.1 千克，比对照增产 4.0%（极显著）。两年区域试验平均亩产 612.4 千克，比对照增产 4.7%，增产点比率 83.3%。2009 年生产试验，平均亩产 593.0 千克，比对照增产 6.7%。

栽培技术要点： ①育秧。适时早播，培育多蘖壮秧。②移栽。秧龄 40～45 天移栽，合理密植，每亩栽插 1.8 万穴左右，每穴栽插 2 苗。③肥水管理。配方施肥，重底肥，早追肥，后期看苗补施穗粒肥，每亩施纯氮 10～12 千克，氮、磷、钾肥合理搭配，底肥占 70%，追肥占 30%。深水返青，浅水分蘖，够苗及时晒田，孕穗抽穗期保持浅水层，灌浆结实期干湿交替，后期切忌断水过早。④病虫害防治。注意及时防治稻瘟病、纹枯病、螟虫、稻飞虱等病虫害。

审定意见： 该品种熟期适中，产量较高，中感稻瘟病，高感褐飞虱，米质较优。适宜在云南、贵州、重庆的中低海拔籼稻区（武陵山区除外）、四川平坝丘陵稻区、陕西南部稻区作一季中稻种植。

19. 沪优 2 号

审定编号： 国审稻 2010034
选育单位： 上海市农业生物基因中心
品种来源： 沪旱 1A×旱恢 2 号
省级审定情况： 2006 年上海市农作物品种审定委员会审定
特征特性： 该品种属籼型三系杂交水稻。在长江中下游作双季晚稻种植，全生育期平均 114.6 天，比对照汕优 46（下同）短 1.0 天。株型适中，茎秆粗壮，长势繁茂，叶色淡绿，熟期转色好，每亩有效穗数 15.4 万穗，株高 120.4 厘米，穗长 23.7 厘米，每穗总粒数 142.4 粒，结实率 82.7%，千粒重 32.0 克。抗性：稻瘟病综合指数 5.9 级，穗瘟损失率最高级 9 级；白叶枯病 5 级；褐飞虱 9 级。米质主要指标：整精米率 45.4%，长宽比 3.0，垩白粒率 29%，垩白度 4.3%，胶稠度 59 毫米，直链淀粉含量 15.6%。

产量表现： 2008 年参加长江中下游晚籼中迟熟组品种区域试验，平均亩产 502.9 千克，比对照增产 5.1%（极显著）；2009 年续试，平均亩产 511.7 千克，比对照增产 5.0%（极显著）。两年区域试验平均亩产 507.3 千克，比对照增产 5.1%，增产点比率 76.9%。2009 年生产试验，平均亩产 507.7 千克，比对照增产 11.6%。

栽培技术要点： ①育秧。适时播种，大田每亩用种量 1 千克，适当稀播，适施底肥、断奶肥和送嫁肥，做好秧田病虫害防治，培育带蘖壮秧。②移栽。控制秧龄，适时移栽，每亩栽插 1.4 万～1.8 万穴，每穴栽插 2 苗。③肥水管理。施足底肥，一般每亩施用氮、磷、钾复合肥 30～40 千克，适当施农家肥。重施分蘖肥促早发，分蘖肥应以氮肥为主，辅以钾肥，移栽后 4～5 天每亩施尿素 5～8 千克，分蘖盛期施用尿素 10～12 千克，进入幼穗分化时每亩施钾肥 3～5 千克，齐穗后可适当喷施叶面肥。水浆管理上做到深水返青，浅水促蘖，及时搁田，后期忌断水过早。④病虫害防治。注意及时防治稻瘟病、纹枯病、螟虫、稻飞虱等病虫害，并注重杂草防控。

审定意见： 该品种熟期适中，产量高，高感稻瘟病，中感白叶枯病，高感褐飞虱，米质较优。适宜在广西桂中和桂北稻作区、广东粤北稻作区、福建中北部、江西中南部、湖南中南部、浙江南部的稻瘟病轻发的双季稻区作晚稻种植。

20. 徽两优 6 号

审定编号： 国审稻 2012019
选育单位： 安徽省农业科学院水稻研究所
品种来源： 1892S×扬稻 6 号
省级审定情况： 2008 年安徽省农作物品种审定委员会审定
特征特性： 籼型两系杂交水稻品种。长江中下游作一季中稻种植，全生育期平均 135.1 天，比对照Ⅱ优 838（下同）长 1.5 天。每亩有效穗数 16.1 万穗，株高 118.5 厘米，穗长 23.1 厘米，每穗总粒数 173.2 粒，结实率 80.8%，千粒重 27.3 克。抗性：稻瘟病综合指数 5.7 级，穗瘟损失率最高级 9 级，白叶枯病 7 级，褐飞虱9 级，高感稻瘟病、褐飞虱，感白叶枯病，抽穗期耐热性一般。米质主要指标：整精米率 58.8%，长宽比 2.9，垩白粒率 33%，垩白度 6.9%，胶稠度 76 毫米，直链淀粉含量 14.7%。

产量表现： 2009 年参加长江中下游中籼迟熟组区域试验，平均亩产 583.2 千克，比对照增产 6.3%；2010 年续试，平均亩产572.7 千克，比对照增产 6.4%。两年区域试验平均亩产 578.0 千克，比对照增产 6.4%。2011 年生产试验，平均亩产 604.2 千克，比对照增产 8.2%。

栽培技术要点： ①育秧。4 月底或 5 月初播种育秧，每亩播种量 15 千克，秧龄 30 天，培育带蘖壮秧。②移栽。大田栽插密度20 厘米×23.3 厘米或 16.7 厘米×26.7 厘米，每穴 1～2 粒种子苗，亩基本苗 6 万～8 万苗。③肥水管理。需肥水平中等偏上，施足基肥和面肥，早施分蘖肥，增施穗粒肥。浅水栽秧，适水活棵，干湿交替促分蘖，及时烤田，忌断水过早。④病虫害防治。播种前用强氯精浸种，防治恶苗病，及时防治稻瘟病、稻蓟马、螟虫、稻飞虱和稻曲病等病虫害。

审定意见： 该品种适宜在江西、湖南（武陵山区除外）、湖北（武陵山区除外）、安徽、浙江、江苏的长江流域稻区以及福建北部、河南南部稻区的稻瘟病、白叶枯病轻发区作一季中稻种植；稻瘟病重发区不宜种植。

21. 金稻优 368

审定编号： 国审稻 2012002
选育单位： 广东省农业科学院水稻研究所
品种来源： 金稻 13A×广恢 368
省级审定情况： 2009 年广东省农作物品种审定委员会审定
特征特性： 籼型三系杂交水稻品种。华南作双季晚稻种植，全生育期平均 119.4 天，比对照博优 998（下同）长 3.8 天。每亩有效穗数 16.9 万穗，株高 113.1 厘米，穗长 23.2 厘米，每穗总粒数 181.8 粒，结实率 80.2%，千粒重 21.9 克。抗性：稻瘟病综合指数 4.5 级，穗瘟损失率最高级 7 级、白叶枯病 7 级、褐飞虱 9 级，感稻瘟病、白叶枯病，高感褐飞虱。米质主要指标：整精米率 67.1%，长宽比 2.7，垩白粒率 22%，垩白度 2.6%，胶稠度 55 毫米，直链淀粉含量 21.1%。

产量表现：2009 年参加华南感光晚籼组区域试验，平均亩产 507.8 千克，比对照增产 4.0%；2010 年续试，平均亩产 482.4 千克，比对照增产 8.2%。两年区域试验平均亩产 495.1 千克，比对照增产 6.0%。2011 年生产试验，平均亩产 459.7 千克，比对照增产 5.2%。

栽培技术要点：①移栽。适时早播，育苗移栽，不宜抛秧，6 月底至 7 月上旬播种，注意稀播，秧龄 20 天左右。②肥水管理。施足基肥，早施分蘖肥，重施中期肥，注意氮、磷、钾肥配合施用。③病虫害防治。注意防治稻瘟病和白叶枯病。

审定意见：该品种适宜在广东中南及西南稻作区的平原地区、广西桂南稻作区的稻瘟病、白叶枯病轻发的双季稻区作晚稻种植。

22. 陵两优 104

审定编号：国审稻 2011005

选育单位：袁隆平农业高科技股份有限公司，湖南亚华种业科学研究院

品种来源：湘陵 750S×华 104

省级审定情况：2011 年湖南省农作物品种审定委员会审定

特征特性：该品种属籼型两系杂交水稻。在长江中下游作双季早稻种植，全生育期平均 116.2 天，比对照金优 402（下同）短 0.9 天。株高 86.4 厘米，穗长 20.1 厘米，每亩有效穗数 21.8 万穗，每穗总粒数 113.7 粒，结实率 86.3%，千粒重 27.4 克。株型适中，长势繁茂，秆尖无色，无芒。抗性：稻瘟病综合指数 5.0 级，穗瘟损失率最高级 7 级；白叶枯病 5 级；褐飞虱 9 级；白背飞虱 3 级。感稻瘟病，中感白叶枯病，高感褐飞虱，中抗白背飞虱。米质主要指标：整精米率 52.3%，长宽比 2.9，垩白粒率 66%，

垩白度 12.0%，胶稠度 64 毫米，直链淀粉含量 22.7%。

产量表现：2009 年参加长江中下游早籼迟熟组品种区域试验，平均亩产 552.7 千克，比对照增产 10.7%（极显著）；2010 年续试，平均亩产 471.3 千克，比对照增产 11.6%（极显著）。两年区域试验平均亩产 512.0 千克，比对照增产 11.1%，增产点比率 96.7%。2010 年生产试验，平均亩产 466.3 千克，比对照增产 7.7%。

栽培技术要点：①育秧。做好种子消毒处理，每亩大田用种量 2～2.5 千克，适时播种，稀播匀播，培育多蘗壮秧。②移栽。一般软盘抛秧 3.1～3.5 叶抛栽，水育秧 5 叶期移栽。栽插密度以 16.5 厘米×20 厘米为宜，每穴栽插 2～3 粒种子苗。③肥水管理。需肥水平中等偏上，采用施足底肥、早施追肥、后期严控氮素的施肥方法，中等肥力田每亩施 25%水稻专用复混肥 40 千克作底肥，移栽后 5～7 天结合施用除草剂每亩追施尿素 7.5 千克，幼穗分化初期每亩施氯化钾 7.5 千克，后期看苗适当补施穗肥。水分管理做到分蘗期干湿相间促分蘗，及时落水晒田，孕穗期以湿为主，抽穗期保持田间有浅水，灌浆期以润为主，干干湿湿，切忌断水过早。④病虫害防治。注意及时防治稻瘟病、纹枯病、二化螟、稻纵卷叶螟、稻飞虱等病虫害。

审定意见：该品种适宜在江西、湖南、广西北部、福建北部、浙江中南部的稻瘟病轻发的双季稻区作早稻种植。

23. 泸香 658

审定编号：国审稻 2010033

选育单位：四川省农业科学院水稻高粱研究所，中国科学院遗传与发育生物学研究所，四川禾嘉种业有限公司

品种来源：泸香 618A×泸恢 8258

省级审定情况：2008 年广西壮族自治区农作物品种审定委员会审定，2009 年江西省农作物品种审定委员会审定

特征特性：该品种属籼型三系杂交水稻。在长江中下游作双季晚稻种植，全生育期平均 118.9 天，比对照油优 46（下同）长 1.1 天。株型适中，长势繁茂，叶色淡绿，熟期转色好，每亩有效穗数

19.1万穗，株高103.8厘米，穗长25.5厘米，每穗总粒数134.6粒，结实率76.1%，千粒重27.7克。抗性：稻瘟病综合指数5.1级，穗瘟损失率最高级7级；白叶枯病9级；褐飞虱9级；抽穗期耐冷性中等。米质主要指标：整精米率57.4%，长宽比3.3，垩白粒率16%，垩白度2.6%，胶稠度49毫米，直链淀粉含量17.7%。

产量表现： 2007年参加长江中下游晚籼中迟熟组品种区域试验，平均亩产499.4千克，比对照增产4.5%（极显著）；2008年续试，平均亩产495.8千克，比对照增产3.6%（极显著）。两年区域试验平均亩产497.6千克，比对照增产4.0%，增产点比率73.1%。2009年生产试验，平均亩产489.1千克，比对照增产6.5%。

栽培技术要点： ①育秧。适时播种，大田每亩用种量1千克。②移栽。秧龄30天内、叶龄4～5叶适时移栽，栽插规格16.7厘米×13.3厘米，每穴栽插2苗，每亩基本苗6万苗以上。③肥水管理。重施底肥，早施追肥，氮、磷、钾肥配合施用，一般每亩施8～10千克纯氮、20千克过磷酸钙、10千克钾肥作底肥，移栽后7天施3千克纯氮作追肥。水浆管理上做到深水返青，浅水促蘖，及时搁田，后期不宜断水过早。④病虫害防治。注意及时防治稻瘟病、白叶枯病、纹枯病、螟虫、稻飞虱等病虫害。

审定意见： 该品种熟期适中，产量较高，感稻瘟病，高感白叶枯病和褐飞虱，米质较优。适宜在广西桂中和桂北稻作区、广东粤北稻作区、福建中北部、江西中南部、湖南中南部、浙江南部的稻瘟病、白叶枯病轻发的双季稻区作晚稻种植。

24. 闽丰优3301

审定编号： 国审稻2011011
选育单位： 福建省农业科学院生物技术研究所
品种来源： 闽丰1A×闽恢3301
省级审定情况： 2010年福建省农作物品种审定委员会审定
特征特性： 该品种属籼型三系杂交水稻。在长江中下游作一季中稻种植，全生育期平均137.3天，比对照Ⅱ优838（下同）长

2.7 天。株高 124.5 厘米，穗长 24.6 厘米，每亩有效穗数 16.5 万穗，每穗总粒数 165.9 粒，结实率 76.8%，千粒重 29.9 克。株型紧凑，长势繁茂，熟期转色好。抗性：稻瘟病综合指数 4.0 级，穗瘟损失率最高级 7 级；白叶枯病 7 级；褐飞虱 7 级；抽穗期耐热性 9 级。感稻瘟病、白叶枯病和褐飞虱。米质主要指标：整精米率 55.1%，长宽比 2.9，垩白粒率 46%，垩白度 12.0%，胶稠度 72 毫米，直链淀粉含量 23.2%。

产量表现：2008 年参加长江中下游中籼迟熟组品种区域试验，平均亩产 604.0 千克，比对照增产 4.7%（极显著）；2009 年续试，平均亩产 578.8 千克，比对照增产 5.5%（极显著）。两年区域试验平均亩产 591.4 千克，比对照增产 5.1%，增产点比率 85.7%。2010 年生产试验，平均亩产 566.2 千克，比对照增产 5.6%。

栽培技术要点：①育秧。做好种子消毒处理，每亩大田用种量 1.25～1.5 千克，适时播种，稀播匀播，培育多蘖壮秧。②移栽。秧龄控制在 30 天左右，适时移栽，株行距以 20 厘米×23 厘米为宜，每亩栽插 1.6 万穴左右，每穴栽插 2 粒种子苗。③肥水管理。施足基肥，适当控氮，每亩施纯氮 10 千克，早施分蘖肥，中后期注意增施磷、钾肥。浅水插秧，深水返青，薄水勤灌促分蘖，够苗晒田，后期干干湿湿防早衰。④病虫害防治。注意及时防治稻瘟病、白叶枯病、纹枯病、螟虫、稻飞虱等病虫害。

审定意见：该品种适宜在江西、湖南（武陵山区除外）、湖北（武陵山区除外）、安徽、浙江、江苏的长江流域稻区以及福建北部、河南南部稻区的稻瘟病、白叶枯病轻发区作一季中稻种植。

25. 内2优111

审定编号：国审稻 2012026

选育单位：中国水稻研究所

品种来源：内香 2A×中恢 111

以往审定情况：2008 年浙江省农作物品种审定委员会审定，2009 年国家农作物品种审定委员会审定

特征特性：籼型三系杂交水稻品种。长江中下游作一季中稻种植，全生育期平均 134.8 天，比对照Ⅱ优 838（下同）长 1.2 天。

每亩有效穗数 15.2 万穗，株高 115.2 厘米，穗长 26.5 厘米，每穗总粒数 164.9 粒，结实率 79.1%，千粒重 31.3 克。抗性：稻瘟病综合指数 5.5 级，穗瘟损失率最高级 9 级，白叶枯病 7 级，褐飞虱 7 级，高感稻瘟病，感白叶枯病、褐飞虱，抽穗期耐热性一般。米质主要指标：整精米率 57.7%，长宽比 2.9，垩白粒率 43.3%，垩白度 8.9%，胶稠度 75 毫米，直链淀粉含量 14.3%。

产量表现： 2009 年参加长江中下游中籼迟熟组区域试验，平均亩产 575.3 千克，比对照增产 3.8%，2010 年续试，平均亩产 570.3 千克，比对照增产 6.3%。两年区域试验平均亩产 572.8 千克，比对照增产 5.0%。2011 年生产试验，平均亩产 576.9 千克，比对照增产 3.9%。

栽培技术要点： ①育秧。5 月中下旬播种，秧龄 25～28 天，稀播培育壮秧；1 叶 1 心期喷施多效唑，3～4 叶施断奶肥，移栽前 5 天施起身肥。②移栽。株行距 20 厘米×25 厘米，每亩栽插 1.2 万穴。③肥水管理。施足基肥，插后 5～7 天追肥，插后 15 天看苗补施磷、钾肥，孕穗前施少量钾肥。浅水插秧，深水返青，浅水促蘖，及时搁田，多次轻搁，湿润灌溉，防止断水过早。④病虫害防治。重点防治二化螟、稻飞虱、纹枯病、稻瘟病等病虫害。

审定意见： 该品种适宜在江西、湖南（武陵山区除外）、湖北（武陵山区除外）、安徽、浙江、江苏的长江流域稻区、福建北部、河南南部稻区的稻瘟病、白叶枯病轻发区作一季中稻种植；稻瘟病重发区不宜种植。根据农业部第 1243 号公告，该品种还适宜在广西中北部、福建中北部、江西中南部、湖南中南部、浙江南部的稻瘟病、白叶枯病轻发的双季稻区作晚稻种植。

26. 钱优 1 号

审定编号： 国审稻 2009014

选育单位： 浙江省农业科学院作物与核技术利用研究所，浙江农科种业有限公司

品种来源： 钱江 1 号 A×浙恢 7954

省级审定情况： 2007 年浙江省、江西省农作物品种审定委员会审定

特征特性： 该品种属籼型三系杂交水稻。在长江中下游作一季中稻种植，全生育期平均 129.7 天，比对照Ⅱ优 838（下同）短 4.3 天。株型紧凑，长势繁茂，熟期转色好，每亩有效穗数 17.5 万穗，株高 114.6 厘米，穗长 23.7 厘米，每穗总粒数 176.6 粒，结实率 77.2%，千粒重 26.3 克。抗性：稻瘟病综合指数 6.0 级；穗瘟损失率最高 9 级；白叶枯病 7 级；褐飞虱 7 级。米质主要指标：整精米率 55.4%，长宽比 2.7，垩白粒率 48%，垩白度 6.5%，胶稠度 68 毫米，直链淀粉含量 22.1%。

产量表现： 2006 年参加长江中下游迟熟中籼组品种区域试验，平均亩产 566.54 千克，比对照增产 2.67%（极显著）；2007 年续试，平均亩产 587.46 千克，比对照增产 4.56%（极显著）；两年区域试验平均亩产 577.00 千克，比对照增产 3.63%，增产点比例 75.7%；2008 年生产试验，平均亩产 545.70 千克，比对照增产 1.86%。

栽培技术要点： ①育秧。适时播种，稀播匀种，做好种子消毒处理，培育多蘖壮秧。②移栽。秧龄 25～30 天移栽，栽插规格为 16.7 厘米×26 厘米或 13.3 厘米×30 厘米，每亩插足 5 万～7 万苗基本苗。③肥水管理。中等肥力田块，一般每亩施纯氮 10 千克、磷肥 30 千克、钾肥 20 千克。应控制氮肥施用量，施足基肥，早施分蘖肥，适施穗肥。在水浆管理上，做到浅水插秧，深水返青，返青后浅水勤灌促分蘖，每亩达到 23 万～24 万苗时开始搁田控制分蘖，后期干湿交替防早衰。④病虫害防治。注意及时防治螟虫、稻瘟病、白叶枯病、稻飞虱、稻曲病等病虫害。

审定意见： 该品种熟期适中，产量较高，高感稻瘟病，感白叶枯病和褐飞虱，米质一般。适宜在江西、湖南、湖北、安徽、浙江、江苏的长江流域稻区（武陵山区除外）以及福建北部、河南南部稻区的稻瘟病、白叶枯病轻发区作一季中稻种植。

27. 天优华占

审定编号： 国审稻 2012001

选育单位： 中国水稻研究所，中国科学院遗传与发育生物学研究所，广东省农业科学院水稻研究所

品种来源：天丰 A×华占

以往审定情况：2008 年、2011 年国家农作物品种审定委员会审定，2011 年湖北省、广东省农作物品种审定委员会审定

特征特性：籼型三系杂交水稻品种。华南作双季早稻种植，全生育期平均 123.1 天，比对照天优 998（下同）短 0.1 天。每亩有效穗数 19.7 万穗，株高 96.3 厘米，穗长 20.9 厘米，每穗总粒数 141.1 粒，结实率 81.8%，千粒重 24.3 克。抗性：稻瘟病综合指数 3.6 级，穗瘟损失率最高级 5 级，白叶枯病 7 级，褐飞虱 7 级，白背飞虱 3 级，中感稻瘟病，感白叶枯病、褐飞虱，中抗白背飞虱。米质主要指标：整精米率 63.0%，长宽比 2.8，垩白粒率 20%，垩白度 4.5%，胶稠度 70 毫米，直链淀粉含量 20.8%，达到国家《优质稻谷》标准 3 级。

产量表现：2009 年参加华南早籼组区域试验，平均亩产 533.4 千克，比对照增产 5.6%；2010 年续试，平均亩产 471.7 千克，比对照增产 8.5%。两年区域试验平均亩产 502.5 千克，比对照增产 6.9%。2011 年生产试验，平均亩产 502.8 千克，比对照增产 4.0%。

栽培技术要点：①育秧。华南作早稻，2 月下旬至 3 月上旬播种，秧田亩播种量 6 千克，培育壮秧。②移栽。移栽秧龄 25～30 天，宽行窄株栽插为宜，栽插株行距 13.3 厘米×30 厘米或 16.7 厘米×26.6 厘米，双本栽插，每亩基本苗 8 万苗左右。③肥水管理。多施用有机肥，适当配施磷、钾肥，每亩施复合肥 20～25 千克、碳铵 20～30 千克作底肥，移栽后早施追肥，尿素与氯化钾混合施用；穗粒肥依苗情适施或不施。浅水插秧活棵，薄水发根促蘖，每亩总苗数达到 16 万苗时，排水重晒田，孕穗期至齐穗期田间有水层，齐穗后间歇灌溉，湿润管理。④病虫害防治。重点防治螟虫、稻飞虱、纹枯病、稻曲病、稻瘟病等病虫害。

审定意见：该品种适宜在广东中南及西南、广西桂南和海南稻作区的白叶枯病轻发的双季稻区作早稻种植。根据中华人民共和国农业部公告第 1655 号，该品种还适宜在江西、湖南（武陵山区除外）、湖北（武陵山区除外）、安徽、浙江、江苏的长江流域稻区、福建北部、河南南部稻区的白叶枯病轻发区和云南、贵州（武陵山

区除外）、重庆（武陵山区除外）的中低海拔籼稻区、四川平坝丘陵稻区、陕西南部稻区的中等肥力田块作一季中稻种植；广西中北部、广东北部、福建中北部、江西中南部、湖南中南部、浙江南部的白叶枯病轻发的双季稻区作晚稻种植。

28. 湘优 66

审定编号： 国审稻 2008015

选育单位： 湖南科裕隆种业有限公司

品种来源： 湘菲 A×湘恢 66

省级审定情况： 2005 年贵州省农作物品种审定委员会审定

特征特性： 该品种属籼型三系杂交水稻。在长江中下游作双季晚稻种植，全生育期平均 113.4 天，比对照金优 207（下同）长 2.9 天，遇低温有轻度包颈。株型适中，叶片较宽长，每亩有效穗数 19.8 万穗，株高 106.4 厘米，穗长 24.3 厘米，每穗总粒数 145.0 粒，结实率 73.1%，千粒重 26.0 克。抗性：稻瘟病综合指数 5.3 级，穗瘟损失率最高级 9 级，抗性频率 50%；白叶枯病平均 6 级，最高级 7 级；褐飞虱 9 级。米质主要指标：整精米率 66.2%，长宽比 3.5，垩白粒率 21%，垩白度 2.4%，胶稠度 79毫米，直链淀粉含量 24.0%，达到国家《优质稻谷》标准 3 级。

产量表现： 2006 年参加长江中下游早熟晚籼组品种区域试验，平均亩产 507.9 千克，比对照增产 8.59%（极显著）；2007 年续试，平均亩产 493.7 千克，比对照增产 3.25%（极显著）；两年区域试验平均亩产 500.8 千克，比对照增产 5.89%，增产点比例 70.8%。2007 年生产试验，平均亩产 510.2 千克，与对照相同。

栽培技术要点： ①育秧。适时播种，秧田每亩播种量 10 千克，大田每亩用种量 1.5 千克，培育多蘖壮秧。②移栽。适时早栽，合理密植，插足基本苗，一般栽插株行距为 16.7 厘米×20 厘米，每穴栽插 2 粒谷苗。③肥水管理。合理施肥，一般氮、磷、钾的比例为 1∶0.5∶0.7，每亩施纯氮控制在 10 千克为宜，基肥占总施肥量的 70%，追肥占总施肥量的 30%，追肥在插秧后 15 天内施完。后期切忌断水过早。④病虫害防治。注意及时防治稻瘟病、白叶枯病、褐飞虱等病虫害。

审定意见：该品种适宜在江西、湖南、浙江稻瘟病、白叶枯病轻发的双季稻区作晚稻种植。

29. 新两优6380

审定编号：国审稻2008012
选育单位：南京农业大学，江苏中江种业股份有限公司
品种来源：03S×D208
省级审定情况：2007年江苏省农作物品种审定委员会审定
特征特性：该品种属籼型两系杂交水稻。在长江中下游作一季中稻种植，全生育期平均130.4天，比对照Ⅱ优838（下同）短2.8天。株型适中，茎秆粗壮，叶片直挺，熟期转色好，每亩有效穗数15.6万穗，株高124.9厘米，穗长25.4厘米，每穗总粒数168.6粒，结实率86.2%，千粒重28.6克。抗性：稻瘟病综合指数7.0级，穗瘟损失率最高9级，抗性频率40%；白叶枯病5级；褐飞虱7级。米质主要指标：整精米率56.3%，长宽比2.9，垩白粒率47%，垩白度6.2%，胶稠度85毫米，直链淀粉含量24.4%。

产量表现：2006年参加长江中下游迟熟中籼组品种区域试验，平均亩产583.9千克，比对照增产8.77%（极显著）；2007年续试，平均亩产601.2千克，比对照增产6.41%（极显著）；两年区域试验平均亩产592.5千克，比对照增产7.56%，增产点比例93.3%。2007年生产试验，平均亩产569.0千克，比对照增产6.81%。

栽培技术要点：①育秧。适时播种，秧田每亩播种量10千克，大田每亩用种量1千克左右，稀播足肥，精细管理，培育多蘖壮秧。②移栽。秧龄30天左右移栽，合理密植，一般行距30厘米、株距13厘米，每穴1~2粒谷苗，每亩约6万苗基本苗。③肥水管理。中等肥力田块一般每亩施纯氮15~20千克，氮、磷、钾肥配合使用，采用"前促、中控、后补"的方法，施足基肥，早施分蘖肥，增施磷、钾肥，控制中期氮肥施用，后期适量施用穗肥。每亩茎蘖数达到18万苗时及时脱水烤田，施肥水平高、早发的田块应适当提前搁田，采用轻搁田、多次搁田技术，灌浆结实期干干湿

湿，养根保叶，活熟到老。④病虫害防治。及时防治白叶枯病、褐飞虱、稻蓟马、螟虫等病虫害，特别注意稻瘟病防治。

审定意见： 该品种适宜在江西、湖南、湖北、安徽、浙江、江苏的长江流域稻区（武陵山区除外）以及福建北部、河南南部稻区的稻瘟病轻发区作一季中稻种植。

30. 扬籼优 418

审定编号： 国审稻 2009015

选育单位： 江苏里下河地区农业科学研究所

品种来源： 扬籼 2A×扬恢 418

省级审定情况： 2005 年江苏省农作物品种审定委员会审定

特征特性： 该品种属籼型三系杂交水稻。在长江中下游作一季中稻种植，全生育期平均 134.5 天，比对照Ⅱ优 838（下同）长0.5 天。株型紧凑，长势繁茂，叶片较长易披，熟期转色好，谷粒有芒，每亩有效穗数 15.5 万穗，株高 126.2 厘米，穗长 24.9 厘米，每穗总粒数 183.1 粒，结实率 79.0%，千粒重 27.0 克。抗性：稻瘟病综合指数 7.0 级，穗瘟损失率最高级 9 级；白叶枯病 5级；褐飞虱 7 级。米质主要指标：整精米率 61.0%，长宽比 3.0，垩白粒率 22%，垩白度 3.1%，胶稠度 70 毫米，直链淀粉含量22.9%，达到国家《优质稻谷》标准 3 级。

产量表现： 2006 年参加长江中下游迟熟中籼组品种区域试验，平均亩产 551.88 千克，比对照增产 0.02%（不显著）；2007 年续试，平均亩产 567.70 千克，比对照增产 1.05%（不显著）；两年区域试验平均亩产 559.79 千克，比对照增产 0.54%，增产点比例51.4%；2008 年生产试验，平均亩产 559.13 千克，比对照增产 4.50%。

栽培技术要点： ①育秧。适时播种，秧田播种量湿润育秧每亩10 千克，旱育秧每亩 20 千克，培育壮秧。②移栽。秧龄 30～35天移栽，一般每亩栽插 1.8 万～2 万穴、基本苗 7 万～8 万苗。③肥水管理。每亩施纯氮 15 千克左右，肥料运筹上采取"前重、中控、后补"的施肥原则，并重视磷钾肥和有机肥的配合施用。水浆管理上做到浅水栽插，寸水活棵，薄水分蘖，每亩茎蘖苗达到

16万～18万苗时及时分次搁田，后期田间干干湿湿，养根保叶，活熟到老，收割前一周断水。④病虫害防治。注意及时防治螟虫、纹枯病、稻瘟病、白叶枯病、稻曲病、稻飞虱等病虫害。

审定意见：该品种适宜在江西、湖南、湖北、安徽、浙江、江苏的长江流域稻区（武陵山区除外）以及福建北部、河南南部稻区的稻瘟病轻发区作一季中稻种植。

31. 甬优 13

审定编号：国审稻 2010036

选育单位：宁波市农业科学研究院作物研究所，宁波市种子有限公司

品种来源：甬粳 3 号 A×F5032

省级审定情况：2010 年浙江省农作物品种审定委员会审定

特征特性：该品种属粳型三系杂交水稻。在长江中下游作单季晚稻种植，全生育期平均 153.6 天，比对照常优 1 号（下同）长 5.7 天。株型适中，茎秆粗壮，叶色浓绿，叶片厚、挺、内卷，叶角小，长势繁茂，叶鞘、叶缘绿色，稃尖无色，偶有短芒，每亩有效穗数 14.0 万穗，株高 119.0 厘米，穗长 21.3 厘米，每穗总粒数 291.5 粒，结实率 71.4%，千粒重 24.1 克。抗性：稻瘟病综合指数 5.7 级，穗瘟损失率最高级 9 级；白叶枯病 5 级；褐飞虱 9 级；条纹叶枯病 3 级。米质主要指标：整精米率 70.9%，长宽比 2.1，垩白粒率 34%，垩白度 5.3%，胶稠度 80 毫米，直链淀粉含量 14.9%。

产量表现：2008 年参加长江中下游单季晚粳组品种区域试验，平均亩产 574.6 千克，比对照增产 7.5%（极显著）；2009 年续试，平均亩产 647.0 千克，比对照增产 15.5%（极显著）。两年区域试验平均亩产 610.8 千克，比对照增产 11.6%，增产点比率 75.0%。2009 年生产试验，平均亩产 622.3 千克，比对照增产 20.8%。

栽培技术要点：①育秧。适时播种，做好种子消毒处理，本田每亩用种量 0.5 千克，秧田肥水双促，及时防治稻蓟马等病虫害，培育带蘖壮秧。②移栽。秧龄 22～25 天移栽，栽插规格 26 厘米×26 厘米，每穴栽插 2 苗。③肥水管理。每亩施纯氮 13～15 千克，

氮、磷、钾比例为1：0.6：1，基肥、蘖肥、穗肥比例为氮肥4：4：2、钾肥2：4：4，磷肥作基肥一次性施入。分蘖肥在移栽后20天内分2～3次施入，适施穗肥。移栽后7天及14天各排干水晒田1次，有效分蘖终止期搁田。孕穗期至抽穗扬花期薄水，灌浆成熟期干湿交替，至收获前7天断水，切忌断水过早。④病虫害防治。注意及时防治稻瘟病、白叶枯病、纹枯病、螟虫、细条病、褐飞虱、稻曲病等病虫害。

审定意见：该品种适宜在浙江、上海和江苏苏南、安徽沿江的稻瘟病轻发的粳稻区作单季晚稻种植。

32. 渝香 203

审定编号：国审稻 2010006

选育单位：重庆再生稻研究中心，重庆市农业科学院水稻研究所，四川省宜宾市农业科学院

品种来源：宜香 1A×R2103

省级审定情况：2006 年重庆市农作物品种审定委员会审定

特征特性：该品种属籼型三系杂交水稻。在长江上游作一季中稻种植，全生育期平均 156.8 天，与对照Ⅱ优 838（下同）相当。株型适中，熟期转色好，叶鞘、叶耳、叶舌、稃尖无色，穗顶部谷粒有少量顶芒，每亩有效穗数 16.3 万穗，株高 119.2 厘米，穗长 25.9 厘米，每穗总粒数 162.8 粒，结实率 76.4%，千粒重 30.1克。抗性：稻瘟病综合指数 5.0 级，穗瘟损失率最高级 7 级；褐飞虱 9 级；抽穗期耐热性中等，耐冷性较弱。米质主要指标：整精米率 59.0%，长宽比 3.0，垩白粒率 13%，垩白度 2.3%，胶稠度 64毫米，直链淀粉含量 18.7%，达到国家《优质稻谷》标准 2 级。

产量表现：2007 年参加长江上游中籼迟熟组品种区域试验，平均亩产 554.3 千克，比对照减产 3.6%（极显著）；2008 年续试，平均亩产 594.2 千克，比对照减产 1.4%（显著）。两年区域试验平均亩产 574.3 千克，比对照减产 2.5%，增产点比率 57.9%。2009 年生产试验，平均亩产 582.9 千克，比对照增产 4.8%。

栽培技术要点：①育秧。适时早播，地膜覆盖湿润育秧或旱育抛秧，大田每亩用种量 1 千克，稀播匀播，培育多蘖壮秧。②移

栽。秧龄 4.5 叶左右移栽，每亩栽插 1.2 万～1.5 万穴，每穴栽插
2 苗，高肥田和低海拔地区适当稀植，低肥田地区适当密植。③肥
水管理。重底肥，早追肥，配方施肥，中等肥力田每亩施纯氮 10
千克、五氧化二磷 6 千克、氧化钾 8 千克。磷肥全作底肥；氮肥
60%作底肥，30%作追肥，10%作穗粒肥；钾肥 60%作底肥，
40%作拔节肥。追肥在移栽后 7 天左右施用，穗粒肥在拔节期施
用。科学管水，浅水促蘖，够苗及时晒田，孕穗抽穗期保持浅水
层，灌浆结实期干湿交替，后期切忌断水过早。④病虫害防治。注
意及时防治稻瘟病、纹枯病、螟虫、稻飞虱等病虫害。

审定意见：该品种适宜在贵州、重庆的中低海拔籼稻区（武陵
山区除外）、四川平坝丘陵稻区、陕西南部稻区的稻瘟病轻发区作
一季中稻种植。

二、小　　麦

（一）冬小麦

33. 河农 6049

审定编号：国审麦 2009019
选育单位：河北农业大学
品种来源：石 6021/河农 91459
省级审定情况：2008 年河北省农作物品种审定委员会审定
特征特性：半冬性，中熟，成熟期与对照石 4185（下同）相
当。幼苗匍匐，分蘖力较强，成穗率中等。株高 90 厘米左右，株
型略松散，旗叶宽大。穗层厚，穗层整齐度一般，穗较大。穗纺锤
形，长芒，白壳，白粒，籽粒半角质、较饱满。两年区试，平均亩
穗数 40.5 万穗，穗粒数 40.5 粒，千粒重 36.5 克。抗寒性 1 级，
抗寒性好。耐倒春寒能力较强。抗倒性中等。落黄好。接种抗病性
鉴定：中感纹枯病、赤霉病，高感条锈病、叶锈病、白粉病。2007
年、2008 年分别测定品质（混合样）：籽粒容重 798 克/升、799
克/升，硬度指数 55.0（2008 年），蛋白质含量 14.88%、

14.64%；面粉湿面筋含量 34.4%、33.2%，沉降值 19.5 毫升、19.1 毫升，吸水率 55.2%、53.7%，面团稳定时间 1.4 分钟、1.4 分钟，最大抗延阻力 93E.U、100E.U，延伸性 11.9 厘米、11.9 厘米，拉伸面积 15 厘米²、16 厘米²。

产量表现： 2006—2007 年度参加黄淮冬麦区北片水地组品种区域试验，平均亩产 532.6 千克，比对照增产 2.62%；2007—2008 年度续试，平均亩产 535.0 千克，比对照增产 3.68%。2008—2009 年度生产试验，平均亩产 513.5 千克，比对照增产 3.76%。

栽培技术要点： 适宜播种期 10 月 5 日～15 日，每亩适宜基本苗 18 万～20 万苗，高肥水地块适当减少播种量，防止倒伏。返青管理促控结合，春季第一水尽量晚浇。注意防治条锈病、叶锈病、白粉病等病害。

适宜区域： 该品种适宜在黄淮冬麦区北片的山东北部、河北中南部、山西南部高中水肥地块种植。

34. 衡 136

审定编号： 国审麦 2011017

选育单位： 河北省农林科学院旱作农业研究所

品种来源： 衡 4119/石家庄 1 号

省级审定情况： 2009 年河北省农作物品种审定委员会审定

特征特性： 弱冬性中晚熟品种，成熟期平均比对照洛旱 2 号（下同）晚 1 天左右。幼苗半匍匐，叶色深绿，分蘖力中等，成穗率较高。株高 77 厘米，株型松散，旗叶深绿、上举，抗倒性一般。穗层整齐，穗较小。成熟落黄好。亩穗数 37.5 万穗，穗粒数 33.8 粒，千粒重 35.1 克。穗长方形，长芒，白壳，白粒，角质，饱满度一般。抗旱性鉴定：抗旱性较弱。抗病性鉴定：高感条锈病、叶锈病、黄矮病，中感白粉病。2009 年、2010 年品质测定结果分别为：籽粒容重 793 克/升、811 克/升，蛋白质含量 12.58%、12.62%；面粉湿面筋含量 26.4%、26.6%，沉降值 19.9 毫升、19.5 毫升，吸水率 63.4%、59.4%，面团稳定时间 1.4 分钟、1.6 分钟，最大抗延阻力 85E.U、108E.U，延伸性 94 毫米、107 毫米，拉伸面积 12 厘米^2、16 厘米^2。

产量表现：2008—2009 年度参加黄淮冬麦区旱肥组品种区域试验，平均亩产 358.1 千克，比对照增产 3.0%；2009—2010 年度续试，平均亩产 396.8 千克，比对照增产 6.6%。2010—2011 年度生产试验，平均亩产 356.0 千克，比对照增产 5.0%。

栽培技术要点：①适宜播种期 10 月 8 日～15 日，每亩适宜播种量 7～10 千克，晚播适当增加播量。②及时防治锈病、白粉病和蚜虫。③适时收获，防止穗发芽。

适宜区域：该品种适宜在黄淮冬麦区的山西省晋南、陕西省咸阳和渭南、河南省旱肥地及河北省、山东省旱地种植。

35. 金禾 9123

审定编号：国审麦 2012008

选育单位：河北省农林科学院遗传生理研究所，石家庄市农林科学研究院

品种来源：石 4185/92R137//石 4185^5

以往审定情况：2008 年国家农作物品种审定委员会审定

特征特性：半冬性多穗型中晚熟品种，成熟期比对照周麦 18（下同）晚 0.5 天。幼苗半匍匐，长势旺，叶宽长直挺、浓绿色，分蘖力中等，成穗率中等，冬季抗寒性一般。春季发育快，起身拔节早，两极分化快，倒春寒冻害中等，虚尖，缺粒较重。株高平均 83 厘米，株型稍松散，干尖重，旗叶宽长上冲，穗叶同层。穗层整齐，穗大、码较稀，结实性好。穗纺锤形，长芒，白壳，白粒，籽粒半角质，饱满度较好，黑胚率低。茎秆弹性一般，抗倒性一般。耐旱性中等。后期有早衰现象，熟相一般。2010 年、2011 年区域试验，平均亩穗数 38.6 万穗、44.3 万穗，穗粒数 34.3 粒、33.3 粒，千粒重 43.9 克、43.8 克。抗病性鉴定：高感条锈病、叶锈病、赤霉病和纹枯病，中感白粉病。混合样测定：籽粒容重 766 克/升、782 克/升，蛋白质含量 13.67%、13.26%，硬度指数 63.8（2011 年）；面粉湿面筋含量 33.2%、31.3%，沉降值 24.0 毫升、18.3 毫升，吸水率 55.2%、56.0%，面团稳定时间 1.9 分钟、1.5 分钟，最大拉伸阻力 119E.U、92E.U，延伸性 168 毫米、

136 毫米，拉伸面积 30 厘米^2、16 厘米^2。

产量表现： 2009—2010 年度参加黄淮冬麦区南片冬水组品种区域试验，平均亩产 524.6 千克，比对照增产 4.4％；2010—2011 年度续试，平均亩产 580.2 千克，比对照增产 3.2％。2011—2012 年度生产试验，平均亩产 514.6 千克，比对照增产 5.1％。

栽培技术要点： ①10 月上中旬播种，每亩基本苗为高水肥地 15 万～18 万苗、中水肥地 18 万～20 万苗，晚播适当加大播种量。②注意防治蚜虫、条锈病、叶锈病、纹枯病和赤霉病等病虫害。③高水肥地注意防倒伏。

适宜区域： 该品种适宜在黄淮冬麦区南片的河南中北部、安徽北部、江苏北部、陕西关中地区高中水肥地块早中茬种植。根据农业部第 1118 号公告，该品种还适宜在黄淮冬麦区北片的山东、河北中南部、山西南部、河南安阳水地种植。

36. 京冬18

审定编号： 国审麦 2010015
选育单位： 北京杂交小麦工程技术研究中心
品种来源： F404/(长丰 1/ore//双 82-4/81-142)//931
省级审定情况： 2006 年北京市农作物品种审定委员会审定
特征特性： 冬性，中早熟，成熟期比对照京冬 8 号（下同）早 1 天左右。幼苗半匍匐，分蘖力中等，成穗率较高。株高 79 厘米左右，株型紧凑，抗倒性较好。穗纺锤形，长芒，白壳，白粒，籽粒半角质。2008 年、2009 年区域试验，平均亩穗数 43.9 万穗、41.4 万穗，穗粒数 31.9 粒、31.5 粒，千粒重 42.0 克、42.6 克。抗寒性中等。接种抗病性鉴定：高感叶锈病，中感白粉病，高抗条锈病。2008 年、2009 年分别测定混合样：籽粒容重 788 克/升、803 克/升，硬度指数 62.0、62.4，蛋白质含量 14.71％、13.78％；面粉湿面筋含量 32.4％、30.8％，沉降值 31.8 毫升、30.0 毫升，吸水率 55.7％、58.3％，面团稳定时间 2.6 分钟、2.1 分钟，最大抗延阻力 236E.U、164E.U，延伸性 144 毫米、136 毫米，拉伸面积 48 厘米^2、34 厘米^2。

产量表现： 2007—2008 年度参加北部冬麦区水地组品种区域

试验，平均亩产 489.2 千克，比对照增产 3.3%；2008—2009 年度续试，平均亩产 439.4 千克，比对照增产 4.6%。2009—2010 年度生产试验，平均亩产 428.1 千克，比对照增产 14.7%。

栽培技术要点： 适宜播种期 9 月 26 日至 10 月 5 日，每亩适宜基本苗 20 万～25 万苗，10 月 5 日以后播种随播期推迟适当增加基本苗，每晚播种 1 天增加 1 万苗基本苗。浇好冻水。适时灭草，及时防治蚜虫和病害。

适宜区域： 该品种适宜在北部冬麦区的北京、天津、河北中北部、山西中部的水地种植，也适宜在新疆阿拉尔地区水地种植。

37. 良星 66

审定编号： 国审麦 2010004
选育单位： 山东良星种业有限公司
品种来源： 济 91102/济 935031
以往审定情况： 2008 年国家农作物品种审定委员会审定，2008 年山东省农作物品种审定委员会审定。
特征特性： 半冬性，中晚熟，成熟期比对照新麦 18（下同）晚 1.2 天，与周麦 18 同期。幼苗半匍匐，叶细、青绿色，分蘖力较强，成穗率中等。冬季抗寒性较好。春季起身拔节迟，春生分蘖多，两极分化快，抽穗较晚，抗倒春寒能力中等。株高 85 厘米左右，株型较紧凑，旗叶深绿色、短宽上冲。茎秆弹性一般，抗倒性一般。熟相较好。穗层较整齐。穗纺锤形，长芒，白壳，白粒，籽粒半角质、均匀、色泽光亮、饱满度一般、腹沟偏深。2008 年、2009 年区域试验，平均亩穗数 43.4 万穗、47.2 万穗，穗粒数 32.5 粒、32.2 粒，千粒重 42.2 克、39.0 克，属多穗型品种。接种抗病性鉴定：高感叶锈病、赤霉病和纹枯病，慢条锈病，高抗白粉病。区试田间试验部分试点中感白粉病、中感至高感条锈病、高感叶枯病。2008 年、2009 年分别测定混合样：籽粒容重 802 克/升、787 克/升，硬度指数 66.0、67.4，蛋白质含量 13.26%、13.77%；面粉湿面筋含量 30.9%、30.5%，沉降值 29.0 毫升、31.2 毫升，吸水率 62.2%、62.4%，面团稳定时间 2.6 分钟、3.2 分钟，最大抗延阻力 187E.U、322E.U，延伸性 150 毫米、144 毫米，拉伸面积 41 厘米²、64 厘米²。

产量表现：2007—2008 年度参加黄淮冬麦区南片冬水组品种区域试验，平均亩产 567.4 千克，比对照增产 4.0%；2008—2009 年度续试，平均亩产 551.0 千克，比对照增产 9.8%。2009—2010 年度生产试验，平均亩产 498.5 千克，比对照增产 4.1%。

栽培技术要点：适宜播种期 10 月上中旬，每亩适宜基本苗 15 万～20 万苗。注意防治条锈病、叶锈病、叶枯病、纹枯病、赤霉病。春季水肥管理可略晚，控制株高，防止倒伏。

适宜区域：该品种适宜在黄淮冬麦区南片的河南（信阳、南阳除外）、安徽北部、江苏北部、陕西关中地区高中水肥地块早中茬种植。根据农业部第 1118 号公告，该品种还适宜在黄淮冬麦区北片的山东、河北中南部、山西南部、河南安阳水地种植。

38. 洛麦 21 号

审定编号：国审麦 2009006
选育单位：洛阳市农业科学研究院
品种来源：洛麦 1 号/周麦 13
省级审定情况：2006 年河南省农作物品种审定委员会审定
特征特性：半冬性，中晚熟，成熟期比对照新麦 18（下同）晚 1 天。幼苗近直立，叶黄绿色，分蘖力中等，成穗率较高。株高 90 厘米左右，株型紧凑，旗叶短宽、上冲，长相清秀，株行间透光性较好，茎秆较粗。穗层厚，穗大穗匀，结实性好。穗纺锤形，长芒，白壳，白粒，籽粒粉质、大小较均匀，腹沟深，饱满度一般。两年区试，平均亩穗数 36.4 万穗，穗粒数 36.4 粒，千粒重 44.8 克。冬季抗寒性一般，耐倒春寒能力偏弱。抗倒性中等偏弱。耐旱性较好，熟相较好。接种抗病性鉴定：中抗赤霉病，中感条锈病、纹枯病，高感叶锈病、白粉病。区试田间试验部分试点颖枯病偏重发生，高感条锈病。2007 年、2008 年分别测定品质（混合样）：籽粒容重 768 克/升、775 克/升，硬度指数 60（2008 年），蛋白质含量 14.29%、14.02%；面粉湿面筋含量 33.1%、30.4%，沉降值 28.7 毫升、26.7 毫升，吸水率 58.5%、56.8%，面团稳定时间 2.4 分钟、2.2 分钟，最大抗延阻力 174 E.U、163E.U，延伸性 16.4 厘米、16.4 厘米、拉伸面积 42 厘米^2、40 厘米^2。

产量表现： 2006—2007 年度参加黄淮冬麦区南片冬水组品种区域试验，平均亩产 537.3 千克，比对照增产 3.4％；2007—2008 年度续试，平均亩产 584.2 千克，比对照增产 7.5％。2008—2009 年度生产试验，平均亩产 496.8 千克，比对照增产 5.5％。

栽培技术要点： 适宜播期 10 月上中旬，每亩适宜基本苗 12 万～15 万苗。注意防治条锈病、叶锈病、白粉病、颖枯病、蚜虫、红蜘蛛等病虫害。高水肥地注意控制播量，掌握好春季追肥浇水的时期，防止倒伏。

适宜区域： 该品种适宜在黄淮冬麦区南片的河南（信阳、南阳除外）、安徽北部、江苏北部、陕西省关中灌区高中水肥地块早中茬种植。

39. 宁麦 18

审定编号： 国审麦 2012003

选育单位： 江苏省农业科学院农业生物技术研究所，江苏中江种业股份有限公司

品种来源： 宁 9312＊^{3}/扬 93-111

省级审定情况： 2011 年江苏省农作物品种审定委员会审定

特征特性： 春性品种，成熟期比对照扬麦 158（下同）晚 1 天。幼苗半直立，叶色淡绿，分蘖力较强，成穗率中等。株高平均 89 厘米，株型略松散，叶片略披。抗倒性中等偏低。穗层整齐，穗纺锤形，长芒，白壳，红粒，籽粒半角质-粉质，籽粒较饱满。2009 年、2010 年区域试验，平均亩穗数 29.7 万穗、32.7 万穗，穗粒数 43.0 粒、42.7 粒，千粒重 35.3 克、35.0 克。抗病性鉴定：中抗赤霉病，中感白粉病，高感条锈病、叶锈病和纹枯病。混合样测定：籽粒容重 808 克/升、780 克/升，蛋白质含量 12.4％、12.5％，硬度指数 52.4、45.9，面粉湿面筋含量 24.1％、23.8％，沉降值 22.2 毫升、32.2 毫升，吸水率 53.9％、55.4％，面团稳定时间 2.8 分钟、1.3 分钟，最大拉伸阻力 230E.U、348E.U，延伸性 142 毫米、143 毫米，拉伸面积 46.2 厘米^2、65.8 厘米^2。

产量表现： 2008—2009 年度参加长江中下游冬麦组区域试验，

平均亩产 433.1 千克，比对照增产 6.5%；2009—2010 年度续试，平均亩产 442.7 千克，比对照增产 9.1%。2010—2011 年度生产试验，平均亩产 447.7 千克，比对照增产 7.2%。

栽培技术要点：①10 月下旬至 11 月上旬播种，每亩基本苗为高产田块 12 万苗左右、中等肥力田块 15 万苗左右。②注意防治蚜虫、条锈病、叶锈病、白粉病、纹枯病等病虫害。

适宜区域：该品种适宜在长江中下游冬麦区的江苏和安徽两省淮南地区、河南信阳地区、浙江中北部中上等肥力田块种植。

40. 山农 20

审定编号：国审麦 2011012
选育单位：山东农业大学
品种来源：PH82-2-2/954072
以往审定情况：2010 年国家农作物品种审定委员会审定
特征特性：半冬性中晚熟品种，成熟期平均比对照石 4185（下同）晚 1 天左右。幼苗匍匐，分蘖力较强。区试田间试验记载越冬抗寒性较好。春季发育稳健，两极分化快，抽穗稍晚，亩成穗多，穗层整齐。株高 78 厘米，株型紧凑，旗叶上举、叶色深绿。抗倒性较好。后期成熟落黄正常。穗纺锤形，长芒，白壳，白粒，籽粒角质、较饱满。亩穗数 43.3 万穗，穗粒数 35.1 粒，千粒重 41.4 克。抗寒性较差。抗病性鉴定：高感赤霉病、纹枯病，中感白粉病，慢条锈病，中抗叶锈病。2009 年、2010 年品质测定结果分别为：籽粒容重 828 克/升、808 克/升，硬度指数 67.7（2009 年），蛋白质含量 13.53%、13.3%；面粉湿面筋含量 30.3%、29.7%，沉降值 30.3 毫升、28 毫升，吸水率 64.1%、59.8%，面条稳定时间 3.2 分钟、2.9 分钟，最大抗延阻力 256E.U、266E.U，延伸性 133 毫米、148 毫米，拉伸面积 47 厘米^2、56 厘米^2。

产量表现：2008—2009 年度参加黄淮冬麦区北片水地组区域试验，平均亩产 535.7 千克，比对照增产 5.3%；2009—2010 年度续试，平均亩产 517.1 千克，比对照增产 5.1%。2010—2011 年度生产试验，平均亩产 569.8 千克，比对照增产 3.6%。

栽培技术要点： ①适宜播种期10月上旬，每亩基本苗15万～18万苗。②抽穗前后注意防治蚜虫，同时注意防治纹枯病和赤霉病。③春季管理可略晚，控制株高，防倒伏。

适宜区域： 该品种适宜在黄淮冬麦区北片的山东省、河北省中南部、山西省南部高水肥地块种植。根据农业部第1505号公告，该品种还适宜在黄淮冬麦区南片的河南省（南阳、信阳除外）、安徽省北部、江苏省北部、陕西省关中地区高中水肥地块早中茬种植。

41. 石麦15号

审定编号： 国审麦2009025

选育单位： 石家庄市农林科学研究院，河北省农林科学院遗传生理研究所

品种来源： GS冀麦38/92R137

以往审定情况： 2005年、2007年河北省农作物品种审定委员会审定，2007年国家农作物品种审定委员会审定

特征特性： 冬性，中晚熟，成熟期比对照京冬8号（下同）晚1天左右。幼苗半匍匐，分蘖力中等，成穗率较高。株高75厘米左右，株型较紧凑，穗层较整齐。穗纺锤形，短芒，白壳，白粒，籽粒半角质。两年区试，平均亩穗数43.4万穗，穗粒数32.4粒，千粒重39.2克。抗寒性鉴定，抗寒性中等。抗倒性较强。接种抗病性鉴定：中抗白粉病，中感叶锈病，高感条锈病。2007年、2008年分别测定品质（混合样）：籽粒容重749克/升、780克/升，硬度指数68.0（2008年），蛋白质含量14.62%、14.68%；面粉湿面筋含量32.1%、32.0%，沉降值20.3毫升、20.5毫升，吸水率55.8%、57.6%，面团稳定时间1.7分钟、1.6分钟，最大抗延阻力100E.U、92E.U，延伸性13.4厘米、11.8厘米，拉伸面积18厘米²、15厘米²。

产量表现： 2006—2007年度参加北部冬麦区水地组品种区域试验，平均亩产450.6千克，比对照增产5.2%；2007—2008年度续试，平均亩产489.5千克，比对照增产3.4%。2008—2009年度生产试验，平均亩产393.1千克，比对照增产2.8%。

栽培技术要点：北部冬麦区适宜播种期 9 月 25 日至 10 月 5 日。适期播种量高水肥地每亩基本苗 15 万～20 万苗、中水肥地 18 万～22 万苗，晚播麦田应适当加大播量；注意除虫防病，播种前进行种子包衣或用杀虫剂、杀菌剂混合拌种，以防治地下害虫和黑穗病；小麦扬花后及时防治麦蚜。

适宜区域：该品种适宜在北部冬麦区的北京、天津、河北中北部、山西中部和东南部的水地种植，也适宜在新疆阿拉尔地区水地种植。根据农业部第 943 号公告，该品种还适宜在黄淮冬麦区北片的山东、河北中南部、山西南部中高水肥地种植。

42. 舜麦 1718

审定编号：国审麦 2011009

选育单位：山西省农业科学院棉花研究所

品种来源：32S/Gabo

省级审定情况：2007 年、2009 年山西省农作物品种审定委员会审定

特征特性：半冬性中熟品种，成熟期与对照石 4185（下同）同期。幼苗半匍匐，叶色中绿，分蘖力强，亩成穗较多。株高 75 厘米，株型松散。抗倒性差。部分试点表现早衰。穗纺锤形，小穗排列紧密，长芒、白壳、白粒，角质。亩穗数 42.6 万穗，穗粒数 37.9 粒，千粒重 37.1 克。抗寒性中等。抗病性鉴定：高感条锈病、叶锈病、白粉病、赤霉病，中感纹枯病，区试田间试验部分试点叶枯病较重。2009 年、2010 年分别测定混合样：籽粒容重 820 克/升、780 克/升，硬度指数 65.8（2009 年），蛋白质含量 14.63%、14.28%；面粉湿面筋含量 31.2%、30.2%，沉降值 48.3 毫升、42 毫升，吸水率 62.2%、58.4%，面团稳定时间 8.2 分钟、11.3 分钟，最大抗延阻力 398E.U、518E.U，延伸性 162 毫米、151 毫米，拉伸面积 86 厘米^2、105 厘米^2。品质达到强筋品种审定标准。

产量表现：2008—2009 年度参加黄淮冬麦区北片水地组品种区域试验，平均亩产 523.8 千克，比对照增产 2.9%；2009—2010 年度续试，平均亩产 504.7 千克，比对照增产 3.9%。2010—2011

年度生产试验，平均亩产 564.3 千克，比对照增产 4.3%。

栽培技术要点：①适宜播种期 10 月上旬，高水肥地每亩适宜基本苗 18 万～20 万苗，中等地力每亩适宜基本苗 18 万～22 万苗。②播前药剂拌种防治前期蚜虫传播黄矮病毒。③浇好越冬水。④后期注意防病、防倒伏。

适宜区域：该品种适宜在黄淮冬麦区北片的山东省、河北省中南部、山西省南部高中水肥地块种植。

43. 汶农 14 号

审定编号：国审麦 2011015

选育单位：泰安市汶农种业有限责任公司

品种来源：84139//9215/876161

省级审定情况：2010 年山东省农作物品种审定委员会审定

特征特性：半冬性晚熟品种，成熟期平均比对照石 4185（下同）晚 1～2 天。幼苗匍匐，叶色深绿，分蘖力强。区试田间试验记载冬季抗寒性好。株高 80 厘米，茎秆较粗，茎秆蜡质重，弹性好，抗倒性较好。穗层整齐，穗大小均匀，结实性好。穗纺锤形，长芒，白壳，白粒，商品性好。亩穗数 43.5 万穗，穗粒数 35.2 粒，千粒重 41.5 克。接种抗病性鉴定：高感赤霉病、纹枯病，中感叶锈病、白粉病，慢条锈病。2009 年、2010 年品质测定结果分别为：籽粒容重 822 克/升、806 克/升，硬度指数 67.1（2009年），蛋白质含量 14.15%、13.6%；面粉湿面筋含量 34.8%、31.3%，沉降值 32.1 毫升、26.5 毫升，吸水率 65.3%、60.4%，面团稳定时间 1.8 分钟、2.4 分钟，最大抗延阻力 202E.U、247E.U，延伸性 142 毫米、148 毫米，拉伸面积 42 厘米^2、52 厘米^2。

产量表现：2008—2009 年度参加黄淮冬麦区北片水地组品种区域试验，平均亩产 555.0 千克，比对照增产 9.1%；2009—2010 年度续试，平均亩产 543.6 千克，比对照增产 10.5%。2009—2010 年度生产试验，平均亩产 528.8 千克，比对照增产 10.2%。

栽培技术要点：①适宜播种期 10 月上旬，高水肥地每亩适宜基本苗 12 万～15 万苗，中水肥地每亩适宜基本苗 14 万～18 万苗。

②加强田间肥水管理，注意后期适时防治病虫害。

适宜区域：该品种适宜在黄淮冬麦区北片的山东省、河北省中南部、山西省南部、河南省安阳市高中水肥地块种植。

44. 西科麦4号

审定编号：国审麦 2008002

选育单位：西南科技大学

品种来源：墨 460/9601－3

省级审定情况：2007 年四川省农作物品种审定委员会审定

特征特性：春性，中熟，全生育期 190 天左右，与对照川麦 107（下同）相当。幼苗半直立，分蘖力较强，苗叶较披，生长势较旺。株高 95 厘米左右，株型较紧凑，成株叶片中等长宽。穗层整齐，穗长方形，顶芒，白壳，白粒，籽粒半角质、均匀、较饱满。平均亩穗数 24.7 万穗，穗粒数 40.2 粒，千粒重 44.3 克。抗倒性中等。接种抗病性鉴定：叶锈病免疫，高抗条锈病，高感白粉病、赤霉病；个别区试点有条锈病发生。2006 年、2007 年分别测定混合样：籽粒容重 782 克/升、800 克/升，蛋白质（干基）含量 13.87%、14.32%；面粉湿面筋含量 27.3%、31.3%，沉降值 28.9 毫升、31.1 毫升，吸水率 52.7%、54.9%，面团稳定时间 3.0 分钟、2.9 分钟，最大抗延阻力 260E.U、270E.U，延伸性 18.0 厘米、17.0 厘米，拉伸面积 64.4 厘米^2、63.4 厘米^2。

产量表现：2005—2006 年度参加长江上游冬麦组品种区域试验，平均亩产 385.5 千克，比对照增产 7.1%；2006—2007 年度续试，平均亩产 405.87 千克，比对照增产 7.8%。2007—2008 年度生产试验，平均亩产 357.66 千克，比对照增产 5.12%。

栽培技术要点：霜降至立冬播种，每亩适宜基本苗 12 万～14 万苗，适宜在较高肥水条件下种植。

适宜区域：该品种适宜在四川、贵州、陕西汉中和安康、湖北襄樊、重庆西部、云南中部田麦区、甘肃徽成盆地川坝河谷种植。

45. 西农 928

审定编号：国审麦 2008013

选育单位： 西北农林科技大学

品种来源： 陕 229/莱州 953

省级审定情况： 2005 年陕西省农作物品种审定委员会审定

特征特性： 弱冬性，中晚熟，全生育期 260 天左右，成熟期比对照晋麦 47 号（下同）晚 1 天。幼苗半匍匐，分蘖力较强，长势壮，两极分化较快，抽穗较早，成穗率中等。株高 85 厘米左右，株型较松散，茎秆蜡质、粗壮、弹性好，叶色灰绿，旗叶上举。穗层整齐，穗长方形，长芒，白壳，白粒，角质，饱满度较好，外观商品性好。平均亩穗数 32.4 万穗，穗粒数 25.5 粒，千粒重 41.3 克，黑胚率 1.5％。抗寒性较好，抗倒春寒能力稍弱。抗倒性较好。熟相好。抗旱性鉴定：抗旱性中等。接种抗病性鉴定：中抗至中感条锈病，慢叶锈病，高感白粉病、黄矮病、秆锈病。2006 年、2007 年分别测定混合样：籽粒容重 786 克/升、779 克/升，蛋白质（干基）含量 14.51％、16.27％；面粉湿面筋含量 32.6％、36.3％，沉降值 32.8 毫升、48.0 毫升，吸水率 65.6％、63.2％，面团稳定时间 1.8 分钟、3.4 分钟，最大抗延阻力 108E.U、181E.U，延伸性 16.2 厘米、181 厘米，拉伸面积 26 厘米²、48 厘米²。

产量表现： 2005—2006 年度参加黄淮冬麦区旱薄组品种区域试验，平均亩产 300.44 千克，比对照增产 4.8％；2006—2007 年度续试，平均亩产 264.4 千克，比对照增产 3.9％。2007—2008 年度生产试验，平均亩产 291.2 千克，比对照增产 9.6％。

栽培技术要点： 适宜播期 9 月 15 日～28 日，每亩适宜基本苗 18 万～20 万苗。施肥氮、磷配合，一次性施足底肥，春季一般不追肥。注意防治蚜虫和黄矮病，防止倒春寒。

适宜区域： 该品种适宜在黄淮冬麦区的陕西渭北、山西运城和晋城、河南西部旱薄地种植（黄矮病高发区慎用）。

46. 徐麦 31

审定编号： 国审麦 2011005

选育单位： 江苏徐淮地区徐州农业科学研究所

品种来源： 烟辐 188/徐州 26 号

省级审定情况：2009 年江苏省农作物品种审定委员会审定

特征特性：半冬性中晚熟品种，成熟期平均比对照周麦 18（下同）晚 1 天左右。幼苗半匍匐，叶宽长、深绿色，分蘖力中等，成穗率高。冬季抗寒性一般。春季起身拔节早，对肥水敏感，两极分化慢，抽穗晚，抗倒春寒能力一般。株高 83 厘米，株型偏紧凑，旗叶窄短、上冲。茎秆弹性一般，抗倒性一般。耐旱性一般，较耐后期高温，熟相好。穗层厚，穗多、穗小。穗纺锤形，无芒，白壳，白粒，籽粒角质、饱满、商品性好。亩穗数 40.5 万穗、穗粒数 32.1 粒、千粒重 42.9 克。抗病性鉴定：高感纹枯病，中感叶锈病、白粉病、赤霉病，慢条锈病。2009 年、2010 年品质测定结果分别为：籽粒容重 785 克/升、785 克/升，硬度指数 58.5（2009年），蛋白质含量 15.06%、16.13%；面粉湿面筋含量 33.0%、35.6%，沉降值 46.7 毫升、53.0 毫升，吸水率 57.8%、57.4%，面团稳定时间 8.4 分钟、6.4 分钟，最大抗延阻力 303E.U、218E.U，延伸性 169 毫米、188 毫米，拉伸面积 70 厘米^2、58 厘米^2。品质达到强筋品种审定标准。

产量表现：2008—2009 年度参加黄淮冬麦区南片冬水组品种区域试验，平均亩产 529.6 千克，比对照减产 1.1%；2009—2010年度续试，比对照增产 3.0%。2010—2011 年度生产试验，平均亩产 536.3 千克，比对照增产 2.5%。

栽培技术要点：①适宜播种期 10 月 8 日～16 日，每亩适宜基本苗 12 万～16 万苗，肥力水平偏低或播期推迟，应适当增加基本苗。②注意防治纹枯病、赤霉病。③高水肥地注意防倒伏。

适宜区域：该品种适宜在黄淮冬麦区南片的河南省中北部、安徽省北部、江苏省北部、陕西省关中地区高中水肥地块早中茬种植。

47. 云麦 53

审定编号：国审麦 2009002

选育单位：云南省农业科学院粮食作物研究所，玉溪市农业科学研究所

品种来源：96B-254/96B-6

省级审定情况： 2007 年云南省农作物品种审定委员会审定

特征特性： 春性，成熟期比对照川麦 107（下同）早熟 2 天。幼苗直立，分蘖力偏弱，植株生长较旺。株高 89 厘米左右，叶片下披。穗层较整齐，大穗，穗长方形，长芒，白壳，白粒，籽粒半角质、较饱满。平均亩穗数 21.0 万穗，穗粒数 41.9 粒，千粒重 49.6 克。抗倒力中等。接种抗病性鉴定：白粉病免疫，慢条锈病、叶锈病，中感赤霉病。区试田间试验部分试点表现条锈病、白粉病较重。2006 年、2007 年分别测定品质（混合样）：籽粒容重 788 克/升、764 克/升，硬度指数 59.8（2008 年），蛋白质含量 13.34%、13.46%；面粉湿面筋含量 28.8%、25.6%，沉降值 16.4 毫升、18.2 毫升，吸水率 59.3%、59.7%，面团稳定时间 1.1 分钟、1.3 分钟，最大抗延阻力 50E.U、40E.U，延伸性 15.8 厘米、11.5 厘米，拉伸面积 8.1 厘米^2、5.5 厘米^2。

产量表现： 2006—2007 年度参加长江上游冬麦组品种区域试验，平均亩产 399.9 千克，比对照增产 5.9%；2007—2008 年度续试，平均亩产 362.9 千克，比对照增产 6.3%。2008—2009 年度生产试验，平均亩产 376.2 千克，比对照增产 7.2%。

栽培技术要点： 适时播种，最佳播种期 10 月 20 日～25 日。合理密植，每亩基本苗 14 万～15 万苗。注意防治条锈病、白粉病。

适宜区域： 该品种适宜在西南冬麦区的云南、重庆、四川盆地及川西南地区、贵州北部、湖北襄樊地区种植。

48. 运旱 20410

审定编号： 国审麦 2008014

选育单位： 山西省农业科学院棉花研究所

品种来源： 晋麦 54/长 5613

省级审定情况： 2007 年山西省农作物品种审定委员会审定

特征特性： 弱冬性，中熟，全生育期 242 天左右，成熟期与对照晋麦 47 号（下同）相当。幼苗半匍匐，叶色深绿，生长健壮，分蘖力强，返青起身较早，两极分化快。株高 87 厘米左右，株型紧凑，茎秆略细，叶型直立转披，叶色抽穗后呈浅灰绿色，灌浆期转色落黄好。穗层整齐，穗纺锤形，长芒，白壳，白粒，籽粒角质，饱满度较好。平均亩穗数33.4万穗，穗粒数28.3粒，千粒重35.8克，黑胚率1.6％。抗倒性中等。抗旱性中等。接种抗病性鉴定：高感条锈病、叶锈病、白粉病、黄矮病、秆锈病。2007年、2008年分别测定混合样：籽粒容重766克/升、804克/升，蛋白质（干基）含量18.02％、14.71％；面粉湿面筋含量39.8％、32.6％，沉降值55.0毫升、44.9毫升，吸水率61.4％、60.1％，面团稳定时间10.6分钟、4.5分钟，最大抗延阻力277E.U、294E.U，延伸性20.2厘米、17.8厘米，拉伸面积80厘米^2、74厘米^2。

产量表现： 2006—2007年度参加黄淮冬麦区旱薄组品种区域试验，平均亩产264.6千克，比对照增产4.0％；2007—2008年度续试，平均亩产291.5千克，比对照增产3.0％。2007—2008年度生产试验，平均亩产288.1千克，比对照增产8.4％。

栽培技术要点： 适宜播期9月25日～10月初，每亩适宜基本苗15万苗左右。及时防治黄矮病、锈病和蚜虫，在丰水年份防止倒伏。

适宜区域： 该品种适宜在黄淮冬麦区的陕西渭北、山西南部、河南西部旱薄地种植（黄矮病高发区慎用）。

49. 郑麦 7698

审定编号： 国审麦 2012009
选育单位： 河南省农业科学院小麦研究中心
品种来源： 郑麦 9405/4B269//周麦 16
省级审定情况： 2011 年河南省农作物品种审定委员会审定
特征特性： 半冬性多穗型中晚熟品种，成熟期比对照周麦 18（下同）晚 0.3 天。幼苗半匍匐，苗势较壮，叶窄短，叶色深绿，分蘖力较强，成穗率低，冬季抗寒性较好。春季起身拔节迟，春生分蘖略多，两极分化快，抽穗晚。抗倒春寒能力一般，穗部虚尖、缺粒现象较明显。株高平均 77 厘米，茎秆弹性一般，抗倒性中等。株型较紧凑，旗叶宽长上冲，蜡质重。穗层厚，穗多，穗匀。后期根系活力较强，熟相较好，穗长方形，籽粒角质、均匀、饱满度一般。2010 年、2011 年区域试验，平均亩穗数 38.0 万穗、41.5 万穗，穗粒数 34.3 粒、35.5 粒，千粒重 44.4 克、43.6 克。前中期对肥水较敏感，肥力偏低的地块成穗数少。抗病性鉴定：慢条锈病，高感叶锈病、白粉病、纹枯病和赤霉病。混合样测定：籽粒容重 810 克/升、818 克/升，蛋白质含量 14.79%、14.25%，籽粒硬度指数 69.7（2011 年）；面粉湿面筋含量 31.4%、30.4%，沉降值 40.0 毫升、33.1 毫升，吸水率 61.1%、60.8%，面团稳定时间 9.7 分钟、7.4 分钟，最大抗延阻力 574E.U、362E.U，延伸性 148 毫米、133 毫米，拉伸面积 108 厘米^2、66 厘米^2。

产量表现： 2009—2010 年度参加黄淮冬麦区南片区域试验，平均亩产 513.3 千克，比对照增产 3.0%；2010—2011 年度续试，平均亩产 581.4 千克，比对照增产 3.4%。2011—2012 年度生产试验，平均亩产 499.7 千克，比对照增产 2.6%。

栽培技术要点： ①10 月上中旬播种，亩基本苗 12 万～20 万苗。②注意防治白粉病、纹枯病和赤霉病等病虫害。

适宜区域： 该品种适宜在黄淮冬麦区南片的河南中北部、安徽北部、江苏北部、陕西关中地区高中水肥地块早中茬种植。

50. 中麦 175

审定编号： 国审麦 2011018

选育单位： 中国农业科学院作物科学研究所

品种来源： BPM27/京 411

以往审定情况： 2007 年北京市、山西省农作物品种审定委员会审定，2008 年国家农作物品种审定委员会审定

特征特性： 弱冬性中早熟品种，成熟期平均比对照洛旱 2 号（下同）早 2 天左右。幼苗半匍匐，叶片较窄，分蘖力中等，成穗率较高。起身较早，两极分化较快，抽穗较早。株高 75 厘米，株型紧凑，旗叶小，茎叶灰绿色，抗倒性好。亩穗数 37.6 万穗，穗粒数 30.7 粒，千粒重 38.2 克。穗层整齐，穗长方形，长芒，白壳，白粒，粉质，饱满度较好。抗旱性较弱。抗病性鉴定：高感白粉病、黄矮病，中感叶锈病，慢条锈病。2009 年、2010 年品质测定结果分别为：籽粒容重 807 克/升、790 克/升，蛋白质含量

12.98%、14.11%；面粉湿面筋含量 8.6%、29.2%，沉降值 23.3 毫升、26.0 毫升，吸水率 53.8%、53.0%，面团稳定时间 1.7 分钟、1.9 分钟，最大抗延阻力 165 E. U、182E. U，延伸性 149 毫米、138 毫米，拉伸面积 36 厘米^2、36 厘米^2。

产量表现： 2008—2009 年度参加黄淮冬麦区旱肥组品种区域试验，平均亩产 357.0 千克，比对照增产 2.7%；2009—2010 年度续试，平均亩产 394.2 千克，比对照增产 5.9%。2010—2011 年度生产试验，平均亩产 368.1 千克，比对照增产 8.6%。

栽培技术要点： ①黄淮旱肥地适宜播种期 10 月上中旬，每亩适宜基本苗 15 万～17 万苗，晚播适当增加播种量。②中后期及时防治病虫害，适时收获，防止穗发芽。

适宜区域： 该品种适宜黄淮冬麦区的山西省晋南、陕西省咸阳和渭南、河南省旱肥地及河北省、山东省旱地种植。根据农业部第1118 号公告，该品种还适宜在北部冬麦区的北京、天津、河北中北部、山西中部和东南部水地种植，也适宜在新疆阿拉尔地区水地作冬麦种植。

（二）春小麦

51. 巴丰 5 号

审定编号： 国审麦 2009028

选育单位： 内蒙古巴彦淖尔市农牧业科学研究院

品种来源： 永 1087//Y2008-6/巴麦 10 号

省级审定情况： 2005 年内蒙古自治区农作物品种审定委员会审定

特征特性： 春性，成熟期与对照宁春 4 号（下同）相当。幼苗直立，分蘖力较弱，成穗率较低。株高 83 厘米左右。穗纺锤形，长芒、白壳、白粒，落粒性中等，籽粒硬质、饱满，黑胚率较低。接种抗病性鉴定：叶锈病免疫，中抗至中感条锈病，高感黄矮病、白粉病。抗寒性中等。抗青干能力较弱。抗倒性差。成熟落黄较好。2006 年、2007 年分别测定品质（混合样）：籽粒容重 835 克/升、822 克/升，蛋白质含量 15.38%、14.08%；面粉湿面筋含量

33.6％、30.1％，沉降值 34.0 毫升、30.7 毫升，吸水率 60.9％、58.1％，面团稳定时间 10.9 分钟、8.0 分钟，最大抗延阻力 552E.U、505 E.U，延伸性 11.8 厘米、14.5 厘米，拉伸面积 81 厘米^2、91.8 厘米^2。品质达到强筋品种审定标准。

产量表现： 2006 年参加西北春麦水地组品种区域试验，平均亩产 428.6 千克，比对照减产 3.3％；2007 年续试，平均亩产 417.3 千克，比对照增产 5.4％。2008 年生产试验，平均亩产 504.5 千克，平均比对照增产 1.4％。

栽培技术要点： 注意旺苗控水，及时防治锈病、白粉病、黄矮病等病害。

适宜区域： 该品种适宜在宁夏、甘肃、内蒙古中西部、青海东部和柴达木盆地、新疆北疆的水浇地作春麦种植。

52. 北麦 9 号

审定编号： 国审麦 2011019

选育单位： 黑龙江省农垦总局九三农业科学研究所

品种来源： 九三 97F$_4$-1057/九三 97F$_4$-255//119-54-34-Ⅱ-3

省级审定情况： 2010 年黑龙江省农作物品种审定委员会审定

特征特性： 春性中晚熟品种，成熟期平均比对照垦九 10 号早 1 天左右。幼苗直立，分蘖力强。株高 88 厘米。穗纺锤形，长芒，白壳，红粒，籽粒角质。亩穗数 39.0 万穗，穗粒数 31.0 粒，千粒重 34.9 克。抗倒性一般。接种抗病性鉴定：高感赤霉病、白粉病，中感根腐病，中抗秆锈病，高抗叶锈病。2008 年、2009 年品质测定结果分别为：籽粒容重 798 克/升、790 克/升，硬度指数 69.8、64.2，蛋白质含量 13.95％、13.03％；面粉湿面筋含量 31.8％、27.6％，沉降值 37.0 毫升、36.2 毫升，吸水率 64.9％、60.4％，面团稳定时间 3.4 分钟、2.2 分钟，最大抗延阻力 92E.U、138E.U，延伸性 12.6 厘米、19.7 厘米，拉伸面积 16.4 厘米^2、40.4 厘米^2。

产量表现： 2008 年参加东北春麦区晚熟组品种区域试验，平均亩产 326.5 千克，比对照克旱 20 号增产 10.5％；2009 年续试，平均亩产 346.7 千克，比对照克旱 20 号增产 9.1％。2010 年生产试验，平均亩产 297.6 千克，比对照垦九 10 号增产 6.4%。

栽培技术要点：①适时播种，每亩适宜基本苗 40 万～43 万苗。②秋深施肥或春分层施肥，三叶期压青苗 2 遍，分蘖期进行复方化学除草，扬花期注意防治赤霉病，成熟时适时收获。

适宜区域：该品种适宜在东北春麦区的黑龙江省北部及内蒙古呼伦贝尔市地区种植。

53. 晋春 15 号

审定编号：国审麦 2009029

选育单位：山西省农业科学院高寒区作物研究所

品种来源：YecorarF70/晋春 9 号

省级审定情况：2004 年山西省农作物品种审定委员会审定

特征特性：春性，成熟期与对照宁春 4 号（下同）相当。幼苗直立，分蘖力强，成穗率中等。株高 87 厘米左右。穗纺锤形，长芒，白壳，红粒，落粒性中等，籽粒硬质，较饱满，黑胚率中等。两年区试，平均亩穗数 44.3 万穗，穗粒数 32.4 粒，千粒重 40.0 克。抗寒性中等。抗青干能力较弱。抗倒性较差。成熟落黄一般。接种抗病性鉴定：慢叶锈病，中感条锈病，高感白粉病、黄矮病。2006 年、2007 年分别测定品质（混合样）：籽粒容重 822 克/升、810 克/升，蛋白质含量 15.7%、15.27%；面粉湿面筋含量 34.4%、33.9%，沉降值 48.2 毫升、40.8 毫升，吸水率 61.0%、59.3%，面团稳定时间 7.7 分钟、6.5 分钟，最大抗延阻力 568E.U、492E.U 延伸性 17.8 厘米、16.3 厘米，拉伸面积 130 厘米^2、105 厘米^2。品质达到强筋品种审定标准。

产量表现：2006 年参加西北春麦水地组品种区域试验，平均亩产 439.6 千克，比对照减产 0.8%；2007 年续试，平均亩产 409.0 千克，比对照增产 3.3%。2008 年生产试验，平均亩产 510.6 千克，比对照增产 2.8%。

栽培技术要点：注意旺苗控水，防止倒伏，及时防治锈病、白粉病、黄矮病等病害。

适宜区域：该品种适宜在宁夏、甘肃、内蒙古中西部、青海东部和柴达木盆地的水浇地作春麦种植。

54. 克春1号

审定编号：国审麦 2010020

选育单位：黑龙江省农业科学院克山分院

品种来源：克 95-731/克 95R-498

省级审定情况：2010 年黑龙江省农作物品种审定委员会审定

特征特性：春性，中晚熟，成熟期比对照克旱 20 号（下同）晚 3 天。幼苗直立，分蘖力强。株高 100 厘米左右，抗倒性较好。穗纺锤形，长芒，白壳，红粒，角质。2008 年、2009 年区域试验，平均亩穗数 38.1 万穗、40.1 万穗，穗粒数 32.6 粒、33.7 粒，千粒重 34.3 克、34.5 克。接种抗病性鉴定：高感根腐病，中感赤霉病，慢秆锈病，高抗叶锈病。2008 年、2009 年分别测定混合样：籽粒容重 800 克/升、790 克/升，硬度指数 66.8、62.5，蛋白质含量 15.32%、13.68%；面粉湿面筋含量 35.1%、28.5%，沉降值 66.2 毫升、60.5 毫升，吸水率 61.2%、58.1%，面团稳定时间 8.2 分钟、5.5 分钟，最大抗延阻力 452E.U、448E.U，延伸性 170 毫米、15.4 毫米，拉伸面积 101.8 厘米^2、90.0 厘米^2。

产量表现：2008 年参加东北春麦晚熟组品种区域试验，平均亩产 318.6 千克，比对照增产 7.8%；2009 年续试，平均亩产 334.4 千克，比对照增产 5.2%。2009 年生产试验，平均亩产 281.6 千克，比对照增产 3.8%。

栽培技术要点：适时播种，每亩适宜基本苗 43 万苗左右。秋深施肥或春分层施肥，药剂拌种，注意防治根腐病。三叶期压青苗，成熟时及时收获。

适宜区域：该品种适宜在东北春麦区的黑龙江北部及内蒙古呼伦贝尔地区种植。

55. 龙辐麦 19

审定编号：国审麦 2012014

选育单位：黑龙江省农业科学院作物育种研究所，中国农业科学院作物科学研究所

品种来源：（九三 3u90/九三少）SP4/龙麦 26

省级审定情况：2011年黑龙江省农作物品种审定委员会审定

特征特性：春性中晚熟品种，成熟期比对照垦九10号早1天。幼苗直立，分蘖力强。株高平均92厘米。穗纺锤形，长芒，白壳，红粒，角质。2009年、2010年区域试验，平均亩穗数40.0万穗、37.7万穗，穗粒数32.3粒、26.9粒，千粒重35.5克、39.1克。抗倒性好。抗病性鉴定：叶锈病免疫，中抗秆锈病，高感赤霉病和白粉病，中感根腐病。混合样测定：籽粒容重813克/升、818克/升，蛋白质含量13.78%、16.14%，硬度指数63.9、67.1；面粉湿面筋含量29.0%、33.1%，沉降值38.0毫升、44.5毫升，吸水率61.7%、66.8%，面团稳定时间2.4分钟、2.4分钟，最大抗延阻力148E.U、75E.U，延伸性20.8厘米、22.1厘米，拉伸面积42.6厘米²、25.4厘米²。

产量表现：2009年参加东北春麦晚熟组品种区域试验，平均亩产349.5千克，比对照克旱20号增产10.0%；2010年续试，平均亩产320.8千克，比对照垦九10号增产9.5%。2011年生产试验，平均亩产283.2千克，比垦九10号增产6.5%。

栽培技术要点：①3月下旬至4月上旬播种，行距15厘米，每亩基本苗40万～43万苗。②秋深施肥或春分层施肥，三叶期压青苗。③及时防治病虫，成熟时及时收获。

适宜区域：该品种适宜在东北春麦区的黑龙江北部、内蒙古呼伦贝尔地区种植。

三、玉　米

（一）普通玉米

56. 川单189

审定编号：国审玉2011020
选育单位：四川农业大学玉米研究所
品种来源：SCML203×SCML1950
省级审定情况：2009年四川省农作物品种审定委员会审定

特征特性： 在西南地区出苗至成熟 119 天，比对照渝单 8 号（下同）晚 1 天。幼苗叶鞘紫色，叶片深绿色，叶缘绿色，花药绿色，颖壳浅紫色。株型平展，株高 284 厘米，穗位高 121 厘米，成株叶片数 20 片。花丝绿色，果穗锥形，穗长 18.9 厘米，穗行数 16～18 行，穗轴红色，籽粒黄色、马齿型，百粒重 33.5 克。经四川省农业科学院植物保护研究所两年接种鉴定：中抗大斑病和茎腐病，感小斑病、丝黑穗病、纹枯病和玉米螟。经农业部谷物品质监督检验测试中心（北京）测定，籽粒容重 744 克/升，粗蛋白含量 11.15%，粗脂肪含量 4.46%，粗淀粉含量 70.04%，赖氨酸含量 0.30%。

产量表现： 2008—2010 年参加西南玉米品种区域试验，3 年平均亩产 624.9 千克，比对照增产 8.2%。2010 年生产试验，平均亩产 545.3 千克，比对照增产 4.9%。

栽培技术要点： ①在中等肥力以上地块种植。②适宜播种期 3 月下旬至 4 月中旬。③每亩适宜密度 3200～3500 株。④注意防治丝黑穗病和纹枯病。

适宜区域： 该品种适宜在四川、贵州（毕节除外）、云南（曲靖除外）的平坝丘陵和低山区春播种植。茎腐病高发区慎用。

57. 登海 605

审定编号： 国审玉 2010009
选育单位： 山东登海种业股份有限公司
品种来源： DH351×DH382
特征特性： 在黄淮海地区出苗至成熟 101 天，比对照郑单 958（下同）晚 1 天，需有效积温 2550℃左右。幼苗叶鞘紫色，叶片绿色，叶缘绿色带紫色，花药黄绿色，颖壳浅紫色。株型紧凑，株高 259 厘米，穗位高 99 厘米，成株叶片数 19～20 片。花丝浅紫色，果穗长筒形，穗长 18 厘米，穗行数 16～18 行，穗轴红色，籽粒黄色、马齿型，百粒重 34.4 克。经河北省农林科学院植物保护研究所接种鉴定：高抗茎腐病，中抗玉米螟，感大斑病、小斑病、矮花叶病和弯孢菌叶斑病，高感瘤黑粉病、褐斑病和南方锈病。经农业部谷物品质监督检验测试中心（北京）测定：籽粒容重 766 克/升，粗蛋白含量 9.35％，粗脂肪含量 3.76％，粗淀粉含量 73.40％，赖氨酸含量 0.31％。

产量表现： 2008—2009 年参加黄淮海夏玉米品种区域试验，两年平均亩产 659.0 千克，比对照增产 5.3％。2009 年生产试验，平均亩产 614.9 千克，比对照增产 5.5％。

栽培技术要点： 在中等肥力以上地块栽培，每亩适宜密度 4000～4500 株，注意防治瘤黑粉病，褐斑病、南方锈病重发区慎用。

适宜区域： 该品种适宜在山东、河南、河北中南部、安徽北部、山西运城地区夏播种植。褐斑病、南方锈病重发区慎用。

58. 东裕 108

审定编号： 国审玉 2011006
选育单位： 沈阳东玉种业有限公司
品种来源： P2237×K3841
省级审定情况： 2009 年辽宁省农作物品种审定委员会审定，2010 年吉林省农作物品种审定委员会审定

特征特性： 在东华北春玉米区出苗至成熟 128 天，与对照郑单 958（下同）相当。幼苗叶鞘紫色，叶片绿色，叶缘紫色，花药绿色，颖壳绿色。株型半紧凑，株高 284 厘米，穗位高 123 厘米，成株叶片数 20～21 片。花丝紫色，果穗锥形，穗长 20 厘米，穗行数 16～20 行，穗轴白色，籽粒黄色、半马齿型，百粒重 35.1 克。经丹东农业科学院、吉林省农业科学院植物保护研究所两年接种鉴定：中抗玉米大斑病、灰斑病、弯孢菌叶斑病、茎腐病和玉米螟，感丝黑穗病。经农业部谷物及制品质量监督检验测试中心（哈尔滨）测定：籽粒容重 748 克/升，粗蛋白含量 9.35％，粗脂肪含量 3.51％，粗淀粉含量 75.53％，赖氨酸含量 0.27％。

产量表现： 2009—2010 年参加东华北春玉米品种区域试验，两年平均亩产 757.7 千克，比对照增产 5.26％。2010 年生产试验，平均亩产 697.4 千克，比对照增产 8.02％。

栽培技术要点： ①在中等肥力以上地块种植。②适宜播种期 4 月下旬。③每亩适宜密度 3800～4000 株。④注意防治丝黑穗病。

适宜区域：该品种适宜在天津、河北承德和唐山、山西中晚熟区、内蒙古赤峰、辽宁中晚熟区、吉林中晚熟区和陕西延安地区春播种植。

59. 甘鑫 128 号

审定编号：国审玉 2011014

选育单位：武威市农业科学研究院

品种来源：4185×7311

省级审定情况：2009 年甘肃省农作物品种审定委员会审定

特征特性：在西北春玉米区出苗至成熟 129 天，比沈单 16 号（下同）早 2 天。幼苗叶鞘深紫色，叶片绿色，叶缘绿色，花药黄色，颖壳绿色。株型半紧凑，株高 276 厘米，穗位高 117 厘米，成株叶片数 19 片。花丝粉红色，果穗筒形，穗长 19 厘米，穗行数 16～18 行，穗轴红色，籽粒黄色、半马齿型，百粒重 43.8 克。平均倒伏（折）率 6.2%。经中国农业科学院作物科学研究所两年接种鉴定：高抗大斑病，抗小斑病，中抗矮花叶病，感丝黑穗病和玉米螟，高感茎腐病。经农业部谷物品质监督检验测试中心（北京）测定：籽粒容重 770 克/升，粗蛋白含量 9.43%，粗脂肪含量 3.28%，粗淀粉含量 74.73%，赖氨酸含量 0.29%。

产量表现：2009—2010 年参加西北春玉米品种区域试验，两年平均亩产 879.5 千克，比对照增产 6.7%。2010 年生产试验，平均亩产 908.0 千克，比对照增产 6.9%。

栽培技术要点：①在中等肥力以上地块种植。②适宜播种期 4 月中下旬。③每亩适宜密度 4500 株左右。④播前用防丝黑穗病、茎腐病和地下害虫的种衣剂对种子进行包衣，大喇叭口期防治玉米螟。

适宜区域：该品种适宜在甘肃张掖和白银、宁夏、新疆、陕西榆林、内蒙古巴彦淖尔地区春播种植。注意防治丝黑穗病。茎腐病高发区慎用。

60. 华农 18

审定编号：国审玉 2011003

选育单位：北京华农伟业种子科技有限公司，北京市农林科学院玉米研究中心

品种来源：M6×京68

以往审定情况：2010年国家农作物品种审定委员会审定，2010年北京市农作物品种审定委员会审定

特征特性：在东北早熟区出苗至成熟126天，比对照先玉335（下同）早1天。幼苗叶鞘紫色，叶片深绿色，叶缘紫色，花药紫色，颖壳绿色。株型半紧凑，株高286厘米，穗位高110厘米，成株叶片数20片。花丝浅紫色，果穗短锥形，穗长18.7厘米，穗行数14～16行，穗轴白色，籽粒黄色、硬粒型，百粒重39.5克。经吉林省、黑龙江省农业科学院植物保护研究所两年接种鉴定：抗茎腐病，中抗大斑病、弯孢菌叶斑病和玉米螟，感丝黑穗病。经农业部谷物及制品质量监督检验测试中心（哈尔滨）测定：籽粒容重759克/升，粗蛋白含量8.83%，粗脂肪含量4.68%，粗淀粉含量75.22%，赖氨酸含量0.30%。

产量表现：2008—2009年参加东北早熟玉米品种区域试验，两年平均亩产720.4千克，比对照增产6.9%。2009—2010年生产试验，两年平均亩产734.9千克，比对照增产6.1%。

栽培技术要点：①在中等肥力以上地块种植。②适宜播种期4月中下旬。③每亩适宜密度4000株左右。④注意防治丝黑穗病。

适宜区域：该品种适宜在辽宁东部山区、吉林中熟区、黑龙江第一积温带和内蒙古中东部中熟区春播种植。根据农业部第1453号公告，该品种还适宜在北京、天津和河北的保定北部、廊坊地区夏播种植。

61. 吉单88

审定编号：国审玉2008005

选育单位：吉林省农业科学院玉米研究所

品种来源：母本吉046，来源于丹9046；父本丹598，引自丹东农科院

省级审定情况：2006年吉林省农作物品种审定委员会审定

特征特性： 东北华北春玉米区出苗至成熟 130 天。幼苗叶鞘紫色，叶片绿色，叶缘紫色，花药黄色，颖壳浅紫色。株型半紧凑，株高 286 厘米，穗位高 127 厘米，成株叶片数 23 片。花丝红色，果穗长筒形，穗长 19 厘米，穗行数 16～18 行，穗轴白色，籽粒橘黄色、马齿型，百粒重 35.8 克。经辽宁省丹东农业科学院和吉林省农业科学院植物保护研究所两年接种鉴定：高抗玉米螟，抗大斑病、丝黑穗病和灰斑病，感茎腐病和弯孢菌叶斑病。经农业部谷物及制品质量监督检验测试中心（哈尔滨）测定：籽粒容重 704 克/升，粗蛋白含量 10.80％，粗脂肪含量 4.28％，粗淀粉含量 71.56％。

产量表现： 2006—2007 年参加东华北春玉米品种区域试验，两年平均亩产 722.2 千克，比对照增产 7.4％。2007 年生产试验，平均亩产 692.7 千克，比对照增产 5.1％。

栽培技术要点： 中等肥力以上地块栽培，每亩适宜密度 3500 株左右。注意防治茎腐病。

适宜区域： 该品种适宜在吉林中晚熟区、北京、天津、河北北部、山西中晚熟区、辽宁和陕西延安地区春播种植。

62. 京玉 16

审定编号： 国审玉 2008001

选育单位： 北京市农林科学院玉米研究中心

品种来源： 母本京 89，来源于 478×78599；父本京 572，来源于京 24×5237

省级审定情况： 2007 年北京市农作物品种审定委员会审定

特征特性： 京津唐地区夏播出苗至成熟 94 天，比对照京玉 7 号（下同）早熟 1 天。幼苗叶鞘紫色，叶片绿色，叶缘绿色，花药红色，颖壳绿色。株型半紧凑，株高 240 厘米，穗位高 91 厘米，成株叶片数 20 片。花丝浅红色，果穗筒形，穗长 17.3 厘米，穗行数 14～16 行，穗轴白色，籽粒黄色、半硬粒型，百粒重 38.1 克。经中国农业科学院作物科学研究所两年接种鉴定：抗大斑病、小斑病和玉米螟，中抗弯孢菌叶斑病，感矮花叶病，高感茎腐病。经农业部谷物及制品质量监督检验测试中心（哈尔滨）测定：籽粒容重

722 克/升，粗蛋白含量 9.38%，粗脂肪含量 4.43%，粗淀粉含量 73.96%。

产量表现： 2006—2007 年参加京津唐夏播早熟玉米品种区域试验，两年平均亩产 658.8 千克，比对照增产 5.9%。2007 年生产试验，平均亩产 666.1 千克，比对照增产 6.8%。

栽培技术要点： 中等肥力以上地块栽培，每亩适宜密度 4000 株左右，注意防治茎腐病。

适宜区域： 该品种适宜在北京、天津及河北的唐山、廊坊、保定北部、沧州中北部夏玉米种植区种植。茎腐病高发区慎用。

63. 浚单 29

审定编号： 国审玉 2011012

选育单位： 浚县农业科学研究所

品种来源： 浚 313×浚 66

省级审定情况： 2009 年河南省农作物品种审定委员会审定

特征特性： 在黄淮海夏玉米区出苗至成熟 100 天，与对照郑单 958（下同）相当。幼苗叶鞘紫色，叶片绿色，叶缘绿色，花药黄色，颖壳绿色。株型紧凑，株高 258 厘米，穗位高 117 厘米，成株叶片数 19～20 片。花丝浅紫色，果穗筒形，穗长 16.6 厘米，穗行数 14～16 行，穗轴白色，籽粒黄色、半马齿型，百粒重 31.7 克。平均倒伏（折）率 9.8%。经河北省农林科学院植物保护研究所两年接种鉴定：高抗矮花叶病，中抗小斑病、茎腐病和玉米螟，感大斑病和弯孢菌叶斑病，高感瘤黑粉病。经农业部谷物品质监督检验测试中心（北京）测定：籽粒容重 759 克/升，粗蛋白含量 10.19%，粗脂肪含量 4.19%，粗淀粉含量 71.69%，赖氨酸含量 0.31%。

产量表现： 2008—2009 年参加黄淮海夏玉米品种区域试验，两年平均亩产 654.9 千克，比对照增产 5.6%。2009 年生产试验，平均亩产 611.9 千克，比对照增产 5.3%。

栽培技术要点： ①在中等肥力以上地块种植。②适宜播种期 6 月中旬。③每亩适宜密度 4000～4500 株。④注意防止倒伏和防治病虫害。

适宜区域：该品种适宜在河南（南阳和周口除外）、河北保定及以南地区（石家庄除外）、山东（枣庄除外）、陕西咸阳、山西运城、江苏北部、安徽阜阳地区夏播种植。瘤黑粉病高发区慎用。

64. 宽诚 60

审定编号：国审玉 2009005

选育单位：河北省宽城种业有限责任公司

品种来源：海 34×k404

省级审定情况：2007 年河北省农作物品种审定委员会审定

特征特性：在东华北地区出苗至成熟 129 天，比对照郑单 958（下同）晚熟 1 天，需有效积温 2750℃以上。幼苗叶鞘紫色，叶片绿色，叶缘绿色，花药绿色，颖壳绿色。株型紧凑，株高 289 厘米，穗位高 124 厘米，成株叶片数 21 片。花丝浅紫色，果穗筒形，穗长 19 厘米，穗行数 16～18 行，穗轴红色，籽粒黄色、马齿型，百粒重 37.1 克。经丹东农业科学院、吉林省农业科学院植物保护研究所两年接种鉴定：高抗玉米螟，抗大斑病、灰斑病和丝黑穗病，中抗茎腐病和弯孢菌叶斑病。经农业部谷物及制品质量监督检验测试中心（哈尔滨）测定：籽粒容重 733 克/升，粗蛋白含量 10.48%，粗脂肪含量 4.55%，粗淀粉含量 71.27%，赖氨酸含量 0.29%。

产量表现：2007—2008 年参加东华北春玉米品种区域试验，两年平均亩产 752.6 千克，比对照增产 8.3%。2008 年生产试验，平均亩产 738.3 千克，比对照增产 5.8%。

栽培技术要点：在中等肥力以上地块栽培，每亩适宜密度 3500 株左右。

适宜区域：该品种适宜在河北北部（唐山除外）、北京、天津、山西中晚熟区、辽宁（铁岭和丹东除外）、内蒙古赤峰春播种植。

65. 蠡玉 37

审定编号：国审玉 2010010

选育单位：石家庄蠡玉科技开发有限公司

品种来源：L5895×L292

省级审定情况：2009 年陕西省农作物品种审定委员会审定

特征特性：在黄淮海地区出苗至成熟 101 天，与对照郑单 958（下同）相当，需有效积温 2550℃左右。幼苗叶鞘浅紫色，叶片绿色，叶缘绿色，花药浅紫色，颖壳浅紫色。株型紧凑，株高 268 厘米，穗位高 112 厘米，成株叶片数 19 片。花丝浅紫色，果穗长筒形，穗长 18 厘米，穗行数 14～16 行，穗轴白色，籽粒黄色、半马齿型，百粒重 33.2 克。区试平均倒伏（折）率 8.1%。经河北省农林科学院植物保护研究所接种鉴定：高抗矮花叶病，中抗大斑病和茎腐病，感小斑病、瘤黑粉病和弯孢菌叶斑病，高感褐斑病、南方锈病和玉米螟。经农业部谷物品质监督检验测试中心（北京）测定：籽粒容重 750 克/升，粗蛋白含量 8.37%，粗脂肪含量 3.25%，粗淀粉含量 74.82%，赖氨酸含量 0.28%。

产量表现：2008—2009 年参加黄淮海夏玉米品种区域试验，两年平均亩产 667.4 千克，比对照增产 7.5%。2009 年生产试验，平均亩产 624 千克，比对照增产 6.4%。

栽培技术要点：在中等肥力以上地块栽培，每亩适宜密度 4000～4500 株，注意防止倒伏（折），防治玉米螟。

适宜区域：该品种适宜在河北中南部、山东、河南、陕西关中灌区、江苏北部、安徽北部、山西运城地区夏播种植。褐斑病、南方锈病重发区慎用。

66. 辽单 527

审定编号：国审玉 2008008

选育单位：辽宁省农业科学院玉米研究所

品种来源：母本辽 7980，来源于 7922×8001；父本丹 598，引自丹东农科院

以往审定情况：2007 年国家农作物品种审定委员会审定

特征特性：东北华北春玉米区出苗至成熟 130 天。幼苗叶鞘紫色，叶片绿色，叶缘紫色，花药黄色，颖壳绿色。株型半紧凑，株高 292 厘米，穗位高 129 厘米，成株叶片数 20～21 片。花丝红色，果穗筒形，穗长 19 厘米，穗行数 16～18 行，穗轴白色，籽粒黄

色、半马齿型，百粒重 37.5 克。经辽宁省丹东农业科学院和吉林省农业科学院植物保护研究所两年接种鉴定：高抗茎腐病，抗丝黑穗病、灰斑病、大斑病、纹枯病和玉米螟，中抗弯孢菌叶斑病。经农业部谷物及制品质量监督检验测试中心（哈尔滨）测定：籽粒容重 728 克/升，粗蛋白含量 9.70%，粗脂肪含量 4.54%，粗淀粉含量 74.01%，赖氨酸含量 0.29%。

产量表现： 2005—2006 年参加东华北春玉米品种区域试验，两年平均亩产 695.5 千克，比对照增产 8.0%。2006 年生产试验，平均亩产 668.0 千克，比对照增产 5.5%。

栽培技术要点： 中等肥力以上地块栽培，每亩适宜密度 3000 株左右。注意防治丝黑穗病。

适宜区域： 该品种适宜在辽宁、河北北部、山西、吉林晚熟区（四平除外）、陕西延安地区春播种植。根据农业部第 928 号公告，该品种还适宜在贵州、湖北、云南、四川、重庆、广西的平坝丘陵和低山区种植。丝黑穗病重发区慎用。

67. 隆玉 68

审定编号： 国审玉 2008015

选育单位： 石家庄珏玉玉米研究所

品种来源： 母本珏 9019，来源于 901141×齐 319；父本节水 1，来源于冀单 29×热带亚热带群体。

省级审定情况： 2006 年湖北省农作物品种审定委员会审定，2007 年贵州省农作物品种审定委员会审定。

特征特性： 西南地区出苗至成熟 115 天。幼苗叶鞘紫红色，叶片深绿色，叶缘紫红色，花药紫色，颖壳紫色。株型半紧凑，株高 265 厘米，穗位高 108 厘米，成株叶片数 21 片。花丝浅紫色，果穗锥形，穗长 19 厘米，穗行数 16~18 行，穗轴红色，籽粒黄色、马齿型，百粒重 37.7 克。经四川省农业科学院植物保护研究所两年接种鉴定：中抗大斑病、小斑病、纹枯病和玉米螟，感丝黑穗病和茎腐病。经农业部谷物品质监督检验测试中心（北京）测定：籽粒容重 740 克/升，粗蛋白含量 8.57%，粗脂肪含量 4.60%，粗淀粉含量 69.69%，赖氨酸含量 0.26%。

产量表现： 2005—2006 年参加西南玉米品种区域试验，两年平均亩产 597.0 千克，比对照增产 12.0%。2006 年生产试验，平均亩产 563.1 千克，比对照增产 4.5%。

栽培技术要点： 中等肥力以上地块栽培，每亩适宜密度 2800 株左右。注意防治丝黑穗病。

适宜区域： 该品种适宜在湖北（十堰除外）、湖南、贵州、四川、云南（大理除外）、广西的丘陵山区和低海拔地区种植。茎腐病高发区慎用。

68. 三北 89

审定编号： 国审玉 2011017

选育单位： 三北种业有限公司

品种来源： D21×A919

省级审定情况： 2008 年河北省农作物品种审定委员会审定

特征特性： 在西南地区出苗至成熟 122 天，与对照渝单 8 号（下同）相当。幼苗叶鞘紫色，叶片绿色，叶缘紫色，花药黄色，颖壳浅紫色。株型半紧凑，株高 270 厘米，穗位高 113 厘米，成株叶片数 20 片。花丝绿色，果穗筒形，穗长 19.6 厘米，穗行数 14~16 行，穗轴红色，籽粒黄色、马齿型，百粒重 32.9 克。经四川省农业科学院植物保护研究所两年接种鉴定：中抗大斑病、茎腐病和玉米螟，感小斑病、丝黑穗病和纹枯病。经农业部谷物品质监督检验测试中心（北京）测定：籽粒容重 750 克/升，粗蛋白含量 11.54%，粗脂肪含量 3.57%，粗淀粉含量 69.10%，赖氨酸含量 0.33%。

产量表现： 2009—2010 年参加西南玉米品种区域试验，两年平均亩产 607.5 千克，比对照增产 7.2%。2010 年生产试验，平均亩产 570.7 千克，比对照增产 9.8%。

栽培技术要点： ①在中等肥力以上地块种植。②适宜播种期 3 月上旬至 4 月下旬。③每亩适宜密度 3300 株左右。④注意防治丝黑穗病和纹枯病。

适宜区域： 该品种适宜在贵州、湖南、湖北宜昌和十堰、四川（绵阳除外）、广西（河池除外）的平坝丘陵和低山区春播种植。

69. 三峡玉 3 号

审定编号： 国审玉 2010012

选育单位： 重庆三峡农业科学院

品种来源： XZ96112×XZ-215

省级审定情况： 2009 年重庆市农作物品种审定委员会审定

特征特性： 在西南地区出苗至成熟 117 天，比对照渝单 8 号（下同）早 1 天。幼苗叶鞘紫色，叶片深绿色，叶缘绿色，花药绿色，颖壳紫绿色。株型半紧凑，株高 267 厘米，穗位高 97 厘米，成株叶片数 20 片。花丝绿色，果穗长筒形，穗长 22 厘米，穗行数 14～16 行，穗轴红色、籽粒黄色、马齿型，百粒重 34.2 克。经四川省农业科学院植物保护研究所两年接种鉴定：感大斑病、小斑病、丝黑穗病、纹枯病和玉米螟，高感茎腐病。经农业部谷物品质监督检验测试中心（北京）测定：籽粒容重 712 克/升，粗蛋白含量 8.90%，粗脂肪含量 3.12%，粗淀粉含量 72.01%，赖氨酸含量 0.33%。

产量表现： 2008—2009 年参加西南玉米品种区域试验，两年平均亩产 617.3 千克，比对照增产 7.9%。2009 年生产试验，平均亩产 607.5 千克，比对照增产 14.4%。

栽培技术要点： 在中等肥力以上地块栽培，每亩适宜密度 2800～3000 株。

适宜区域： 该品种适宜在重庆、四川、湖北、云南、贵州、广西、陕西汉中和安康地区的平坝丘陵和低山区春播种植。茎腐病重发区慎用。

70. 伟科 702

审定编号： 国审玉 2012010

选育单位： 郑州伟科作物育种科技有限公司，河南金苑种业有限公司

品种来源： WK858×WK798-2

省级审定情况： 2010 年内蒙古自治区、2011 年河南省、2012 年河北省农作物品种审定委员会审定

特征特性：东华北春玉米区出苗至成熟 128 天，西北春玉米区出苗至成熟 131 天，黄淮海夏播区出苗至成熟 100 天，均比对照郑单 958（下同）晚熟 1 天。幼苗叶鞘紫色，叶片绿色，叶缘紫色，花药黄色，颖壳绿色。株型紧凑，保绿性好，株高 252～272 厘米，穗位高 107～125 厘米，成株叶片数 20 片。花丝浅紫色，果穗筒形，穗长 17.8～19.5 厘米，穗行数 14～18 行，穗轴白色，籽粒黄色、半马齿型，百粒重 33.4～39.8 克。东华北春玉米区接种鉴定：抗玉米螟，中抗大斑病、弯孢叶斑病、茎腐病和丝黑穗病。西北春玉米区接种鉴定：抗大斑病，中抗小斑病和茎腐病，感丝黑穗病和玉米螟，高感矮花叶病。黄淮海夏玉米区接种鉴定：中抗大斑病、南方锈病，感小斑病和茎腐病，高感弯孢叶斑病和玉米螟。籽粒容重 733～770 克/升，粗蛋白含量 9.14%～9.64%，粗脂肪含量 3.38%～4.71%，粗淀粉含量 72.01%～74.43%，赖氨酸含量 0.28%～0.30%。

产量表现：2010—2011 年参加东华北春玉米品种区域试验，两年平均亩产 770.1 千克，比对照增产 7.2%；2011 年生产试验，平均亩产 790.3 千克，比对照增产 10.3%。2010—2011 年参加黄淮海夏玉米品种区域试验，两年平均亩产 617.9 千克，比对照增产 6.4%；2011 年生产试验，平均亩产 604.8 千克，比对照增产 8.1%。2010—2011 年参加西北春玉米品种区域试验，两年平均亩产 1006 千克，比对照增产 12.0%；2011 年生产试验，平均亩产 1001 千克，比对照增产 8.8%。

栽培技术要点：①中等肥力以上地块栽培，每亩密度 4000 株左右，一般不超过 4500 株。②黄淮海夏玉米区注意防治小斑病、茎腐病和弯孢叶斑病，西北春玉米区注意防治矮花叶病和丝黑穗病。

适宜区域：该品种适宜在吉林晚熟区、山西中晚熟区、内蒙古通辽和赤峰地区、陕西延安地区、天津春播种植；河南、河北保定及以南地区、山东、陕西关中灌区、江苏北部、安徽北部夏播种植；甘肃、宁夏、新疆、陕西榆林、内蒙古西部春播种植。

71. 中农大 4 号

审定编号：国审玉 2009008

选育单位：中国农业大学

品种来源：D340×HZ127B

省级审定情况：2007 年北京市农作物品种审定委员会审定，2008 年山西省、辽宁省农作物品种审定委员会审定

特征特性：在东华北地区出苗至成熟 130 天，比对照郑单 958（下同）晚 2 天，需有效积温 2800℃以上。幼苗叶鞘紫色，叶片绿色，叶缘紫色，花药浅紫色，颖壳紫色。株型半紧凑，株高 302 厘米，穗位高 132 厘米，成株叶片数 20 片。花丝浅紫色，果穗筒形，穗长 19 厘米，穗行数 16 行，穗轴红色，籽粒黄色、半马齿型，百粒重 36.6 克。经丹东农业科学院、吉林省农业科学院植物保护研究所两年接种鉴定：高抗大斑病，抗灰斑病和玉米螟，中抗丝黑穗病、茎腐病和弯孢菌叶斑病。经农业部谷物及制品质量监督检验测试中心（哈尔滨）测定：籽粒容重 748 克/升，粗蛋白含量 10.37%，粗脂肪含量 4.58%，粗淀粉含量 71.03%，赖氨酸含量 0.32%。

产量表现：2007—2008 年参加东华北春玉米品种区域试验，两年平均亩产 754.7 千克，比对照增产 8.2%。2008 年生产试验，平均亩产 716.1 千克，比对照增产 2.3%。

栽培技术要点：在中等肥力以上地块栽培，每亩适宜密度 3300～3500 株。

适宜区域：该品种适宜在天津、山西中晚熟区、辽宁（丹东除外）、吉林长春中晚熟区、河北张家口和秦皇岛春播种植。

（二）特种玉米

72. 桂糯 518

审定编号：国审玉 2010017

选育单位：广西壮族自治区玉米研究所

品种来源：DW613×YL611

省级审定情况：2008 年广西壮族自治区农作物品种审定委员会审定

特征特性：在东南地区出苗至采收期 82 天左右，与对照苏玉糯 5 号（下同）相当。幼苗叶鞘淡紫色，叶片绿色，叶缘红绿色，花药紫褐色，颖壳绿色带紫色条纹。株型平展，株高 215 厘米，穗位高 94 厘米，成株叶片数 17～18 片，花丝粉红色，果穗筒形。穗长 18 厘米，穗行数 16～18 行，穗轴白色，籽粒白色、糯质。百粒重（鲜籽粒）29.7 克。东南区试平均倒伏（折）率 10.3%。经中国农业科学院作物科学研究所东南区两年接种鉴定：抗小斑病，中抗大斑病、茎腐病和纹枯病，高感矮花叶病和玉米螟。经东南区鲜食糯玉米品种区域试验组织的专家品尝鉴定，达到部颁糯玉米二级标准。经扬州大学农学院两年测定：支链淀粉占总淀粉含量的 96.46%，皮渣率 12.36%。均达到部颁糯玉米标准（NY/T 524—2002）。

产量表现：2008—2009 年参加东南区鲜食糯玉米品种区域试验，两年平均亩产（鲜穗）788.0 千克，比对照增产 8.9%。

栽培技术要点：在中等肥力以上地块栽培，每亩适宜密度 3600～3800 株，注意防治玉米螟。矮花叶病重发区慎用。隔离种植，适时采收。

适宜区域：该品种适宜在广西、广东、福建、江西、海南、江苏中南部、安徽南部作鲜食糯玉米春播种植。

73. 禾盛糯 1512

审定编号：国审玉 2011023

选育单位：湖北省种子集团有限公司

品种来源：HBN558×EN6587

省级审定情况：2010 年北京市农作物品种审定委员会审定

特征特性：在黄淮海地区出苗至采收期 79 天左右，比对照苏玉糯 2 号（下同）晚 3 天。幼苗叶鞘紫色，叶片绿色，叶缘绿色，花药浅紫色。株型半紧凑，株高 247 厘米，穗位高 97 厘米，成株叶片数 19 片。花丝红色，果穗锥形，穗长 18.1 厘米，穗行数 12～14 行，穗轴白色，籽粒白色，糯质，百粒重（鲜籽粒）36.7

克。经河北省农林科学院植物保护研究所两年接种鉴定：高抗茎腐病，中抗大斑病，感小斑病、弯孢菌叶斑病、瘤黑粉病和玉米螟，高感矮花叶病。经黄淮海鲜食糯玉米品种区域试验组织的专家品尝鉴定，达到部颁鲜食糯玉米二级标准。经郑州国家玉米改良分中心两年测定：支链淀粉占总淀粉含量的98.6％，皮渣率8.1％，达到部颁糯玉米标准（NY/T 524—2002）。

产量表现： 2009—2010年参加黄淮海鲜食糯玉米品种区域试验，两年平均亩产（鲜穗）849.0千克，比对照增产15.9％。

栽培技术要点： ①在中等肥力以上地块种植。②适宜播种期6月上中旬。③每亩适宜密度3500～4000株。④注意防治玉米螟，矮花叶病重发区慎用。⑤隔离种植，适时采收。

适宜区域： 该品种适宜在北京、河北保定及以南地区、河南、山东中部和东部、安徽北部、陕西关中灌区作鲜食糯玉米夏播种植。

74. 莱农糯10号

审定编号： 国审玉2009013

选育单位： 青岛农业大学

品种来源： LN478-6×LN21-10

省级审定情况： 2006年山东省农作物品种审定委员会审定

特征特性： 在黄淮海夏玉米区出苗至鲜穗采收期75天，比对照苏玉（糯）1号（下同）早2天，需有效积温1800℃左右。幼苗叶鞘绿色，叶片深绿色，叶缘绿色，花药绿色，颖壳绿色。株型紧凑，株高236厘米，穗位高89厘米，成株叶片数20片。花丝绿色，果穗筒形，穗长18厘米，穗行数14行，穗轴白色，籽粒浅紫色，百粒重（鲜籽粒）31克。平均倒伏（折）率4.8％。经河北省农林科学院植物保护研究所两年接种鉴定：中抗小斑病，感大斑病、弯孢菌叶斑病、矮花叶病、茎腐病和瘤黑粉病，高感玉米螟。经黄淮海糯玉米品种区域试验组织的专家品尝鉴定，达到部颁鲜食糯玉米二级标准。经郑州国家玉米改良分中心两年测定：支链淀粉占总淀粉含量的99.27％，达到部颁糯玉米标准（NY/T 524—2002）。

产量表现： 2007—2008 年参加黄淮海鲜食糯玉米品种区域试验，两年平均亩产（鲜穗）766.2 千克，比对照增产 12.8%。

栽培技术要点： 在中等肥力以上地块栽培，每亩适宜密度 4000 株，注意防治玉米螟。隔离种植，适时采收。

适宜区域： 该品种适宜在山东（烟台除外）、北京、天津、河北、河南作鲜食糯玉米品种夏播种植。

75. 山农糯 168

审定编号： 国审玉 2012016

选育单位： 山东农业大学

品种来源： SN375×SN373

省级审定情况： 2011 年河北省农作物品种审定委员会审定

特征特性： 东华北春玉米区出苗至鲜穗采摘期 97 天，比对照垦粘 1 号（下同）晚 10 天，需有效积温 2250℃左右。幼苗叶鞘浅紫色，叶片绿色，叶缘绿紫色，花药浅紫色，颖壳绿色。株型半紧凑，株高 279 厘米，穗位高 131 厘米，成株叶片数 19～20 片。花丝浅紫色，果穗锥形，穗长 20.8 厘米，穗行数 12～14 行，穗轴白色，籽粒白色、半马齿型，百粒重（鲜籽粒）28.5 克。接种鉴定：高抗茎腐病，抗丝黑穗病，感大斑病和玉米螟。支链淀粉占总淀粉含量的 98.26%，达到糯玉米标准。

产量表现： 2010—2011 年参加东华北鲜食糯玉米品种区域试验，两年平均亩产鲜穗 965.2 千克，比对照增产 6.9%。

栽培技术要点： ①中等肥力以上地块栽培，4 月 15 日至 6 月 15 日播种，每亩密度 3500 株左右。②注意防治大斑病和玉米螟。③隔离种植，适时采收。

适宜区域： 该品种适宜在吉林、辽宁中晚熟区、河北北部、山西晋东南地区、内蒙古呼和浩特市及新疆中部鲜食糯玉米区春播种植。

76. 斯达 204

审定编号： 国审玉 2012019

选育单位： 北京中农斯达农业科技开发有限公司

品种来源：S24A2×D13B1

省级审定情况：2011 年北京市农作物品种审定委员会审定

特征特性：北方地区出苗至鲜穗采摘期 79 天，比对照甜单 21（下同）早 2 天，需有效积温 2200℃左右。幼苗叶鞘绿色，叶片淡绿色，叶缘白色，花药黄色，颖壳绿色。株型松散，株高 218 厘米，穗位高 76 厘米，成株叶片数 19 片。花丝绿色，果穗筒形，穗长 20 厘米，穗行数 14～16 行，穗轴白色，籽粒黄色、甜质型，百粒重（鲜籽粒）34.5 克。东华北区接种鉴定：中抗丝黑穗病，感大斑病。黄淮海区接种鉴定：中抗小斑病，感茎腐病、矮花叶病，高感瘤黑粉病。还原糖含量 7.24%，水溶性糖含量 23.22%，达到甜玉米标准。

产量表现：2010—2011 年参加北方鲜食甜玉米品种区域试验，两年平均亩产鲜穗 799.4 千克，比对照增产 11.0%。

栽培技术要点：①中等肥力以上地块栽培，春播 4 月中下旬播种，夏播 6 月中下旬播种，每亩密度 3500～3800 株。②东北、华北冷凉地区早春播种时，注意预防大斑病和瘤黑粉病。③隔离种植，适时采收。

适宜区域：该品种适宜在北京、河北北部、内蒙古中东部、辽宁中晚熟区、吉林中晚熟区、黑龙江第一积温带、山西中熟区、新疆中部甜玉米春播区种植。天津、河南、山东、陕西、江苏北部、安徽北部作鲜食甜玉米品种夏播种植。

77. 苏玉糯 639

审定编号：国审玉 2010018

选育单位：江苏沿江地区农业科学研究所

品种来源：T585×T618

特征特性：在东南地区出苗至采收期 81 天，比对照苏玉糯 5号（下同）早 1 天。幼苗叶鞘紫色，叶片绿色，叶缘紫色，花药紫红色，颖壳浅紫色。株型紧凑，株高 219 厘米，穗位高 91 厘米，成株叶片数 18 片。花丝红色，果穗锥形，穗长 18 厘米，穗行数14～16 行，穗轴白色，籽粒白色、糯质，百粒重（鲜籽粒）35.1

克。经中国农业科学院作物科学研究所两年接种鉴定：抗小斑病，中抗茎腐病，感矮花叶病、纹枯病和大斑病，高感玉米螟。经东南鲜食糯玉米品种区域试验组织的专家品尝鉴定，达到部颁鲜食糯玉米二级标准。经扬州大学农学院测定：支链淀粉占总淀粉含量的98.57%，皮渣率11.56%，达到部颁糯玉米标准（NY/T 524—2002）。

产量表现： 2008—2009年参加东南鲜食糯玉米品种区域试验，两年平均亩产（鲜穗）772.1千克，比对照增产6.7%。

栽培技术要点： 在中等肥力以上地块栽培，每亩适宜密度4000株。隔离种植、适时采收。注意防治玉米螟，大斑病、纹枯病和矮花叶病重发区慎用。

适宜区域： 该品种适宜在江苏中南部、上海、浙江、江西、福建、广东、广西、海南作鲜食糯玉米春播种植。

78. 宿糯1号

审定编号： 国审玉2008025

选育单位： 宿州市农业科学研究所

品种来源： 母本SN21，来源于［糯78×齐319（白）］×齐319（白）；父本SN22，来源于（蘅白522×LX9801）×LX9801

省级审定情况： 2006年安徽省农作物品种审定委员会审定

特征特性： 安徽宿州地区夏播出苗至鲜果穗采收期77天。幼苗叶鞘紫红色、叶片绿色、叶缘淡紫色、花药黄色、颖壳淡红色。株型半紧凑，株高232厘米，穗位高102厘米，成株叶片数20片。花丝红色，果穗筒形，穗长19厘米，穗行数16行，穗轴白色，籽粒白色，百粒重（鲜籽粒）32克。经河北省农林科学院植物保护研究所两年接种鉴定：高抗瘤黑粉病和矮花叶病，抗弯孢菌叶斑病，中抗大斑病和茎腐病，感小斑病，高感玉米螟。经黄淮海鲜食糯玉米品种区域试验组织专家品尝鉴定，达到部颁鲜食糯玉米二级标准。经郑州国家玉米改良分中心两年品质测定：支链淀粉占总淀粉含量98.44%～99.38%，皮渣率7.79%，达到部颁糯玉米标准（NY/T 524—2002）。

产量表现：2006—2007 年参加黄淮海鲜食糯玉米品种区域试验，两年平均亩产（鲜穗）849.1 千克，比对照苏玉糯 1 号增产 31.7%。

栽培技术要点：中等肥力以上地块栽培，每亩适宜密度 3500～4000 株。注意防治玉米螟。隔离种植，适时采收。

适宜区域：该品种适宜在安徽北部、北京、天津、河北中南部、山东中部和东部、河南、陕西关中夏播区作鲜食糯玉米品种种植。

79. 渝科糯 1 号

审定编号：国审玉 2010020
选育单位：重庆市农业科学院
品种来源：B4301×S181
省级审定情况：2007 年重庆市农作物品种审定委员会审定，2009 年四川省农作物品种审定委员会审定
特征特性：在西南地区出苗至采收期 93 天，比对照渝糯 7 号（下同）晚 2 天。幼苗叶鞘紫色，叶片深绿色，叶缘浅紫色，花药黄色，颖壳紫绿色。株型半紧凑，株高 269 厘米，穗位高 116 厘米，成株叶片数 19 片。花丝浅红色，果穗长锥形，穗长 20 厘米，穗行数 18 行，穗轴白色，籽粒白色、糯质，百粒重（鲜籽粒）35.5 克。经四川省农业科学院植物保护研究所两年接种鉴定：中抗大斑病和小斑病，感丝黑穗病、纹枯病和茎腐病，高感玉米螟。经西南糯玉米品种区域试验组织的专家品尝鉴定，达到部颁鲜食糯玉米二级标准。经四川省绵阳市农业科学研究所测定：支链淀粉占总淀粉含量的 100%，皮渣率 8.88%，达到部颁糯玉米标准（NY/T 524—2002）。

产量表现：2008—2009 年参加西南鲜食糯玉米品种区域试验，两年平均亩产（鲜穗）1004.4 千克，比对照增产 16.0%。

栽培技术要点：在中等肥力以上地块栽培，每亩适宜密度 2800～3600 株，注意防治玉米螟，隔离种植、适时采收。

适宜区域：该品种适宜在重庆、四川、贵州、云南、湖北、湖南作鲜食糯玉米春播种植。

80. 豫青贮 23

审定编号：国审玉 2008022

选育单位：河南省大京九种业有限公司

品种来源：母本 9383，来源于丹 340×U8112；父本 115，来源于 78599

省级审定情况：2007 年内蒙古自治区农作物品种审定委员会认定

特征特性：东北、华北地区出苗至青贮收获期 117 天。幼苗叶鞘紫色，叶片浓绿色，叶缘紫色，花药黄色，颖壳紫色。株型半紧凑，株高 330 厘米，成株叶片数 18～19 片。经中国农业科学院作物科学研究所两年接种鉴定：高抗矮花叶病，中抗大斑病和纹枯病，感丝黑穗病，高感小斑病。经北京农学院植物科学技术系两年品质测定：中性洗涤纤维含量 46.72%～48.08%，酸性洗涤纤维含量 19.63%～22.37%，粗蛋白含量 9.30%。

产量表现：2006—2007 年参加青贮玉米品种区域试验，在东华北区两年平均亩生物产量（干重）1401 千克，比对照平均增产 9.4%。

栽培技术要点：中等肥力以上地块栽培，每亩适宜密度 4500 株左右。注意防治丝黑穗病和小斑病。

适宜区域：该品种适宜在北京、天津武清、河北北部（张家口除外）、辽宁东部、吉林中南部和黑龙江第一积温带春播区作专用青贮玉米品种种植。

81. 粤甜 16 号

审定编号：国审玉 2010022

选育单位：广东省农业科学院作物研究所

品种来源：华珍-3×C5

省级审定情况：2008 年广东省农作物品种审定委员会审定

特征特性：在西南地区出苗至采收期 91 天，比绿色超人早 2 天；在东南地区出苗至采收期 84 天，与粤甜 3 号相当。幼苗叶鞘绿色，叶片绿色，叶缘绿色，花药黄绿色，颖壳绿色。株型半紧凑，株高 220 厘米，穗位高 95 厘米，成株叶片数 18～20 片。花丝浅绿色，果穗筒形，穗长 18 厘米，穗轴白色，籽粒黄色、甜质，百粒重（鲜籽粒）34.8 克。经四川省农业科学院植物保护研究所两年接种鉴定：中抗茎腐病，感大斑病、小斑病、纹枯病和玉米螟，高感丝黑穗病。经中国农业科学院作物科学研究所两年接种鉴定：高抗茎腐病，感大斑病、小斑病和纹枯病，高感矮花叶病和玉米螟。经西南和东南鲜食甜玉米品种区域试验组织的专家品尝鉴定，达到部颁甜玉米二级标准。经四川省绵阳市农业科学研究所测定：皮渣率 11.82%，水溶性糖含量 15.60%，还原糖含量 6.34%；经扬州大学农学院测定：皮渣率 12.73%，水溶性糖含量 18.49%，还原糖含量 6.07%。均达到部颁甜玉米标准（NY/T 523—2002）。

产量表现：2008—2009 年参加鲜食甜玉米品种区域试验，西南区两年平均亩产（鲜穗）932 千克，比对照绿色超人增产 7.3%；东南区两年平均亩产（鲜穗）912.6 千克，比对照粤甜 3 号增产 6.6%。

栽培技术要点：在中等肥力以上地块栽培，每亩适宜密度 3200～3600 株，注意防治丝黑穗病和玉米螟，矮花叶病重发区慎用。隔离种植，适时采收。

适宜区域：该品种适宜在湖北、四川、重庆、贵州遵义、广西、广东、安徽南部、浙江、江苏中南部、上海、福建作鲜食甜玉米春播种植。

82. 浙甜 2088

审定编号：国审玉 2010024

选育单位：浙江勿忘农种业股份有限公司

品种来源：P 杂选 311×大 28-2

省级审定情况：2010 年浙江省农作物品种审定委员会审定

特征特性：在西南地区出苗至采收期 89 天，比对照绿色超人（下同）早 4 天。幼苗叶鞘浅紫红色，叶片绿色，叶缘绿色，花药黄色，颖壳绿色。株型紧凑，株高 207 厘米，穗位高 71 厘米，成株叶片数 17 片。花丝淡绿色，果穗筒形，穗长 19 厘米，穗行数

14～16 行，穗轴白色，籽粒黄色、甜质，百粒重（鲜籽粒）38.7 克。经四川省农业科学院植物保护研究所两年接种鉴定：中抗玉米螟，感大斑病和纹枯病，高感小斑病、丝黑穗病和茎腐病。经西南鲜食甜玉米品种区域试验组织的专家品尝鉴定，达到部颁甜玉米二级标准。经四川省绵阳市农业科学研究所测定：还原糖含量 5.34%，水溶性糖含量 19.75%，皮渣率 11.77%，达到部颁甜玉米标准（NY/T 523—2002）。

产量表现： 2008—2009 年参加西南鲜食甜玉米品种区域试验，两年平均亩产（鲜穗）846.1 千克，比对照减产 2.7%。

栽培技术要点： 在中等肥力以上地块栽培，每亩适宜密度 3300 株，在肥力较高的情况下应及时去除分蘖。注意防治丝黑穗病，小斑病、茎腐病重发区慎用。隔离种植、适时采收。

适宜区域： 该品种适宜在湖北、四川、重庆、贵州作鲜食甜玉米春播种植。

四、其 他

（一）大麦

83. 晋大麦（啤）2 号

审定编号： 晋审大麦 2008002

选育单位： 山西省农业科学院小麦研究所

品种来源： 驻 2 选 4/W-03

特征特性： 该品种为冬性，分蘖力强，成穗率较高，灌浆快，落黄好。幼苗半匍匐，生长势较强。株型紧凑，生长整齐，叶片稍上冲，叶绿色，株高 80～85 厘米，茎秆坚韧，抗倒性较好。穗长 8.0～9.8 厘米，穗长方形、四棱、长芒，籽粒卵圆形、硬质、饱满，穗粒数 35～45 粒，千粒重 41.2～43.5 克。

产量表现： 2006—2007 年参加山西省啤酒大麦直接生产试验，两年平均亩产 367.2 千克，比对照西引 2 号（下同）增产 11.6%，试验点 12 个，全部增产。其中 2006 年平均亩产 391.3 千克，比对照增产 8.5％；2007 年平均亩产 343.0 千克，比对照增产 15.3％。

栽培技术要点：适宜播期 10 月 10 日～25 日，适当深播；亩播量 6～8 千克为宜；精细整地，施肥以基肥为主，氮、磷、钾三要素比例为 1∶0.6∶0.7；灌浆期及时进行三喷（喷肥料、激素、农药），喷施磷酸二氢钾 1～2 遍，以增加千粒重，降低籽粒蛋白质含量。

适宜区域：该品种适宜在山西南部冬麦区、海拔 180～1500 米肥旱地、丘陵旱地、扩浇地、中水肥地示范种植。

84. 荆黑大麦一号

审定编号：鄂审麦 2008003

选育单位：荆州农业科学院

品种来源：用"赣黑 1 号"作母本、"鄂啤 2 号"作父本杂交

特征特性：属半冬性二棱皮大麦品种。幼苗生长半匍匐，分蘖力中等，成穗率较高。植株较高，叶片中长、下披。穗层较整齐，穗长方形，长芒，芒绿色。成熟时叶片、稃壳、颖壳、芒均呈黑色。抗倒性较差。品比试验中株高 93.6 厘米，亩有效穗数 42.58 万穗，穗粒数 27.8 粒，千粒重 39.13 克，容重 645.4 克/升。生育期 189.1 天，比鄂啤 2 号早熟 0.4 天。赤霉病接种鉴定结果为中感，田间纹枯病中度发生。品质经农业部食品质量监督检验测试中心对送样测定：蛋白质含量 9.70％，粗纤维含量 5.2％。

产量表现：2003—2005 年参加大麦品种比较试验，两年平均亩产 437.76 千克，比对照鄂啤 2 号（下同）增产 2.79％。其中，2003—2004 年平均亩产 448.67 千克，比对照增产 2.80％，2004—2005 年平均亩产 426.84 千克，比对照增产 2.78％，两年均增产极显著。

栽培技术要点：①适时播种。鄂北麦区 10 月下旬播种，江汉平原麦区 10 月下旬至 11 月初播种。亩播种量 8 千克左右，亩基本苗 12 万～14 万苗。播前注意药剂拌种。②科学施肥。施足底肥，轻施苗肥，慎施拔节肥，一般亩施纯氮 8 千克左右，注意氮、磷、钾肥配合施用。③加强田间管理，搞好健身栽培。五叶期适量喷施多效唑，及时清沟防渍。④注意防治纹枯病、白粉病、赤霉病和条

纹病等病虫害。

适宜区域：该品种适宜在鄂北和江汉平原大麦产区种植。

85. 垦啤麦9号

认定编号：蒙认麦 2011010 号

选育单位：黑龙江省农垦总局红兴隆农业科学研究所

品种来源：以红 98-302 为母本、垦鉴啤麦 2 号为父本配制杂交组合，经系统选育而成。

省级审定情况：2008 年黑龙江省农作物品种审定委员会审定

特征特性：生育期平均 77 天，幼苗半匍匐，株高 90～95 厘米，叶色深，落黄好，穗长方形，有芒，籽粒有光泽，千粒重 38～41 克。抗倒伏，抗旱性较好。2010 年中国食品发酵工业研究院酿酒技术中心（北京）测定：蛋白质含量 10.8%，浸出物含量 79.6%，库尔巴哈值 46.7%，糖化力 341WK。

产量表现：2009 年参加委托区域试验，平均亩产 377.2 千克，比对照垦啤麦 2 号（下同）增产 8.1%。2010 年参加委托生产试验，平均产量 272.3 千克，比对照增产 10.1%。

栽培技术要点：每公顷保苗 400 万～450 万株。

适宜区域：该品种适宜在内蒙古自治区呼伦贝尔市≥10℃活动积温 1800℃以上地区种植。

86. 武饲2号

认定编号：甘认麦 2012003

选育单位：武威市武科种业科技有限责任公司

品种来源：以 B1614/G069Y079C 为母本、Z030G001L/G029J030J 为父本组配的常规种，原代号 WP6-G

特征特性：属四棱饲用春播大麦，生育期 90 天。幼苗直立，株高 95 厘米。抽穗习性全抽出，闭颖授粉，穗脖和穗相直，穗长 7.7 厘米，穗长方形，小穗密度疏，穗色、芒色及外颖脉色黄，长芒，籽粒椭圆形。穗粒数 53 粒，千粒重 39.8 克，粒色淡黄或黄，粒径 3.62 毫米。籽粒粗蛋白质含量 12.70%，粗纤维含量 2.44%，粗灰分含量 1.91%。田间表现高抗条纹病。

产量表现： 2010—2011 年多点试验平均亩产 579.92 千克，比对照增产 33.67%；2011 年生产试验平均亩产 608.79 千克，比对照增产 29.00%。

栽培技术要点： 以日平均气温稳定在 0～2℃ 时播种，河西走廊在 3 月中上旬播种，播种深度 3～5 厘米，亩播种量 25 万～35 万粒。亩施纯氮 8～10 千克、纯磷 4～6 千克，纯氮 20% 作头水追肥，其余均作基肥。全生育期灌水 3～4 次。

适宜区域： 该品种适宜在甘肃省武威及同类地区种植。

87. 西大麦1号

审定编号： 川审麦 2009012

选育单位： 西昌学院

品种来源： (盐源花花麦/淌塘乡雷打牛)//川农 90-18

特征特性： 春性中熟六棱大麦，全生育期 151～167 天，比对照川农 90-18（下同）早 1 天。幼苗直立、叶色浓绿，叶耳乳白色，分蘖力强，成穗率高。植株紧凑，平均株高 90 厘米，茎绿色，弹性强，蜡粉多。穗层整齐，落黄转色好。穗圆柱形，长芒白色，平均穗长 7.2 厘米，穗粒数 65 粒左右。颖壳白壳，穗颈半弯，护颖较宽。籽粒白色、卵圆形、饱满度好，平均千粒重 36～46 克。蛋白质含量 13.0%，淀粉含量 53.4%，水分含量 9.8%。经凉山州植保站鉴定，大麦白粉病轻微发生零星病斑，未发现其他病害。

产量表现： 2007—2008 年度参加凉山州大麦区试，平均亩产 614.5 千克，比对照增产 21.0%，5 点全部增产；2008—2009 年度续试，平均亩产 655.3 千克，比对照增产 25.9%，5 点全部增产；两年区试平均亩产 634.9 千克，比对照增产 23.5%。2008—2009 年度在喜德、冕宁、西昌、会理和会东 5 点进行生产试验，平均亩产 607.8 千克，比对照增产 21.1%，5 点全部增产。

栽培技术要点： ①播种期：凉山州于 10 月上旬至 11 月上旬播种。②播种量：开厢均匀撒播，播种量 8～12 千克。③施肥。底肥亩用复合肥 30 千克，苗肥亩用尿素 10 千克、过磷酸钙 15 千克。④田间管理。播种后注意灌排水，适时防治病虫害，并进行中耕除草。

适宜区域：该品种适宜在四川凉山州大麦产区种植。

88. 扬啤4号

鉴定编号：苏鉴大麦 201103

选育单位：江苏里下河地区农科所

品种来源：原名"扬辐麦 6008"，由利用^{60}Co γ 射线辐照扬辐 9836（突变系）干种子，诱变后代经多年选择

特征特性：春性中熟二棱皮大麦，幼苗半直立，叶色深绿，生长旺盛，幼苗分蘖力较强，抗寒性较好。株型较紧凑，耐肥抗倒性较好。穗层整齐度较好，熟相较好。两年鉴定试验平均：株高 84.4 厘米，亩有效穗数 53 万穗，每穗实粒数 24.8 粒，千粒重 38.8 克，生育期 198 天，成熟期与对照单二大麦（下同）相当。经扬州大学农学院大田自然毒土鉴定，高抗大麦黄花叶病。

产量表现：2007—2009 年参加江苏省鉴定试验，两年平均亩产 426.5 千克，比对照增产 14.2%，两年增产均达极显著水平。2009~2010 年度生产试验平均亩产 429.2 千克，较对照增产 13.3%。

栽培技术要点：①适期播种。一般以 10 月下旬至 11 月上旬为宜。②合理密植。每亩基本苗以 16 万~18 万苗为佳，迟播适当增加苗数。③肥水运筹。亩产 450 千克田块，一般需施纯氮 15 千克左右。肥料运筹上掌握重施基肥，早施返青拔节肥的原则。注重使用有机肥，配合使用磷、钾肥。田间沟系配套，防止明涝暗渍。④病虫草害防治。注意防除田间杂草，及时对蚜虫、白粉病等进行防治。⑤适时收获。在蜡熟末期至完熟初期适时收获，晒干入库。

适宜区域：该品种适宜在江苏省大麦产区种植。

89. 云啤5号

登记编号：滇登记大麦 2012023 号

选育单位：云南省农业科学院生物技术与种质资源研究所，浙江省农业科学院作物与核技术利用研究所，寻甸县植保植检站

品种来源：以澳选 1 号为母本，甘啤 3 号为父本。2010 年 3 月 1 日获得中国植物新品种保护（品种权号：CNA20070264.5,

证书号：20103133）。

特征特性： 弱春性二棱皮大麦，株型紧凑，分蘖率强，成穗率高，千粒重高达 45～47 克，产量高，在昆明平均产量为 446.7 千克/亩。滇中和滇西可 10 月中下旬播种，翌年 4 月中下旬成熟，全生育期 163 天左右。幼苗直立，二棱，株高 83 厘米，生育期 157 天。基本苗 15.78 万苗/亩，最高分蘖 67.03 万苗/亩，有效穗数 49.03 万穗/亩，成穗率 79.1%。穗粒数 19 粒，千粒重 39.1 克。部分试点条锈病 4 级，白粉病 3 级，冻害 3 级。据云南省农业科学院生物技术与种质资源研究所大麦条锈病抗性鉴定：①光照培养箱内人工接菌抗锈病鉴定结果：云啤 5 号反应型为 4 级、严重度为 10%～20%和普遍率为 20%，表现为感病型。②田间自然发病抗性鉴定结果：云啤 5 号在具备充足菌条件下，发生大麦条锈病，其病害反应型为 3 级、发病率为 10%、严重度为 5%。

产量表现： 2008 年昆明点全国 13 个品种展示，云啤 5 号亩产 387.6 千克，居第 4 位，比平均对照（346.1 千克）增产 12.0%。2009 年昆明繁殖 1.5 亩，平均亩产 535 千克。

适宜区域： 该品种适宜在昆明、玉溪、大理、楚雄、曲靖和红河等海拔 800～2400 米区域种植。

90. 浙皮 9 号

审定编号： 浙（非）审麦 2012001
选育单位： 浙江省农业科学院作物与核技术利用研究所
品种来源： 浙 03-9×沪 98087
特征特性： 该品种为二棱春性皮大麦，株高中等，株型紧凑，分蘖强，叶色深绿，叶片尖端稍卷曲，灌浆至成熟期穗茎半弯曲。两年试验平均全生育期 176.7 天，比对照花 30（下同）长 0.4 天；平均株高 81.8 厘米，比对照高 0.8 厘米；亩有效穗数 38.9 万穗，每穗实粒数 26.3 粒，千粒重 43.2 克。经杭州国家大麦改良分中心两年病圃抗性鉴定：平均赤霉病病穗率 35.3%，病粒率 2.6%，病情指数 0.135，表现为中抗赤霉病。田间表现有条纹叶枯病发生。据国家大麦改良中心品质分析测定：两年平均籽粒粗蛋白含量 13.6%，浸出率 76.7%，库尔巴哈值 35.3%，糖化力 310.2WK。

产量表现：浙皮 9 号经 2009—2010 年度省大麦品比试验，平均亩产 330.9 千克，比对照增产 5.8%，达显著水平；2010—2011 年度省大麦品比试验，平均亩产 367.9 千克，比对照增产 8.4%，达显著水平。两年试验平均亩产 349.4 千克，比对照增产 7.1%。2011—2012 年度省生产试验，平均亩产 266.9 千克，比对照增产 8.1%。

栽培技术要点：后期控制氮肥用量，防止倒伏。

适宜区域：该品种适宜在浙江省种植。

（二）燕麦

91. 白燕 2 号

认定编号：蒙认麦 2009001 号

选育单位：吉林省白城市农业科学院

品种来源：以加拿大引入的燕麦 F_4 代（编号为 B07046）材料为基础，经系谱法选育而成

省级审定情况：2003 年吉林省农作物品种审定委员会审定，2009 年甘肃省农作物品种审定委员会审定

特征特性：春性，平均生育期 81 天。幼苗直立，叶片上举，株型紧凑，叶色深绿色，株高 100 厘米。穗侧散形，长芒，颖壳黄色，穗长 24.8 厘米，主穗小穗数 16.8 个，主穗粒数 69.3 粒，主穗粒重 1.3 克。籽粒黄色、长卵圆形，千粒重 25.4 克。中抗燕麦红叶病，对燕麦坚黑穗病表现免疫。2002 年白城市农业科学院化验中心测定，籽实蛋白质含量 16.58%，脂肪含量 5.61%。

产量表现：2008 年参加内蒙古自治区燕麦生产试验，平均亩产 161.5 千克。

栽培技术要点：亩保苗 33 万株左右。

适宜区域：该品种适宜在内蒙古自治区呼和浩特市≥10℃活动积温 1900℃以上地区种植，还适宜在甘肃省岷县、通渭等地种植。

92. 川燕麦 1 号

审定编号：川审麦 2010003

选育单位：四川省凉山州西昌农业科学研究所

品种来源：从地方燕麦品种伍祖中系统选育而成

特征特性：裸燕麦，春性，全生育期 133 天左右。幼苗直立，叶色浓绿，分蘖力强，生长势旺。平均株高 116 厘米左右，株型紧凑。侧散型穗，平均穗长 25.2 厘米左右，颖壳白色，主穗粒数 65 粒左右，主穗粒重 1.6 克，小穗串铃型，平均小穗数 10.5 个，籽粒白色、纺锤形，千粒重 23.3 克。2010 年农业部食品质量监督检验测试中心（成都）品质测定：粗蛋白质含量 12.8%，脂肪含量 3.89%，水分 9.31%，粗纤维含量 2.56%。经四川省凉山州植保站鉴定：成熟期部分叶片轻度感染杆锈菌和冠锈菌，有零星病斑；未发现燕麦黑穗病、红叶病和其他病害。

产量表现：2008 年参加凉山州燕麦多点品比试验，平均亩产 92.7 千克，比对照四月麦（下同）增产 80.5%，差异极显著，3 点全部增产；2009 年度续试，平均亩产 80.0 千克，比对照增产 8.1%，增产点率 100%。2008—2009 两年 5 点次试验产量汇总，平均亩产 86.67 千克，比对照增产 38.29%，增产点率 100%。

栽培技术要点：①播种期：凉山燕麦种植区春季于 3 月中旬至 3 月下旬播种为宜。②播种。每亩播种 5～7.5 千克，采用条播、犁沟条播或定量撒播均可。③施肥。亩施过磷酸钙 30 千克，农家土杂肥 1000 千克，视苗情追施尿素 5 千克。④田间管理。整个生育期中注意排水防涝及防除杂草，蜡熟后期籽粒充分成熟时收获。

适宜区域：该品种适宜在四川省凉山州燕麦种植区种植。

93. 晋燕 14 号

审定编号：晋审燕（认）2011001

选育单位：山西省农业科学院高寒区作物研究所

品种来源：7801-2/74050-50。7801-2 为省高寒所皮燕麦高代品系；74050-50 为省高寒所裸燕麦高代品系。试验名称"XZ 04148"。

特征特性：生育期与对照晋燕 8 号（下同）相当，秋莜麦区

90 天，夏莜麦区 85 天。幼苗半匍匐、深绿色，有效分蘖 2 个，生长势强，株高 96 厘米，叶姿短宽、上举，蜡质层较厚，穗长 17 厘米，穗周散形，小穗串铃形，无芒，主穗小穗数 31 个，轮层数 5 层，内稃白色，外稃黄色，主穗粒数 62 粒，主穗粒重 1.7 克，籽粒长筒形、黄色，千粒重 23.2 克。抗旱，抗寒，较抗红叶病。中国农科院麦片加工厂测定，β-葡聚糖为 5.68%。

产量表现： 2008 年、2010 年参加山西省莜麦中熟区域试验，两年平均亩产 148.7 千克，比对照晋燕 8 号（下同）增产 19.7%，试验点 10 个，全部增产。其中 2008 年平均亩产 164.8 千克，比对照增产 25.3%；2010 年平均亩产 132.6 千克，比对照增产 13.5%。

栽培技术要点： 合理轮作倒茬，前茬以马铃薯、胡麻、豆类等为好。夏莜麦区 3 月 25 日～4 月 5 日播种，秋莜麦区 5 月 15 日～25 日播种。亩留苗 30 万株，前期生长缓慢，早中耕锄草（3 叶 1 心期），后期生长较快，加强田间管理。一般亩施复合肥 25 千克作底肥，分蘖期亩施尿素 15 千克作追肥。适时防治病虫害。蜡熟中后期上中部籽粒变硬，籽粒大小和色泽正常时及时收获。

适宜区域： 该品种适宜在山西省莜麦产区种植。

94. 陇燕1号

认定编号： 甘认麦 2013001

选育单位： 甘肃农业大学

品种来源： 以甘肃黄燕麦为母本、青永久 108 为父本杂交选育而成，原代号 97-3-4-24

特征特性： 春性，生育期在通渭华家岭乡为 115～118 天，比对照甘肃黄燕麦（下同）晚 7～8 天。幼苗叶鞘深绿色，叶片绿色。株型紧凑，株高 120～140 厘米，成株叶片数 6～7 片。茎基绿色，花药黄绿色，颖壳黄白色。侧散型穗，穗长 15～22 厘米，每穗小穗数 20～28 个，穗粒数 40～55 粒，穗粒重 1.5～2.1 克，千粒重 34～38 克。籽粒容重 760～780 克/升，粗蛋白含量 13.36%，粗脂肪含量 4.65%，赖氨酸含量 4.69%。经人工接种鉴定，对燕麦红叶病表现为中抗，病情指数为 2.81。

产量表现： 2006—2008 年多点试验，平均亩产 341.6 千克，比对照增产 19.7%。在 2009—2011 年的生产试验中，平均亩产 336 千克，比对照增产 21%。

栽培技术要点： ①春季播种，种植密度每亩 30 万株。②施肥：基肥应每亩施农家肥 1800 千克或磷酸二铵 12 千克；追肥于拔节期亩施尿素 8 千克。

适宜区域： 该品种适宜在甘肃省天祝、岷县、甘南、通渭及其他冷凉或二阴地区种植。

95. 燕科 1 号（蒙 H8631）

审定编号： 宁审莜 2008001

选育单位： 内蒙古农科院

品种来源： 以 8115-1-2/鉴 17 选育而成

特征特性： 生育期 97～104 天，中晚熟品种。幼苗直立，苗色深绿，叶片上举，生长势强，株型紧凑，分蘖力强，成穗率高，群体结构好，株高 71.4～132.1 厘米，穗型侧散形，穗长 20.2 厘米，穗铃数 30.8 个，主穗 76.8 粒，穗粒重 1.4 克，千粒重 19.3 克，籽粒卵圆形，浅黄色。根系发达，抗寒、抗旱性强，耐瘠薄，茎秆粗壮坚硬，抗倒伏，成熟落黄好，中抗锈病，生长整齐，口紧不落粒，适应性广。经农业部谷物及制品质量监督检验测试中心（哈尔滨）检测：籽粒含粗蛋白 21.13%，粗脂肪 6.65%，粗淀粉 54.35%，粗纤维 2.55%，灰分 2.22%，水分 10.1%，氨基酸 21.18%（其中赖氨酸 0.94%）。

产量表现： 2006 年生产试验平均亩产 118.1 千克，比对照宁莜 1 号（下同）增产 7.6%；2007 年生产试验平均亩产 158.8 千克，平均比对照增产 31.57%；两年平均亩产 138.45 千克，平均比对照增产 19.59%。

栽培技术要点： ①选地：选中等以上肥力土地种植，前茬以豆科、马铃薯和春小麦茬为宜。②深耕耙糖：前作收获后应及早进行秋深耕，早春顶凌耙糖。③施肥：结合秋深耕基施农家肥 1000～2000 千克/亩、磷酸二铵 10～15 千克/亩，5～6 叶期结合降雨追施尿素 7.5～10 千克/亩。④播种：精选种子，播前药剂拌种，3 月底至 4 月初播种，播量 7～8 千克/亩，基本苗 25 万～30 万株/亩，播深 4～5 厘米。⑤田间管理：前期早锄、浅锄，保全苗促壮苗；中后期早追肥、深中耕、细管理、防虫治病害、防倒伏、防贪青。⑥适时收获：当麦穗由绿变黄，上中部籽粒变硬，表现出品种籽粒正常大小和色泽，进入黄熟时及时收获。

适宜区域：该品种适宜在宁南山区干旱、半干旱莜麦主产区旱地种植。

（三）高粱

96. 赤杂 29

审定编号：蒙审梁 2011009 号

选育单位：赤峰市农牧科学研究院

品种来源：以不育系赤 A6 为母本、恢复系 7654 为父本杂交育成。母本是以 404A 为母本、繁 8B×赤 10B 为父本，采取测交、回交、自交等方法选育而成；父本是以 5903 为母本、三尺三为父本杂交选育而成。

已往鉴定情况：2010 年全国高粱品种鉴定委员会鉴定通过

特征特性：平均生育期 113 天。幼苗绿色，芽鞘紫色。株高 173 厘米。中紧穗、纺锤形，穗长 25.4 厘米。籽粒为黑壳红粒，千粒重 27.5 克。2009—2010 年辽宁省国家高粱改良中心（沈阳）人工接种抗性鉴定，丝黑穗病发病率两年平均 6.0%。2010 年农业部农产品质量监督检验测试中心（沈阳）测定：粗蛋白含量 9.56%，粗淀粉含量 72.48%，赖氨酸含量 0.28%，单宁含量 1.16%。

产量表现：2009 年参加全国高粱品种区域试验，通辽点亩产 511.0 千克，比对照敖杂 1 号（下同）增产 17.3%；赤峰点亩产 654.5 千克，比对照增产 12.2%。2010 年参加全国高粱品种区域试验，通辽点亩产 661.8 千克，比对照增产 23.7%；赤峰点亩产 790.1 千克，比对照增产 9.9%。2010 年参加全国高粱品种生产试验，通辽点亩产 575.5 千克，比对照增产 10.2%；赤峰点亩产

653.2 千克，比对照增产 8.1%。

栽培技术要点：亩保苗 7500～8000 株。

适宜区域：该品种适宜在内蒙古自治区通辽市、赤峰市≥10℃活动积温 2600℃以上地区种植。

97. 吉杂 121

审定编号：蒙审粱 2012008 号

选育单位：吉林省农科院作物育种研究所

品种来源：以 314A 为母本、吉 R105 为父本组配而成。母本引自赤峰市农科所；父本是用 R137 与 304-4/319-4 杂交经 6 代选育而成。

已往鉴定情况：2008 年全国高粱品种鉴定委员会鉴定

特征特性：平均生育期 120 天，比对照四杂 25 号早 4 天。幼苗叶片绿色、芽鞘绿色。株高 180 厘米，19 片叶。果穗为长纺锤形，中紧穗。籽粒红色，椭圆形，千粒重 29.0 克。2006 年、2007年辽宁省国家高粱改良中心用丝黑穗病 3 号生理小种进行接种鉴定，发病率 0%。2007 年农业部农产品质量监督检验测试中心（沈阳）测定：粗蛋白含量 9.58%，粗淀粉含量 77.60%，赖氨酸含量 0.20%，单宁含量 1.04%。

产量表现：2006 年参加国家高粱早熟组区域试验，通辽点亩产 638.0 千克，比对照增产 0.1%；赤峰点亩产 485.7 千克，比对照增产 14.2%。2007 年参加国家高粱早熟组区域试验，通辽点亩产 653.9 千克，比对照增产 2.5%；赤峰点亩产 667.3 千克，比对照增产 0.7%。2007 年参加国家高粱早熟组生产试验，通辽点亩产 742.3 千克，比对照增产 4.9%；赤峰点亩产 681.4 千克，比对照增产 5.8%。

栽培技术要点：亩保苗 6600～8000 株。

适宜区域：该品种适宜在内蒙古自治区≥10℃活动积温 2700℃以上地区种植。

98. 晋杂 102

审定编号：蒙审粱 2013002 号

选育单位：山西省农业科学院高粱研究所

品种来源：以不育系 A_2SX28 为母本、恢复系 SXR-30 为父本杂交选育而成。母本是利用 A_2V4B 与印度抗旱材料 D71278—4 杂交选育而成；父本是以 0-30 天然杂种为材料连续自交选育而成。

已往鉴定情况：2009 年全国高粱品种鉴定委员会鉴定

特征特性：幼苗叶片绿色，芽鞘绿色。植株为披展型，株高196 厘米，总叶片数 15 片。果穗为纺锤形，中紧，穗长 30.8 厘米。籽粒黄色，千粒重 29.3 克。2007—2008 年国家高粱改良中心用丝黑穗病 3 号生理小种接种鉴定，抗丝黑穗病（两年平均为3.5%）。2008 年农业部农产品质量监督检验测试中心（沈阳）测定：粗蛋白含量 9.18%，粗淀粉含量 73.64%，单宁含量 1.28%，赖氨酸含量 0.32%。

产量表现：2007 年参加国家高粱区域试验，赤峰点亩产 707.3千克，比对照四杂 25（下同）增产 6.7%。2008 年参加国家高粱区域试验，赤峰点亩产 682.3 千克，比对照增产 7.3%。2008 年参加国家高粱生产试验，赤峰点亩产 583.6 千克，比对照增产 5.6%。

栽培技术要点：①播期：地温稳定在 10℃ 时播种为宜，播深3～4 厘米。②密度：亩保苗 7000～8000 株。③施肥。一般亩施复合肥 50 千克、尿素 25 千克。④病虫害防治。注意防治蚜虫。

适宜区域：该品种适宜在内蒙古自治区赤峰市 ≥10℃ 活动积温2600℃ 以上地区种植。

99. 泸州红1号

审定编号：川审粱 2011001

选育单位：四川省农业科学院水稻高粱研究所

品种来源：用青壳洋高粱与地方高粱品种牛尾砣杂交，经系统选育而成的酿酒型高粱品种。

特征特性：春播生育期平均 130 天；平均株高 260.5 厘米，穗长 35.6 厘米，穗粒重 57.5 克，千粒重 17.0 克；芽鞘紫色，幼苗绿色，穗伞形，散穗，红壳，褐粒，胚乳糯质。经四川省农业科学院水稻高粱研究所植保室接种鉴定：耐叶斑病，丝黑穗病平均发病率 7%。丝黑穗病田间自然发病率为 0。抗倒性与对照一致。经泸州市酿酒科学研究所测试：籽粒粗蛋白含量 8.27%，总淀粉含量 72.89%，单宁含量 1.32%。

产量表现：2008 年多点试验平均亩产 332.0 千克，比对照青壳洋高粱（下同）增产 6.96%，5 点均增产；2009 年续试平均亩产 334.7 千克，比对照增产 6.36%，5 点均增产；两年平均亩产 333.4 千克，比对照增产 6.65%，增产点率 100%。2009 年在泸县、江安、德阳、古蔺和达州进行生产试验，平均亩产 333.96 千克，比对照增产 5.62%。

栽培技术要点：①播种期：泸州于 3 月上中旬即可播种。②密度：净种亩植 7000～8000 株，间套作亩植 4000～5000 株。③田间管理：6～8 叶移栽，亩施纯氮 10 千克，重底早追，氮、磷、钾配施，注意蚜虫、螟虫防治。

适宜区域：该品种适宜在四川省平坝和丘陵区种植。

100. 天饲 1 号

审定编号：甘认粱 2011001
选育单位：甘肃省天水市农业科学研究所
品种来源：S-5A×7514-16
特征特性：株高 310 厘米，茎粗 1.4 厘米，穗长纺锤形、中紧，红壳白粒，粒质半玻，千粒重 23.0 克。茎叶含粗蛋白质 7.26%，粗脂肪 2.83%，粗纤维 31.41%，无氮浸出物 40.52%，可溶性总糖 30.6%，氢氰酸 4.3 微升/升；籽粒含粗蛋白 12.54%，赖氨酸 0.32%，粗淀粉 74.82%，单宁 0.104%。生育期 135 天，分蘖性强，抗旱耐瘠，抗矮花叶病毒病（MDMV），茎叶持绿时间长。

产量表现：在 2006—2007 年多点试验中，平均亩产鲜草 6150.0 千克，籽粒 500.8 千克。

栽培技术要点：种植密度以 5500～7500 株/亩为宜。作青饲，在株高达 1.2～1.5 米时收割；作青贮在乳熟末期收割；作粮饲兼用，在茎叶、籽粒总产量最高的完熟期收割。

适宜区域：该品种适宜在甘肃省天水、漳县、会宁等干旱、半湿润区种植。

（四）谷子

101. 冀谷 25

审定编号：鲁农审 2011024 号

选育单位：河北省农林科学院谷子研究所

品种来源：常规品种，系"WR1"与冀谷 14 杂交后系统选育。

特征特性：幼苗绿色，花药黄色。区域试验结果：生育期 90 天，株高 123.7 厘米。在亩留苗 4.5 万的情况下，成穗率 94.4%，穗长 22.1 厘米，单穗重 13.8 克，穗粒重 11.9 克，出谷率 81.8%，出米率 76.8%，千粒重 2.73 克。穗纺锤形，松紧适中，黄谷黄米。抗倒性 1 级，抗纹枯病，红叶病病株率 0.32%。2009 年经农业部食品质量监督检验测试中心（济南）测试：粗蛋白含量 13.0%，粗脂肪含量 4.3%，赖氨酸含量 0.28%。

产量表现：在 2009—2010 年全省谷子品种区域试验中，两年平均亩产 298.9 千克，比对照济谷 12（下同）增产 5.0%；2010 年生产试验平均亩产 254.1 千克，比对照增产 4.5%。

栽培技术要点：一般在 6 月 20 日前后播种，每亩播量 0.75～1.0 千克，出苗后 25 天左右浇水、追尿素 20 千克，出苗后可使用拿扑净防除禾本科杂草，及时防治病虫害。

适宜区域：该品种适宜在山东省夏谷产区种植利用。

102. 晋谷 54 号

审定编号：晋审谷（认）2012003

选育单位：山西省农业科学院经济作物研究所

品种来源：晋谷 21 号/晋谷 20 号。试验名称"汾选 446"。

特征特性：生育期 121 天左右，比对照长农 35 号晚 2 天左右。幼苗叶片绿色，叶鞘紫色，一般年份单干不分蘖，特殊年份茎基部有 2～3 个分蘖。主茎高 158～170 厘米，茎秆节数 16 节，叶片绿色，穗棍棒形，穗码松紧度适中，短刚毛，穗长 21.9 厘米，主穗重 28～32 克，穗粒重 17.4 克，千粒重 2.8 克，白谷黄米，出谷率 77%，出米率 72%。米质优，2008 年第七届全国优质粟鉴评为"一级优质米"。田间有红叶病和白发病发生。农业部谷物品质监督检验测试中心（北京）检测：粗蛋白（干基）11.23%，粗脂肪（干基）4.28%，直链淀粉（占脱脂样品）13.98%，胶稠度 125.0 毫米，糊化温度（碱消指数）5.0，维生素 B_1 0.51 毫克/100 克，硒 44.78 微克/千克。

产量表现： 2010—2011 年参加山西省谷子中晚熟区试验，两年平均亩产 254.9 千克，比对照增产 8.2%，试验点 13 个，全部增产。其中 2010 年平均亩产 251.3 千克，比对照晋谷 34 号增产 7.1%；2011 年平均亩产 258.5 千克，比对照长农 35 号增产 9.4%。

栽培技术要点： 5 月中下旬播种，亩播量 1.0 千克，采用宽窄行（宽行 43 厘米、窄行 23 厘米）种植，亩留苗 2.5 万株，深秋重施羊粪圈粪每亩不少于 3000 千克（2 立方米），拔节抽穗期每亩增施复合肥 15 千克，灌浆期在宽行进行浅耕。适时防治红叶病和白发病。

适宜区域： 该品种适宜在山西省谷子中晚熟区中等肥力以下地种植。

103. 张谷 6 号

认定编号： 甘认谷 2012001

选育单位： 张掖市农业科学研究院

品种来源： 以 M 为母本、82-48-1 为父本选育而成，原代号 M8248。

特征特性： 幼苗叶鞘紫色，叶片绿色，叶缘浅紫色。株型紧凑，株高 153.8 厘米，茎粗 0.9 厘米，成株叶片数 16 片。茎基紫色，颖壳黄色。穗纺锤形，穗长 22 厘米，穗粗 2.7 厘米。籽粒卵圆形、黄色，千粒重 3.6 克，容重 613.0 克/升。含粗蛋白 12.77%，直链淀粉 17.1%，赖氨酸 0.25%，胶稠度 119.0 毫米，硒含量 0.0019 毫克/100 克。生育期在张掖 115 天，比对照张掖

286（下同）早 9 天。较抗倒伏。抗谷子黑穗病。

产量表现：在 2010—2011 年多点试验中，平均亩产 596.1 千克，较对照增产 74.8%。

栽培技术要点：4 月中旬至 5 月中旬播种，种植密度，每亩 4.5 万株。

适宜区域：该品种适宜在甘肃省甘州、民乐、山丹种植。

104. 张杂谷 3 号

认定编号：蒙认谷 2011004 号

选育单位：河北省张家口坝下农科所，中国农业科学院品种资源研究所

品种来源：为抗除草剂 F_1 杂交种，组合名称"A2×148-5"。

鉴定情况：2005 年全国谷子品种鉴定委员会鉴定

特征特性：平均生育期 113 天，比对照赤谷 8 号（下同）晚 3 天。幼苗叶片绿色，叶鞘绿色。植株叶片平展，株型半紧凑，株高 160 厘米。果穗为棍棒形，松穗紧码，穗长 29.4 厘米。籽粒圆粒，黄谷黄米，千粒重 3.1 克。2010 年河北省农林科学院谷子研究所植物保护室人工接种抗性鉴定：中抗偏重谷锈病（2＋），抗黑穗病（病株率 7.2%），抗白发病（病茎率 8.6%）。2010 年农业部谷物及制品质量监督检测中心（哈尔滨）测定：粗蛋白含量 11.12%，粗脂肪含量 3.72%，粗淀粉含量 65.59%，支链淀粉（占淀粉）70.59%，胶稠度 131.0 毫米，糊化温度 3.7 级。

产量表现：2009 年参加内蒙古自治区谷子区域试验，平均亩产 348.0 千克，比对照增产 24.7%。2010 年参加内蒙古自治区谷子区域试验，平均亩产 436.2 千克，比对照增产 10.5%。2010 年参加内蒙古自治区谷子生产试验，平均亩产 499.3 千克，比对照增产 20.5%。

栽培技术要点：水地亩保苗 1.2 万～1.5 万株，旱地亩保苗 0.8 万～1.0 万株。

适宜区域：该品种适宜在内蒙古自治区呼和浩特市、赤峰市 ≥10℃ 活动积温 2600℃ 以上地区种植。

（五）黍

105. 赤黍 2 号

认定编号： 蒙认黍 2011001 号

选育单位： 赤峰市农牧科学研究院

品种来源： 以本地大白黍与目标性状基因库材料杂交，后代经多年选择后，选育而成。

特征特性： 平均生育期 103 天，比对照大黄黍（下同）早 1 天。幼苗叶片绿色，叶鞘绿色。株型半紧凑，株高 136 厘米，分蘖 3～5 个，植株茎秆茸毛较长，绿花序，黄花药。果穗为侧穗型，主穗长 43.8 厘米。籽粒椭圆形，白谷黄米，千粒重 6.9 克。2009—2010 年河北省农林科学院谷子研究所植物保护室人工接种抗性鉴定，抗黑穗病（病株率 8.7%）。2010 年农业部谷物及制品质量监督检测中心（哈尔滨）测定：粗蛋白含量 17.15%，粗脂肪含量 4.30%，粗淀粉含量 72.24%，糊化温度 2.0 级。

产量表现： 2009 年参加内蒙古自治区糜子区域试验，平均亩产 253.1 千克，比对照增产 7.6%。2010 年参加内蒙古自治区糜子区域试验，平均亩产 291.2 千克，比对照增产 9.9%。2010 年参加内蒙古自治区糜子生产试验，平均亩产 270.7 千克，比对照增产 6.7%。

栽培技术要点： 亩保苗 5.0 万～7.0 万株。

适宜区域： 该品种适宜在内蒙古自治区鄂尔多斯市、赤峰市≥10℃活动积温 2400℃以上地区种植。

106. 品黍 2 号

审定编号： 晋审黍（认）2011002

选育单位： 山西省农业科学院农作物品种资源研究所

品种来源： "软黍"等离子诱变后系统选育而成。试验名称"品黍-05"。

特征特性： 生育期 112 天，比对照品种晋黍 5 号晚 7 天。生长势强，种子根和次生根发达、健壮，主茎节数 9 节，节间长 8.5 厘米，茎粗 1.0 厘米，株高 141.2 厘米，有效分蘖 1.6 个，叶片数 8 片，叶绿色，花序绿色，穗长 35.7 厘米，散穗型，穗粒重 16.9 克，千粒重 8.7 克，籽粒褐色、椭圆形，米淡黄色，米质糯性。抗旱性强，耐瘠薄性强。农业部谷物品质监督检验测试中心（北京）检测：粗蛋白含量（干基）14.08%，粗脂肪含量（干基）3.88%，直链淀粉/样品量（干基）0.36%。

产量表现： 2009—2010 年参加山西省黍子中早熟区域试验，两年平均亩产 228.7 千克，比对照晋黍 5 号（下同）增产 22.3%，试验点 12 个，全部增产。其中 2009 年平均亩产 212.7 千克，比对照增产 23.4%；2010 年平均亩产 244.6 千克，比对照增产 21.1%。

栽培技术要点： 不宜重茬和迎茬，前茬以豆类、马铃薯、玉米、小麦等茬为好。底肥以有机肥为主，适当拌入磷肥，拔节期和灌浆期每亩施 10 千克尿素。适宜播期为 6 月上旬，播种方式以耧播和撒播为主，亩播种量 0.5~0.75 千克，播种深度 5~8 厘米，亩留苗水地 3.5 万~5.5 万株、旱地 7 万~9 万株。三叶期间苗，株距 12 厘米，分蘖期和拔节期中耕除草 2 次、拔节期和灌浆期结合追肥浇水 2 次。发现黑穗病病株及时拔除，深埋销毁。灌浆期间采取防鸟措施。高肥水地注意防倒。八成熟时为适宜收获期，避免大风天气收获，以防落粒。

适宜区域： 该品种适宜在山西省中南部黍子产区种植。

（六）糜子

107. 晋糜 1 号

审定编号： 晋审糜（认）2010001
选育单位： 山西省农业科学院右玉农业试验站
品种来源： 大红黍/67-12-6。试验名称"96-16-7"。
特征特性： 生育期 104 天左右，比对照晋黍 5 号（下同）早熟，属中熟品种。田间生长较整齐，生长势中等。株高 128.9 厘米，主茎节数 7.2 个，有效分蘖 1.7 个，茎秆和花序绿色，穗分枝与主轴夹角小，属侧穗型，穗长 28.7 厘米，穗粒重 20.1 克，籽粒大、卵形、红色，千粒重 7.9 克，米色浅黄，米质为粳性。田间调查有轻度倒伏现象，抗旱性较强，耐瘠薄。农业部谷物品质监督检验测试中心（北京）检测：粗蛋白含量（干基）14.33%，粗脂肪含量（干基）2.99%，直链淀粉/样品量（干基）19.49%。

产量表现： 2008—2009 年参加山西省黍子中熟区域试验，两年平均亩产 200.9 千克，比对照平均增产 8.3%，试验点 11 个，增产点 8 个，增产点率 72.7%。其中 2008 年平均亩产 208.5 千克，比对照增产 5.0%；2009 年平均亩产 193.2 千克，比对照增产 12.1%。

栽培技术要点： 轮作倒茬，前茬以豆类、马铃薯、玉米、小麦等茬为好。施足底肥，以有机肥为主，适当拌入磷肥。及时中耕除草，苗高 1 寸要结合中耕进行间苗，亩留苗 4 万～5 万株，拔节后结合降雨亩追尿素 10 千克，多雨年份注意防倒伏。灌浆期间要采取防鸟措施。及时收获，经后熟后脱粒。

适宜区域： 该品种适宜在山西省糜子（粳性）中熟区种植。

108. 陇糜 10 号

认定编号： 甘认糜 2012001

选育单位： 甘肃省农业科学院作物研究所

品种来源： 以伊 87-1 为母本、中间材料 8115-3-2 为父本杂交选育而成，原代号 9308-1-10-3。

特征特性： 生育期 115 天左右。幼苗绿色，茎颖绿色，分蘖强，叶深绿色，茸毛中等。株高 111.3 厘米，主茎节数 6.5 节，茎基粗 0.55 厘米左右。侧穗穗重 5.27 克、穗长 29.8 厘米，粒色绿色饱满，千粒重 8.6 克。籽粒含粗蛋白 15.62%，粗淀粉 75.73%，粗脂肪 4.11%，赖氨酸 3.09%。抗糜子黑穗病。

产量表现： 在 2009—2010 年多点试验中平均亩产 242.81 千克，较对照陇糜 5 号增产 10.43%。

栽培技术要点： 春播，在 5 月中下旬播种，夏播复种，在 6 月底或 7 月初播种，播种深度 5～7 厘米。亩保苗旱地春播 5 万株，旱地复种 8.5 万株，水地复种 14 万株。

适宜区域： 该品种适宜在甘肃省会宁、安定区、渭源、合水、环县、秦安等地种植。

109. 内糜 10 号

审定编号： 宁审糜 2009001

选育单位： 内蒙古自治区鄂尔多斯市农科所

品种来源： 以达旗青糜子和林大黄糜子杂交选育而成

特征特性： 粳性，生育期 99 天，需≥10℃有效积温 1900℃左右，中早熟品种。株高 138.1 厘米，主茎节数 7.7 个，侧穗型，主穗长 31.5 厘米，穗粒重 6.1 克，分蘖成穗整齐，粒黄色，千粒重 7.7 克。抗旱、抗盐、抗倒伏、抗落粒性强。经农业部食品质量监督检验测试中心（杨凌）检测：籽粒含水分 12.18%，粗蛋白 10.81%，粗淀粉 57.32%，粗脂肪 3.08%。

产量表现： 2006 年区域试验平均亩产 140.11 千克，较对照榆糜 3 号（下同）增产 5.43%；2007 年区域试验平均亩产 203.19 千克，较对照增产 19.7%；2008 年区域试验平均亩产 206.22 千克，较对照增产 13.7%；3 年区域试验平均亩产 186.45 千克，较对照增产 12.0%。

栽培技术要点： ①播种。5 月上旬至 6 月上旬播种，播种量 1.5 千克/亩，密度 7 万～8 万株/亩。②施肥。施肥以底肥（有机肥）为主、化肥为辅一次性施入。③除草。生长期间注意中耕除草。④收获。成熟后及时收获。

适宜区域： 该品种适宜在宁南山区干旱、半干旱、≥10℃有效积温 1900～3100℃的糜子主产区旱地种植。

110. 宁糜 14 号

认定编号： 蒙认糜 2012001 号

选育单位： 宁夏固原市农业科学研究所

品种来源： 以鼓鼓头为母本、62-02 为父本组配而成

鉴定情况： 2006 年全国小宗粮豆品种鉴定委员会鉴定

特征特性： 平均生育期 108 天，比对照大黄糜晚 6 天。幼苗叶片绿色，叶鞘绿色。株高 200 厘米，叶下披、茸毛较多。果穗为侧穗型。籽粒椭圆形，红粒，米色淡黄，米质粳性，千粒重 7.0 克。

2011 年西北农林科技大学农学院人工接种抗性鉴定，抗黑穗病（病株率 8.6%）。2011 年农业部谷物及制品质量监督检验测试中心（哈尔滨）测定：粗蛋白含量 13.73%，粗脂肪含量 1.57%，粗淀粉含量 78.69%，可溶性糖含量 0.27%，氨基酸总量 14.76%。

产量表现： 2010 年参加糜子品种区域试验，平均亩产 302.1 千克，比对照大黄糜增产 32.3%。2011 年参加糜子品种生产试验，平均亩产 325.4 千克，比对照赤糜 1 号增产 5.8%。

栽培技术要点： 亩保苗 8 万株。

适宜区域： 该品种适宜在内蒙古自治区 ≥10℃ 活动积温 2000℃ 以上地区种植。

（七）荞麦

111. 川荞 4 号

审定编号： 川审麦 2009017

选育单位： 凉山州西昌农业科学研究所高山作物研究站、凉山州惠乔生物科技有限责任公司

品种来源： 用新品系额 02 作母本、川荞 1 号作父本，通过有性杂交，从后代变异群体中选育而成。

特征特性： 生育期 78～80 天，属中早熟品种。较抗倒伏，不易落粒，耐旱、耐寒性强。平均株高 104 厘米，株型紧凑。叶片呈戟形，叶色浓绿，叶片肥大。茎直立，主茎分枝 5.8 个，主茎节数 16.9 个，茎秆绿色。花绿白，无香味，花序柄平均长 5.3 厘米。籽粒灰棕色、粒长锥形。单株粒重 2.46 克，千粒重 20.0 克。经农业部食品质量监督检验测试中心测定：总黄酮（芦丁）含量为 2.50%，粗蛋白含量 13.84%，粗脂肪含量 3.06%，淀粉含量 64.90%。

产量表现： 2008 年参加凉山州苦荞麦区试，平均亩产 136.7 千克，比对照九江苦荞（下同）增产 34.9%，增产点率 100%；2009 年续试，平均亩产 123.3 千克，与对照产量持平，增产点率 75%；两年试验平均亩产 130.0 千克，比对照增产 16.8%。2009 年生产试验平均亩产 112.0 千克，比对照增产 6.7%。

　　栽培技术要点：精细整地，播种前精选种子和晒种，提高种子质量。春季 3 月下旬至 4 月上旬播种，秋季 7 月下旬至 8 月上旬播种。用种 4～5 千克，采用人工点播、条播、犁沟条播或定量撒播均可。播种时亩用过磷酸钙 30 千克，农家土杂肥 1000 千克作底肥。幼苗长至 10 厘米左右进行中耕除草，视苗情追肥，追施尿素 5 千克。在生育期中注意排水防涝及防治害虫。当 2/3 籽粒呈现本品种正常色泽时收获，及时脱粒晾晒，晒至籽粒含水量在 13% 以下时入库。

　　适宜区域：该品种适宜在四川凉山州及类似地区种植。

112. 定甜荞 2 号

　　认定编号：甘认荞 2010001

　　选育单位：定西市旱作农业科研推广中心

　　品种来源：从日本大粒荞经混合选育而成，原代号定甜 2001-1。

　　特征特性：生育期 80 天。株高 80.8 厘米，主茎分枝 4.4 个，主茎节数 10.3 节，茎秆紫红色，花淡红色，淡香味，异花授粉，籽粒黑褐色，单株粒重 2.8 克，千粒重 30.2 克。抗倒伏、抗旱、耐贫瘠，落粒轻，适应性强。田间调查荞麦褐斑病，病叶率为 34.28%，病情指数为 9.89%，对照品种定甜荞 1 号病叶率为 42.3%，病情指数为 13.86%。籽粒含粗蛋白 136.6 克/千克，粗淀粉 599.6 克/千克，赖氨酸 14.3 克/千克，粗脂肪 29.6 克/千克，芦丁 30.3 克/千克，水分 12.3%。

　　产量表现：2005—2007 年 3 年定西市多点试验平均单产 147.0 千克，较对照定甜荞 1 号（下同）增产 12.8%；生产试验平均单产 85.0 千克，较对照增产 14.2%。

　　栽培技术要点：①精细整地，适期播种，6 月下旬至 7 月初播种。②播前晒种和良种精选，每亩播种量 3.0～5.0 千克。③适当施用氮、磷肥，一般亩施氮肥尿素 3.0～5.0 千克、五氧化二磷 8.0～10.0 千克、农家肥 2000～3000 千克。④合理轮作倒茬，以小麦茬、豆科前茬为好，马铃薯茬、胡麻茬次之，忌重茬。⑤及时中耕除草，加强田间管理，防止鸟、鼠危害。⑥适时收获，全株

80％籽粒成熟，呈现本品种固有色泽时收获。⑦及时脱粒晾晒，籽粒含水量降到13％以下入库储存。

适宜区域：该品种适宜在甘肃省年降雨量350～600毫米、海拔2500米以下的半干旱区山坡地、梯田和川旱地种植。

113. 晋荞麦（苦）5号

审定编号：晋审荞（认）2011001

选育单位：山西省农业科学院高粱研究所

品种来源："黑丰1号"等离子诱变后系统选育而成。试验名称"晋辐-4"。

特征特性：生育期98天，比亲本黑丰1号早4天。生长势强，幼叶、幼茎淡绿色，种子根健壮、发达，株型紧凑，主茎高106.7厘米，主茎节数20节，一级分枝数7个，叶绿色，花黄绿色，籽粒黑色、三棱卵圆形瘦果，无棱翅，籽实有苦味，单株粒数283粒，千粒重22.4克。抗病性、抗旱性较强，耐瘠薄。山西省食品工业研究所（太原）和山西省农业科学院环境与资源研究所检测：蛋白质含量8.81％，脂肪含量3.16％，淀粉含量64.98％，黄酮含量2.16％。

产量表现：2009—2010年参加山西省苦荞麦区域试验，两年平均亩产149.6千克，比对照晋荞麦（苦）2号（下同）增产11.2％，试验点11个，增产点9个，增产点率81.8％。其中2009年平均亩产152.4千克，比对照增产8.9％；2010年平均亩产146.8千克，比对照增产13.6％。

栽培技术要点：适宜播期北部为5月1日～10日，中部为6月10日～20日。亩播量为2.5～3千克，亩留苗5.5万～6.0万株。亩施磷钾复合肥30千克有助于提高产量，适时中耕、除草，花期到灌浆期浇水1次，以保证籽粒饱满。70％籽粒变黑色时即可收获，在场上后熟2～3天后再晒打。

适宜区域：该品种适宜在山西省苦荞麦产区种植。

114. 黔苦荞6号

审定编号：黔审荞2011002号

选育单位：威宁县农业科学研究所

品种来源：利用麻乍苦荞"黄皮荞"地方品种中的优良变异单株通过系统选育而成

特征特性：生育期 93 天，属中熟品种。株型紧凑，株高 85.6 厘米，幼茎淡绿色，叶片浓绿，花淡绿色、无味。主茎 17.4 节，主茎分枝 6.1 个，单株粒重 3.7 克，千粒重 23.7 克，籽粒灰色，三棱形。不易落粒，抗病、抗旱、抗寒，适应性强。经贵州师范大学植物遗传研究所品质测试：粗蛋白质含量 13.2%，总黄酮（芦丁）含量 1.61%。

产量表现：2009 省区域试验平均亩产为 105.8 千克，比对照九江苦荞（下同）增产 8.7%；2010 省区域试验平均亩产 164.8 千克，比对照增产 7.9%。省区域试验两年平均亩产为 135.3 千克，比对照增产 8.2%，10 点次 6 增 4 减，增产点次达 60%。

栽培技术要点：①播种期：海拔 1800～3500 米地区，以春播为主，为避免晚霜，一般在 4 月中旬至 5 月上旬播种；海拔 1200～1800 米地区，春、夏、秋季均可播种，但秋荞一般在"立秋"前后 10 天播种；海拔 1200 米以下地区，以秋播为主，一般在 8 月上中旬播种。②播种量：每亩播种量为 4 千克，每亩留苗 9 万～11 万株，最多不超过 12 万株。③施肥。每亩施 500 千克腐熟有机肥作底肥，同时用磷肥 25 千克、复合肥 15 千克加清粪水拌种匀播（当天拌种当天播完）。④田间管理。及时匀苗定植，当幼苗长至 2 叶 1 心时，拔除多余的弱苗；酌情追施提苗肥，每亩用 5～7 千克尿素；及时中耕除草，防治害虫。⑤收获。一般在田间有 2/3 籽粒呈种子色时抢抓天气及时收获。

适宜区域：该品种适宜在贵州省除黔西南州外的区域种植。

115. 西农 9940

审定编号：宁审荞 2009004

选育单位：西北农林科技大学

品种来源：以地方品种定边黑苦荞系统选育而成

特征特性：苦荞（鞑靼荞麦），生育期 92～94 天，中熟品种。幼苗生长旺盛，叶色深绿，叶心形，花白绿色，株高 106.8～

112.0厘米，株型紧凑，主茎节数15.1～15.8个，主茎分枝数5.1～5.8个，单株粒重3.5～4.6克，籽粒三棱形，粒灰褐色，千粒重19.2～21.9克。抗旱，抗倒伏，耐瘠薄，田间生长势强，生长整齐，结实集中，抗落粒，适宜性广。经农业部食品质量监督检验测试中心（杨凌）检测：水分10.83%，粗蛋白含量12.19%，粗脂肪含量2.70%，粗淀粉含量68.92%，总黄酮含量2.592%。

产量表现： 2006年宁南山区荞麦区域试验平均亩产110.51千克，较对照增产8.74%；2007年区域试验平均亩产133.45千克，较对照增产6.19%；2008年区域试验平均亩产217.47千克，较对照增产11.5%；3年区域试验平均亩产165.05千克，较对照增产7.0%。

栽培技术要点： ①选地整地。选择地势平坦的川旱地或山旱地种植，前茬作物收获后进行深耕，耕后及时进行耙糖。②施肥。结合整地施腐熟农家肥1500～3000千克/亩、磷酸二铵10千克/亩。③播种。正茬播种以6月中下旬为宜，适宜播量3～3.5千克/亩，亩留苗6万～8万株。④田间管理。苗期及早中耕锄草。⑤收获。当全株2/3籽粒成熟，即籽粒变为褐色、浅灰色，呈现本品种固有颜色时收获。

适宜区域： 该品种适宜在宁南山区干旱、半干旱地区荞麦主产区种植。

（八）青稞

116. 甘青5号

认定编号： 甘认麦2008003

选育单位： 甘南藏族自治州农业科学研究所

品种来源： 以康青3号为母本、84-41-5-3（76-73-2×蒙克尔）为父本杂交选育而成的青稞品种，原代号94-19-1。

特征特性： 春性，生育期103～128天。幼苗直立，苗期生长旺盛，叶绿色。株型紧凑，叶耳紫色。株高99.8厘米左右，茎秆坚韧、粗细中等，全抽穗习性，穗脖半弯，植株生长整齐。穗长方形，四棱，小穗密度稀。长齿芒，窄护颖，穗长5.98～7.38厘米，穗粒数 41.82～46.28 粒，籽粒黄色，椭圆形，角质，饱满，千粒重 42.75～46.74 克。籽粒粗蛋白含量 12.37%，粗淀粉含量 63.19%，粗脂肪含量 1.73%，赖氨酸含量 0.43%，灰分含量 1.87%，可溶性糖含量 2.06%。成熟后期口紧，落黄好，耐寒、耐旱、抗倒伏，中抗条纹病，中感云纹病。

产量表现： 2002—2004 年甘南藏族自治州 3 年多点试验中，平均亩产 292.24 千克，比对照康青 3 号增产 9.13%。

栽培技术要点： 最适宜的前茬是洋芋、油菜、豆类等茬和轮歇地；在海拔 2400～3200 米的高寒阴湿区适宜播期是 3 月下旬至 4 月中旬。亩下籽量以 35 万～40 万粒为宜，亩播量 15.8～18.0 千克。

适宜区域： 该品种适宜在甘肃省甘南藏族自治州海拔 2400～3200 米的高寒阴湿区及同类型青稞种植区推广种植。

117. 康青 9 号

审定编号： 川审麦 2012008

选育单位： 甘孜藏族自治州农业科学研究所

品种来源： （色查 2 号/95801）F_1//（乾宁本地青稞/甘孜白六棱）F_1

特征特性： 春性，全生育期 130 天左右。幼苗半直立，分蘖力中等，苗叶深绿，叶片大小适中，叶耳、茎节白色。株型较松散，株高 80～110 厘米。穗长方形，四棱，长芒，齿芒，裸粒，籽粒黄色、角质、长椭圆形、饱满。小穗密度中等，穗粒数 43～46 粒/穗，千粒重 45～47 克。经四川省农科院植保所鉴定：高抗条锈病，高抗白粉病，中抗赤霉病。2010 年由国家粮食局成都粮油食品饲料质量监督检验测试中心（成都）品质测定：平均粗蛋白（干基）含量 14.8%，粗淀粉含量 77.0%，赖氨酸含量 0.52%。

产量表现： 2009 年、2010 年两年参加甘孜州区域试验，平均亩产 235.26 千克，比对照康青 3 号（下同）增产 19.4%，10 个点次中 9 个点次增产，增产点率为 90%。2010 年参加甘孜州生产试验，平均亩产 223.17 千克，比对照增产 14.2%，3 个试点全部增产。

栽培技术要点： ①播种期：海拔 2000～3000 米热量条件较好的区域，3 月中下旬至 5 月上旬均可播种；海拔 3100～3800 米温凉区域，4 月上中旬播种。冬播春性小麦区 10 月下旬至 11 月上旬播种。②基本苗：春播每亩基本苗 18 万苗左右，冬播每亩基本苗 10 万～15 万苗。③施肥。亩施纯氮 5～8 千克，配合施磷 8～10 千克、钾肥 5 千克。④田间管理。3～5 叶期防治草虫害。

适宜区域： 该品种适宜在四川省甘孜州海拔 2000～3800 米区域春播、冬播春性小麦区种植。

Ⅱ.豆类作物

一、红　　豆

118. 恩红小豆 1 号

审定编号： 鄂审豆 2012001

选育单位： 恩施土家族苗族自治州农业科学院

品种来源： 从建始县龙坪地方品种中选择优良单株繁育而成的红小豆品种。

特征特性： 植株半蔓生型，幼茎绿色，3 出复叶，小叶卵圆形，成熟时不完全落叶，蝶形花冠，花瓣黄色。有限结荚习性，角果黄褐色，裂荚轻，种皮红色，种脐灰白色，子叶黄色，籽粒椭圆形、有光泽。品比试验中蔓长 112.6 厘米，有效分枝数 6.8 个，单株结荚 87.8 个，每角果粒数 8.5 粒，单株粒重 54.8 克，百粒重 23.4 克，全生育期 151 天。田间霜霉病、花叶病毒病发生较轻。2010—2011 年参加湖北省恩施州红小豆品种比较试验，品质经农业部食品质量监督检验测试中心（武汉）测定，蛋白质（干基）含量 27.7%，脂肪（干基）含量 15.9%。

产量表现： 两年品比试验平均亩产 188.2 千克，比对照巴东红小豆（下同）增产 26.4%。其中，2010 年亩产 185.6 千克，比对照增产 28.3%；2011 年亩产 190.67 千克，比对照增产 24.4%。

栽培技术要点：①合理轮作，适时播种。低海拔地区在 6 月下旬播种，二高山地区 6 月上中旬播种，单作一般每亩种植 4000 株左右，套作 2500 株左右。②科学施肥。亩用 10 千克复合肥作底肥，中后期不追肥。③加强田间管理，及时中耕除草。④加强病虫害防治。注意防治蚜虫、卷叶螟、地老虎、斜纹夜蛾等病虫害。⑤适时收获。角果呈黄褐色时及时收获。

适宜区域：该品种适宜在湖北省恩施州海拔 1300 米以下地区种植。

119. 建红 3 号

审定编号：黑垦登记 2009001

选育单位：黑龙江省农垦科研育种中心，黑龙江省农垦建三江农业科学研究所

品种来源：1999 年以保 8824－17 为母本、建红 2 号为父本有性杂交，系统选育而成。

特征特性：该品种株型收敛，秆强，株高 59 厘米，分枝 3.2个，有限结荚习性，根系发达，喜肥水，生育日数 95 天，百粒重23 克左右，单株结荚 34 个，需活动积温 2004℃。

产量表现：2006—2007 两年平均公顷产量 2437.5 千克，较对照龙小豆 2 号（下同）平均增产 13.65%。2008 年生产试验平均公顷产量 2485.7 千克，较对照平均增产 21.6%。

栽培技术要点：该品种 5 月中旬至 6 月上旬播种适宜垄作栽培，68 厘米行距，垄上精点，或穴播 15～20 厘米穴距，每穴保苗2 株。密度为 20 万～22 万株/公顷，每公顷施纯氮 29～37 千克。纯磷 30～41 千克。苗期深松、生育期间中耕培土、花荚及鼓粒期喷施叶面肥，增产效果更加明显。

适宜区域：该品种适宜在黑龙江省第四积温带垦区种植。

120. 晋小豆 5 号

审定编号：晋审小豆（认）2012001

选育单位：山西四合农业科技有限公司，山西省农业科学院作

物科学研究所

品种来源： B4810/日本红小豆。B4810 和日本红小豆均来源于引进资源。试验名称"JH986-5"。

特征特性： 春播生育期 110 天左右，夏播生育期 90 天左右。株型紧凑，有限结荚习性，茎秆直立，生长势中等，株高 42 厘米，茎绿色，茎上有少量黄绿色茸毛，主茎节数 14 节左右，主茎分枝 3～4 个，复叶卵圆形，花黄色，成熟荚黄白色、圆筒形，单株荚数 26 荚左右，单荚粒数 6 粒，籽粒短圆柱形，种皮红色有光泽，百粒重 16 克。农业部谷物及制品质量监督检验测试中心（哈尔滨）检测：粗蛋白含量（干基）20.66%，粗脂肪含量（干基）1.00%，粗淀粉含量（干基）52.57%。

产量表现： 2010—2011 年参加山西省红小豆试验，两年平均亩产 128.5 千克，比对照晋小豆 1 号（下同）增产 15.9%，试验点 12 个，全部增产。其中 2010 年平均亩产 142.5 千克，比对照增产 14.7%；2011 年平均亩产 114.5 千克，比对照增产 17.2%。

栽培技术要点： 亩播量 2.0～3.0 千克，播深 3～4 厘米，亩留苗 0.8 万株，及时中耕除草，花期遇干旱浇水，亩追施 20 千克尿素，及时收获。

适宜区域： 该品种适宜在山西省北部地区春播、南部地区夏播。

121. 陇红小豆 1 号

认定编号： 甘认豆 2013003

选育单位： 甘肃省外资项目管理办公室，平凉市农业科学研究所

品种来源： 以泾川红小豆-2 号为母本、冀红 1 号为父本杂交选育而成，原代号 98-1-3-2-5-2。

特征特性： 生育期 98 天，直立型，有限结荚习性。株高 31.8 厘米，分枝 4.3 个，单株荚数 34.6 个，荚粒数 7.8 个，荚长 8.6 厘米，豆荚成熟后呈乳黄色。籽粒长圆柱形，红色，百粒重 23.6 克。高抗叶锈病，较耐叶斑病。含粗脂肪 0.41%，粗淀粉 53.52%，粗蛋白 24.3%。

产量表现： 2009—2011 年多点试验，平均亩产 126.7 千克，较对照泾川红小豆-2（下同）增产 15.8％。2011 年生产试验，平均亩产 132.1 千克，较对照增产 14.2％。

栽培技术要点： 陇东地区 4 月下旬至 5 月下旬播种，播深 3～4 厘米。行距 35～40 厘米，株距 8～10 厘米，亩保苗 1.2 万～1.5 万株。三叶期进行人工培土，培土高度 5 厘米左右，于 5～8 叶期进行第二次培土。在小豆全生育期内中耕除草 2～3 次，兼防病虫害。

适宜区域： 该品种适宜在甘肃省平凉、庆阳等红小豆主产区种植。

122. 通红 2 号

审定编号： 苏鉴小豆 201103

选育单位： 江苏沿江地区农业科学研究所

品种来源： 原名"通红 06-12"，以天津红/启东大红袍于 2007 年育成。

特征特性： 属晚熟小豆品种。出苗势强，幼苗基部无色，生长稳健，叶片卵圆形，叶色深。植株直立生长，有限结荚习性。花浅黄色，成熟荚黄白色，荚圆筒形。籽粒短圆柱形，有光泽，种皮红色，脐白色，商品性较好。成熟时落叶性较好，不裂荚。两年鉴定试验平均：生育期 98.5 天，比对照长 10 天，株高 73.2 厘米，主茎 15.6 节，有效分枝 8.4 个，单株结荚 24.2 个，荚长 7.5 厘米，每荚 6.5 粒，百粒重 13.8 克。

产量表现： 2008—2009 年参加江苏省夏播鉴定试验，两年平均亩产 105.6 千克，较对照大红袍（下同）增产 4.4％，2008 年增产极显著。2010 年生产试验平均亩产 97.2 千克，较对照增产 19.4％。

栽培技术要点： ①轮作。选择前两茬未种过豆类作物的田块种植。②播种期。4 月中旬至 7 月底均可播种，最适播期 6 月 10 日至 28 日。③种植密度。春播每亩 0.4 万株，夏播每亩 0.6 万株，行距 50～70 厘米，株距 23 厘米左右，一般每亩用种 2.5～3.0 千克，迟播适当增加播种量。④肥水管理。一般基肥每亩施纯氮 1.5

千克、五氧化二磷 2.5 千克、氧化钾 1 千克左右。花期根据苗情每亩追施纯氮 2.5 千克左右。花荚期注意抗旱排涝，保持土壤湿润。⑤病虫草害防治。播前使用土壤杀虫剂防治地下害虫，播后及时防病治虫除草，注意防治豆荚螟。

适宜区域：该品种适宜在江苏省淮南小豆产区种植。

二、绿　豆

123. 晋绿豆 7 号

审定编号：晋审绿（认）2011001

选育单位：山西省农业科学院小杂粮研究中心，中国农业科学院作物科学研究所

品种来源：NM92/(/TC1966)。NM92、VC1973A、TC1966 均为野生绿豆资源。试验名称"B-28"。

特征特性：生育期比对照品种晋绿豆 1 号早 3～5 天，春播 80 天，夏播 65 天。生长势强，株型直立，幼茎绿色，茎上有灰白色茸毛，主茎节数 10～12 节，株高 50 厘米，主茎分枝 2～3 个，成熟茎褐色，复叶卵圆形，花黄色，成熟荚为黑色硬荚、圆筒形，单株荚数 20 个，单荚粒数 10～11 粒，籽粒椭圆形，种子表面光滑，种皮绿色，有光泽，百粒重 6.5 克。抗旱、抗病性较好，高抗绿豆象。农业部谷物品质监督检验测试中心（北京）检测：粗蛋白含量（干基）22.42%，粗脂肪含量（干基）1.11%，粗淀粉含量（干基）53.76%。

产量表现：2008—2009 年参加山西省绿豆区域试验，两年平均亩产 103.2 千克，比对照晋绿豆 1 号（下同）增产 14.0%，试验点 12 个，全部增产。其中 2008 年平均亩产 92.5 千克，比对照增产 14.2%；2009 年平均亩产 113.8 千克，比对照增产 13.7%。

栽培技术要点：忌连作，可与其他作物混作、间作和套种。播种之前进行晒种、选种、拌种，可提高全苗壮苗。最佳播种期北部春播区一般在 5 月中下旬、南部夏播区麦收后抢墒播种，亩播种量 1.0 千克，播种深度 10.0 厘米，亩留苗 1.0 万株左右。1 片复叶展

开时间苗，2 片复叶时定苗，结合间苗、定苗浅锄第一次，为促苗保墒锄第二次，封垄前锄最后一次。花期需及时浇水，结合浇水亩施尿素或者复合肥 10 千克。适时防治病虫害，适时收获。

适宜区域：该品种适宜在山西省北部地区春播、中南部地区夏播。

124. 蒙绿 8 号

认定编号：蒙认豆 2011003 号

选育单位：内蒙古昌丰种业有限责任公司

品种来源：以鹦歌绿为母本、天山明绿为父本选育而成

特征特性：平均生育期 78 天，株型半直立，株高 55～60 厘米，主茎节数 8～10 节。成熟荚为黑色硬荚，长 12.6 厘米。籽粒圆柱形，绿色，千粒重 68.9 克。较抗叶斑病和锈病。2010 年农业部谷物及制品质量监督检测中心（哈尔滨）测定：粗蛋白含量 29.19%，粗脂肪含量 0.78%，粗淀粉含量 51.25%。

产量表现：2008 年参加内蒙古自治区绿豆区域试验，平均亩产 111.9 千克，比对照白绿 522（下同）增产 9.8%。2009 年参加内蒙古自治区绿豆区域试验，平均亩产 63.3 千克，比对照增产 5.6%。2009 年参加内蒙古自治区绿豆生产试验，平均亩产 66.7 千克，比对照增产 8.9%。

栽培技术要点：亩保苗 6000～8000 株。

适宜区域：该品种适宜在内蒙古自治区赤峰市、通辽市、兴安盟≥10℃活动积温 1900℃以上地区种植。

125. 苏绿 2 号

审定编号：苏鉴绿豆 201101

选育单位：江苏省农业科学院蔬菜研究所

品种来源：原名"苏绿 04-23"，以中绿 1 号为母本、抗豆象绿豆 V2709 为父本选育而成。

特征特性：属早熟绿豆品种。出苗势强，幼茎紫色，生长稳健，叶片中等大小，叶色深绿。株型较松散，直立生长，有限结荚习性。花浅黄色，荚羊角形，成熟荚黑色。种皮绿色，籽粒光泽

强，脐色白，籽粒短圆柱形，商品性优良。成熟时落叶性较好，不裂荚。两年鉴定试验平均：生育期 84 天，比对照短 6 天，株高 59.8 厘米，主茎 12.0 节，有效分枝 3.7 个，单株结荚 34.0 个，荚长 9.1 厘米，每荚 9.6 粒，百粒重 5.7 克。

产量表现： 2008—2009 年参加江苏省夏播鉴定试验，两年平均亩产 136.9 千克，较对照苏绿 1 号（下同）增产 12.2%，2009 年增产极显著。2010 年生产试验平均亩产 131.7 千克，较对照增产 19.4%。

栽培技术要点： ①轮作。选择前两茬未种过豆类作物的田块种植。②播种期。淮南地区 4 月中旬至 8 月 5 日，淮北地区 4 月中旬至 7 月底。最适宜播期为 6 月上中旬。③种植密度。春播每亩 0.65 万株，夏播每亩 0.8 万株，行距 50 厘米，株距 17 厘米左右，一般每亩用种 1~1.5 千克，迟播适当增加播种量。④肥水管理。一般基肥每亩施纯氮 1.5 千克、五氧化二磷 2.5 千克、氧化钾 1 千克左右。花期根据苗情每亩追施纯氮 2.5 千克左右。花荚期注意抗旱排涝，保持土壤湿润。⑤病虫草害防治。播前使用土壤杀虫剂防治地下害虫，播后及时防病、治虫、除草，注意防治花荚螟。

适宜区域： 该品种适宜在江苏省绿豆产区种植。

126. 潍绿 7 号

审定编号： 鲁农审 2010045 号

选育单位： 山东省潍坊市农业科学院

品种来源： 常规品种，是潍绿 32-1 与潍绿 1 号杂交后系统选育。

特征特性： 植株直立，株型紧凑，有限结荚习性。区域试验结果：夏播全生育期 62 天，株高 59 厘米，主茎节数 8.8 节，单株分枝数 1.7 个，单株荚数 18.1 个，单荚粒数 10.8 粒，籽粒短圆柱形、绿色、无光泽，千粒重 59.5 克。2008 年经农业部食品质量监督检验测试中心（济南）分析：淀粉含量 51.8%，粗蛋白含量 26.5%。

产量表现： 在 2008—2009 年全省绿豆品种区域试验中，两年平均亩产 129.8 千克，比对照潍绿 4 号（下同）增产 23.4%；

2009 年生产试验平均亩产 130.4 千克，比对照增产 22.9%。

栽培技术要点：夏播适宜密度为每亩 12000～16000 株。其他管理措施同一般大田。

适宜区域：该品种适宜在山东省绿豆产区种植。

127. 榆绿一号

登记编号：陕豆登字 2010001 号

选育单位：横山县农业技术推广中心站

品种来源：横山大明绿豆群体系统选育而成

特征特性：生育期 90～100 天，直立型，无限结荚习性。植株高 50～60 厘米，茎粗 0.7～1 厘米，主茎 12～14 节；直根系，幼茎紫色，主茎分枝 3～4 个；叶色浓绿，叶片阔卵形；花黄色，成熟豆荚呈黑褐色，弯圆筒形，平均荚长 12.1 厘米，最长 16 厘米；平均荚粗 0.5 厘米，成熟不炸荚；籽粒长圆柱形，深绿色有光泽，百粒重 7.5～8.5 克；单株结荚 30～40 个，最多可达 180 个，平均荚粒数 12.5 粒，最多 19 粒；籽粒光泽好，大小均匀，颜色一致；籽粒含水分 10%，蛋白质 28.66%，脂肪 1.26%，淀粉 42.1%；抗旱，高抗病毒病，较抗叶斑病，高产稳产。

产量表现：露地栽培亩产 60～80 千克，双沟覆膜栽培亩产 90～110 千克，最高亩产可达 150 千克。

栽培技术要点：5 月上旬至 6 月上旬播种，亩留苗 3300～3500 株，亩施有机肥 1000 千克、碳酸氢铵 40 千克、普通过磷酸钙 50 千克，成熟时分批采收。

适宜区域：该品种适宜在陕西省榆林市各县区种植，横山、佳县、米脂、子州等县为优质产区。

Ⅲ．薯类作物

一、甘　薯

128. 川薯 218

审定编号：川审薯 2012005

选育单位：四川省农业科学院作物研究所

品种来源：2003 年配制绵粉一号×BB30-224 组合，2004 年进行实生苗培育，经筛选、鉴定和品比选育而成。

特征特性：中熟，淀粉加工专用型。株型匍匐，中蔓，基部分枝 3～4 个，蔓径 0.5 厘米；蔓色绿色，节色绿色，顶叶绿色，成熟叶绿色，心形。薯块纺锤形，薯皮紫色，心色紫色；烘干率 36.7%，较对照南薯 88（下同）高 10.3 个百分点；淀粉率 25.6%，较对照高 9.0 个百分点。熟食品质优，结薯集中，单株结薯 4 个以上。大中薯率 85.4%；萌芽性较好，单块萌芽 15～20 根，平均 18 根，长势强。熟食品质优，抗黑斑病性和储藏性明显优于对照。

产量表现：2009—2010 年参加四川省甘薯区试，两年 14 点次平均鲜薯亩产 1595 千克；平均淀粉亩产 409.3 千克，比对照增产 17.2%。2011 年生产试验，平均鲜薯亩产 1669 千克；平均淀粉亩产 489.4 千克，比对照增产 16.3％。

栽培技术要点：①育苗和移栽期：3 月上旬地膜覆盖育苗，5 月下旬至 6 月上旬栽插。②密度：翻耕起垄前将杀虫剂"辛硫磷"等施入垄内，净作每亩 4000 株。③施肥。以有机肥料为主，磷钾肥为辅，重施底肥，包厢或全层施用；追肥宜早。④大田管理。及时中耕除草，防治病虫，不打尖、不提藤、不翻蔓。⑤收获储藏。收获期一般是霜降至立冬。储藏可采取托布津药剂处理，然后入窖、排湿、保温。

适宜区域：该品种适宜在四川省甘薯种植区种植。

129. 鄂薯 8 号

审定编号：鄂审薯 2011003

选育单位：湖北省农业科学院粮食作物研究所

品种来源：用"山川紫"作母本、"日本绫紫"作父本进行有性杂交，在子代实生系的无性繁殖后代中筛选而成的甘薯品种。

特征特性：种薯萌芽性较好，植株生长势较强。叶片心形、绿色，叶脉淡紫色。蔓匍匐生长，绿带紫色，单株分枝数 8 个左右，最长蔓长 240 厘米左右。薯块纺锤形，薯皮紫红色，薯肉紫色。对甘薯黑斑病、软腐病抗性较好，对蔓割病抗性较差。经农业部食品质量监督检验测试中心（武汉）测定，鲜薯花青苷含量色价为18.28E。无苦涩味，适口性较好。

产量表现：2007—2008 年参加湖北省甘薯品种比较试验，两年鲜薯平均亩产 2070.0 千克，比对照南薯 88（下同）减产 9.9％；薯干平均亩产 679.3 千克，比对照增产 0.3％。

栽培技术要点：①培育壮苗。选择健康种薯，育苗前进行严格消毒。②适时规范移栽。顶端五节苗移栽，斜插，垄作栽培，每亩栽插 3500～4000 株。③配方施肥。重施有机肥，苗期酌施速效肥，后期适量喷施叶面肥防脱肥。④抢晴天适时收获。剔除破损的薯块储藏。⑤注意防治病害。重点防治蔓割病，储藏期注意防治软腐病、黑斑病。

适宜区域：该品种适宜在湖北省甘薯产区种植。

130. 广薯 87

审定编号： 闽审薯 2009001

选育单位： 广东省农业科学院作物研究所

品种来源： 广薯 69 为母本，经集团杂交选育而成

特征特性： 该品种属优质食用型甘薯新品种，株型短蔓半直立，单株分枝数 7～11 条，成叶深复缺刻形，成叶、顶叶、叶柄、茎均为绿色，叶脉浅紫色，蔓粗中等；单株结薯 4～7 个，薯块下纺锤形，薯皮红色，薯肉橙黄色。省区试两年平均：晒干率 28.84%，比对照金山 57 高 2.91 个百分点；出粉率 18.31%，比对照高 3.17 个百分点；食味评分 83.4 分，比对照高 3.4 分。省区试抗病性鉴定综合评价为抗蔓割病，感薯瘟病。耐储藏性较好。

产量表现： 2006 年参加省甘薯区试，平均鲜薯亩产 2559.27 千克，比对照金山 57（下同）减产 7.59%，达显著水平；平均薯干亩产 732.39 千克，比对照增产 0.56%，差异不显著；平均淀粉亩产 455.55 千克，比对照增产 14.23%。2007 年续试，平均鲜薯亩产 2560.92 千克，比对照减产 1.90%，未达显著水平；平均薯干亩产 738.95 千克，比对照增产 11.12%，达极显著水平；平均淀粉亩产 479.97 千克，比对照增产 16.36%，达极显著水平。两年平均：鲜薯亩产 2560.10 千克，比对照减产 4.83%；薯干亩产 735.67 千克，比对照增产 5.61%；淀粉亩产 467.76 千克，比对照增产 15.31%。2008 年生产试验，平均鲜薯亩产 2525.1 千克，比对照增产 7.32%。

栽培技术要点： 选用薯皮光滑、无病虫害的中等薯块作种薯育苗；选择水肥条件好、土层深厚、土壤疏松的地块种植；早薯一般 5 月上旬栽插，晚薯 8 月上旬前栽插。亩栽插 4000 株左右。宜采用重施基肥、适时施用点头肥、夹边肥，看苗补施裂缝肥的原则，促进茎叶早生快发。亩施纯氮 11 千克，氮、磷、钾比例为 1：0.5：1.5。注意防治病虫害。生育期 120～140 天。

适宜区域： 该品种适宜在福建省非薯瘟病区种植。

131. 广薯菜 2 号

审定编号： 粤审薯 2009001

选育单位： 广东省农业科学院作物研究所

品种来源： 湛江菜叶/广州菜叶

省级审定情况： 2008 年福建省农作物品种审定委员会审定

特征特性： 该品种属菜用甘薯品种。株型半直立，萌芽性好，苗期生长势较旺，中蔓分枝较多。顶叶绿色，叶尖心形带齿，叶脉、茎皆为紫色，茎尖无茸毛。薯形纺锤，薯皮白色，薯肉白色。幼嫩茎尖烫后颜色绿色，略有香味和苦涩味，微甜，有滑腻感。食味鉴定综合评分 4.4 分，品质优。室内薯瘟病抗性鉴定为中抗。田间表现中抗薯瘟病，抗蔓割病，抗根腐病，抗黑斑病，高抗茎线虫病。

产量表现： 2006 年参加省区试，上部茎叶平均亩产 1702.1 千克，比对照福薯 7-6（下同）增产 7.87％，增产达显著水平。2007年复试，上部茎叶平均亩产 2071.2 千克，比对照增产 9.84％，增产达极显著水平。

栽培技术要点： ①选用无虫口的薯块作种薯，假植繁苗后选用嫩壮苗种植。②定植前亩施磷肥 20～30 千克，土杂肥 1000 千克作基肥。③畦宽 100～130 厘米，株行距 20 厘米×30 厘米，亩植10000 株左右。④薯苗成活后"摘芯打顶"促分枝，采收上部茎叶长一般在 15 厘米以内，达到适采长度的上部茎叶均可采收，每条分枝被采摘时应留有 2～3 个节。⑤插后 15～20 天，每亩穴施尿素5～10 千克促壮苗，连续采收 2 次后每亩穴施尿素 15～20 千克、复合肥 20～30 千克。

适宜区域： 该品种适宜在灌溉条件较好的甘薯产区春、夏、秋季种植。同时适宜在福建省全省种植。

132. 桂薯 6 号

审定编号： 桂审薯 2011001 号

选育单位： 广西壮族自治区玉米研究所

品种来源： 利用徐 55-2 群体为亲本进行自然杂交获得种子进

行优良单株选择育成。

特征特性：株型匍匐，最长蔓长 98.8 厘米，分枝数 8.6 个，叶形深裂复缺刻，顶叶色和叶片色均为绿色，叶脉色为浅紫色，茎色绿色，薯形中短纺锤，薯皮褐黄色，薯肉黄色。平均干物率为 26.8%。熟食味细、软、滑，评分 78 分。

产量表现：2009—2010 年参加自治区甘薯区域试验，鲜薯平均亩产 2062.6 千克，比对照桂薯 2 号（下同）增产 16.6%，83.3% 试点增产。薯干平均亩产 551.7 千克，比对照增产 38.8%。

栽培技术要点：采用 45～50 天嫩壮苗栽插，每亩插苗 3300～3500 株；亩施土杂肥（有机肥）1500 千克、钙镁磷肥 25 千克作基肥；插后 15～20 天亩施尿素 5 千克、复合肥 10 千克；插后 50 天左右中耕松土，亩施硫酸钾 30 千克、尿素 10 千克或花生麸 20 千克；秋薯生育期 135 天以上收获。

适宜区域：该品种适宜在广西壮族自治区甘薯种植区种植。

133. 济薯 22 号

审定编号：鲁农审 2010043 号

选育单位：山东省农业科学院作物研究所

品种来源：常规品种，是北京 553 为母本放任授粉系统选育。

特征特性：属食用型品种。萌芽性一般，结薯集中整齐。叶片深裂，顶叶、叶、蔓均为绿色，叶脉淡紫色；薯块纺锤形，薯皮黄色、薯肉、薯干黄色。区域试验结果：蔓长 259 厘米，分枝 6.6 个，大中薯率 92.1%；干物率 26.3%，比对照徐薯 18（下同）低 4.4 个百分点。食味黏、香，甜味中等，纤维量少，食味优。抗根腐病，抗茎线虫病，感黑斑病。

产量表现：在 2007—2008 年全省甘薯品种区域试验中，两年平均亩产鲜薯 2304.7 千克、薯干 605.5 千克，分别比对照增产 17.5% 和 0.6%；2009 年生产试验平均亩产鲜薯 2211.9 千克、薯干 692.7 千克，分别比对照增产 23.9% 和 7.8%。

栽培技术要点：适时排种，培育无病壮苗；种植密度春薯每亩 3500 株左右，夏薯每亩 4000 株左右；注意防治黑斑病。其他管理措施同一般大田。

适宜区域： 该品种适宜在山东省平原旱地或山地丘陵甘薯产区作为食用型品种种植利用。

134. 金山75

审定编号： 闽审薯2010003

选育单位： 福建农林大学作物科学学院

品种来源： 金山57放任授粉

特征特性： 该品种属食饲兼用型甘薯品种。株型中蔓半直立，单株分枝数7～15条，成叶心形带齿，成叶、顶叶、叶脉、叶柄、茎均为绿色，蔓粗中等；单株结薯3～5个，薯块纺锤形，薯皮淡红色，薯肉橘红色。省区试两年平均：晒干率22.19%，比对照低4.35个百分点，出粉率12.95%，比对照低3.78个百分点，食味评分79.3分，比对照低0.7分。省区试抗病性鉴定结果综合评价为抗蔓割病、中抗薯瘟病。薯块耐储藏性较好。

产量表现： 2007年参加省甘薯区试，平均鲜薯亩产3111.72千克，比对照金山57（下同）增产29.76%，达极显著水平；平均薯干亩产676.82千克，比对照增产9.64%，达极显著水平。2008年续试，平均鲜薯亩产2984.93千克，比对照增产7.67%，达极显著水平；平均薯干亩产662.15千克，比对照减产12.30%，达极显著水平。两年平均，鲜薯亩产3048.32千克，比对照增产17.91%；薯干亩产669.49千克，比对照减产2.43%。2009年全省生产试验平均鲜薯亩产3278.4千克，比对照增产39.25%。

栽培技术要点： 早薯在6月上旬前栽插，晚薯8月上旬前栽插。早薯种植亩植3500株左右，晚薯亩植4000～4500株。一般亩施纯氮8千克，氮、磷、钾比例为1∶0.5∶1.6，基肥、点穴肥、夹边肥比例为4∶2∶4。全生长期宜掌握在140～150天。栽培上注意排水防渍，注意防治病虫害。

适宜区域： 该品种适宜在福建省种植。

135. 晋甘薯9号

审定编号： 晋审甘薯（认）2011002

选育单位：山西省农业科学院棉花研究所

品种来源：晋甘薯5号/秦薯4号。试验名称"运薯22号"。

特征特性：生长势中等，秧蔓较短，蔓绿色，分枝数6～7个，叶绿色、心形，叶缘无缺刻，结薯集中，单株结薯4～6个，单株薯块重1200克，薯块长纺锤形，薯皮紫红色，薯肉黄白色，食味佳。萌芽性好，抗病性较强，耐旱性和耐湿性好，耐储藏。西北农林科技大学测试中心（陕西省农产品质量监督检验站）检测：总淀粉含量16.69%，粗蛋白含量1.76%，可溶性糖含量2.61%，维生素C含量26.6毫克/100克，粗纤维含量0.593%。

产量表现：2009—2010年参加山西省甘薯区域试验，两年平均亩产3324.2千克，比对照晋甘薯5号（下同）增产12.6%，试验点12个，全部增产。其中2009年平均亩产3610.7千克，比对照增产13.5%；2010年平均亩产3037.7千克，比对照增产11.6%。

栽培技术要点：前茬宜选择小麦、玉米等禾本科作物。基肥结合耕翻整地施入，采取撒施或条施，条施应与起垄结合进行，亩施农家肥3000千克、尿素10千克、过磷酸钙35千克、硫酸钾15千克。春栽宜在4月25日至5月5日之间扦插，密度为每亩3500～4000株，结合起垄、地膜覆盖，效果更好。适时中耕、除草，加强水肥管理，注意提蔓。旺长田亩用15%多效唑可湿性粉80克加水15千克，叶面均匀喷施1～2次，间隔期10天。选择晴天收获，做到轻刨、轻装、轻运、轻放精选入窖，应在地温12℃以上收完为宜。

适宜区域：该品种适宜在山西省甘薯产区种植。

136. 苏薯16号

鉴定编号：苏鉴薯201201

选育单位：江苏省农业科学院粮食作物研究所

品种来源：原名"宁43-8"，以Acadian为母本、南薯99为父本经杂交选育而成。

特征特性：属食用型品种。萌芽性好，顶叶、叶脉和茎均绿色，叶片心形，蔓较短，分枝6个左右。栽插后发根还苗较快，生长势较强。结薯集中，单株结薯数 2～3 个，薯块纺锤形、外观光滑整齐，商品性好。薯皮紫红色，薯肉橘红色，熟食黏甜、肉质细、风味佳。晒干率 27.7%，总可溶性糖为 4.5%，胡萝卜素含量为 3.91 毫克/100 克。抗黑斑病，中抗根腐病，不抗茎线虫病。

产量表现： 2009—2010 年参加省鉴定试验，两年平均鲜薯亩产量为 2067.6 千克，比对照苏渝 303（下同）增产 3.8%，2010 年增产达极显著水平；薯干亩产量 578.8 千克，比对照增产 7.8%，2010 年增产达极显著水平；2011 年生产试验，平均亩产鲜薯 1996.0 千克，比对照增产 8.1%；平均亩产薯干 578.8 千克，比对照增产 7.8%。

栽培技术要点： ①培育壮苗。控制排种量，每平方米排种量 20 千克左右，于 3 月下旬至 4 月初排种，薄膜覆盖温床育苗。每次采苗后及时追肥、培土，促进薯苗健壮生长。②栽插密度。一般春薯每亩 3000～3500 株，夏薯每亩 3500～4000 株。③肥水运筹。在中等肥力以上田块上种植，需配合施用氮、磷肥，增施钾肥。④防治病虫害。收获时留无病害、无破损的薯块作种，薯种入窖时，进行高温愈合，以防控储藏期病害；育苗和移栽时用药剂处理防治病害；高剪苗防控黑斑病，栽插前用药剂防治地下虫害。不宜在茎线虫发生田块种植。

适宜区域： 该品种适宜在江苏省甘薯产区种植。

137. 渝苏紫 43

鉴定编号： 渝品审鉴 2010010

选育单位： 西南大学重庆市甘薯工程技术研究中心，江苏省农科院粮食作物研究所

品种来源： 97-P-4×宁 97-P-1

特征特性： 该品种为高花色甙、高淀粉型品种。株型匍匐，长蔓型；顶叶绿色，成熟叶心形、深绿色，叶脉紫色，叶脉基部紫色，叶柄绿带紫色，叶柄基紫色，茎绿带紫色，基部分枝 3～4 个；薯块萌芽性好，单株结薯 2～5 个，结薯集中、整齐，上薯率 80% 以上，大田生长期 140 天以上，耐储性好；薯块纺锤形，薯皮紫红

色，薯肉紫色。2007—2008 年两年区试薯块平均干物率 30.14％、淀粉含量 19.88％。2008 年江苏省农科院食品质量安全与检测研究所检测：薯块花色甙含量 79.94 毫克/100 克，总可溶性糖含量 3.51％。

产量表现： 2007—2008 年重庆市甘薯新品种区域试验，鲜薯产量 1640.8 千克/亩，比紫色薯对照品种山川紫（下同）增产 45.37％；藤叶产量 2275.8 千克/亩，增产 10.09％；薯干产量 494.8 千克/亩，增产 28.25％；生物鲜产量 3888.2 千克/亩，增产 22.64％；淀粉产量 326.3 千克/亩，增产 24.11％；2007—2008 年两年平均总花色甙产量 1135.26 克/亩，比对照平均每亩高 492.02 克。

栽培技术要点： 重庆市 3 月上旬采用地膜覆盖育苗，宜适当稀排种，达到培育壮苗。5 月中下旬至 6 月上旬栽插，作垄栽培最佳，种植密度 3500～4000 株/亩；施肥以钾肥为主，注意氮、磷、钾合理使用，栽后 10 天施提苗肥，45 天施壮株结薯肥，薯块迅速膨大期施长薯肥，根据土壤肥力和田间长相确定用肥量，切忌偏氮；适时收获，在气温降到 12℃时务必收完；储藏期间，保持窖内温度 11～14℃、相对湿度 90％左右。

适宜区域： 该品种适宜在重庆市浅丘、平坝地区种植。

138. 豫薯抗病一号

审定编号： 黔审薯 2011003 号
选育单位： 信阳远成薯业种苗有限公司
品种来源： 用豫薯 868 芽突变苗选育而成。
特征特性： 中蔓型，全生育期 223 天，叶片绿色，茎淡紫色，叶柄中间绿色，叶心形，两端紫色，主蔓长 168～200 厘米，茎秆粗壮 0.52 厘米，分枝 3～4 个，薯皮深红色，薯肉白色，薯块纺锤形，结薯集中，大中薯率高，达 80％以上，单株结薯 4～6 个。抗根腐病和黑斑病较好，易管理，全生育期不用翻藤，耐肥、耐旱、耐涝性强，萌芽性高，适应性强，耐储运，产量较高，是淀粉加工的理想品种。经贵州大学环境与资源研究所作生化测定分析：淀粉含量 20.99％，干物质含量 32.47％，总糖含量 27.41％，水溶性总糖含量 4.09％，灰分含量 0.74％，粗蛋白含量 1.82％，粗纤维含量 0.19％，粗脂肪含量 0.34％。

产量表现： 2009 年省区试平均亩产 2379.7 千克，比对照胜利百号（下同）增产 14.8％，达极显著水平；2010 年省区试续试平均亩产 2544.3 千克，比对照增产 10.52％，达极显著水平。省区试两年平均亩产 2462.0 千克，比对照增产 12.68％。9 个试点 8 增 1 减，增产点次达 87.5％。2010 年省生产试验平均亩产 2711.17 千克，比对照增产 9.87％，3 个试点全部增产。

栽培技术要点： ①种植密度：适宜于通气良好的沙质土壤栽培，亩密度控制在 4000 株左右，适宜春栽或夏初栽，早栽产量高。②施肥方法：重施有机肥，特别是生物有机肥穴施每亩 100 千克，或农家有机肥每亩 800～1000 千克为底肥撒施，栽后 10～15 天每亩用氮、磷、钾比例为 10：7：8 的复合肥 25 千克，结合生物有机肥穴施垄土覆盖起垄。封行后连续提蔓（不翻藤）2 次，每隔 15～20 天 1 次，中后期用磷酸二氢钾每亩 200～250 克加生物液肥 500 毫升对水 60～80 千克叶面喷施 2 次，每隔 10～15 天 1 次。中后期需注重增施钾肥。

适宜区域： 该品种适宜在贵州省海拔 1200 米以下甘薯产区种植。

139. 浙紫薯 1 号

审定编号： 浙（非）审薯 2011001

选育单位： 浙江省农业科学院作物与核技术利用研究所

品种来源： 宁紫薯 1 号×浙薯 13

特征特性： 该品种适合鲜食和食品加工。萌芽性好，苗期长势旺，茎蔓长，叶片心形带齿，叶色绿；结薯集中，个数较多，平均单株结薯数 5.1 个，平均单薯重 106.1 克，50～250 克中薯比例 58.7％；薯块纺锤形或长纺锤形，薯皮紫色，薯肉紫色，表皮光滑；薯块干物率 35.3％，鲜薯蒸煮食味较甜、粉；抗性经徐州国家甘薯研究中心鉴定：高抗茎线虫病，抗根腐病和蔓割病，中抗黑斑病，耐储性好。

产量表现： 2007 年省甘薯品比试验，平均亩产鲜薯 2148.7 千克，比对照 1 渝紫 263 增产 49.7％，达极显著水平，比对照 2 徐薯 18 增产 2.3％，增产不显著；2008 年平均亩产鲜薯 1878.7 千克，比渝紫 263 增产 33.4％，达极显著水平，比徐薯 18 减产 3.0％，减产不显著；两年试验平均亩产鲜薯 2013.7 千克，比渝紫 263 增产 41.6％，比徐薯 18 减产 0.2％。2010 年生产试验平均鲜薯亩产 1925.7 千克，比徐薯 18 减产 8.0％。

栽培技术要点：早收栽培密度控制在 3500 株/亩左右，正常栽培密度 3000 株/亩左右；施肥宜控氮增钾，避免徒长。

适宜区域：该品种适宜在浙江省种植。

二、马铃薯

140. 川凉薯 9 号

审定编号：川审薯 2012003

选育单位：凉山州西昌农业科学研究所高山作物研究站，通江明天农业科技有限公司

品种来源：2000 年用凉薯 97 作母本，Serrena 作父本，配制杂交组合，经系统选育而成。

特征特性：中晚熟鲜食品种，生育期 76 天。株型半直立，株高 50～60 厘米，分枝数中等，主茎数 3～4 个，生长势强。茎叶绿色，花冠浅紫色，天然结实性强。薯块椭圆形，黄皮淡黄肉，芽眼（带红色）少、深度浅，耐储藏。结薯集中，单株结薯 8 个左右，单株重 396 克，大中薯比例 64％；休眠期中等。抗晚疫病，中抗轻花叶病毒病和卷叶病毒病。粗淀粉含量 14.1％，还原糖含量 0.17％，粗蛋白含量 2.37％，维生素 C 含量 14.7 毫克/100 克鲜薯。

产量表现：2009—2010 年参加四川省区域试验，平均鲜薯亩产 1426 千克，较对照米拉增产 25％；2010 年生产试验，平均鲜薯亩产 1968 千克，比对照米拉增产 21％。

栽培技术要点：①种植地块要求：选择肥力较好、土质疏松的沙壤土为佳，忌连作，禁止与其他茄科作物轮作。②选种。最好选

择 50～75 克健康种薯整薯播种；如切薯播种，注意切刀消毒，切块 35 克以上，且保证有 2 个壮芽，并用草木灰拌种，在播种前条件允许用药剂处理种薯。③播种时间：海拔 1800～2200 米之间的区域在 1 月下旬至 2 月中旬，海拔高于 2200 米以上的区域在 2 月中旬至 3 月上旬播种，海拔 1800 米以下区域的在 1 月播种。④密度：高厢双行错窝种植，亩植 4000～4500 株为宜。⑤施肥。亩施有机肥 1500～2000 千克、马铃薯专用复合肥 45～50 千克，有机肥、复合肥作底肥，氮肥以提苗为主，齐苗到现蕾期视苗情亩增施氮肥 5～10 千克。⑥田间管理。苗期到花期中耕除草 2～3 次及培土，田间无积水。种薯田在苗期、盛花期、收获期去除病株、杂株 3 次；加强病虫害防治。⑦适时收获。待地上部分茎、叶基本由绿变黄，即可收获。

适宜区域：该品种适宜在四川西南山区、盆周山区、盆地丘陵区、川西平原区种植。

141. 大西洋

审定编号：粤审薯 2011003

引种单位：广东省农业科学院作物研究所

品种来源：B5141-6（Lenape）/旺西（Wauseon），1978 年由国家农业部和中国农业科学院由美国引入我国。

特征特性：属国际通用的油炸片型专用马铃薯品种。中晚熟，从出苗到成熟约 90 天。植株生长势强，株型较直立，分枝少。株高 50 厘米左右，结薯集中，平均每株结薯 3～4 块，薯块圆形、大小中等、均匀，白皮白肉，表皮光滑，芽眼浅，商品薯率达 90% 以上。炸片品质优良。经检测：薯块干物质含量 19.6%，淀粉含量 15.1%，总糖含量 0.18%，还原糖含量为 0.08%，维生素 C 含量为 29.7 毫克/100 克鲜薯，粗蛋白含量 2.10%。田间种植表现较抗花叶病和卷叶病。

产量表现：平均亩产 2160 千克，比对照种粤引 85-38 减产 6.36%。

栽培技术要点：①忌连作，选择前作无烟草及其他茄科作物地块种植。②种薯休眠期长，冬种要渡过休眠期，适时早种并注意配套防寒措施。③种植时种薯纵切成 25～50 克的薯块，每块带 1～2 个芽眼，切块时要剔除烂种，同时用 75％的酒精或 5％的高锰酸钾溶液对切刀和切板进行消毒。每亩用种薯 125～150 千克，每亩种植 4500～4800 株。④注意防治病毒病、晚疫病及蚜虫、地老虎。⑤适时收获。冬种 110～120 天、茎叶枯黄便可采收。

适宜区域：该品种适宜在广东省马铃薯冬种区种植。

142. 东农 305

审定编号：国审薯 2010002

选育单位：东北农业大学

品种来源：Atlantic/Ns12-156-1-1

省级审定情况：2004 年黑龙江省农作物品种审定委员会审定

特征特性：中熟油炸薯片加工品种，生育期 76 天左右。株高 50 厘米左右，株型直立，分枝中等，生长势强，茎、叶绿色，花冠白色，花药黄色，天然结实性中等。块茎椭圆形，白皮白肉，芽眼浅。区试平均单株结薯数为 7.4 个，单薯重 60.7 克，商品薯率 64.7％。经人工接种鉴定：植株高抗马铃薯 X 病毒病，中抗马铃薯 Y 病毒病，中感晚疫病。块茎品质：淀粉含量 13.6％，干物质含量 24.4％，还原糖含量 0.16％，粗蛋白含量 2.40％，维生素 C 含量 16.7 毫克/100 克鲜薯。

产量表现：2008—2009 年参加中晚熟东北组品种区域试验，两年平均块茎亩产 1310.0 千克，比对照大西洋（下同）增产 4.4％。2009 年生产试验，块茎亩产 1468.0 千克，比对照增产 4.7％。

栽培技术要点：①播前一个月出窖困种催芽，10 厘米土层温度稳定通过 8℃时播种。②大垄种植，每亩种植密度一般 4000～4500 株（6.0 万～6.5 万株/公顷）。③配方施肥，保证土壤中有效肥素和施用肥素之和应满足每亩氮素 10 千克、磷素 4 千克、钾素 22 千克的条件。④及时培土，起高垄。⑤及时防治晚疫病。⑥成熟时及时收获，尽量避光运输和储藏。

适宜区域：该品种适宜在黑龙江中部和南部、吉林东部种植。

143. 鄂马铃薯7号

审定编号： 国审薯 2010004

选育单位： 湖北恩施中国南方马铃薯研究中心

品种来源： AJU-69.1/393140-4

省级审定情况： 2009 年湖北省农作物品种审定委员会审定

特征特性： 中晚熟鲜食品种，生育期 88 天左右。株高 73 厘米左右，株型散，生长势较强，分枝少，茎绿色，叶绿色，花冠白色，天然结实性差，匍匐茎中等长。块茎圆形，黄皮白肉，表皮光滑，芽眼中等深，结薯集中。区试单株主茎数 4.3 个、结薯 8.4 个，商品薯率 73.1%。经人工接种鉴定：植株抗马铃薯 X 病毒病，中抗马铃薯 Y 病毒病，抗晚疫病。块茎品质：干物质含量 20.7%，淀粉含量 11.8%，还原糖含量 0.10%，粗蛋白含量 2.72%，维生素 C 含量 13.4 毫克/100 克鲜薯。

产量表现： 2008—2009 年参加中晚熟西南组品种区域试验，两年平均块茎亩产 1892.6 千克，比对照米拉（下同）增产 25.2%。2009 年生产试验，块茎亩产 1345.6 千克，比对照增产 25.3%。

栽培技术要点： ①选用优质脱毒种薯，海拔 1200 米以下区域在 11 下旬至 12 月、1200 米以上区域在 2～3 月播种，宜采用育芽带薯移栽方式种植。②每亩种植密度一般 5000～5400 株，套作 2500 株左右。③底肥重施有机肥，增施磷钾肥，及时追施苗肥。④及时培土，起高垄。⑤注意通过轮作换茬减少青枯病危害，及时防治晚疫病，低海拔区注意防治 28 星瓢虫。

适宜区域： 该品种适宜在湖北西部、云南北部、贵州毕节、四川西昌、重庆万州、陕西安康种植。

144. 合作 88

审定编号： 桂审薯 2009005

选育单位： 云南师范大学薯类作物研究所，会泽县农技中心

品种来源： 利用国际马铃薯中心提供的杂交组合，于 1990 年在会泽进行单株选育而成。

省级审定情况：2001 年云南省农作物品种审定委员会审定，2008 年四川省农作物品种审定委员会审定。

特征特性：株型直立，叶色浓绿，茎色绿紫，复叶大，侧小叶 3～4 对，排列紧密，紫花，天然结实性较弱，高 90 厘米左右，茎粗约 3 厘米，生育期为 130 天左右，属晚熟品种。结薯集中，薯块商品率高，薯块长椭圆形，块茎红皮、黄肉，表皮光滑，芽眼浅少，休眠期长，蒸煮品味微香，适口性较好。抗卷叶病毒、轻花叶病毒及晚疫病。干物质含量 25.8%，淀粉含量 19.9%，还原糖含量为 0.296%。

产量表现：2006 年冬季在平南、北海、博白进行品比试验，平均亩产 1880.3 千克，比对照品种费乌瑞它（下同）增产 9.4%；2007 年冬季在平南、北海、兴业试验，在受冻害的情况下平均亩产 1280.3 千克，比对照增产 12.8%。

栽培技术要点：①晒种。把种薯放在通风处摊开晒 4～5 小时，挑除病烂种薯。②切薯催芽。切薯的刀用 5% 高锰酸钾溶液浸泡消毒，对 60 克以上的种薯采用纵切法，每个切块 30 克以上，且带顶芽，切好后用多菌灵、百菌清和双灰粉按 1∶1∶50 的比例拌种后进行催芽。③播种。播种时选择芽长相近的播在同一垄中，便于齐苗管理。播种深 5～6 厘米，薯块不能直接与肥料接触。密度以 3000～3500 株/亩为宜。④肥水管理。施足基肥，亩施有机肥 500 千克、复合肥 60～80 千克；追肥要早，第一次追肥在齐苗后尽早施下，以后每隔 7～10 天施 1 次，到茎叶封行为止共施 3～4 次。⑤适时定苗培土。2 次追肥后培 1 次土，封行前再培 1 次土。⑥注意防治病虫害。⑦适时收获，当茎叶变黄时即可收获。

适宜区域：该品种适宜在桂南、桂中地区冬种，桂北地区秋播种植，同时适宜在四川省凉山州海拔 2000 米以上的种植区春播种植。

145. 冀张薯 8 号

审定编号：宁审薯 2012002
选育单位：河北省高寒作物研究所
品种来源：以 720087/X4.4 系统选育而成。

特征特性： 生育期 115 天，较对照宁薯 4 号（下同）晚熟 2 天，属中晚熟品种。株型直立，株高 73 厘米，茎绿色，叶深绿色，主茎 3.0 个，花冠白色，天然结实性中等，薯块椭圆形，皮淡黄，肉乳白，芽眼浅，薯皮光滑，单株结薯 5.7 个，无二次生长和空心，商品薯率 86.7％。抗寒抗旱，薯块整齐，丰产稳产，适应性好。田间轻感花叶病、卷叶病、早疫病，中感晚疫病。2011 年宁夏农林科学院农产品质量检测中心测定：薯块干物质含量（鲜基）18.6 克/100 克，粗淀粉含量（干基）64.55 克/100 克，粗蛋白含量（鲜基）2.61 克/100 克，还原糖含量（鲜基）0.228 克/100 克，维生素 C 含量（鲜基）12.5 毫克/100 克。

产量表现： 2010 年区域试验平均亩产 1905.10 千克，较对照增产 45.20％，极显著；2011 年区域试验平均亩产 1973.57 千克，较对照增产 36.00％，极显著；两年平均亩产 1939.34 千克，较对照增产 40.6％。2011 年生产试验平均亩产 2293.43 千克，较对照增产 24.65％。

栽培技术要点： ①适期播种及种薯处理。4 月上旬至 4 月下旬播种，播前 18～20 天种薯出窖，以 10 厘米厚度平铺于暖室，18℃催芽 12 天，芽基催至 0.5～0.7 厘米转到室外晒种 8 天。②适宜密度：亩密度 3500～4000 株。③施足基肥，实时追肥。播前亩基施农家肥 3000 千克、磷酸二铵 15 千克、尿素 10 千克，孕蕾期至开花期结合中耕培土亩追施磷酸二铵 10 千克、尿素 7.5 千克。④加强田间管理。及时喷施农药，防治马铃薯晚疫病等病虫害，及时拔除病株，适时收获。

适宜区域： 该品种适宜在宁南山区干旱、半干旱及低温阴湿区种植。

146. 晋薯 22 号

审定编号： 晋审薯 2012002

选育单位： 山西省农业科学院五寨农业试验站

品种来源： 五薯 1 号/底西瑞。五薯 1 号来源于晋薯 9 号/燕子。试验名称"0306-12"。

特征特性： 中晚熟，从出苗到收获 110 天左右。株型直立，生长势强。株高 70～80 厘米，茎色绿色带褐色，叶色深绿，花冠白色。薯块扁圆形，皮黄色，肉淡黄色，薯皮光滑、芽眼较浅，结薯集中，单株结薯 3～4 个，商品薯率 86％。无裂薯和空心薯。农业部薯类产品质量监督检验测试中心（张家口）检测：干物质含量 22.8％，淀粉含量 16.7％，维生素 C 含量 13.98 毫克/100 克鲜薯，还原糖含量 0.4％。

产量表现： 2010—2011 年参加山西省马铃薯中晚熟区区域试验，两年平均亩产 1989.3 千克，比对照增产 20.7％，试验点 13 个，12 个点增产。其中 2010 年平均亩产 1940.5 千克，比对照晋薯 14 号增产 32.5％；2011 年平均亩产 2038.0 千克，比对照晋薯 16 号增产 15.2％。2011 年参加山西省中晚熟区生产试验，平均亩产 1733.6 千克，比对照晋薯 16 号增产 20.5％，6 个试点全部增产。

栽培技术要点： 选择土层深厚、肥沃沙壤土或壤土；播种前晒种催芽，施足底肥，中后期追肥培土，适时收获。

适宜区域： 该品种适宜在山西马铃薯一季作区栽培。

147. 靖薯 4 号

审定编号： 滇特（曲靖）审马铃薯 2013001

选育单位： 曲靖市农业科学院

品种来源： 曲靖市农业科学院于 2002 年从国际马铃薯研究中心引进的 A 系列杂交实生籽组合 998007（ATZIMBA/TS-15），经连续多代的无性株系选择，于 2006 年育成的马铃薯品种。

特征特性： 早熟品种，全生育期 98 天。株型直立，株高 92.1 厘米，叶片绿色，茎秆绿色略带褐色，花冠紫色，薯形为圆形，紫皮黄肉。总淀粉含量 17.8％、蛋白质含量 1.55％、维生素 C 含量 10.00 毫克/100 克、总糖含量 0.26％、还原糖含量 0.09％、干物质含量 23.3％。高抗马铃薯晚疫病。

产量表现： 2009—2011 年，参加曲靖市马铃薯品种区域试验，平均亩产 1777.3 千克，比对照米拉增产 321.8 千克，增幅为 22.1％；比对照合作 88 号增产 353.8 千克，增幅为 24.9％，2008—2009 年多点同田对比测产 16 亩，平均单产 2085.3 千克。

适宜区域：该品种适宜在云南省曲靖市海拔 2000～2550 米马铃薯生产区种植。

148. 克新 18 号

审定编号：桂审薯 2009004

选育单位：黑龙江省农科院马铃薯研究所

品种来源：用 Epoka 作母本、374-128 作父本杂交育成。

省级审定情况：2005 年黑龙江省农作物品种审定委员会审定

特征特性：该品种冬种生长期 95 天左右（出苗后到成熟），与克新 3 号相近。株型直立，株高 60 厘米左右，株丛繁茂，茎粗壮，复叶肥大，叶色浓绿，茎绿色带褐色。花冠深紫红色，开花期长，结实性差。单株结薯 5～7 个，大、中薯率 85% 以上，薯块大而整齐，结薯集中。薯块圆形，薯皮黄色、光滑，薯肉淡黄色，芽眼较浅，商品性好。维生素 C 含量 127.51 毫克/100 克鲜薯，还原糖含量 0.33%，淀粉含量 15.26%。耐储性强，丰产性好，食味好，适合作鲜薯食用。

产量表现：2006 年冬季在平南、北海、博白等地进行品比试验，平均亩产 2313.3 千克，比对照费乌瑞它（下同）增产 34.6%；2007 年冬季在平南、北海、兴业试验，在受冻害的情况下平均亩产 1415.5 千克，比对照增产 24.7%。

栽培技术要点：①晒种。把种薯放在通风处摊开晒 4～5 小时，挑除病烂种薯。②切薯催芽。切薯的刀用 5% 高锰酸钾溶液浸泡消毒，对 60 克以上的种薯采用纵切法，每个切块 30 克以上，且带顶芽，切好后用多菌灵、百菌清和双灰粉按 1∶1∶50 的比例拌种后进行催芽。③播种。播种时选择芽长相近的播在同一垄，便于齐苗管理。播种深 5～6 厘米，薯块不能直接与肥料接触。密度以 3500～4000 株/亩为宜。④肥水管理。施足基肥，亩施有机肥 500 千克、复合肥 60～80 千克；追肥要早，第一次追肥在齐苗后尽早施下，以后每隔 7～10 天施 1 次，到茎叶封行为止共施 3～4 次。⑤适时定苗培土。2 次追肥后培 1 次土，封行前再培 1 次土。⑥注意防治病虫害。⑦适时收获，当茎叶变黄时即可收获。

适宜区域：该品种适宜在桂南、桂中地区冬种，桂北地区秋种。

149. 陇薯 7 号

审定编号： 国审薯 2009006

选育单位： 甘肃省农业科学院马铃薯研究所

品种来源： 庄薯 3 号×菲多利

省级审定情况： 2008 年甘肃省农作物品种审定委员会审定

特征特性： 中晚熟鲜食品种，生育期 115 天左右。株高 57 厘米左右，株型直立，生长势强，分枝少，枝叶繁茂，茎、叶绿色，花冠白色，天然结实性差；薯块椭圆形，黄皮黄肉，芽眼浅；区试平均单株结薯数为 5.8 个，平均商品薯率 80.7%。经人工接种鉴定：植株抗马铃薯 X 病毒病，中抗马铃薯 Y 病毒病，轻感晚疫病。块茎品质：淀粉含量 13.0%，干物质含量 23.3%，还原糖含量 0.25%，粗蛋白含量 2.68%，维生素 C 含量 18.6 毫克/100 克鲜薯。

产量表现： 2007—2008 年参加西北组区域试验，两年平均块茎亩产 1912.1 千克，比对照陇薯 3 号（下同）增产 29.5%。2008 年生产试验，块茎亩产为 1756.1 千克，比对照增产 22.5%。

栽培技术要点： ①选用优质脱毒种薯，播前催芽，4 月上中旬播种。②适当稀植，每亩种植密度一般 3500～4000 株、旱薄地 2500～3000 株。③重施基肥，早施追肥，氮肥不宜过量。④及时培土，起高垄。⑤收获前割秧，促使薯皮老化。⑥及时防治晚疫病。

适宜区域： 该品种适宜在西北一季作区的青海东部、甘肃中东部、宁夏中南部种植。

150. 蒙薯 16 号

审定编号： 蒙审薯 2010001

选育单位： 呼伦贝尔市农业科学研究所

品种来源： 以卫道克为母本、内薯 7 号为父本杂交选育而成。

特征特性： 株型直立，株高 53 厘米，茎绿色，叶绿色，单株平均主茎数 2.2 个，花冠白色，单株平均结薯 6 个。块茎圆形，淡黄皮淡黄肉。2009 年河北农业大学植物保护学院抗病性鉴定，抗晚疫病；黑龙江省农业科学院克山分院抗性鉴定，抗马铃薯 X 病毒病（PVX）、马铃薯 Y 病毒病（PVY）、马铃薯 S 病毒病（PVS）、马铃薯纺锤块茎类病毒病（PSTVd）。2009 年农业部蔬菜品质监督检验测试中心（北京）测定：淀粉含量 20.8%，干物质含量 27.7%，维生素 C 含量 27.9%。

产量表现： 2006 年参加内蒙古自治区马铃薯区域试验，平均亩产 1201.5 千克，比对照紫花白（下同）减产 38.4%。平均生育期 84 天。2007 年参加内蒙古自治区马铃薯区域试验，平均亩产 821.0 千克，比对照减产 38.7%。平均生育期 78 天。2008 年参加内蒙古自治区马铃薯生产试验，平均亩产 1577.7 千克，比对照增产 6.6%，平均生育期 86 天。

栽培技术要点： 亩保苗 3800～4000 株。

适宜区域： 该品种适宜在内蒙古自治区呼伦贝尔市、兴安盟、乌兰察布市等地区种植。

151. 青薯 9 号

审定编号： 国审薯 2011001

选育单位： 青海省农林科学院

品种来源： 387521.3/APHRODITE 系统选育

省级审定情况： 2006 年青海省农作物品种审定委员会审定

特征特性： 晚熟鲜食品种，生育期 115 天左右。株高 89.3 厘米左右，植株直立，分枝多，生长势强，枝叶繁茂，茎绿色带褐色，基部紫褐色，叶深绿色，复叶挺拔、大小中等，叶缘平展，花冠紫色，天然结实少。结薯集中，块茎长圆形，红皮黄肉，成熟后表皮有网纹、沿维管束有红纹，芽眼少而浅。区试单株主茎数 2.9 个，结薯 5.2 个，单薯重 95.9 克，商品薯率 77.1%。经室内人工接种鉴定：植株中抗马铃薯 X 病毒病，抗马铃薯 Y 病毒病，抗晚疫病。区试田间有晚疫病发生。块茎品质：淀粉含量 15.1%，干物质含量 23.6%，还原糖含量 0.19%，粗蛋白含量 2.08%，维生素 C 含量 18.6 毫克/100 克鲜薯。

产量表现： 2009—2010 年参加中晚熟西北组品种区域试验，

两年平均块茎亩产 1764 千克，比对照陇薯 3 号（下同）平均增产 40.7%。2010 年生产试验，块茎亩产 1921 千克，比对照增产 17.3%。

栽培技术要点：①西北地区 4 月中下旬至 5 月上旬播种。②每亩种植密度 3200～3700 株。③播前催芽，施足基肥。④生育期间要控制株高，防止地上部分生长过旺；注意防治蚜虫、晚疫病等病虫害；及时中耕培土，结薯期和薯块膨大期及时灌水，收获前一周停止灌水，以利收获储藏。

适宜区域：该品种适宜在青海东南部、宁夏南部、甘肃中部一季作区作为晚熟鲜食品种种植。

152. 新大坪

审定编号：晋引薯 2012001

选育单位：甘肃省定西市安定区农业技术推广服务中心等

品种来源：该品种是甘肃省定西市安定区青岚乡大坪村农民冉珍 1996 年从他家承包地中种植的全省马铃薯区试中保留的一个参试品种。

省级审定情况：2005 年甘肃省农作物品种审定委员会审定

特征特性：中晚熟，出苗至收获生育期 115 天左右。株型半直立，分枝中等。株高 40～50 厘米，茎绿色，叶片肥大、墨绿色，花白色。薯块椭圆形，白皮白肉，表皮光滑，芽眼较浅且少。结薯集中，单株结薯 3～4 个，大中薯率 85% 左右。鲜薯淀粉含量 20.19%，还原糖含量 0.16%，粗蛋白含量 2.67%。

产量表现：2010—2011 年参加山西省马铃薯中晚熟区引种试验，两年平均亩产 1720.1 千克，比对照晋薯 16 号（下同）增产 15.8%，试验点 12 个，全部增产。其中 2010 年平均亩产 1840.0 千克，比对照增产 21.0%；2011 年平均亩产 1600.2 千克，比对照增产 11.2%。

栽培技术要点：4 月中下旬播种。亩施农家肥 3000～5000 千克、尿素 17～20 千克、过磷酸钙 50～60 千克、硫酸钾 10～15 千克，其中 2/3 氮肥作底肥，其他肥料结合播种一次性施入。采取宽窄行种植，旱薄地每亩密度 2500～3000 株，水浇地每亩密度

4500～5000 株。注意防治病毒病、早疫病和晚疫病。当田间 80％
茎叶枯黄萎蔫时割去地上茎叶，防止茎叶病害传到薯块，并运出田
间，以便晒地促进薯皮老化。收获时轻拿轻放，尽量避免碰伤，
6～7 天后收获。

适宜区域： 该品种适宜在山西马铃薯一季作区种植。

153. 云薯 504

审定编号： 滇特（文山）审马铃薯 2008002

选育单位： 云南省农科院经济作物所，文山州农业科学研究所

品种来源： 云薯 504 是云南省农科院马铃薯研究中心用
VERAS作母本与内薯七号作父本杂交选育而成，在国家科技攻关
"西部开发"重大项目"冬季马铃薯新品种选育及产业开发示范"
的支持下，选育出的具有完全自主知识产权的冬季专用型马铃薯新
品系。

特征特性： 株型直立，株高 38.2 厘米，叶绿色，茎浅绿色，
花冠白色，有较强的生长势；结薯集中，田间烂薯率低，薯块大，
圆形，皮淡黄色，肉黄色，芽眼浅；生育期 77 天，蛋白质含量
2.26％，维生素 C 含量 34.47 毫克/100 克；总淀粉含量 19.69％；
干物质含量 28.6％；商品率 89.1％，晚疫病抗性中等；品质优
（蒸食品质优、口感优）。

产量表现： 2006 年冬在文山州砚山、丘北、文山和富宁 4 个
点示范，每个点示范 1 亩。平均单产达 2503.8 千克/亩；比对照种
合作 88 增产 75.3％。

适宜区域： 该品种适宜在云南省文山州冬作、小春种植。

154. 中薯 12 号

审定编号： 国审薯 2009001

选育单位： 中国农业科学院蔬菜花卉研究所

品种来源： W953×FL475

以往审定情况： 2007 年国家农作物品种审定委员会审定

特征特性： 早熟鲜食品种，生育期 70 天左右。植株直立，生
长势较强，株高 47 厘米左右，分枝少，枝叶繁茂，茎绿色带褐色，

叶绿色，复叶大，花冠白色；结薯集中，块茎椭圆形，表皮光滑，芽眼浅、黄皮、黄肉，区试平均商品薯率 76.8%。人工接种鉴定：植株抗马铃薯 X 病毒病，中抗马铃薯 Y 病毒病，中度感晚疫病。块茎品质：干物质含量 17.6%，淀粉含量 10.3%，还原糖含量 0.44%，粗蛋白含量 2.04%，维生素 C 含量 18.3 毫克/100 克鲜薯。

产量表现： 2006—2007 年参加中原二作组品种区域试验，两年平均块茎亩产 1825.3 千克，比对照东农 303（下同）增产 16.8%。2008 年生产试验，块茎亩产 1740.2 千克，比对照减产 2.0%。

栽培技术要点： ①采用优质脱毒种薯，播前催芽，选择灌排方便地块播种。②中原二作区 1～3 月播种，4～6 月收获，生长前期注意防霜冻病。③每亩种植密度一般 5000～5500 株。④施足基肥，出苗后加强前期管理，早施少施追肥；及时除草、中耕和培土，促使早发棵和早结薯。⑤生长期及时灌溉和排水，防止因施肥浇水过多而徒长，及时防治晚疫病。收获前一周停灌，以利收获和储藏。

适宜区域： 该品种适宜在中原二作区的辽宁、山东济南、河南和北京种植。根据农业部第 928 号公告，该品种还适宜在冬作区的福建、广西、广东、湖南种植。

155. 庄薯 3 号

审定编号： 国审薯 2011002
选育单位： 甘肃省庄浪县农业技术推广中心
品种来源： 87-46-1（142-18/陇薯 1 号）/青 85-5-1
省级审定情况： 2005 年甘肃省农作物品种审定委员会审定
特征特性： 晚熟鲜食品种，生育期 114 天左右。株高 79.8 厘米左右，植株直立，分枝多，枝叶繁茂，生长势强，茎绿色，基部绿色，叶深绿色，复叶挺拔、大小中等，叶缘平展，花冠紫色，天然结实少。结薯集中，块茎圆形，黄皮黄肉，表皮光滑，芽眼少而浅。区试单株主茎数 2.8 个、结薯 6.4 个，商品薯率 79.5%。经室内人工接种鉴定，植株抗马铃薯 X 病毒病、高抗马铃薯 Y 病毒病、轻感晚疫病。块茎品质：淀粉含量 14.6%，干物质含量

24.4%，还原糖含量 0.15%，粗蛋白含量 2.48%，维生素 C 含量 14.4 毫克/100 克鲜薯。

产量表现： 2009—2010 年参加中晚熟组西北组品种区域试验，两年平均块茎亩产 1779 千克，比对照陇薯 3 号（下同）增产 41.9%。2010 年生产试验，块茎亩产 1715 千克，比对照平均增产 4.7%。

栽培技术要点： ①西北地区 4 月中下旬至 5 月上旬播种。②每亩种植密度 3500～4000 株。③播前催芽，施足基肥。④生育期间注意防治蚜虫、晚疫病等病虫害，及时培土中耕，结薯期和薯块膨大期及时灌水，收获前一周停止灌水，以利收获储藏。

适宜区域： 该品种适宜在青海东南部、宁夏南部、甘肃中部一季作区作为晚熟鲜食品种种植。

三、木　薯

156. 华南 205

登记编号： XPD020-2011

引进单位： 湖南农业大学，湖南省马铃薯工程技术研究中心

品种来源： 从中国热带农业科学院热带作物品种资源研究所引进

特征特性： 该品种属苦木薯品种。植株直立，不分枝或分枝极少，无毛，植株高大，株高 150～300 厘米，株型紧凑，茎粗，茎秆节密，顶端嫩茎棱边紫红色，成熟茎外皮褐色，内皮浅绿色。掌状裂叶（9 裂），裂片线形，叶裂片长 10～25 厘米，裂叶宽 1.0～2.0 厘米，叶柄紫红色，长 19～32 厘米。薯形呈圆锥形，薯皮深褐色。结薯集中，薯块多而粗壮，结薯性好，浅生易收获。平均单株块根条数 10～15 条。定植后 7～8 个月可收获，属中熟品种，抗病、抗虫能力强；经检测：鲜薯块根干物重约 33.6%、粗淀粉含量 26% 左右、氢氰酸（HCN）含量每千克 83 毫克左右；鲜薯氢氰酸含量偏高，适合加工，不能鲜薯食用。

产量表现： 2007 年、2008 年、2009 年三年省多点试验平均亩

产 2231 千克。

栽培技术要点：木薯适应性强，对土地要求不严。深耕整地、高畦栽培；施足基肥，以有机肥为主，一般每亩施农家肥 1000～1500 千克或复合肥 50～100 千克。种茎要充分成熟，茎粗节密，新鲜坚实，芽点完整，不损皮、不枯烂、无病虫。播种前将种茎砍成 15～20 厘米的小段，每段保留 3～4 个完整的有效芽，砍好的种茎用石灰水消毒，随砍随种。3 月底至 4 月上旬播种，按株行距 0.8 米×1 米或 0.8 米×0.8 米种植，每亩定植 833～1042 株。注意补苗和间苗，一般在齐苗后苗高 15～20 厘米时进行间苗，每穴留 2 条壮苗。目前湖南种植木薯病虫害较少，在高温干旱季节注意防治螨类。一般在 11 月底到 12 月初收获。收获的块根及时切片晾晒制成干片或压榨提取淀粉。

适宜区域：该品种适宜在湖南省种植。

157. 西选 05

审定编号：桂审薯 2013008
选育单位：广西大学
品种来源：以木薯品种新选 048 为材料，利用同位素钴[60]辐射诱变，在突变体中选出优良变异单株。
特征特性：茎秆直立，坚硬节密，不分枝或顶部短分枝，茎秆灰白色；叶片 7～9 裂，青绿色，叶柄青带淡红色，叶片厚度中等；结薯习性好，掌状结薯，薯块长而且粗大，薯块长筒形，淡红色，结薯多，单株结薯 8～9 条，多的达 13 条以上。鲜薯淀粉含量 29%～31%。
产量表现：2009 年品比试验，平均亩产鲜薯 3965.8 千克，比对照品种华南 205 亩增产鲜薯 1056.8 千克，增产 36.33%，鲜薯淀粉含量为 30.9%。2010 年在马山县白山镇种植，平均亩产鲜薯 3718.8 千克，2011 年在南宁市江南区吴圩镇种植，亩产鲜薯 4802.3 千克，2012 年在武鸣县双桥镇种植，亩产 3491.71 千克。
栽培技术要点：①一般深耕 25～30 厘米。亩用有机肥 1000～1500 千克作基肥。②桂南地区宜在 2 月下旬至 3 月上旬下种。桂中和桂西山区宜在 3 月中旬至下旬下种。③种植密植：行距 90～

100 厘米，株距 80～90 厘米，亩种 800～1000 株。④种后 60 天左右，即苗高 50 厘米左右，追施苗肥，每亩施尿素 7.5～10 千克、钾肥（氯化钾）5～7.5 千克、复合肥 10～15 千克，并结合培土。种后 120 天左右追薯肥，每亩施尿素 7.5～10 千克、钾肥 10～15 千克、复合肥 15～20 千克，并结合培土。

适宜区域：该品种适宜在广西壮族自治区种植。

Ⅳ. 饲料作物

158. 晋引格兰多

审定编号： 晋审草（认）2011001

引种单位： 山西省农业科学院畜牧兽医研究所

品种来源： 北京中种草业有限公司引进的外国品系。试验名称"GRANDEUR"。

特征特性： 生育期130天左右，比对照品种金黄后（下同）苜蓿晚5天。豆科多年生草本植物。生长势强，根系发达，再生速度快，枝繁叶茂，茎直立，株型紧凑，初花期自然高度71～85厘米，分枝数22～35个，羽状三出复叶，小叶片长椭圆形，叶色深绿，叶长15～30毫米，宽4.5～15毫米，花深紫色，荚果螺旋形，成熟时黑褐色，种子肾形、黄褐色、有光泽，千粒重2.4克。秋眠级为3级，在太原越冬率为100%，耐旱性较好，产草量高，营养丰富。农业部全国草业产品质量监督检验测试中心检测：粗蛋白含量15.5%，粗纤维含量34.5%，中性洗涤纤维含量45.4%，酸性洗涤纤维含量35.5%，粗灰分含量8.5%，钙含量1.23%，磷含量0.21%。

产量表现： 2009—2010年参加山西省苜蓿区域试验，两年平均亩产702.4千克，比对照增产15.9%，试验点12个，全部增产。其中2009年平均亩产420.8千克，比对照增产14.9%；2010年平均亩产984.0千克，比对照增产16.3%。

栽培技术要点：适宜播期中部秋播 7～8 月，北部地区春播 4 月下旬至 5 月中旬，亩播量 1.0 千克，条播，行距 25～30 厘米，播种深度 2～3 厘米。播种前精细整地，每亩施 30 千克复合肥，苗期及时中耕除草，初花期及时刈割，中部地区每年可收割 3～4 茬，北部地区每年可收割 2～3 茬，最后一次收割应在早霜冻前 30 天进行。有灌溉条件的地方，返青和上冻前分别进行 1 次灌溉，可大幅度提高牧草产量。

适宜区域：该品种适宜在山西省中部地区及北部平川区种植。

159. 临草 2 号

审定编号：晋审饲草（认）2010001

选育单位：山西省农业科学院小麦研究所

品种来源：小黑麦 WOH90/匈 64

特征特性：生长整齐，生长势强。根系发达，植株繁茂，茎秆粗壮，弹性好，抗倒性较好，株高 150～170 厘米，叶色深绿，叶宽 1.2 厘米，叶长 24.5 厘米，分蘖多、冬前生长期长，春季返青早、生长速度快、叶量大、分蘖 10 个以上，耐刈割，再生能力强，2 次刈割后叶宽 1.1 厘米、叶长 22.5 厘米，穗纺锤形，长芒，白壳，红粒，穗粒数 43～50 粒，千粒重 38～42 克，籽粒成熟时上部叶片仍保持绿色。农业部谷物及制品质量监督检验测试中心（哈尔滨）检测：粗蛋白含量 29.8%，粗脂肪含量 5.89%，粗纤维含量 15.48%，灰分含量 9.39%，赖氨酸含量 1.38%。

产量表现：2008—2009 年参加山西省小黑麦区域试验，两年平均亩产籽粒 308.4 千克、鲜草 4702.2 千克、风干草 2068.1 千克，分别比对照冬牧 70 号平均增产 33.1%、14.3%、20.5%，试验点 11 个，增产点 11 个，增产点率 100%。

栽培技术要点：适宜播期为 9 月中旬至 10 月上旬，播量为每亩 7.5～10 千克，采用机播或人工条播，播种深度 4～5 厘米。播前须精细整地，施足底肥，亩施尿素 20～25 千克，浇水 1 次。一般出苗后 40～45 天，可进行第 1 次刈割，第 2 年 3 月 10 日～20 日进行第 2 次刈割，4 月 15 日～25 日刈割后平茬整地种植玉米、西瓜等春播作物。

适宜区域： 该品种适宜在山西省运城、临汾秋播。

160. 闽草1号

认定编号： 闽认草 2012001

选育单位： 福建省农业科学院农业生态研究所

品种来源： 通过 $^{60}Co\gamma$ 射线辐射处理杂交狼尾草种子诱变育成

特征特性： 株高 3.5～4.5 米，茎粗 1.2～1.6 厘米，茎直立，茎节明显，叶基生，叶片长披针形，叶部尾端明显反转下垂，叶片长 60～150 厘米、宽 3.0～4.5 厘米，叶缘刚毛不明显、有锯齿，叶片两面具少量茸毛。叶鞘边缘有明显茸毛，叶舌明显，圆锥花序密生为穗状，结实率极低。经福建省农科院中心实验室检测：干物质（夏季生长 80 天）含粗蛋白 10.21%、粗纤维 31.9%、粗脂肪 1.3%、蔗糖分 1.62%、还原糖 9.23%。经福建省植保植检站田间调查，偶见叶斑病，未发现其他病虫害。

产量表现： 经晋安区、新罗区、福清市等地多年多点试种，平均鲜草亩产 24017 千克、干草亩产 4799 千克，分别比对照杂交狼尾草增产 10.68%、13.30%。

栽培技术要点： 3～9 月均可播种，最适播种期 4～5 月，用 2～3 节种茎扦插繁殖，株行距 40 厘米×60 厘米，每次刈割后亩追施 10～20 千克尿素，保持土壤湿润。

适宜区域： 该品种适宜在福建省种植，适用于青饲。

161. 湘杂芒3号

登记编号： XPD018-2011

选育单位： 湖南农业大学

品种来源： 02019（南荻）×04014（芒）

特征特性： 多年生草本植物，年生长期 275 天左右，每年 11 月开始枯黄。株型丛生，茎秆密集，每丛茎秆数 80 株，生长势较强。株高 370 厘米，主茎高 272 厘米，每茎秆具 18 节以上，多数节上具腋芽。茎秆较粗，茎基部茎径 0.97 厘米，主茎顶端茎径 0.61 厘米，花茎长 63 厘米，茎色黄绿。叶片绿色，在茎上排列较为均匀，叶片长 107 厘米、宽 3.1 厘米，长披针形。田间未发现明显病虫危害症状。干茎叶纤维素含量 48.93％以上，半纤维素含量 31.05％，木质素含量 12.30％，总灰分 2.82％。

产量表现： 2009 年、2010 年多点试验平均亩产干茎叶 2500 千克。

栽培技术要点： 将杂交种将发育较好的茎秆剥除叶鞘，用锋利的刀具将茎节切成长度为 7～10 厘米的茎段，均匀地横置在铺上 4 厘米左右的基质或河沙的育苗床或育苗盘上，再覆盖 3 厘米左右的基质或河沙，洒水保湿。株高 5～10 厘米时便可移栽。株行距 75 厘米×75 厘米，畦内挖穴，每穴栽 1 株，每亩用苗 1000～1300 株。每年 12 月下旬杂交芒草茎叶枯黄至新芽抽出前都可采收。收获时，将全株割下晒干，干燥处保存备用。

适宜区域： 该品种适宜在湖南省种植。

162. 鄞蔺 3 号

审定编号： 浙（非）审草 2011001

选育单位： 宁波万里学院，宁波鄞州区高桥镇农技站

品种来源： 日本蔺草品种变异株系统选育

特征特性： 该品种属多年生宿根性草本植物，生育期 200～210 天。分蘖力中等，丛总茎数达 250～300 枚，地上茎直立、呈圆柱形、翠绿色；丛高平均 145 厘米，草茎粗细适中，鲜草直径 1.7 毫米；髓心连续、呈白色，茎梢针状；茎长≥100 厘米的长草率 57.1％；常年草茎着花率比两个对照低，聚伞花序，花序上可着生 5～20 朵两性小花，果卵球形。

产量表现： 2007—2008 年度多点品比试验，平均有效茎（≥90 厘米干草）亩产为 589.1 千克，比对照品种冈山 3 号和鄞蔺 2 号分别增产 28.1％和 9.0％。2008—2009 年度多点品比试验，平均有效茎亩产为 801.0 千克，比对照冈山 3 号和鄞蔺 2 号分别增产 13.0％和 5.9％。两年平均有效茎亩产 695.1 千克，比对照冈山 3 号和鄞蔺 2 号分别增产 19.0％和 7.2％。

栽培技术要点： 旱水二段育秧，11 月上旬适时移栽，密度 16.7 厘米×18.0 厘米、基本苗 16 万～20 万苗/亩，及时挂网、防治病虫草害。

适宜区域： 该品种适宜在浙江省蔺草主产区种植。

V. 绿肥作物

163. 茶肥 1 号

登记编号： XPD030-2011

选育单位： 湖南省茶叶研究所

品种来源： 湖南省长沙县茳茫决明群体种

特征特性： 豆科决明属。夏季绿肥，可作茶园埋青与覆盖的有机肥源。植株生长势强，平均株高 180 厘米。偶数羽状复叶，互生，长小叶 10～20 枚，长椭圆形或长卵形，先端急尖；花为黄色，倒卵形；花冠直径 25 毫米，萼片 5 片，花瓣 5 片，长 16 毫米，宽 8 毫米，雄蕊 10 枚，3 枚不发育，雌蕊 1 枚。果实为荚果，长 6～12 厘米，宽 0.5～1 厘米，无毛，每个荚果含种子 28～46 粒，籽粒卵圆形、稍扁、长约 4 毫米，籽粒千粒重 18 克左右。植株全氮含量 4%左右，全磷含量 0.3%左右，全钾含量 1%以上。

产量表现： 8 月下旬至 9 月中旬割青，每亩产青量可达 10000 千克。

栽培技术要点： 4 月上中旬播种，条播，行距 0.6～0.8 米，每亩播种量 1～1.5 千克。播种前施用底肥，每亩施过磷酸钙 15～25 千克、有机肥（菜饼）20～30 千克。幼龄茶园种植最佳割青期 6 月底至 7 月初，以不影响茶树生长为标准，割青的绿肥可在幼龄茶树行间覆盖或埋青。绿肥基地可在 9 月上旬割青，最迟不超过 9

月下旬，割青的绿肥在茶园行间覆盖。注意及时防治病虫害。

适宜区域：该品种适宜在湖南省种植。

164. 闽紫 7 号

认定编号：闽认肥 2012002

选育单位：福建省农业科学院土壤肥料研究所

品种来源：78-1543（80）4-2-2×萍宁 72

特征特性：该品种属中花型偏迟的紫云英品种，一般 3 月中旬初花，3 月下旬盛花，4 月下旬至 5 月上旬种子成熟，全生育期 200 天左右。茎粗 5.5～6.0 毫米，株高 110～140 厘米，叶片较大，叶色淡绿，花紫色，总状花序，一般分枝 2～5 个，每分枝结荚花序数 5～9 个，每花序结荚数 4～6 个，每荚实粒数 4～7 个，种子扁肾形、黄绿色，千粒重 3.6～3.9 克，种子亩产 45～50 千克。该品种植株高大，茎较脆，苗期生长快，耐阴性较好，适应性广。经福建省农业科学院中心实验室检测，植株氮、磷、钾含量分别为 3.15％、0.28％、2.0％。经福建省农业科学院植物保护研究所田间调查，该品种有轮斑病、白粉病零星发生。

产量表现：经三明、南平、福州、龙岩等地多年多点试种，鲜草量亩产可达 3700 千克以上。

栽培技术要点：9 月上旬至 10 月下旬播种，亩播种量 1.5～2 千克，钙镁磷肥 5～10 千克拌种；苗期追施磷、钾肥各 5～10 千克；及时开沟排水，合理灌溉；盛花期适时翻耕压青；注意防治轮斑病、白粉病、潜叶蝇等病虫害。

适宜区域：该品种适宜在福建省种植。

165. 南选山黧豆

审定编号：川审豆 2012008

选育单位：南充市农业科学院

品种来源：于 2001 年利用扁荚山黧豆群体中的变异单株，经系统选育而成。

特征特性：一年生豆科绿肥、牧草及杂粮兼用型品种。生育期 230 天左右，有限结荚习性，半攀缘，复叶，先端有卷须，花蝶状、粉红色，株高 90～120 厘米，分枝数 8～16 个，株荚数 60～122 个，荚粒数 3～4 粒，千粒重 62.5 克。经国家甘薯中心南充分中心实验室检测：盛花期鲜茎叶含氮 0.53%、磷 0.22%、钾 0.42%，其品质指标均高于中豌四号、紫云英、光叶苕子、箭舌豌等品种。

产量表现： 2007 年品比试验，平均亩产干籽粒 93.3 千克、鲜草 2034.4 千克，分别比对照扁荚山鲣豆（下同）增产 19.0%、17.2%。2008 年在蓬安和顺庆 2 试点进行生产试验示范，套作平均亩产干籽粒 68.6 千克、鲜草 1680 千克，分别比对照增产 10.7%、15.9%。

栽培技术要点： ①适期播种。荒坡空地及幼林果园于 9 月中下旬播种，预留行套作于 10 月中下旬播种；②密度及播种量：亩用种量 3～4 千克，留种地减少用种适当稀播，窝播、撒播均可；③收获。种子成熟及时收获、作绿肥于盛花期翻埋。

适宜区域： 该品种适宜在四川省平坝、丘陵地区种植。

Ⅵ. 经济作物

一、纤 维 作 物

（一）棉

166. sGK958

审定编号： 国审棉 2009002

选育单位： 新乡市锦科棉花研究所，中国农业科学院生物技术研究所

品种来源： 锦科 970012×锦科 19

省级审定情况： 2007 年河南省农作物品种审定委员会审定，2008 年山东省农作物品种审定委员会审定

特征特性： 转抗虫基因中熟常规品种，黄河流域棉区春播生育期 124 天。出苗较慢，前期、中期长势和整齐度好，后期一般。株高 106.1 厘米，株型松散，茎秆茸毛多，叶片中等大小、色深绿，第一果枝节位 7.2 节，单株结铃 16.4 个，铃卵圆形、较长，苞叶较大，吐絮畅，单铃重 6.2 克，衣分 41.3%，子指 10.7 克，霜前花率 92.5%。抗枯萎病，耐黄萎病，抗棉铃虫。HVICC 纤维上半部平均长度 30.2 毫米，断裂比强度 31.4 厘牛/特克斯，马克隆值

4.8，断裂伸长率 6.3％，反射率 74.1％，黄色深度 7.8，整齐度指数 85.3％，纺纱均匀性指数 151。

产量表现： 2006—2007 年参加黄河流域棉区中熟常规品种区域试验，两年平均子棉、皮棉和霜前皮棉亩产分别为 243.6 千克、100.7 千克和 93.1 千克，分别比对照鲁棉研 21 增产 9.2％、9.8％和 7.5％。2008 年生产试验，子棉、皮棉和霜前皮棉亩产分别为 247.4 千克、102.5 千克和 93.2 千克，分别比对照鲁棉研 21 增产 19.6％、18.1％和 16.4％。

栽培技术要点： ①黄河流域棉区营养钵育苗移栽 4 月初、地膜覆盖 4 月中旬、露地直播 4 月 20 日前后播种。②每亩种植密度，高水肥地块 1800～2200 株，中等水肥地块 2300～2800 株，旱薄地 3000 株以上。③施足底肥，重施初花肥，适当补施盖顶肥。④根据棉花长势及天气情况，合理化控。⑤二代棉铃虫一般年份不需防治，三、四代棉铃虫当百株二龄以上幼虫超过 5 头时应及时防治，全生育期注意防治棉蚜、红蜘蛛、盲蝽象等其他害虫。⑥黄萎病重病地不宜种植。

适宜区域： 已取得农业转基因生物生产应用安全证书，适宜在山东西南部、西北部，河南东部、北部，河北中南部春播种植，并不得超出农业转基因生物安全证书允许的范围。

167. 奥棉 6 号

审定编号： 国审棉 2011003

选育单位： 北京奥瑞金种业股份有限公司

品种来源： D004（豫 668 选系）×D292（豫棉 21×GK19 等多父本）

省级审定情况： 2008 年河南省农作物品种审定委员会审定

特征特性： 转抗虫基因中早熟杂交品种，黄河流域棉区晚春播生育期 123 天。出苗好，前中期长势强，后期长势一般，结铃性强，早熟性好，吐絮畅而集中，稍早衰。株高 105.5 厘米，株型松散，茎秆茸毛多，叶片中等大小，叶色深，铃卵圆形，第一果枝节位 6.9 节，单株结铃 20.1 个，单铃重 6.9 克，衣分 42.2％，子指 10.7 克，霜前花率 90.5％。抗枯萎病，抗黄萎病，抗棉铃虫。

HVICC 纤维上半部平均长度 30.1 毫米，断裂比强度 29.8 厘牛/特克斯，马克隆值 5.1，断裂伸长率 6.1%，反射率 76.0%，黄色深度 7.9，整齐度指数 85.8%，纺纱均匀性指数 145。

产量表现： 2008—2009 年参加黄河流域棉区中早熟品种区域试验，两年平均子棉、皮棉和霜前皮棉亩产分别为 256.3 千克、108.2 千克和 98 千克，分别比对照鲁棉研 28 增产 16.75%、18.65%和 25.1%。2010 年生产试验，子棉、皮棉和霜前皮棉亩产分别为 235.8 千克、99.8 千克和 91.3 千克，分别比对照鲁棉研 28 增产 10.2%、11.8%和 16.3%。

栽培技术要点： ①黄河流域棉区育苗移栽 4 月初、地膜覆盖 4 月上中旬、露地直播 4 月中下旬播种。②每亩种植密度，高肥水地块 1500~2000 株，中等肥水地块 1800~2200 株。③施足底肥，早施花铃肥，适当补施盖顶肥。④根据棉花长势及天气情况，合理化控。⑤二代棉铃虫一般年份不需防治，三、四代棉铃虫当百株二龄以上幼虫超过 5 头时应及时防治，全生育期注意防治棉蚜、红蜘蛛、盲蝽象等其他害虫。

适宜区域： 已取得农业转基因生物生产应用安全证书，转基因生物名称为奥试棉 4406。适宜河北南部，山东西北部和西南部、河南北部、东部和东南部，安徽、江苏两省淮河以北晚春播种植，并不得超出农业转基因生物安全证书允许的范围。

168. 鄂杂棉 26 号

审定编号： 国审棉 2009020

选育单位： 湖北省国营三湖农场农科所

品种来源： KG18×KG-4

省级审定情况： 2007 年湖北省农作物品种审定委员会审定

特征特性： 转抗虫基因中熟杂交一代品种，长江流域棉区春播生育期 124 天。出苗较好，长势强，整齐度好。株高 124 厘米，株型较松散，果枝较长、平展，茎秆粗壮，无茸毛，叶片较大，深绿色，第一果枝节位 6.4 节，单株结铃 29.1 个，铃卵圆形，吐絮畅，单铃重 5.9 克，衣分 42.5%，子指 10.4 克，霜前花率 93.8%，僵瓣率 7.5%。耐枯萎病，耐黄萎病，中抗棉铃虫，抗红铃虫。

HVICC 纤维上半部平均长度 30.3 毫米，断裂比强度 29.1 厘牛/特克斯，马克隆值 4.5，断裂伸长率 6.5%，反射率 76.9%，黄色深度 7.9，整齐度指数 85%，纺纱均匀性指数 148。

产量表现： 2006—2007 年参加长江流域棉区中熟组区域试验，两年平均子棉、皮棉和霜前皮棉亩产分别为 263.6 千克、111.9 千克、105.4 千克，分别比对照湘杂棉 8 号增产 4.6%、13.5%、3.6%。2008 年生产试验，子棉、皮棉和霜前皮棉亩产分别为 220.1 千克、94 千克、86.6 千克，分别比对照湘杂棉 8 号减产 0.9%、增产 6.1%、6.9%。

栽培技术要点： ①长江流域棉区春播一般 4 月上中旬、油后棉 4 月 15 日左右抢晴播种，采用大钵育苗，2 叶 1 心至 3 叶 1 心移栽。②每亩种植密度，中等肥力 1600 株，高肥条件 1300～1400 株。③施足底肥，稳施蕾肥，重施花铃肥，补施盖顶肥、微肥和叶面喷肥。④视苗情和气候合理化控。⑤二代棉铃虫一般年份不需防治，三、四代棉铃虫当百株二龄以上幼虫超过 5 头时应及时防治，全生育期注意防治棉蚜、红蜘蛛、盲蝽象、斜纹夜蛾等其他害虫。⑥枯萎病、黄萎病重病地不宜种植。

适宜区域： 已取得农业转基因生物生产应用安全证书，转基因生物名称为 SH01-3（鄂杂棉 26 号）。适宜在江苏、安徽两省淮河以南、江西北部、湖北、湖南北部、四川东部、河南南部、浙江沿海春播种植，应严格按照农业转基因生物安全证书允许的范围推广。

169. 邯 7860

审定编号： 国审棉 2009014

选育单位： 邯郸市农业科学院，中国农业科学院生物技术研究所

品种来源： 邯 93-2×GK12

省级审定情况： 2006 年河北省农作物品种审定委员会审定

特征特性： 转抗虫基因中早熟常规品种，黄河流域棉区春播生育期 118 天。出苗快，前期、中期长势强，后期长势弱，易早衰。株高 94.7 厘米，株型松散，茎秆茸毛多，叶片中等大小、深绿色，

第一果枝节位 6.6 节，单株结铃 17.7 个，铃卵圆形，吐絮畅，单铃重 6.1 克，衣分 39.1%，子指 10.7 克，霜前花率 93.8%。抗枯萎病，耐黄萎病，抗棉铃虫。HVICC 纤维上半部平均长度 30.0 毫米，断裂比强度 29.3 厘牛/特克斯，马克隆值 5.1，断裂伸长率 6.4%，反射率 74.9%，黄色深度 7.4，整齐度指数 85.5%，纺纱均匀性指数 143。

产量表现： 2006—2007 年参加黄河流域棉区中早熟组品种区域试验，2006 年子棉、皮棉和霜前皮棉亩产分别为 247.1 千克、93.3 千克和 87.3 千克，分别比对照中棉所 45 增产 8.6%、9.5% 和 16.4%；2007 年子棉、皮棉和霜前皮棉亩产分别为 228.05 千克、92.64 千克和 87.16 千克，分别比对照鲁棉研 28 增产 10.1%、6.3% 和 13.9%。2008 年生产试验，子棉、皮棉和霜前皮棉亩产分别为 218.6 千克、89.1 千克和 77.7 千克，分别比对照鲁棉研 28 增产 7.2%、3.6% 和 5.7%。

栽培技术要点： ①黄河流域棉区 4 月下旬播种，直播、地膜覆盖种植均可。②每亩种植密度，一般棉田 3300~4300 株，高水肥棉田 2500~3500 株。③施肥以基肥为主，追肥为辅。基肥应以有机肥为主，化肥为辅。初花期适量追施氮肥。6 月中下旬合理灌水，开花后遇旱及时浇水。④全程合理化控。⑤二代棉铃虫一般年份不需防治；三、四代棉铃虫当百株二龄以上幼虫超过 5 头时应及时防治，全生育期注意防治棉蚜、红蜘蛛、盲蝽象等其他害虫。⑥黄萎病重病地不宜种植。

适宜区域： 已取得农业转基因生物生产应用安全证书，适宜在河北南部、山东西北和西南部、河南东部和中部、安徽淮河以北麦田春套种植，应严格按照农业转基因生物安全证书允许的范围推广。

170. 冀棉 169

审定编号： 国审棉 2010001

选育单位： 河北省农林科学院棉花研究所

品种来源： 402 系（冀棉 20 号选系）×33 系（冀棉 25×GK12 杂交后代选育）

省级审定情况：2008 年河北省农作物品种审定委员会审定

特征特性：转抗虫基因中熟常规品种，黄河流域棉区春播生育期 123 天。出苗一般，前期长势一般，中后期长势强，吐絮畅。株高 107.0 厘米，株型较松散，茎秆粗壮、茸毛多，叶片中等大小、深绿色，铃卵圆形、较大、铃尖不明显，苞叶大。第一果枝节位 7.0 节，单株结铃 17.5 个，单铃重 6.3 克。衣分 39.4%，子指 10.3 克，霜前花率 90.3%。抗枯萎病，耐黄萎病，抗棉铃虫。HVICC 纤维上半部平均长度 29.8 毫米，断裂比强度 28.3 厘牛/特克斯，马克隆值 4.7，断裂伸长率 6.4%，反射率 76.0%，黄色深度 7.4，整齐度指数 84.5%，纺纱均匀性指数 140。

产量表现：2007—2008 年参加黄河流域棉区中熟常规品种区域试验，两年平均子棉、皮棉和霜前皮棉亩产分别为 254.5 千克、100.2 千克和 90.4 千克，分别比对照鲁棉研 21 增产 13.3%、7.3%和 3.8%。2009 年生产试验，子棉、皮棉和霜前皮棉亩产分别为 223.0 千克、90.9 千克、84.8 千克，分别比对照中植棉 2 号增产 1.4%、0.2%和减产 1.9%。

栽培技术要点：①黄河流域棉区一般 4 月下旬播种，地膜覆盖可适当早播。②每亩种植密度，高水肥地块 2500～3000 株，中等肥力地块 3000～3300 株，旱薄地 3300 株以上。③施足底肥，初花期及时追肥浇水，重施花铃肥，补施钾肥。④根据棉花长势及天气情况合理化控。简化整枝地块要适当增加化控。⑤二代棉铃虫一般年份不需防治，三、四代棉铃虫当百株二龄以上幼虫超过 5 头时应及时防治，全生育期注意及时防治棉蚜、红蜘蛛、盲蝽象等其他害虫。⑥黄萎病重病地不宜种植。

适宜区域：已取得农业转基因生物生产应用安全证书，适宜在安徽淮河以北、河北中南部、山东北部、西北部和西南部、河南北部和东部、山西南部、天津棉区种植，并不得超出农业转基因生物安全证书允许的范围。

171. 荆杂棉 88

审定编号：国审棉 2011005

选育单位：荆州农业科学院，中国农科院生物技术研究所

品种来源：荆 46579 ［荆 038（鄂抗棉 7 号选系）× 荆 6602（GK19 选系）］× 荆 55173-1（鄂抗棉 9 号选系）

省级审定情况：2008 年湖北省农作物品种审定委员会审定

特征特性：转抗虫基因中熟杂交品种，长江流域棉区春播生育期 128 天。出苗较好，长势强，稍早衰，吐絮畅。株高 122.9 厘米，株型松散，果枝较长、平展，茎秆粗壮，无茸毛，叶片中等大小，叶色深，第一果枝节位 6.7 节，单株结铃 26.1 个，铃卵圆形，单铃重 6.6 克，衣分 43.3%，子指 10.5 克，霜前花率 91.6%，僵瓣率 10.4%。抗枯萎病，耐黄萎病，抗棉铃虫。HVICC 纤维上半部平均长度 30.3 毫米，断裂比强度 31.2 厘牛/特克斯，马克隆值 5.1，断裂伸长率 6.2%，反射率 75.7%，黄色深度 8.3，整齐度指数 85.8%，纺纱均匀性指数 150。

产量表现：2008—2009 年参加长江流域棉区中熟杂交品种区域试验，2008 年子棉、皮棉和霜前皮棉亩产分别为 227.1 千克、98.8 千克和 92.1 千克，分别比对照湘杂棉 8 号减产 0.4%、增产 9.8% 和增产 13.0%；2009 年子棉、皮棉和霜前皮棉亩产分别为 258.2 千克、111.3 千克和 100.5 千克，分别比对照鄂杂棉 10 号减产 5.0%、0.8% 和 2.7%。2010 年生产试验，子棉、皮棉和霜前皮棉亩产分别为 219.2 千克、91.1 千克、79.7 千克，分别比对照鄂杂棉 10 号减产 3.7%、1.7% 和 3.5%。

栽培技术要点：①长江流域棉区育苗移栽 4 月上中旬播种。②每亩种植密度 1600～1800 株。③施足底肥，轻施苗肥，重施花铃肥，补施盖顶肥，增施有机肥、钾肥和硼肥。④根据棉花长势及天气情况合理化控，要少量多次、前轻后重。⑤二代棉铃虫一般年份不需防治，三、四代棉铃虫当百株二龄以上幼虫超过 5 头时应及时防治，全生育期注意防治棉蚜、红蜘蛛、盲蝽象等非鳞翅目害虫。⑥黄萎病重病地不宜种植。

适宜区域：已取得农业转基因生物生产应用安全证书，转基因生物名称为荆 03-88（荆杂棉 88F1）。适宜在江苏省淮河以南棉区、江西省鄱阳湖棉区、湖北省江汉平原与鄂东南岗地棉区、湖南省洞庭湖棉区、四川省丘陵棉区、南襄盆地棉区春播种植，并不得超出农业转基因生物安全证书允许的范围。

172. 鲁棉研 35 号

审定编号： 国审棉 2008015

选育单位： 山东棉花研究中心，中国农业科学院生物技术研究所

品种来源： 鲁 4404×鲁棉研 19 号选系鲁 1357 后代系统选育

特征特性： 转抗虫基因早熟常规品种，黄河流域棉区夏播生育期 105 天，出苗好，苗壮，整个生育期长势强，叶功能好，不早衰，整齐度好。株型较紧凑，株高 79.0 厘米，茎秆较坚韧，果枝上冲，叶片较大、浅绿色，第一果枝节位 7.0 节，单株结铃 9.0 个，铃卵圆形，吐絮畅，单铃重 5.1 克，衣分 39.3％，子指 9.9 克，霜前花率 92.8％。耐枯萎病，耐黄萎病，抗棉铃虫；HVICC 纤维上半部平均长度 27.9 毫米，断裂比强度 28.7 厘牛/特克斯，马克隆值 4.3，断裂伸长率 6.7％，反射率 74.4％，黄色深度 8.4，整齐度指数 83.7％，纺纱均匀性指数 136。

产量表现： 2005—2006 年参加黄河流域棉区早熟组区域试验，2005 年子棉、皮棉和霜前皮棉亩产分别为 198.9 千克、76.7 千克和 70.2 千克，分别比对照中棉所 30 增产 14.6％、12.8％和 10.7％；2006 年子棉、皮棉和霜前皮棉亩产分别为 202.4 千克、81.0 千克和 76.1 千克，分别比对照鲁棉研 19 号增产 6.2％、1.5％和 0.5％；2007 年生产试验，子棉、皮棉和霜前皮棉亩产分别为 166.3 千克、67.3 千克和 61.1 千克，分别比对照鲁棉研 19 号增产 5.5％、1.2％和 1.9％。

栽培技术要点： ①黄河流域棉区 5 月下旬小麦地小垄套种，也可于 5 月上旬营养钵育苗，6 月上旬小麦（油菜）收获后移栽。②每亩种植密度 5000～6000 株，单株留果枝 10～12 个。③麦收后应立即浇水、灭茬、追肥、治虫，促苗早发，盛蕾期至见花期重施花铃肥，一般每亩施尿素 10～15 千克，遇旱及时浇水，7 月下旬打顶。④根据田间长势和天气情况，盛蕾期至花铃期化控 2～3 次。⑤及时防治棉蚜、棉红蜘蛛、盲蝽象等非鳞翅目害虫。⑥枯萎病、黄萎病重病地不宜种植。

适宜区域： 已取得农业转基因生物生产应用安全证书（转基因

生物名称为鲁 154），适宜在河北南部、河南北部夏播种植，应严格按照农业转基因生物安全证书允许的范围推广。

173. 荃银 2 号

审定编号： 国审棉 2011008

选育单位： 安徽荃银高科种业股份有限公司，中国农业科学院生物技术研究所

品种来源： MY-4（中棉所 41×徐州 553）×MQ-41（鄂抗棉 10 号优系×荆 1246）

省级审定情况： 2008 年安徽省农作物品种审定委员会审定

特征特性： 转抗虫基因中熟杂交品种，长江流域棉区春播生育期 127 天。出苗好，长势强，不早衰，吐絮畅。株高 113.9 厘米，株型较松散，果枝较长、平展，茎秆较软，茸毛较少，叶片中等大小，叶色深，第一果枝节位 6.6 节，单株结铃 26.2 个，铃长卵圆形，单铃重 6.3 克，衣分 41.3%，子指 11.3 克，霜前花率 90.4%，僵瓣率 9.9%。耐枯萎病，耐黄萎病，抗棉铃虫。HVICC 纤维上半部平均长度 30.4 毫米，断裂比强度 31.4 厘牛/特克斯，马克隆值 5.1，断裂伸长率 6.2%，反射率 75.8%，黄色深度 8.0，整齐度指数 86.2%，纺纱均匀性指数 152。

产量表现： 2008—2009 年参加长江流域棉区中熟杂交品种区域试验，2008 年子棉、皮棉和霜前皮棉亩产分别为 237.7 千克、98.8 千克和 89.1 千克，分别比对照湘杂棉 8 号增产 4.3%、9.7% 和 9.3%；2009 年子棉、皮棉和霜前皮棉亩产分别为 269.9 千克、111.0 千克和 99.9 千克，分别比对照鄂杂棉 10 号减产 0.6%、1.1% 和 3.2%。2010 年生产试验，子棉、皮棉和霜前皮棉亩产分别为 227.4 千克、91.8 千克、78.7 千克，分别比对照鄂杂棉 10 号增产 4.0%、3.9% 和 2.2%。

栽培技术要点： ①长江流域棉区育苗移栽一般 4 月中旬播种。②每亩种植密度 1600 株左右。③施足底肥，早施苗肥，稳施蕾肥，重施花铃肥，补施盖顶肥。④根据棉花长势及天气情况合理化控，要前轻后重、少量多次。⑤二代棉铃虫一般年份不需防治，三、四代棉铃虫当百株二龄以上幼虫超过 5 头时应及时防治，全生育期注

意及时防治棉蚜、蓟马、红蜘蛛、盲蝽象等其他害虫。⑥枯萎病、黄萎病重病地不宜种植。

适宜区域：已取得农业转基因生物生产应用安全证书，适宜在江苏省淮河以南沿海棉区和宁镇丘陵棉区、安徽省淮河以南棉区、江西省鄱阳湖棉区、湖北省鄂东南岗地棉区、湖南省洞庭湖棉区、四川省丘陵棉区、南襄盆地棉区春播种植，并不得超出农业转基因生物安全证书允许的范围。

174. 泗杂棉 6 号

审定编号：国审棉 2008022

选育单位：宿迁市农业科学研究院

品种来源：泗阳 139×泗阳 397

省级审定情况：2006 年江苏省农作物品种审定委员会审定

特征特性：转抗虫基因中熟杂交一代品种，长江流域棉区春播生育期 124 天，出苗较快，前期长势强，后期长势中等。株型紧凑，株高 109.0 厘米，茎秆坚韧、茸毛较多，叶片较小、浅绿色，第一果枝节位 6.3 节，单株结铃 29.2 个，铃卵圆形，铃壳薄，吐絮畅而集中，单铃重 5.6 克，衣分 43.2%，子指 9.5 克，霜前花率 93.9%。抗枯萎病，耐黄萎病，中抗棉铃虫，抗红铃虫；HVICC 纤维上半部平均长度 30.2 毫米，断裂比强度 29.1 厘牛/特克斯，马克隆值 4.8，断裂伸长率 6.7%，反射率 75.9%，黄色深度 8.2，整齐度指数 84.5%，纺纱均匀性指数 142。

产量表现：2005—2006 年参加长江流域棉区中熟组区域试验，2005 年子棉、皮棉和霜前皮棉亩产分别为 222.5 千克、96.2 千克和 89.5 千克，分别比对照湘杂棉 2 号增产 12.7%、19.1% 和 21.5%；2006 年子棉、皮棉和霜前皮棉亩产分别为 261.2 千克、112.9 千克和 106.8 千克，分别比对照湘杂棉 8 号增产 3.6%、14.5% 和 14.3%。2006 年生产试验，子棉、皮棉和霜前皮棉亩产分别为 263.7 千克、111.7 千克和 105.1 千克，分别比对照湘杂棉 8 号增产 2.5%、8.1% 和 6.9%。

栽培技术要点：①长江流域棉区营养钵育苗，4 月 5 日～15 日选晴好天气干子播种，露地直播 4 月 10 日～25 日播种。②适当稀植，每亩种植密度，中等肥力地块 1500～1800 株，高肥力地块 1300～1500 株。③肥料运筹做到氮、磷、钾肥合理搭配，掌握前轻、中重、后补的原则，并注重适量增加钾肥及有机肥用量。④一般在盛蕾期、初花期、盛花期及打顶以后每亩分别喷缩节胺 1.5 克、2～2.5 克、3 克、3.5～4 克。⑤黄萎病重病地不宜种植。

适宜区域：已取得农业转基因生物生产应用安全证书，适宜在江苏、安徽两省淮河以南、浙江沿海、江西北部、湖北、四川射洪、河南南阳春播种植，应严格按照农业转基因生物安全证书允许的范围推广。

175. 希普 3

审定编号：国审棉 2012003

选育单位：石家庄希普天苑种业有限公司

品种来源：{[（冀棉 20×GK12）×冀棉 20]×冀棉 20}×{[（冀 668×GK12）×冀 668]×冀 668}

省级审定情况：2010 年河北省农作物品种审定委员会审定

特征特性：转抗虫基因中熟杂交品种，黄河流域棉区春播生育期 123 天。出苗较好，苗势强，前中期长势旺，后期长势平稳，吐絮畅。株高 110.3 厘米，株型松散，茎秆茸毛较多，叶片中等大小，叶色较浅，铃卵圆形，较大，苞叶大，第一果枝节位 7.2 节；单株结铃 18.1 个，单铃重 6.8 克，子指 11.3 克，衣分 40.2%，霜前花率 93.6%。经鉴定，耐枯萎病，耐黄萎病，抗棉铃虫，田间试验表现抗病性好。HVICC 纤维上半部平均长度 30.2 毫米，断裂比强度 30.3 厘牛/特克斯，马克隆值 5.3，断裂伸长率 6.2%，反射率 79.3%，黄色深度 7.3，整齐度指数 86.1%，纺纱均匀性指数 147。

产量表现：2009—2010 年参加黄河流域棉区中熟杂交种区域试验，两年平均子棉、皮棉及霜前皮棉亩产分别为 255.9 千克、102.8 千克和 96.3 千克，分别比对照瑞杂 816 增产 7.2%、8.5% 和 8.2%。2011 年生产试验，子棉、皮棉及霜前皮棉亩产分别为 216.1 千克、88.1 千克和 77.7 千克，分别比瑞杂 816 增产 0.6%、0.1% 和减产 5.7%。

　　栽培技术要点：①黄河流域棉区育苗移栽 4 月初、地膜覆盖 4 月中下旬、露地直播 4 月 25 日前后播种。②亩种植密度，高肥水地块 2000～2200 株、中等肥水地块 2200～2500 株。③施足底肥，早施花铃肥，适当补施盖顶肥。④根据棉花长势及天气情况，合理化控。⑤二代棉铃虫一般年份不需防治，三、四代棉铃虫当百株二龄以上幼虫超过 5 头时应及时防治，全生育期注意防治棉蚜、红蜘蛛、盲蝽象等其他害虫。⑥枯萎病、黄萎病重病地不宜种植。

　　适宜区域：该品种适宜在陕西关中、山西南部、山东西南和西北部、河南东部和北部、河北中南部、江苏及安徽两省淮河以北的黄河流域棉区春播种植。

176. 新陆中 51 号

　　审定编号：国审棉 2011014

　　选育单位：新疆石大科技有限公司，石河子大学棉花研究所，巴州一品种业有限公司

　　品种来源：（新陆中 8 号/29-1）/优系 38-1 系统选育

　　省级审定情况：2011 年新疆维吾尔自治区农作物品种审定委员会审定

　　特征特性：非转基因常规早中熟品种，西北内陆棉区春播生育期 139 天。出苗好，生长稳健，吐絮畅。株高 67.0 厘米，植株塔形、较紧凑，Ⅱ式果枝，叶片中等大小、深绿色、皱褶较深，铃卵圆形、有铃尖，第一果枝节位 5.2 节，单株结铃 6.4 个，单铃重 6.1 克，衣分 42.4%，子指 11.7 克，霜前花率 93.8%。耐枯萎病，耐黄萎病。HVICC 纤维上半部平均长度 31.9 毫米，断裂比强度 32.7 厘牛/特克斯，马克隆值 4.3，断裂伸长率 6.6%，反射率 76.9%，黄色深度 7.6，整齐度指数 86.4%，纺纱均匀性指数 167。

　　产量表现：2008—2009 年参加西北内陆棉区早熟品种区域试验，子棉、皮棉和霜前皮棉两年平均亩产分别为 397.6 千克、169.1 千克和 158.4 千克，分别比对照中棉所 49 号增产 11.3%、10.4% 和 9.2%。2010 年生产试验，子棉、皮棉、霜前皮棉亩产分别为 388.5 千克、167.4 千克和 153.3 千克，分别比对照中棉所 49

号增产 5.5％、9.1％和 8.6％。

栽培技术要点： ①西北内陆棉区地膜覆盖 4 月中旬播种。②每亩种植密度，高肥水地块 12000～13000 株，中等肥力地块 14000～16000 株。③施足底肥，初花期及时追肥浇水，重施花铃肥，补施磷钾肥和硼锰锌等微量元素。④根据棉花长势及天气情况合理化控。⑤于 7 月上旬打顶结束，留果枝 7～9 个。⑥全生育期注意及时防治棉铃虫、棉蚜、红蜘蛛、盲蝽象等害虫。⑦枯萎病、黄萎病重病地不宜种植。

适宜区域： 该品种适宜在西北内陆早中熟棉区种植。

177. 新陆中 60 号

审定编号： 国审棉 2012006

选育单位： 新疆生产建设兵团农业建设第一师农业科学研究所，新疆塔里木河种业股份有限公司

品种来源： 新陆中 14 号/20-965

省级审定情况： 2012 年新疆维吾尔自治区农作物品种审定委员会审定

特征特性： 非转基因常规棉品种，西北内陆棉区春播生育 146 天。生育期间长势较强。株高 63.3 厘米，植株塔形，Ⅱ式果枝，果枝较长松散、茎秆绿色、较硬有弹性、茸毛较少，茎秆和叶柄有腺体，子叶肾形，叶片中等大小、叶浅绿色、缺刻较深、有茸毛，铃卵圆形、铃嘴尖，果枝始节位 5.3 节，单株结铃 5.7 个，铃中等大小，单铃重 6.1 克，衣分 43.0％，子指 11.0 克，霜前花率 91.9％。经鉴定，高抗枯萎病，感黄萎病。HVICC 纤维上半部平均长度 30.3 毫米，断裂比强度 33.2 厘牛/特克斯，马克隆值 4.3，断裂伸长率 5.5％，反射率 79.75％，黄色深度 7.5，整齐度指数 86.85％，纺纱均匀性指数 168.5。

产量表现： 2009—2010 参加西北内陆棉区早中熟品种区域试验，两年平均子棉、皮棉和霜前皮棉亩产分别为 352.1 千克、152.4 千克和 140.9 千克，分别比对照品种增产 0.7％、1.2％和减产 0.1％。2011 年生产试验，子棉、皮棉、霜前皮棉亩产分别为 369.0 千克、153.1 千克、149.0 千克，分别比对照中棉所 49 增产

1.2%、1.9%和 0.7%。

栽培技术要点：①西北内陆早中熟棉区地膜覆盖 4 月上中旬播种。②亩种植密度 13000～15000 株。③施足基肥，随灌溉追肥 2 次，8 月中下旬停水，防止后期脱肥、受旱。④根据棉花长势和天气情况，轻化控，株高控制在 80 厘米左右。⑤黄萎病重病地不宜种植。

适宜区域：该品种适宜在西北内陆早中熟棉区黄萎病无病或轻病地种植。

178. 新植 5 号

审定编号：国审棉 2011001

选育单位：河南科林种业有限公司，中国农业科学院植物保护研究所

品种来源：新 291（陕棉 4 号/刘庄 1 号）/QR08（GK44-174系/新 59-25 系）系统选育

省级审定情况：2008 年河南省农作物品种审定委员会审定

特征特性：转抗虫基因中熟常规品种，黄河流域棉区春播生育期 124 天。出苗较好，前中期长势强，后期长势弱、稍早衰，结铃性强，通透性好，早熟性好，吐絮畅而集中。株高 105.6 厘米，株型较松散，茎秆茸毛较少，叶片中等大小，叶色深绿，铃卵圆形、中等大小，第一果枝节位 7.2 节，单株结铃 19.3 个，单铃重 5.9克，衣分 40.7%，子指 10.7 克，霜前花率 93.7%。抗枯萎病，耐黄萎病，抗棉铃虫。HVICC 纤维上半部平均长度 29.3 毫米，断裂比强度 29.4 厘牛/特克斯，马克隆值 4.8，断裂伸长率 6.6%，反射率 75.6%，黄色深度 8.0，整齐度指数 86.1%，纺纱均匀性指数 146。

产量表现：2008—2009 年参加黄河流域棉区中熟常规品种区域试验，2008 年子棉、皮棉及霜前皮棉亩产分别为 252.0 千克、101.9 千克和 93.0 千克，分别比对照鲁棉研 21 增产 11.7%、11.1%和 8.6%；2009 年子棉、皮棉及霜前皮棉亩产分别为 243.5千克、99.8 千克和 95.9 千克，分别比对照中植棉 2 号增产 7.0%、7.8%和 10.4%。2010 年生产试验，子棉、皮棉及霜前皮棉亩产分

别为239.1千克、97.4千克和89.6千克，分别比对照中植棉2号增产8.4％、9.3％和12.4％。

栽培技术要点：①黄河流域棉区一般4月下旬播种，采用地膜覆盖方式可适当提前播种。②每亩种植密度，高肥水地块2500～3000株，中等肥力地块3000～3300株。③施足底肥，初花期及时追肥浇水，重施花铃肥，补施钾肥。④根据棉花长势及天气情况合理化控，简化整枝地块要适当增加化控。⑤二代棉铃虫一般年份不需防治，三、四代棉铃虫当百株二铃以上幼虫超过5头时应及时防治，全生育期注意防治棉蚜、红蜘蛛、盲蝽象等其他害虫。⑥黄萎病重病地不宜种植。

适宜区域：已取得农业转基因生物生产应用安全证书，转基因生物名称为GK79（新植5号），适宜在天津、河北中南部、山东北部、西北部和西南部、河南东部和北部、安徽、江苏两省淮河以北棉区种植，并不得超出农业转基因生物安全证书允许的范围。

179. 银兴棉5号

审定编号：国审棉2011004

选育单位：山东银兴种业有限公司，河南科润生物技术有限责任公司

品种来源：BR98-2（冀合321导入Bt基因选系）×H4916（中棉所35选系）

省级审定情况：2010年山东省农作物品种审定委员会审定

特征特性：转抗虫基因中早熟杂交品种，黄河流域棉区晚春播生育期124天，出苗好，前中期长势强，后期长势较弱、稍早衰，结铃性强，吐絮畅。株高103.3厘米，株型较松散，茎秆茸毛少，叶片较大，叶色深，铃卵圆形，铃尖明显，苞叶大，第一果枝节位7.5节，单株结铃19.8个，单铃重6.6克，衣分42.3％，子指11.4克，霜前花率90.4％。耐枯萎病，感黄萎病，抗棉铃虫。HVICC纤维上半部平均长度29.7毫米，断裂比强度29.5厘牛/特克斯，马克隆值5.2，断裂伸长率6.3％，反射率75.5％，黄色深度8.3，整齐度指数86.0％，纺纱均匀性指数144。

产量表现：2008—2009年参加黄河流域棉区中早熟品种区域

试验，两年平均子棉、皮棉和霜前皮棉亩产分别为 248.0 千克、104.9 千克和 94.9 千克，分别比对照鲁棉研 28 增产 12.9%、15.0%和 21.1%。2010 年生产试验，子棉、皮棉和霜前皮棉亩产分别为 226.3 千克、94.3 千克和 83.7 千克，分别比对照鲁棉研 28 增产 5.8%、5.6%和 6.6%。

栽培技术要点：①黄河流域棉区营养钵育苗 3 月底至 4 月初、地膜覆盖 4 月下旬播种。②每亩种植密度一般 2300～2800 株。③多施有机肥作底肥，增施磷、钾肥，重施花铃肥，补施盖顶肥。④根据棉花长势及天气情况合理化控，要少量多次、前轻后重。⑤二代棉铃虫一般年份不需防治，三、四代棉铃虫当百株二龄以上幼虫超过 5 头时应及时防治，全生育期注意防治棉蚜、红蜘蛛、盲蝽象等其他害虫。⑥枯萎病、黄萎病重病地不宜种植。

适宜区域：已取得农业转基因生物生产应用安全证书，转基因生物名称为 KRZ030，适宜在河北南部、山东西北部、河南北部、东部和东南部、安徽、江苏两省淮河以北晚春播种植，并不得超出农业转基因生物安全证书允许的范围。

（二）麻类作物

180. 川饲苎 1 号

审定编号：川审苎 2012002
选育单位：达州市农业科学研究所
品种来源：从"大竹线麻×广西黑皮蔸"杂交后代群体中筛选优良单株系选育而成。
特征特性：属中根丛生型苎麻品种，生长旺盛，发蔸及再生能力强；耐肥能力强，在高肥水条件下更能发挥其增产潜力；前期生长快，在长江流域年收割 7～9 次。苗期叶色淡绿，生长茎浅绿色、叶片卵圆形、绿色，叶缘锯齿宽、深度浅，叶脉浅绿色、叶柄黄绿色、托叶中肋微红色，雌蕾桃红色，叶片夹角大。高抗苎麻花叶病毒病、炭疽病，抗旱性较强，抗倒力较弱。经国家粮食局成都粮油食品质量监督检验测试中心检测，粗蛋白质含量 23.8%。
产量表现：2007—2009 年四川省区域试验平均生物鲜产

8493.87 千克/亩，比川苎 6 号增产 30.58%，比苏丹草增产 44.54%，比青贮玉米农大 108 增产 83.44%。2009—2010 年生产试验平均生物鲜产量 8591.4 千克/亩，比川苎 6 号增产 29.27%，比苏丹草增产 43.66%；比青贮玉米农大 108 增产 77.10%。

栽培技术要点：①合理密植，适时收割。根据土壤肥水条件，每亩栽 3000～4000 蔸，施足底肥。根据年平均气温、降雨量适当控制收割次数，一般收割高度为 60～70 厘米，年收割次数 7～9 次。新栽麻当年收割次数控制在 3 次以内，以利于地下部分生长和储藏养分，提高再生能力。②科学施肥，搞好冬培。耐肥能力强，每次收割后应及时追施氮肥，一般每亩追施尿素 25 千克左右，高产栽培时可加大施肥量。注意开沟排水防渍，加强冬培管理。冬培时应重施有机肥、磷钾肥或复合肥，并对麻蔸中耕和覆土，以确保麻园的持续生产力。

适宜区域：该品种适宜在四川省麻区种植。

181. 福航优 2 号

认定编号：闽认麻 2012001

选育单位：福建农林大学作物科学学院

品种来源：福红航 1A×福红 R-1，原名福红优 1 号。

特征特性：该品种属光钝感晚熟杂交红麻新品种，工艺生长期 135 天，比对照福红 952（下同）迟熟 6 天，全生育期 220 天左右。苗期基部及后期梢部显微红色，生长中期茎绿色，裂叶型，群体整齐，茎上下粗细较均匀。平均株高 460.8 厘米，始果高度 433.5 厘米，茎粗 2.26 厘米，鲜皮厚 1.47 毫米，单株鲜茎重 844.5 克，单株鲜皮重 369.8 克，单株干皮重 85.8 克，晒干率 23.19%。经福建农林大学植保学院田间调查，炭疽病病情指数 2.5，炭疽病病株率 4.6%，立枯病病株率 3.6%，秆枯病病株率 5.3%，与对照福红 952 相当。室内接种鉴定中抗炭疽病。经东华大学纺织检测中心测定：纤维支数 266 支，纤维强力 286 牛顿，优于对照福红 952。

产量表现：经福州、莆田、漳州等地多年多点试种，平均原麻亩产 523.85 千克，比对照增产 23.07%。2011 年在莆田秀屿和漳州诏安生产试验，平均原麻亩产 502.84 千克，比对照增产 15.51%。

栽培技术要点：4 月下旬至 5 月上旬播种，春播亩定苗 0.9 万～1.0 万株。施肥上应施足基肥，轻施苗肥，重施旺长肥，氮、磷、钾肥合理搭配。播种后应适当灌水以利全苗，苗期加强田间排水和中耕除草。10 月初工艺成熟期及时收获，应注意防止倒伏。繁殖制种田应建立单一品种的生产基地，防止品种异交退化，保证种子纯度。

适宜区域：该品种适宜在福建省种植。

182. 晋麻 1 号

审定编号：晋审麻（认）2010001

选育单位：山西省农业科学院经济作物研究所

品种来源：从甘肃清水大麻系选而成。试验名称"汾麻 1 号"。

特征特性：生育期 116 天左右。雌雄异株，雄株开花不结籽，俗称"花麻"，雌株授粉后能结籽，俗称"籽麻"。根木质化，全株有特殊气味，植株高大挺拔，株高 308.5 厘米，茎绿色，上下茎秆粗细均匀，茎粗 0.8～1 厘米，分枝少，分枝高 140～160 厘米，叶片肥大、苗期浅绿色，后期深绿色，节间较长，纤维品质优良。花单性，黄绿色。雄花序圆锥形，花被 5 片，雄蕊 5 枚；雌花序短穗状，每花下被 1 苞片，花被退化，膜质紧包子房，子房球状，花柱 2 个，瘦果卵形、扁卵形。出苗快，苗期长势良好，中后期生长速度加快，群体一致性较好。中国农业科学院麻类研究所测试中心检测：纤维长度 2.3 米，束纤维强力 382N。

产量表现：2007—2008 年参加山西省大麻区域试验，两年平均亩产 98.1 千克，比对照临县小麻（下同）平均增产 18.3%，试验点 11 个，增产点 11 个，增产点率 100%。其中 2007 年平均亩产 103.3 千克，比对照增产 20.8%；2008 年平均亩产 92.8 千克，比对照增产 15.7%。

栽培技术要点：合理轮作，与蔬菜、瓜类、薯类、烟草、小麦等轮作。最佳播期在 4 月上中旬，在较高水肥地最适宜种植密度为每亩 4 万～5 万株，中等水肥地为 3 万～4 万株。一般需翻耕 30 厘米以上，耙平整墒，基肥每亩施人畜土杂粪 40～50 担或氮、磷、钾三元复合肥 30～35 千克，长秆肥每亩施尿素 5～6 千克。适时间苗、定苗，中耕除草。在苗高 5 厘米，1～2 对真叶时进行第一次间苗，在 3～4 对真叶时要及时定苗，结合间苗、定苗可进行 1～2 次中耕，中后期要薅除小脚麻以利通风，防止烂麻。苗期要防止渍水烂苗根和干旱板结，中后期需及时排灌，保持土壤湿润。采纤用大麻在雄花开花末期一次性收获；油纤兼用适宜分期收获，第一次在雄花开花末期收获雄株，第二次在雌花花序中部种子成熟时收割雌株。

适宜区域： 该品种适宜在山西晋城、晋中、吕梁、忻州等大麻产区种植。

183. 内亚九号

认定编号： 蒙认麻 2012001 号

选育单位： 内蒙古自治区农牧业科学院

品种来源： 以核不育材料 H532N〔(78N-20)×五寨〕为母本，以"南选"、"德国三号"、"美国高油"和"加拿大 18L"为父本组配而成。

特征特性： 株高 72 厘米，工艺长度 47.7 厘米，主茎一级分枝数 5.2 个，全株有效果数 27.6 个，单果粒数 8.8。籽粒种皮褐色，千粒重 6.0 克。2010 年内蒙古农科院植保所抗病性鉴定，抗枯萎病。2010 年内蒙古自治区农产品质量安全综合检测中心（呼和浩特）测定：粗脂肪含量 44.6%，棕榈酸含量 5.68%，硬脂酸含量 3.54%，油酸含量 24.44%，亚油酸含量 14.15%，亚麻酸含量 52.15%。

产量表现： 2009 年参加胡麻品种区域试验，平均亩产 157.9 千克，比对照陇亚八号（下同）增产 9.0%。2010 年参加胡麻品种区域试验，平均亩产 137.2 千克，比对照增产 4.5%。2011 年参加胡麻品种生产试验，平均亩产 119.5 千克，比对照增产 22.4%。

栽培技术要点： 阴山南麓 4 月下旬播种，行距 20 厘米，亩播量 3.5～4 千克，亩保苗 30 万～40 万株。阴山北麓 5 月上旬播种，行距 20 厘米，亩播量 2.5～3 千克，亩保苗 25 万～30 万株。

适宜区域： 该品种适宜在内蒙古自治区 ≥10℃ 活动积温 2100℃ 以上地区种植。

184. 中引黄麻 2 号

登记编号： XPD027-2009

选育单位： 中国农科院麻类研究所

品种来源： 国外引进（原名：C-1）

特征特性： 中晚熟黄麻品种（圆果种），全生育期 200 天左右。茎绿色，植株茎基部微红色，椭圆形叶，叶姿水平，叶柄浅红色，有腋芽，收获时分枝较少。株高 340 厘米以上，茎粗 1.6 厘米左右，皮厚 1.1 毫米，分枝位高在 300 厘米以上。花黄色，蒴果圆球形，种子褐色，种子千粒重 2.8 克。在长江流域麻区能收获少量成熟种子，宜于南种北植。高抗黄麻炭疽病，具有一定的耐盐碱能力。10 月上中旬收获，机剥或者沤洗后人工手剥均可。纤维品质优良，纤维支数 278.67 支。

产量表现： 在湖南主产麻区丰产性好，原麻平均亩产 345.6 千克。

栽培技术要点： 湖南及长江流域麻区一般在 4 月下旬至 5 月上旬播种。播种地要求平整、土壤肥力适中。翻地要尽可能深，以利麻株生根快发，整地要求精细，播种沟 2 厘米左右，选 "晴尾雨前" 播种，播后覆盖细土以利种子吸水发芽。结合整地每亩施复合肥 25 千克或施土杂肥 2500 千克作基肥。播种后 5～7 天出苗，出苗后 10 天左右喷洒除草剂（专除禾本科杂草）。苗高 6～7 厘米间除堆苗、弱苗、病苗、杂草，每亩施尿素 5 千克。苗高 20 厘米左右定苗，每亩定苗 2 万～2.5 万株，同时中耕除草。苗高 50 厘米左右，植株生长进入旺长期，要保证快速生长所需的肥水，一般在旺长前期每亩施尿素 10～15 千克、钾肥 5～10 千克。旺长期水分需求多，要注意灌水抗旱。

适宜区域： 该品种适宜在湖南省种植。

二、油 料 作 物

（一）大豆

185. 北豆 37 号

审定编号： 国审豆 2010002

选育单位： 黑龙江省农垦总局九三科学研究所、黑龙江省农垦科研育种中心

品种来源： 九三 95-107/九三 93-10

特征特性： 该品种生育期 117 天，株型收敛，亚有限结荚习性。株高 73.5 厘米，主茎 13.9 节，有效分枝 0.4 个，底荚高度 16.2 厘米，单株有效荚数 24.5 个，百粒重 17.5 克。长叶，白花，灰毛。籽粒圆形，种皮黄色，黄脐，不裂荚。接种鉴定，中感花叶病毒病 1 号株系，感花叶病毒病 3 号株系，中感灰斑病。粗蛋白含量 38.45％，粗脂肪含量 19.96％。

产量表现： 2008 年参加北方春大豆早熟组品种区域试验，平均亩产 187.4 千克，比对照黑河 43（下同）增产 6.1％（极显著）；2009 年续试，平均亩产 173.3 千克，比对照增产 6.3％（极显著）。两年区域试验平均亩产 180.3 千克，比对照增产 6.2％。2009 年生产试验，平均亩产 167.8 千克，比对照增产 6.4％。

栽培技术要点： 5 月上旬播种，适宜"垄三"栽培，每亩种植密度 2.3 万～2.8 万株。每亩施氮、磷、钾三元复合肥 11 千克作基肥，施氮、磷、钾的比例以 1：（1.2～1.5）：0.4 为宜，开花结荚期喷施大豆叶面肥 1～2 次。

适宜区域： 该品种适宜在黑龙江第三积温带下限和第四积温带、吉林东部山区、新疆北部、内蒙古兴安盟北部地区和呼伦贝尔市春播种植。

186. 滇豆 7 号

审定编号： 国审豆 2010017

选育单位：云南省农业科学院粮食作物研究所

品种来源：滇 82-3/威廉姆斯

特征特性：该品种生育期 132 天，有限结荚习性。株高 63.1 厘米，底荚高度 9.7 厘米，主茎节数 13.4 个，分枝数 3.4 个，单株荚数 47.3 个，单株粒重 19.1 克，百粒重 22.1 克。卵圆叶，白花，棕毛。籽粒椭圆形，种皮黄色，种脐黑色。接种鉴定，中感花叶病毒病 3 号和 7 号株系。粗蛋白含量 44.50%，粗脂肪含量 20.31%。

产量表现：2006 年参加西南山区春大豆组品种区域试验，平均亩产 182.3 千克，比对照滇 86-5（下同）增产 7.1%（极显著）；2007 年续试，平均亩产 198.1 千克，比对照增产 16.2%（极显著）。两年区域试验平均亩产 190.2 千克，比对照增产 11.7%。2008 年生产试验，平均亩产 140.7 千克，比对照增产 6.5%。

栽培技术要点：5 月播种，亩种植密度 1.4 万株。播前施有机肥，每亩施用过磷酸钙 20～30 千克、硫酸钾 8～10 千克作底肥，在苗期、始花期根据苗情每亩适量追施尿素 5～8 千克。

适宜区域：该品种适宜在云南昆明、昭通和红河、湖北恩施、四川凉山、贵州贵阳和安顺地区春播种植。

187. 东豆 339

审定编号：国审豆 2008019

选育单位：辽宁东亚种业有限公司

品种来源：开交 9810－7×铁丰 29

特征特性：该品种平均生育期 131 天，圆叶，紫花，有限结荚习性。株高 61.3 厘米，单株有效荚数 47.6 个，百粒重 24.9 克。籽粒椭圆形，种皮黄色，褐脐。接种鉴定，中感大豆灰斑病，中抗花叶病毒病 1 号株系，中感花叶病毒病 3 号株系。粗蛋白质含量 42.28%，粗脂肪含量 20.39%。

产量表现：2006 年参加北方春大豆晚熟组品种区域试验，亩产 200.2 千克，比对照辽豆 11（下同）增产 15.9%，极显著；2007 年续试，亩产 231.8 千克，比对照增产 24.1%，极显著；两年区域试验亩产 216.0 千克，比对照增产 20.1%。2007 年生产试验，亩产 200.5 千克，比对照增产 16.6%。

栽培技术要点： 精细整地，施足底肥，每亩施农家肥 3000～5000 千克、磷酸铵 10～15 千克、硫酸钾 5 千克作底肥；每亩保苗 0.8 万～1.1 万株。

适宜区域： 该品种适宜在河北北部、辽宁中南部、甘肃中部、宁夏中北部、陕西关中平原地区春播种植。

188. 合交 02-69

审定编号： 国审豆 2012001

选育单位： 黑龙江省农业科学院佳木斯分院

品种来源： 北丰 11/绥农 4 号

省级审定情况： 2008 年黑龙江省农作物品种审定委员会审定

特征特性： 生育期平均 122 天，比对照绥农 14 晚 1 天。株型收敛，无限结荚习性。株高 101.7 厘米，主茎 19.8 节，有效分枝 0.9 个，底荚高度 18.1 厘米，单株有效荚数 38.6 个，单株粒数 81.7 粒，单株粒重 19.0 克，百粒重 23.0 克。尖叶，紫花，灰毛。籽粒圆形，种皮黄色，种脐黄色。接种鉴定，中感花叶病毒病 1 号株系和 3 号株系，中抗灰斑病。粗蛋白含量 40.89%，粗脂肪含量 20.72%。

产量表现： 2009—2010 年参加北方春大豆中早熟品种区域试验，两年平均亩产 200.7 千克，比对照品种增产 6.8%。2011 年生产试验，平均亩产 203.3 千克，比对照绥农 28 增产 8.5%。

栽培技术要点： ①5 月上中旬播种，垄作栽培，行距 65～70 厘米。②亩种植密度，高肥力地块 1.4 万株、中等肥力地块 1.6 万株、低肥力地块 2.0 万株。③亩施 1000 千克腐熟有机肥、磷酸二铵 10 千克、钾肥 3.5～4.5 千克、尿素 2～2.5 千克作底肥，初花期亩追施叶面肥尿素 0.7 千克、磷酸二氢钾 0.1 千克。④雨水过多的年份注意防治大豆菌核病。

适宜区域： 该品种适宜在黑龙江第二积温带和第三积温带上限，吉林东部山区，内蒙古兴安盟中南部，新疆昌吉地区种植。

189. 华春 6 号

审定编号： 国审豆 2009012

选育单位： 华南农业大学农学院

品种来源： 桂早 1 号×巴西 8 号

特征特性： 该品种生育期 103 天，株高 46.0 厘米，紫花、棕毛，有限结荚习性，株型收敛；有效分枝 3.9 个，单株有效荚数 38.0 个，单株粒数 82.9 个，单株粒重 15.7 克，百粒重 19.9 克，籽粒椭圆形，黄皮，脐褐色。接种鉴定，中感花叶病毒病 3 号株系、7 号株系、15 号株系和 18 号株系。粗蛋白质含量 45.80%，粗脂肪含量 19.20%。

产量表现： 2007 年参加热带亚热带春大豆（北片）品种区域试验，亩产 147.2 千克，比对照浙春 3 号（下同）增产 11.8%，极显著；2008 年续试，亩产 225.2 千克，比对照增产 25.3%，极显著；两年区域试验亩产 186.2 千克，比对照增产 19.6%。2008 年生产试验，亩产 197.0 千克，比对照增产 33.9%。

栽培技术要点： 2 月中下旬至 4 月上旬播种，每亩保苗1.4 万～1.6 万株；肥力高地块不需要施肥，肥力中等地块每亩施 5～10 千克复合肥，肥力低的地块每亩施尿素 5～6 千克、重过磷酸钙 30～40 千克、硫酸钾 40 千克拌农家肥盖种。注意防治大豆黑潜蝇。

适宜区域： 该品种适宜在广东、广西、福建、海南和湖南中南部春播种植。

190. 吉利豆 4 号

审定编号： 国审豆 2011001

选育单位： 吉林省松原市利民种业有限责任公司

品种来源： 吉育 47/利民 98006

省级审定情况： 2010 年吉林省农作物品种审定委员会审定

特征特性： 生育期平均 124 天。株型收敛，亚有限结荚习性。株高 95.7 厘米，主茎 17.0 节，有效分枝 0.6 个，底荚高度 12.5 厘米，单株有效荚数 40.3 个，单株粒数 78.1 粒，单株粒重 18.5 克，百粒重 24.2 克。圆叶，白花，灰毛。籽粒圆形，种皮黄色，黄脐，不裂荚。接种鉴定，中感花叶病毒病 1 号株系，感花叶病毒病 3 号株系，中抗灰斑病。粗蛋白质含量 38.70%，粗脂肪含量 20.23%。

产量表现： 2008—2009 年参加北方春大豆中早熟品种区域试验，两年平均亩产 188.1 千克，比对照绥农 14（下同）增产 10.9%。2009—2010 年生产试验，两年平均亩产 203.5 千克，比对照增产 5.6%。

栽培技术要点： ①5 月上旬播种，双条播行距 65 厘米。②每亩种植密度高肥力地块 1.5 万株，中等肥力地块 1.6 万株，低肥力地块 1.8 万株。③每亩施 1000 千克腐熟有机肥、20 千克氮、磷、钾三元复合肥或磷酸二铵 10 千克作基肥，初花期每亩追施 5 千克氮、磷、钾三元复合肥。

适宜区域： 该品种适宜在黑龙江省第二积温带、吉林省东部山区、内蒙古兴安盟地区春播种植，注意防治花叶病毒病。

191. 吉育 94 号

审定编号： 国审豆 2008017

选育单位： 吉林省农业科学院

品种来源： 红丰 2 号×吉林 35 号

特征特性： 该品种平均生育期 129 天。圆叶，白花，亚有限结荚习性。株高 97.0 厘米，单株有效荚数 51.4 个，百粒重 19.0 克。籽粒椭圆形，种皮黄色，黄脐。接种鉴定，中抗大豆孢囊线虫病 3 号生理小种，中抗花叶病毒病 1 号株系，中感花叶病毒病 3 号株系。粗蛋白质含量 38.34%，粗脂肪含量 20.78%。

产量表现： 2006 年参加北方春大豆中熟组品种区域试验，亩产 203.1 千克，比对照九农 21（下同）增产 5.1%，显著；2007 年续试，亩产 223.6 千克，比对照增产 5.0%，显著；两年区域试验亩产 213.4 千克，比对照增产 5.0%。2007 年生产试验，亩产 211.9 千克，比对照增产 3.5%。

栽培技术要点： 适宜播期为 4 月底至 5 月初，选择中上等肥力地块种植，每亩保苗 1.3 万株左右；每亩施 1400 千克有机肥作底肥、10 千克磷酸二铵作种肥。

适宜区域：该品种适宜在吉林省中部、内蒙古赤峰和新疆石河子地区春播种植。

192. 冀豆 17

审定编号：国审豆 2012003
选育单位：河北省农林科学院粮油作物研究所
品种来源：hobbit/早 5241
以往审定情况：2006 年国家、河北省农作物品种审定委员会审定

特征特性：生育期平均 135 天，比对照晋豆 19（下同）晚 6 天。株型收敛，无限结荚习性。株高 93 厘米，主茎 17.7 节，有效分枝 2.4 个，底荚高度 15.6 厘米，单株有效荚数 52.9 个，单株粒数 125.3 粒，单株粒重 25.3 克，百粒重 19.5 克。圆叶，白花，棕毛。籽粒圆形，种皮黄色、微光，种脐黑色。接种鉴定，中感花叶病毒病 3 号株系，中感花叶病毒病 7 号株系，高感胞囊线虫病 1 号生理小种。粗蛋白含量 38.26%，粗脂肪含量 21.68%。

产量表现：2010—2011 年参加西北春大豆品种区域试验，两年平均亩产 253.3 千克，比对照增产 10.6%。2011 年生产试验，平均亩产 253.0 千克，比对照增产 7.7%。

栽培技术要点：①4 月底至 5 月初播种，条播行距 40～50 厘米等行距，或大小行种植，大行 60 厘米、小行 40 厘米。②亩种植密度，高肥力地块 1.0 万～1.2 万株、中等肥力地块 1.2 万～1.4 万株、低肥力地块 1.5 万～1.8 万株。③亩施腐熟有机肥 1000 千克或氮、磷、钾三元复合肥 20 千克或磷酸二铵 15～20 千克作基肥，初花期亩追施 5 千克尿素，结荚鼓粒期喷施磷酸二氢钾等叶面肥。

适宜区域：该品种适宜宁夏中北部、陕西北部和渭南、山西中部和东南部、甘肃陇东地区春播种植。根据农业部第 844 号公告，该品种还适宜在河北南部、河南中部和北部、陕西关中平原和山东济南周边地区夏播种植。

193. 晋豆 39

审定编号：国审豆 2012007

选育单位：山西省农业科学院经济作物研究所

品种来源：埂 283/早熟 18 号

省级审定情况：2008 年山西省农作物品种审定委员会审定

特征特性：鲜食夏播生育期平均 78 天，比对照新六青早 3 天。株型收敛，有限结荚习性。株高 48.9 厘米，主茎 11.7 节，有效分枝 2.3 个，单株有效荚数 34.4 个，多粒荚率 58.8%，单株鲜荚重 65.9 克，百粒鲜重 75.1 克；每 500 克标准荚数 191 个，荚长×荚宽为 5.5 厘米×1.3 厘米，标准荚率 62.2%。圆叶，白花，灰毛。籽粒圆形，种皮黄色、无光，种脐淡褐色。接种鉴定，抗花叶病毒病 3 号株系，中抗花叶病毒病 7 号株系。

鲜食春播生育期平均 97 天，比对照浙鲜 4 号晚 10 天。株型收敛，亚有限结荚习性。株高 61.2 厘米，主茎 11.4 节，有效分枝 1.2 个，单株有效荚数 19.1 个，单株鲜荚重 48.0 克，百粒鲜重 77.3 克。每 500 克标准荚数为 173 个，荚长×荚宽为 5.7 厘米×1.3 厘米，标准荚率为 68.6%。圆叶，白花，灰毛。籽粒圆形，种皮黄色、微光，种脐褐色。接种鉴定，抗花叶病毒病 3 号株系，中抗花叶病毒病 7 号株系。

产量表现：2009—2010 年参加鲜食大豆夏播品种区域试验，两年平均亩产鲜荚 726.8 千克，比对照新六青（下同）增产 9.8%；2011 年生产试验，平均亩产鲜荚 776.9 千克，比对照增产 12.9%。2009—2010 年参加鲜食春播大豆品种区域试验，两年平均亩产鲜荚 826.0 千克，比对照增产 12.1%；2010 年生产试验，平均亩产鲜荚 735.9 千克，比对照浙鲜 4 号增产 15.7%。

栽培技术要点：①春播 3 月中旬至 5 月下旬播种，夏播 6 月 1 日至 7 月 30 日播种，条播行距 30～50 厘米。②亩种植密度，高肥力地块 1.5 万株、中等肥力地块 1.8 万株、低肥力地块 2.0 万株。③亩施腐熟有机肥 1000～2000 千克、过磷酸钙 20～30 千克，或者亩施磷酸二铵 7～10 千克，初花期亩追施尿素 2.5 千克或氮、磷、钾复合肥 5～15 千克。

适宜区域：该品种适宜在上海、浙江杭州、安徽铜陵、江西南昌、湖北武汉作鲜食大豆春播、夏播种植；在福建厦门、广东广州、广西南宁、四川成都、云南昆明、海南海口作鲜食大豆春播种植；在江苏如皋、南京作鲜食大豆夏播种植。

194. 南农 99-6

审定编号：国审豆 2010016

选育单位：南京农业大学

品种来源：南农 18-6/徐豆 4 号

特征特性：该品种生育期 117 天，亚有限结荚习性。株高 96.0 厘米，底荚高度 22.6 厘米，主茎节数 21.6 个，分枝数 1.6 个，单株荚数 43.8 个，单株粒重 18.6 克，百粒重 19.9 克。卵圆叶，白花，棕毛。种子圆形，种皮黄色，种脐深褐色。接种鉴定，中抗花叶病毒病 3 号株系，中感花叶病毒病 7 号株系。粗蛋白含量 41.48%，粗脂肪含量 20.41%。

产量表现：2008 年参加长江流域夏大豆晚熟组品种区域试验，平均亩产 197.9 千克，比对照南农 88-31（下同）增产 8.4%（极显著）；2009 年续试，平均亩产 187.4 千克，比对照增产 22.0%（极显著）。两年区域试验平均亩产 192.7 千克，比对照增产 14.6%。2009 年生产试验，平均亩产 199.9 千克，比对照增产 14.7%。

栽培技术要点：6 月中下旬夏播，每亩种植密度 1.2 万～1.3 万株，播前每亩可施用氮、磷、钾复合肥 30～50 千克。

适宜区域：该品种适宜在浙江、江西吉安、四川南充、江苏淮河以南夏播种植。

195. 石豆 1 号

审定编号：国审豆 2010019

选育单位：石家庄市农林科学研究院，中国科学院遗传与发育生物学研究所农业资源研究中心

品种来源：用甲基磺酸乙酯和平阳霉素复合处理"分枝 2 号"

省级审定情况：2007 年河北省农作物品种审定委员会审定

特征特性： 该品种生育期 104 天，株型收敛，亚有限结荚习性。株高 75.7 厘米，主茎 16.3 节，有效分枝 2.4 个。单株有效荚数 35.5 个，单株粒数 80.0 粒，单株粒重 16.6 克，百粒重 20.8 克。椭圆叶，紫花，灰毛。籽粒椭圆形，种皮黄色、微光，种脐浅褐色。接种鉴定，抗花叶病毒病 3 号株系，感花叶病毒病 7 号株系，高感大豆胞囊线虫病 1 号生理小种。粗蛋白含量 39.59％，粗脂肪含量 21.94％。

产量表现： 2006 年参加黄淮海中片夏大豆品种区域试验，平均亩产 171.7 千克，比对照齐黄 28（下同）增产 3.3％（不显著）；2007 年续试，平均亩产 197.6 千克，比对照增产 8.4％（极显著）。两年区域试验平均亩产 184.7 千克，比对照增产 5.8％。2008 年生产试验，平均亩产 212.1 千克，比对照增产 13.5％。

栽培技术要点： 6 月中旬播种，条播行距 40～45 厘米，每亩种植密度 1.6 万株。亩施底肥磷酸二铵 15 千克和硫酸钾 5 千克，并在初花期追施尿素 10 千克。

适宜区域： 该品种适宜在河北南部、山西南部、河南中北部、山东中部和陕西关中地区夏播种植，胞囊线虫病易发区慎用。

196. 浙鲜豆 5 号

审定编号： 国审豆 2009023

选育单位： 浙江省农业科学院作物与核技术利用研究所

品种来源： 北引-2×台湾 75

特征特性： 该品种生长期（从播种至鲜荚采收日数）91 天。白花，灰毛。株高 34.9 厘米，主茎节数 9.3 个，分枝数 2.0 个，单株荚数 25.1 个，单株鲜荚重 42.2 克，每 500 克标准荚数 198 个，荚长×荚宽为 5.1×1.3 厘米，标准荚率 70.3％，百粒鲜重 66.0 克。感观品质鉴定属香甜柔糯型。鲜荚绿色，种皮黄色。接种鉴定，抗花叶病毒病 3 号株系，中感花叶病毒病 7 号株系。新鲜籽粒淀粉含量 3.56％，可溶性总糖含量 3.06％。

产量表现： 2006 年参加国家鲜食大豆春品种播组区域试验，亩产鲜荚 757.5 千克，比对照 AGS292（下同）增产 7.3％，极显著；2007 年续试，亩产 851.0 千克，比对照增产 5.3％，极显著；

两年区域试验平均亩产 804.3 千克, 比对照增产 6.2%。2008 年生产试验, 亩产鲜荚 784.8 千克, 比对照增产 6.2%。

栽培技术要点: 3 月下旬至 4 月中旬播种, 南方地区播后最好采用地膜覆盖, 大棚和小拱棚栽培时可适当提早播种, 每亩种植密度 1.2 万~1.5 万株。播前结合整地每亩施入复合肥 50 千克作基肥, 开花结荚期每亩施尿素 5 千克。注意及时清沟, 防止积水受涝。

适宜区域: 该品种适宜在浙江、江苏、安徽省和北京、上海、南昌、长沙、武汉、成都、南宁、广州、昆明、贵阳、海口市作春播鲜食大豆品种种植。

197. 郑 03-4

审定编号: 国审豆 2011016

选育单位: 河南省农业科学院经济作物研究所

品种来源: 郑 99130/JN9816-03

特征特性: 生育期平均 116 天。株型收敛, 无限结荚习性。株高 84.0 厘米, 主茎 18.9 节, 有效分枝 1.7 个, 底荚高度 13.6 厘米, 单株有效荚数 47.2 个, 单株粒数 97.8 粒, 单株粒重 17.2 克, 百粒重 19.2 克。椭圆叶, 紫花, 灰毛。籽粒圆形, 种皮黄色, 有光泽, 种脐淡褐色。接种鉴定, 中抗花叶病毒病 3 号和 7 号株系。粗蛋白质含量 44.66%, 粗脂肪含量 20.26%。

产量表现: 2009—2010 年参加长江流域夏大豆早中熟品种区域试验, 两年平均亩产 186.2 千克, 比对照中豆 8 号 (下同) 平均增产 5.5%。2010 年生产试验, 平均亩产 198.4 千克, 比对照增产 12.1%。

栽培技术要点: ①5 月下旬至 6 月上旬播种, 条播行距 40 厘米。②每亩种植密度高肥力地块 1.2 万~1.4 万株, 中等肥力地块 1.4 万~1.5 万株, 低肥力地块 1.5 万~1.6 万株。③每亩施腐熟有机肥 500 千克、氮、磷、钾三元复合肥 20 千克或磷酸二铵 10 千克作基肥, 初花期每亩追施氮、磷、钾三元复合肥 5~10 千克, 同时叶面喷施 0.1%~0.2%磷酸二氢钾。

适宜区域: 该品种适宜在重庆、安徽黄山、湖北襄樊、陕西南部地区夏播种植。

198. 中豆 40

审定编号： 国审豆 2011012

选育单位： 中国农业科学院油料作物研究所

品种来源： 鄂农 W/早枝豆

特征特性： 生育期平均 105 天。株型收敛，有限结荚习性。株高 67.8 厘米，主茎 11.7 节，有效分枝 3.4 个，底荚高度 13.6 厘米，单株有效荚数 34.1 个，单株粒数 67.7 粒，单株粒重 13.1 克，百粒重 20.4 克，椭圆叶，白花，灰毛。籽粒椭圆形，种皮黄色、有光泽，种脐淡褐色。接种鉴定，抗花叶病毒病 3 号和 7 号株系。粗蛋白质含量 41.95%，粗脂肪含量 21.61%。

产量表现： 2008—2009 年参加长江流域春大豆品种区域试验，两年平均亩产 186.4 千克，比对照湘春 10 号（下同）增产 9.4%。2010 年生产试验，平均亩产 171.8 千克，比对照增产 5.9%。

栽培技术要点： ①4 月初播种，行距 30～40 厘米，株距 5～10 厘米。②每亩种植密度，高肥力地块 1.5 万株，中等肥力地块 1.7 万株，低肥力地块 2.0 万株。③每亩施氮、磷、钾三元复合肥 25 千克或磷酸二铵 20 千克作基肥，初花期每亩追施氮、磷、钾三元复合肥 5 千克。

适宜区域： 该品种适宜在江西、浙江、湖北武汉、湖南北部、江苏和安徽两省沿江地区、四川中南部地区春播种植。

199. 中黄 24

审定编号： 国审豆 2008003

选育单位： 中国农业科学院作物科学研究所

品种来源： 吉林 21×（汾豆 31×中豆 19）

以往审定情况： 2003 年国家农作物品种审定委员会审定

特征特性： 该品种平均生育期 105 天，株高 98.5 厘米，卵圆叶，紫花，棕毛，亚有限结荚习性，株型收敛，主茎 18.1 节，有效分枝 1.8 个。底荚高度 14.9 厘米，单株有效荚数 41.0 个，百粒重 15.5 克，籽粒椭圆形，种皮黄色，无光泽，脐褐色。接种鉴定，抗花叶病毒病 SC3 株系，高感大豆孢囊线虫病 1 号生理小种。粗蛋白质含量 40.25%，粗脂肪含量 22.14%。

产量表现： 2005 年参加黄淮海南片夏大豆品种区域试验，亩产 162.2 千克，比对照中豆 20 增产 1.74%，不显著；2006 年续试，亩产 161.4 千克，比对照增产 5.7%，极显著；两年区域试验亩产 161.6 千克，比对照增产 3.7%。2007 年生产试验，亩产 159.9 千克，比对照徐豆 9 号增产 6.4%。2005 年参加北方春大豆晚熟组品种区域试验，亩产 178.7 千克，比对照辽豆 11 增产 4.9%，极显著；2007 年续试，亩产 193.1 千克，比对照增产 7.7%，极显著；两年区域试验亩产 185.9 千克，比对照增产 6.3%。2007 年生产试验，亩产 177.7 千克，比对照增产 3.3%。

栽培技术要点： 适宜在中上等肥力地块种植；适宜播期：春播为 4 月下旬至 5 月上旬，夏播为 6 月上旬；每亩种植密度为 1.3 万～1.6 万株。

适宜区域： 该品种适宜在河北北部、辽宁中南部、甘肃中部、陕西关中地区春播种植；在山东西南部、河南南部、江苏徐州及淮安地区、安徽宿州及蒙城地区夏播种植。根据农业部第 248 号公告，该品种还适宜在北京、天津、河北中部及山东北部地区夏播种植。

200. 中黄 37

审定编号： 国审豆 2011007
选育单位： 中国农业科学院作物科学研究所
品种来源： 95B020/早熟 18
以往审定情况： 2006 年国家农作物品种审定委员会审定，2010 年安徽省农作物品种审定委员会审定

特征特性： 生育期平均 105 天。株型收敛，有限结荚习性。株高 71.7 厘米，主茎 14.4 节，有效分枝 1.7 个，底荚高度 15.4 厘米，单株有效荚数 31.4 个，单株粒数 64.6 粒，单株粒重 16.1 克，百粒重 25.2 克。卵圆叶，白花，灰毛。籽粒椭圆形，种皮黄色，无光泽，种脐褐色。接种鉴定，抗花叶病毒病 3 号株系，中抗花叶病毒病 7 号株系，高感胞囊线虫病 1 号生理小种。粗蛋白质含量

41.80％，粗脂肪含量 21.04％。

产量表现：2009—2010 年参加黄淮海南片夏大豆品种区域试验，两年平均亩产 185.1 千克，比对照中黄 13（下同）平均增产 8.5％。2010 年生产试验，平均亩产 170.6 千克，比对照增产 6.7％。

栽培技术要点：①6 月中上旬播种，条播行距 0.5 厘米。②每亩种植密度高肥力地块 1.2 万株，中等肥力地块 1.5 万株，低肥力地块 1.6 万～1.8 万株。③每亩施腐熟有机肥 500 千克、氮、磷、钾三元复合肥 10 千克或磷酸二铵 20 千克作基肥，初花期每亩追施氮、磷、钾三元复合肥 5～7 千克。

适宜区域：该品种适宜在山东西南部、河南东南部和江苏、安徽两省淮河以北地区夏播种植，胞囊线虫病易发区慎用。根据农业部第 844 号公告，该品种还适宜在北京、天津、河北中部及山东北部地区夏播种植。

201. 周豆 18

审定编号：国审豆 2011006
选育单位：周口市农业科学院
品种来源：周 9521-3-4/郑 94059
省级审定情况：2009 年河南省农作物品种审定委员会审定
特征特性：生育期平均 107 天。株型收敛，亚有限结荚习性。株高 90.7 厘米，主茎 17.7 节，有效分枝 1.8 个，底荚高度 20.3 厘米，单株有效荚数 42.8 个，单株粒数 85.2 粒，单株粒重 15.8 克，百粒重 18.7 克。卵圆叶，紫花，灰毛。籽粒椭圆形，种皮黄色、微光，种脐浅褐色。接种鉴定，中抗花叶病毒病 3 号株系，感花叶病毒病 7 号株系，高感胞囊线虫病 1 号生理小种。粗蛋白质含量 38.53％，粗脂肪含量 22.28％。

产量表现：2008—2009 年参加黄淮海南片夏大豆品种区域试验，两年平均亩产 180.9 千克，比对照中黄 13（下同）平均增产 3.3％。2010 年生产试验，平均亩产 166.1 千克，比对照增产 3.8％。

栽培技术要点：①6 月 5 日～25 日播种，条播行距 40 厘米，株距 10～13 厘米。②每亩种植密度高肥力地块 1.25 万株，中等肥力地块 1.5 万株，低肥力地块 1.6 万株。③每亩施氮、磷、钾三元复合肥 35 千克或磷酸二铵 15 千克作基肥；初花期每亩追施氮、磷、钾三元复合肥 5 千克，或花荚期叶面喷施 1～2 次。

适宜区域：该品种适宜在河南东南部、江苏、安徽两省淮河以北地区夏播种植，胞囊线虫病易发区慎用。

（二）花生

202. 福花 8 号

认定编号：闽认油 2012001

选育单位：福建省农业科学院作物研究所

品种来源：梧油 7 号//（泉花 10 号/ICGV91284）F_7

特征特性：该品种属珍珠豆型。株型直立松散，长势较强。叶片椭圆形、绿色。主茎高 43.6 厘米，侧枝长 51.3 厘米，单株总分枝数 6.7 条，结果枝数 5.5 条，结果数 15.6 个，饱果率 78.1%，双仁果率 63.2%，荚果茧型，整齐度一般，网纹粗细中等，百果重 191.3 克，千克果数 668.8 个。籽仁椭圆形，种皮粉红色，百仁重 74.5 克，千克仁数 1514.2 个，出仁率 66.4%。两年省区试田间自然发病叶斑病 1～3 级，平均 1.8 级，综合评定为抗；锈病 1～5 级，平均 1.9 级，综合评定为中抗。2009 年、2011 年青枯病室内人工接菌鉴定平均发病率分别为 76.63% 和 50.00%，综合评定为感病。抗旱性较强，耐涝性中等，抗倒性较弱。经福建省粮油中心检验站测定，蛋白质含量 32.1%，含油量 51.9%，油酸含量 43.9%，亚油酸含量 39.2，油酸/亚油酸比值 1.12。两年省区试全生育期平均为 129.2 天，与对照泉花 7 号相当。

产量表现：2009 年参加省春花生新品种区域试验，荚果平均亩产 261.63 千克，比对照泉花 7 号（下同）增产 5.42%，达显著水平；籽仁平均亩产 171.52 千克，比对照增产 3.7%，增产不显著。2010 年续试，荚果平均亩产 253.07 千克，比对照增产 19.67%，达极显著水平；平均籽仁亩产 171.65 千克，比对照增产 19.95%，达极显著水平。两年荚果平均亩产 257.35 千克，比对照增产 12.55%，籽仁平均亩产 171.59 千克，比对照增产 11.83%。

栽培技术要点： 春植适宜播种期从南至北为 3 月上旬至 4 月上旬，秋植从北至南为 7 月下旬至 8 月上旬。合理密植，春植适宜密度每亩 1.8 万苗，秋植 2.0 万苗。全生育期施肥管理掌握每亩纯氮6.0 千克，氮、磷、钾比例为 1∶0.8∶1.2，以总施肥量 50% 的氮肥、100% 的磷肥、70% 的钾肥作基肥，其余作追肥。花针期应特别注意增施钙肥。花生收获前 1 个月应避免发生干旱胁迫。苗期注意防治地下害虫，确保全苗，果荚期注意防治"金针虫"等地下害虫，以免造成虫伤，增加黄曲霉菌的侵染，同时注意田园杂草的防除和结荚后期的防鼠工作。注意防治青枯病、疮痂病，注意防止倒伏。

适宜区域： 该品种适宜在福建省作春花生种植。

203. 桂花 836

审定编号： 桂审油 2012002 号

选育单位： 广西农业科学院经济作物研究所

品种来源： 利用（桂花 1026×远杂 9012）F1 代为母本、粤油223 为父本进行有性杂交，经连续多年选育而成。

特征特性： 属珍珠豆型花生品种，生育期 120 天左右。该品种株型紧凑，生长势强，叶片较大，叶色绿。平均主茎高 57.1 厘米，分枝长 60.2 厘米，总分枝数 6.2 条，结果枝 5.7 条，主茎叶片数14.8，收获时主茎青叶数 7.9。单株总果数 17.6 个，饱果率84.49%，双仁果率 71.65%，百果重 167.95 克，百仁重 66.1 克，千克果数 803 个，出仁率 65.0%。耐涝性中等、抗倒性强、耐旱性强，中抗叶斑病和锈病，中抗青枯病。粗脂肪含量 51.86%，粗蛋白含量 28.85%。

产量表现： 2010—2011 年参加广西花生品种区域试验。荚果产量两年平均 297.33 千克/亩，比对照桂花 21（下同）增产 54.69千克，增产率 22.54%。籽仁产量两年平均 194.16 千克/亩，比对照增产 29.76 千克，增产率 18.1%。

栽培技术要点： ①与其他作物进行合理轮作，整地要求做到"深、松、碎、平"。②精选优级种子，适时播种。一般春植气温稳定在 15℃ 以上时即可播种，秋植争取在立秋前后播完为好。③高产栽培建议采用"起畦双行双粒"方式种植。规格为畦宽 80 厘米（行沟 33 厘米、畦面宽 47 厘米）、畦高 13～16 厘米，每畦播种两行，两行距 23～27 厘米，穴距 13～16 厘米，每穴播种 2 粒。水田、旱田亩播种 2 万粒左右，旱地、坡地亩播种 2.2 万粒左右。④亩施基肥：磷肥（40～50 千克）＋花生麸（15～25 千克）＋猪牛粪（100～150 千克）＋草木灰（50～100 千克）＋土杂肥（3000～5000 千克），经混合堆沤腐熟后，60％～70％ 撒施作底肥，30％～40％ 作盖种肥。⑤3～4 片真叶时，根据苗长势适施 5～7.5 千克尿素。开花 15 天后迎针培土，追施钙、钾肥（石灰 25 千克＋草木灰 25 千克），或单施石灰 40～50 千克。生长中期、后期注意防治虫害；春植注意防涝，秋植注意防旱。

适宜区域：该品种适宜在广西壮族自治区种植。

204. 贺油 15

审定编号：桂审油 2012004 号

选育单位：贺州市农业科学研究所

品种来源：用桂油 28 作母本、汕油 382 作父本进行有性杂交，后代经连续多年选育而成。

特征特性：属珍珠豆型花生品种，株型紧凑，生长势中等，全生育期春植 130 天，秋植 130 天。植株主茎高 59.2 厘米，侧枝长 61.1 厘米，总分枝数 6.9 条，结果枝数 5.9 条，叶色绿色，叶片中等，收获时主茎青叶数 7.9 片，单株结果数 16.9 个，饱果率 80.92％，双仁果率 79.6％，百果重 194.5 克，百仁重 81.4 克，出仁率 62.8％，千克果数 612 个。抗倒伏、抗旱性较强，耐涝性中等。叶斑病 5 级，锈病 4 级，抗青枯病。粗脂肪含量 50.52％，粗蛋白含量 29.06％。

产量表现：2010—2011 年参加广西花生品种区域试验，平均亩产荚果 267.37 千克，比对照桂花 21（下同）增产 24.73 千克，增产率 10.19％。平均亩产籽仁 167.21 千克，比对照增产 2.81 千克，增产率 1.71％。

栽培技术要点：①宜选地势平坦的土地种植，种植密度以 1.8

万株/亩左右为宜，最好采用双行起畦方式种植，即以宽度为 80 厘米起畦种植，每畦两行，株行距为 20 厘米×23 厘米，双粒播种；秋植生育期较短，可适当加大种植密度。②科学施肥，可选用腐熟（混磷肥）农家肥 500 千克/亩或复合肥 50 千克/亩作基肥，苗期（3～4 叶）看苗追肥适量追施尿素、氯化钾各 5～7.5 千克/亩，并结合中耕。③注意防虫、草、鼠、蚁等危害。

适宜区域：该品种适宜在广西壮族自治区种植。

205. 花育 36 号

审定编号：鲁农审 2011021 号
选育单位：山东省花生研究所
品种来源：常规品种，是花选 1 号与 95-3 杂交后系统选育而成。
特征特性：属中间型大花生。荚果普通形，网纹深，果腰浅，籽仁近椭圆形，种皮粉红色，有裂纹，内种皮白色，连续开花。区域试验结果：春播生育期 127 天，主茎高 46.2 厘米，侧枝长 49.7 厘米，总分枝 9 条；单株结果 14 个，单株生产力 20.7 克，百果重 252.7 克，百仁重 107.8 克，千克果数 508 个，千克仁数 1077 个，出仁率 70.9%。2008 年经农业部食品质量监督检验测试中心（济南）品质分析：蛋白质含量 22.8%，脂肪含量 44.3%，油酸含量 39.1%，亚油酸含量 39.5%，油酸、亚油酸比值（O/L）1.07。2008 年经山东省花生研究所田间抗病性调查，高感叶斑病。

产量表现：在 2008—2009 年全省花生品种大粒组区域试验中，两年平均亩产荚果 361.8 千克、籽仁 257.2 千克，分别比对照丰花 1 号（下同）增产 8.1% 和 10.0%；2010 年生产试验平均亩产荚果 315.2 千克、籽仁 220.7 千克，分别比对照增产 8.5% 和 9.0%。

栽培技术要点：适宜密度为每亩 9000～10000 穴，每穴两粒；其他管理措施同一般大田。

适宜区域：该品种适宜在山东省作为春播大花生品种种植利用。

206. 晋花 8 号

审定编号：晋审花（认）2011001

选育单位：山西省农业科学院小麦研究所

品种来源：海花 1 号/临花 99-23。试验名称"临花 5 号"。

特征特性：生育期 132 天，比对照品种晋花 4 号晚熟 3～5 天。直立密枝型，主茎高 29.8 厘米，侧枝长 35 厘米，叶片椭圆形，叶色深绿，叶片中等，连续开花习性，花色浅黄，总分枝数 9 条，有效结果枝数 8 条，单株果数 20 个左右，荚果普通型，网纹粗浅，种仁椭圆形，种皮粉红色，百果重 181.2 克，百仁重 85～90 克，种仁大，出仁率 73%。抗旱性、耐瘠薄性、抗倒性强，对花生病毒病、叶斑病、锈病有较强抗性。农业部油料及制品质量监督检验测试中心（武汉）检测：粗蛋白含量 22.06%，粗脂肪含量 51.52%，油酸含量 36.8%，亚油酸含量 42.9%，亚麻酸含量 0.3%，黄曲霉素 B_1（微克/千克）未检出。

产量表现：2008—2009 年参加山西省花生区域试验，两年平均亩产 268.7 千克，比对照晋花 4 号（下同）增产 12.7%，试验点 11 个，增产点 10 个，增产点率 90.9%。其中 2008 年平均亩产 261.8 千克，比对照增产 11.3%；2009 年平均亩产 277.1 千克，比对照增产 14.7%。

栽培技术要点：不宜重茬或与豆科作物连作，前茬以玉米、高粱等较好。选择土壤肥力较高、排灌方便的沙质土壤，一次性施入足量优质农家肥、复混肥、钾肥等作底肥。适宜播期春播 4 月 20 日～30 日，南部夏播不晚于 6 月 20 日。亩播量 20 千克（带壳），春播每亩 0.8 万～0.9 万穴，夏播 1.0 万～1.1 万穴，每穴两粒。出苗后及时清棵，开花下针期和结荚期遇旱及时浇水，整个生育期间，注意防治蚜虫、棉铃虫、蛴螬等虫害。生育后期进行叶面喷肥，促进荚果充实饱满，适时收获。

适宜区域：该品种适宜在山西省花生产区种植。

207. 开农 56

审定编号：鄂审油 2011001

选育单位：开封市农林科学研究院，中国农业科学院油料作物研究所

品种来源：用"开农 30"作母本、"开选 01-6"作父本杂交，

经系谱法选择育成的花生品种。

特征特性：属疏枝型大果品种。株型直立紧凑，株高适中，茎枝粗壮。叶片椭圆形，叶色深绿。连续开花。荚果普通型，网纹较深，果嘴明显。籽仁椭圆形，种皮粉红色。种子休眠性中等。区域试验平均主茎高 43.7 厘米，侧枝长 47.5 厘米，总分枝数 7.7 个，百果重 221.1 克，百仁重 89.9 克，出仁率 70.3%。全生育期 122 天，与对照中花 4 号（下同）相当。抗旱性中等，抗倒性较强。较抗叶斑病，感锈病，高感青枯病。2008—2009 年参加湖北省花生品种区域试验，品质经农业部油料及制品质量监督检验中心测定：粗脂肪含量 53.49%，粗蛋白含量 26.53%。

产量表现：两年区域试验平均亩产 306.7 千克，比对照增产 12.3%。其中，2008 年亩产 313.8 千克，比对照增产 13.1%；2009 年亩产 299.5 千克，比对照增产 11.5%，两年均增产极显著。

栽培技术要点：①适时播种，合理密植。地膜覆盖于 4 月中旬播种，露地于 4 月下旬播种，每亩 0.9 万～1.1 万穴，双粒穴播。②施足底肥，适时追肥。底肥以腐熟的有机肥和钙、钾肥为主，苗期视苗情适量追施氮、磷等速效肥。③加强田间管理。注意保持田间排水通畅，以防发生白绢病和烂果；及时中耕除草、培土，增厚土层以利于下针结果。盛花期注意控制旺长。④及时防治叶斑病、白绢病、锈病等病虫害。

适宜区域：该品种适宜在湖北省花生非青枯病区种植。

208. 泉花 7 号

认定编号：赣认花生 2009001

选育单位：福建省泉州市农业科学研究所

品种来源：028-9/205-1 杂交选育的常规花生品种

特征特性：直立珍珠豆型品种。全生育期春播 120～135 天、秋播 105～120 天。该品种株型紧凑、中高等，生长势强。主茎高 42 厘米，分枝性较好，单株分枝数 6.5 个。主茎叶数 17 片，叶片大小中等，椭圆形，叶色深绿。单株果数 19.6 个，双仁果率 86.7%，单仁果率 13.3%，饱果率 75%～85%，百果重 172 克左右。粗脂肪含量 51.83%，粗蛋白含量 27.08%，油酸含量

45.10％，亚油酸含量 33.7％。

产量表现：大田测产亩产 315.3 千克，比对照品种汕油 523 增产 15.38％。

栽培技术要点：春播 3 月上旬至 4 月上旬，秋播 7 月下旬至 8 月初。中等肥力田块，双粒穴播，春播 1.0 万穴左右，秋播 1.1 万～1.2 万穴。施足基肥、早施苗肥、酌施花肥、后期视苗情根外追肥；以有机肥为主，化肥为辅，氮、磷、钾肥配合施用；注意适当增施钙、硼肥。掌握蹲苗、干花、湿针、润果的原则。春播注意防治小地老虎、小绿叶蝉、蚜虫、夜蛾类害虫、叶斑病、疮痂病等病虫害；秋播注意防治小绿叶蝉、夜蛾类害虫、红蜘蛛、叶斑病、锈病等病虫害。

适宜区域：该品种适宜在赣中、赣南地区种植。

209. 山花 11 号

审定编号：鲁农审 2010025 号

选育单位：山东农业大学

品种来源：常规品种，是 F1 种子（莱宾大豆/7709-2）经 ^{60}Coγ 射线 2 万伦琴辐射后系统选育。

特征特性：属中间型大花生品种。荚果普通型，网纹清晰，果腰较浅，籽仁长椭圆形，种皮粉红色，内种皮白色。区域试验结果：春播生育期 127 天，主茎高 48 厘米，侧枝长 52 厘米，总分枝 9 条；单株结果 14 个，单株生产力 19.2 克，百果重 209.5 克，百仁重 87.9 克，千克果数 607 个，千克仁数 1252 个，出仁率 71.3％；抗病性中等。2007 年经山东省花生研究所抗病性鉴定：网斑病病情指数 60.8，褐斑病病情指数 15.2。2007 年经农业部食品质量监督检验测试中心（济南）品质分析：蛋白质含量 22.3％，脂肪含量 47.3％，油酸含量 40.2％，亚油酸含量 37.1％，油酸、亚油酸比值（O/L）1.1。

产量表现：在 2007—2008 年全省花生品种大粒组区域试验中，两年平均亩产荚果 337.0 千克、籽仁 240.3 千克，分别比对照丰花 1 号（下同）增产 6.1％和 8.7％；2009 年生产试验平均亩产荚果 379.8 千克、籽仁 274.4 千克，分别比对照增产 13.7％和 15.9％。

栽培技术要点：适宜密度为每亩 8000～10000 穴，每穴 2 粒；重施有机肥和磷肥，高肥水地块注意防倒伏。其他管理措施同一般大田。

适宜区域：该品种适宜在山东省作为春播大花生品种种植利用。

210. 汕油 52

审定编号：粤审油 2012001

选育单位：汕头市农业科学研究所

品种来源：粤油 13/汕油 212

特征特性：珍珠豆型花生常规品种。春植全生育期 120～130 天，与对照汕油 523 相当。株高中等、生长势强。主茎高 50.7～53.8 厘米，分枝长 54.7～57.2 厘米，总分枝数 6.5～7.2 条，有效分枝 5.0～5.8 条。主茎叶数 18.2～18.7 片，收获时主茎青叶数 7.9～8.3 片，叶片大小中等，叶色绿。单株果数 15.7～18.7 个，饱果率 81.9%～83.45%，双仁果率 81.2%～83.09%，百果重 181 克，斤果数 313～326 个，出仁率为 65.26%～68.3%。青枯病接种鉴定表现中感。田间种植表现高抗叶斑病（2.0～2.3 级）和锈病（2.1～2.3 级），抗倒性、耐旱性和耐涝性均强。品质鉴定含油率为 46.0%～49.4%，蛋白质含量 25.62%～27.56%。

产量表现：2010 年春季参加省区试，干荚果平均亩产 272.27 千克，比对照汕油 523（下同）增产 11.07%，增产达极显著水平；亩仁产量 185.94 千克，增产 8.39%，增产达极显著水平。2011 年春季复试，干荚果平均亩产 281.51 千克，比对照增产 9.36%，增产达极显著水平；亩仁产量为 183.70 千克，增产 5.44%，增产达极显著水平。

栽培技术要点：春植亩种 0.9 万～1 万株、秋植 1.0 万～1.1 万株，每穴播两粒，株行距 20 厘米×23 厘米；注意防治青枯病。

适宜区域：该品种适宜在广东省春季、秋季种植。

211. 天府 26

审定编号：川审油 2012012

选育单位：南充市农业科学院

品种来源：963-4-1/中花 4 号，经系统选育而成。

特征特性：春播全生育期 125 天，夏播 120 天左右。株型直立，连续开花。主茎高 34.8 厘米，侧枝长 40.1 厘米。单株总分枝 7.1 个，结果枝 5.8 个。荚果普通型或斧头形，种仁椭圆形，种皮粉红色。单株总果数 13.3 个、饱果数 11.5 个，单株生产力 17.9 克。百果重 192.6 克，百仁重 83.1 克。出仁率 77.3%，荚果饱满度 73.7%。早熟性好，种子休眠性强，抗旱性和抗倒性强，抗叶斑病。据四川省农业科学院分析测试中心检测结果：籽仁蛋白质含量 25.2%，比对照天府 14 高 0.6 个百分点；含油量 50.6%，比对照低 0.3 个百分点；油亚比 1.77，比对照低 0.11 个百分点。

产量表现：在 2010—2011 年两年省区试中，该品系 11 点次试验 10 点增产，平均荚果亩产 269.71 千克，比对照天府 14（下同）增产 10.70%；籽仁亩产 204.31 千克，比对照增产 10.45%。在 2011 年生产试验中，该品系 5 点试验点增产，平均亩产荚果 299.33 千克，比对照增产 9.61%。

栽培技术要点：①播种期：3 月下旬至 5 月下旬。②密度：亩植 8000～12000 穴，双粒穴播。③施肥。每亩施纯氮氧化 5～6 千克、五氧化二磷 5～6 千克、氧化钾 5～6 千克，坡台地重氧轻钾、冲积土壤重钾轻氮。施足底基肥，苗期追肥施一定数量的速效肥。底肥做到种肥隔离，追肥要在初花期前施用。④适时防治病虫害。

适宜区域：该品种适宜在四川省花生主产区种植，不宜在青枯病区种植。

212. 湘农小花生

登记编号：XPD020-2009

选育单位：湖南农业大学

品种来源：湘花生 1 号×湘潭小籽

特征特性：珍珠豆型，早熟品种。湖南春播生育期 117～137 天。株型半直立，株高 32～62 厘米，侧枝长 37～70 厘米，茎粗中等，分枝 4.8～6.5 个。叶片椭圆形，叶色绿。单株平均总果数 13.1 个，单株平均饱果数 10.6 个，单株平均生产力 14.27 克。

荚果为蚕形，小果，果嘴微突，背脊不明显，网纹浅，壳薄易脱。籽仁桃形，种皮粉红色，有光泽，无裂纹，无油斑，质地细松。百果重113～135克，百仁重46～55克，出仁率72.2%～73.4%。种子休眠性强。抗倒性弱，抗旱性、耐涝性中等。在酸性、瘠薄红壤旱地，具有良好适应性。高抗叶斑病、白绢病，中抗焦斑病、锈病。经检测：油分含量49.57%，油酸含量44.8%，亚油酸含量32.9%，油酸、亚油酸比值（O/L）1.36，蛋白质含量26.77%。

产量表现： 2007—2008年省多点试验平均每亩产荚果247.8千克，比对照祁阳小籽增产12.3%，达极显著水平。

栽培技术要点： 湘南3月中下旬、湘中4月上中旬、湘北4月中旬播种为宜。春播每亩1.2万蔸，2.4万株苗，开沟条播，行株距33厘米×17厘米、每蔸播精选种仁2粒。在酸性红壤旱地，须施足有机肥和磷、钾肥，适度施氮肥，肥料以一次性基施为宜，不提倡追施氮肥，适量补施钙（石灰）、钼、硼、镁肥等微肥。在平原、河流冲积土地区等肥沃耕地，可适当减施肥料。高产栽培一般每亩施腐熟农家肥1000千克，另加施磷肥35～40千克、尿素和氯化钾各7.5千克，或另加施复合肥20～25千克。在生育前期，加强开沟排水，防止湿涝害，采取种衣剂拌种或者喷施农药，防治地下害虫，保证一播全苗和壮苗，并注意及时除草；在生育中后期，加强叶部病虫害的防治，注意抗旱，叶面施肥，适时收获。

适宜区域： 该品种适宜在湖南省种植。

213. 徐彩花（紫）1号

鉴定编号： 苏鉴花生200901

选育单位： 江苏徐淮地区徐州农科所

品种来源： 原名"徐9707"，是1994年以如东豌儿青/鲁花9号于2002年育成。

特征特性： 属中间型、中早熟中粒特色花生品种。株型直立、疏枝。主茎高42厘米左右，侧枝长44厘米左右，总分枝8～9条，结果枝7～8条。叶片椭圆形，中等大小，叶色灰绿。荚果普通型，中大，双仁果多，整齐一致。籽仁椭圆形，种皮紫色，无褐斑，有少许白色斑纹。百果重 178.5 克，百仁重 80.1 克，出仁率 72.7％。生育期 129 天左右，与对照品种鲁花 9 号相似。抗旱性、耐湿性及种子休眠性强，抗病性、抗倒性中等。

产量表现： 2003—2004 年参加徐州市彩色花生品种区试，两年平均荚果亩产 304.5 千克，比对照鲁花 9 号（下同）增产 5.5％，两年增产均达显著水平，籽仁亩产 221.4 千克，比对照增产 6.7％。2005 年参加徐州市生产试验，荚果平均亩产 316.5 千克，比对照增产 7.0％。2008 年参加江苏省花生品种生产试验，荚果平均亩产 305.9 千克，比对照增产 3.5％。

栽培技术要点： ①选排水良好的沙土、沙壤土种植，重黏土不宜种植。②适期播种。作鲜果菜用花生种植的，露地栽培，于 4 月下旬至 6 月下旬播种；作干果特色花生种植的，露地栽培，于 4 月下旬至 6 月中旬播种。播种时要足墒，力争一播全苗。③合理密植。中等肥力田块一般每亩 0.8 万～1.0 万穴，每穴 2～3 粒为宜。④要施足基肥，增施有机肥。中等肥力地块，亩施土杂肥 3～5 方，复合肥（纯氮、五氧化二磷、氧化钾的含量各占 15％）30～40 千克，尿素 5 千克作底肥，旋耕掺合入土。有条件的可采用起垄和地膜覆盖栽培。⑤做好田间管理及病、虫、草害的防治工作。播种前用药拌种预防茎腐病；苗期防治蚜虫，枯萎病；中后期要防治叶斑病；封行前结合中耕培土，防治蛴螬等地下害虫。中后期生长过旺，要及时用控旺剂进行调控。整个生育期间要及时除草，雨季要做好排涝降渍工作。⑥收获。作干果栽培的，要及时收获，预防霉烂、发芽、变质，确保丰产丰收。

适宜区域： 该品种适宜在江苏省淮北地区作鲜果菜用花生和干果特色花生种植。

214. 豫花 9925

审定编号： 豫审花 2010004

选育单位： 河南省农业科学院经济作物研究所

品种来源： 豫花 11 号×豫花 9327

特征特性： 属直立疏枝型品种，全生育期 120 天左右。连续开花；株高 40.0 厘米，总分枝 8 条左右，结果枝 6 条左右，单株饱果数 9.8 个；叶片绿色、长椭圆形；荚果为斧头形，果嘴钝，网纹粗、较浅，缩缢浅，百果重 198.3 克，饱果率 71.5%；籽仁桃形、粉红色，百仁重 87.5 克，出仁率 70.0%。2007 年河南省农科院植保所鉴定：高抗锈病（发病级别 3 级），抗病毒病（发病率 20%）、根腐病（发病率 20%），感叶斑病（发病级别 6 级）、网斑病（发病级别 3 级）。2008 年河南省农科院植保所鉴定：抗病毒病（发病率 23%）、锈病（发病级别 4 级）、根腐病（发病率 18%）、感网斑病（发病级别 3 级）、叶斑病（发病级别 6 级）。2007 年农业部农产品质量监督检验测试中心（郑州）品质检测：蛋白质含量 24.18%，含油量 52.97%，油酸含量 41.0%，亚油酸含量 37.0%，油酸、亚油酸比值（O/L）1.11。2008 年农业部农产品质量监督检验测试中心（郑州）品质检测：蛋白质含量 22.43%，含油量 52.44%，油酸含量 41.2%，亚油酸含量 37.9%，油酸、亚油酸比值（O/L）1.09。

产量表现：2007 年省麦套组区试，9 点汇总荚果、籽仁均 7 增 2 减，平均亩产荚果 276.7 千克，比对照豫花 11 号（下同）增产 8.8%，增产极显著，居 12 个参试品种第 6 位；平均亩产籽仁 187.9 千克，比对照增产 6.9%，居 12 个参试品种第 4 位。2008 年续试，荚果 9 点汇总 8 增 1 平，平均亩产 297.1 千克，比对照增产 10.4%，增产极显著，居 13 个参试品种第 7 位；籽仁 9 点汇总 7 增 2 减，平均亩产 207.8 千克，比对照增产 6.2%，居 13 个参试品种第 8 位。2009 年省麦套组生试，荚果 6 点汇总 5 增 1 减，平均亩产 306.6 千克，比对照增产 6.5%，居 6 个参试品种第 5 位，籽仁 6 点汇总 4 增 2 减，平均亩产 222.3 千克，比对照增产 6.7%，居 6 个参试品种第 3 位。

栽培技术要点：麦垄套种在 5 月 20 日左右，春播在 4 月下旬或 5 月上旬；每亩 10000 穴左右，每穴两粒，高肥水地每亩可种植 9000 穴左右，旱薄地每亩可增加到 11000 穴左右。麦收后要及时中耕灭茬，早追肥，促苗早发；中期，高产田块要抓好化控措施，防旺长倒伏；后期应注意旱浇涝排，适时进行根外追肥，补充营养，促进果实发育充实，并注意叶部病。

适宜区域：该品种适宜在河南省各地种植。

215. 粤油 93

认定编号： 闽认油 2010001

选育单位： 广东省农业科学院作物研究所

品种来源： 湛油 30/粤油 256

特征特性： 该品种属珍珠豆型。株型直立紧凑，长势较强。主茎高 45.7 厘米，侧枝长 47.9 厘米，单株总分枝数 6.4 条，结果枝数 5.4 条；单株结果数 14.2 个，饱果率 79.0%，双仁果率 71.3%，荚果茧型，较整齐，果大，网纹中等略粗，百果重 186.9 克，千克果数 644.8 个；百仁重 69.5 克，千克仁数 1583.9 个，出仁率 64.6%。两年省区试田间自然发病叶斑病 1～5 级，平均 2.2 级，综合评定为中抗；锈病 1～5 级，平均 1.9 级，综合评定为中抗。2007 年、2008 年青枯病人工室内接菌鉴定平均发病率分别 28.15%、48.49%，综合评定为中感。抗旱性较强，抗倒性中上，耐涝性强。经福建省粮油中心检验站测定：粗蛋白含量 28.1%，含油量 50.9%，油酸含量 46.1%，亚油酸含量 37.6%，油酸、亚油酸比值（O/L）为 1.23。两年省区试平均全生育期 126.1 天，与对照泉花 10 号（下同）相当。

产量表现： 2007 年参加福建省春花生新品种区域试验，平均亩产荚果 297.02 千克，比对照增产 12.26%，增产极显著；平均亩产籽仁 181.42 千克，比对照增产 3.06%，增产不显著。2008 年续试，平均亩产荚果 269.52 千克，比对照增产 14.32%，增产极显著；平均亩产籽仁 176.08 千克，比对照增产 9.60%，增产极显著。两年平均亩产荚果 283.27 千克，比对照增产 13.23%，亩产籽仁 178.75 千克，比对照增产 6.18%。

栽培技术要点： 选择肥力中上、有灌溉条件、较为疏松的沙质壤土种植。春植以 3 月上旬至 4 月上旬播种为宜，秋植在大暑至立秋播种为宜，适期内早播有利高产。采用双粒穴播，春植亩播 1.0 万穴，秋植亩播 1.1 万～1.2 万穴为宜。肥水条件较好的田块可适当稀植，反之可适当增加密度。施肥上应注意掌握在施足基肥的基础上及早追施苗肥，酌施花肥，生育后期视苗情根外追肥。基肥以有机肥为主，化肥为辅，注意氮、磷、钾肥配合施用，适当增施钙、硼、磷肥，以促进荚果饱满；秋植应根据苗情，及早追肥，促早生快发。生育期间及时进行中耕除草、清沟培土，及时喷药防治病虫害。

适宜区域：该品种适宜在福建省春花生产区种植。

216. 云花生 5 号

登记编号：滇登记花生 2012004 号

选育单位：云南省农业科学院经济作物研究所

品种来源：桂花 17 号♀×豫花 9327♂

特征特性：属中熟疏枝直立中粒型花生品种。生育期 121 天，主茎高 31.28 厘米，分枝长 29.63 厘米，总分枝 9.55 条，结果枝 8.00 条。单株总果数 22.68 个，饱果、秕果、烂果、发芽果各占 76.83％、19.93％、2.55％和 0.70％。百果重 162.36 克，百仁重 80.18 克，每千克果数 490.09 个，出仁率 71.86％。株型紧凑，适宜密植，抗倒伏，较抗叶斑病、根腐病和枯萎病，抗旱、耐涝能力强，收获时发芽果率低。荚果呈葫芦形，结果整齐，籽仁圆形，种皮粉红色，无裂纹。含油量 47.69％，蛋白质含量 24.6％，油酸含量 43.59％，亚油酸含量 34.21％，油酸、亚油酸比值（O/L）1.27。

产量表现：2012 年参加云南省区域试验折合干荚果产量 267.54 千克/亩，比对照（所有参试品种平均值）亩增 24.53 千克，增产 10.09％；折合花生仁产量 192.78 千克/亩，比对照亩增 18.92 千克，增产 10.88％；折合产油量 91.94 千克/亩，比对照亩增 6.68 千克，增产 7.83％。生产示范一般干荚果产量 250 千克/亩左右。

栽培技术要点：①选择适宜土地，合理轮作。云花生 5 号适宜在云南省各主要花生区推广种植，适宜种植的范围比较广。与非豆科作物合理轮作，可有效减少病虫危害。②确保种子质量，适时播种。春播在 4 月上中旬播种，覆膜栽培地区可适当提早播种，夏播、冬播根据各地气候条件和前茬作物情况选择最佳播种期。③合理密植。每穴播 2 粒，春植播种密度以 14 万穴/公顷左右为宜。④重施基肥，及早追肥。⑤加强田间管理，及时中耕除草，根据当地病虫害发生规律，及时进行防治。

适宜区域：该品种适宜在云南省各花生产区种植。

217. 郑农花 12 号

审定编号：豫审花 2013004

选育单位：郑州市农林科学研究所，河南省中创种业短季棉有限公司

品种来源：521-3-1-1/远杂 9307

特征特性：属直立疏枝大果品种，连续开花，生育期 125 天左右。一般主茎高 43.25 厘米，侧枝长 46.61 厘米，总分枝 7.5 条左右；平均结果枝 6.38 条左右，单株饱果数 10～15 个；叶片绿色、长椭圆形；荚果普通型，果嘴钝，网纹粗、浅，缩缢浅，平均百果重 257.43 克左右；籽仁椭圆形、种皮粉红色，平均百仁重 103.0 克左右，出仁率 72.0％左右。2009 年、2010 两年经山东花生研究所鉴定：2009 年中抗网斑病（相对抗病指数 0.51）；2010 年抗网斑病（相对抗病指数 0.74），中抗黑斑病（相对抗病指数 0.49）。2009 年、2010 年农业部油料及制品质量监督检验测试中心测试：粗脂肪含量 49.39％/50.34％，粗蛋白含量 24.76％/26.20％，油酸含量 51.8％/54.3％，亚油酸含量 28.5％/25.7％，油酸、亚油酸比值（O/L）1.82/2.11。

产量表现：2009 年全国北方片花生新品种区域试验大粒二组，16 点汇总，荚果 14 增 2 减，平均亩产荚果 297.64 千克，籽仁 203.88 千克，分别比对照鲁花 11 号增产 8.26％和 3.86％，荚果增产达极显著水平，荚果、籽仁分居 8 个参试品种第 5、6 位；2010 年续试（大粒一组）15 点汇总，荚果 15 点全部增产，平均亩产荚果 300.53 千克，籽仁 209.86 千克，荚果分别比对照鲁花 11 号和花育 19 号增产 10.32％和 7.42％，籽仁分别比对照鲁花 11 号和花育 19 号增产 8.29％和 6.28％，荚果增产达极显著水平，荚果、籽仁均居 12 个参试品种第 4 位。2011 年河南省麦套花生生产试验，7 点汇总，荚果 6 增 1 减，籽仁全部增产，平均亩产荚果 314.84 千克、籽仁 220.46 千克，分别比对照豫花 15 号增产 7.31％和 5.61％，荚果、籽仁分居 5 个参试品种第 2、3 位；2012

年河南省麦套花生生产试验，7 点汇总，荚果、籽仁 6 增 1 减，平均亩产荚果 402.82 千克、籽仁 290.03 千克，分别比对照豫花 15 号增产 9.35% 和 8.46%，荚果、籽仁分居 5 个参试品种第 4、3 位。

栽培技术要点：①播期和密度：麦垄套种在 5 月 20 日左右；春播在 4 月下旬或 5 月上旬；每亩 10000 穴左右，每穴两粒，高肥水地每亩可种植 9000 穴左右。②田间管理。看苗管理，促控结合：麦垄套种花生，麦收后要及时中耕灭茬，早追肥，促苗早发；中期，高产田块要抓好化控措施，防旺长倒伏；后期应注意旱浇涝排，适时进行根外追肥，补充营养，促进果实发育充实，并注意叶部病害。

适宜区域：该品种适宜在河南省各地春播及麦套区种植。

218. 中花 21

审定编号：鄂审油 2012001

选育单位：中国农业科学院油料作物研究所，武汉中油科技新产业有限公司

品种来源：用"远杂 9102"作母本，"中花 5 号"作父本杂交，经系谱法选择育成的花生品种。

特征特性：属珍珠豆型早熟中粒花生品种。株体适中，株型直立紧凑，叶色深绿，生长势较强。荚果斧头形，网纹较深，籽仁粉红色，种子休眠性较强。区域试验中主茎高 46.8 厘米，侧枝长 49.1 厘米，总分枝数 7.7 个，百果重 185.9 克，百仁重 74.3 克，出仁率 72.7%。全生育期 125.7 天，比中花 6 号短 0.1 天。抗旱性中等，抗倒性较强。较抗叶斑病，感锈病，抗青枯病。经农业部油料及制品质量监督检验中心测定，粗脂肪含量 53.09%，粗蛋白含量 28.56%。

产量表现：2009—2010 年参加湖北省花生品种区域试验，两年平均亩产 262.5 千克，比对照中花 6 号（下同）增产 18.0%。其中，2009 年亩产 274.5 千克，比对照增产 27.1%；2010 年亩产 250.5 千克，比对照增产 9.40%。

栽培技术要点：①适时播种，合理密植。春播在 4 月中下旬播

种，每亩 0.8 万～1.0 万穴；夏播不迟于 6 月 15 日，每亩 1.0 万～
1.1 万穴。双粒穴播。②合理施肥。施足底肥，以有机肥和磷、钾
肥为主，苗期视苗情适量追施速效肥。③加强田间管理。结合中耕
除草，及时培土，增厚土层以利下针结果；注意排渍、抗旱。④注
意防治叶斑病、锈病等病虫害。

适宜区域：该品种适宜在湖北省花生产区种植。

（三）芝麻

219. 鄂芝 7 号

审定编号：鄂审油 2012004

选育单位：襄阳市农业科学院

品种来源：用"鄂芝 3 号"作母本、"豫芝 4 号"作父本杂交，
经系谱法选择育成的芝麻品种。

特征特性：属单干型芝麻品种，三花、四棱。茎秆、叶柄茸毛
较多，成熟时茎秆及蒴果为绿色。叶片绿色，下部圆形、上部披针
形，一叶三花、花白色，蒴果中等大小，空稍尖较短，种皮白色，
籽粒较大。品比试验中株高 165.0 厘米，始蒴部位 51.8 厘米，空
稍尖 4.3 厘米，主茎果轴长度 108.9 厘米，单株蒴数 90.1 个，每
蒴粒数 65.8 粒，千粒重 2.81 克。生育期 89.6 天，比鄂芝 2 号短
0.6 天。田间茎点枯病病情指数 7.73，枯萎病病情指数 1.36，抗
（耐）病性与鄂芝 2 号相当。经农业部油料及制品质量监督检验测
试中心测定：粗脂肪含量 56.71%，粗蛋白含量 18.85%。

产量表现：2009—2010 年参加湖北省芝麻品种比较试验，两
年平均亩产 80.19 千克，比对照鄂芝 2 号（下同）增产 15.18%。
其中，2009 年亩产 86.20 千克，比对照增产 22.15%；2010 年亩
产 74.18 千克，比对照增产 8.04%。

栽培技术要点：①厢沟配套，不重茬，注意防渍。②适时播
种，合理密植。5 月中旬至 6 月上旬播种，亩播种量 300～400 克，
亩密度 1.0 万株。③科学施肥。一般底肥亩施复合肥 40～50 千克、
硼砂 0.6～1.2 千克；现蕾期至初花期视苗情亩追施尿素 5～7 千
克。注意控制氮肥施用量，预防枯萎病。④加强田间管理。及时间

苗、定苗，适时中耕除草和防治病虫害，初花期培土防倒伏。

适宜区域：该品种适宜在湖北省芝麻产区种植。

220. 旱芝 4 号

认定编号：赣认芝麻 2009001

选育单位：江西省红壤研究所

品种来源：由地方品种"荆柴麻"优良变异单株经系统选育而成的黑芝麻品种。

特征特性：属单花、单蒴、四棱分枝型品种。春、夏、秋季均可种植，以夏、秋季种植为主，全生育期 75 天左右，比对照金黄麻迟熟 2～4 天。茎深绿色，茸毛短、少，花白色，种皮乌黑色。株高 154.8 厘米，始蒴部位 55 厘米左右，空稍尖长 4.0 厘米左右，单株蒴果 64.2 个，每蒴粒数 50.1 粒，千粒重 2.8 克。蛋白质含量 26.0%，含油量 51.3%。大田示范种植未见发病。

产量表现：2009 年示范种植，平均亩产 104.9 千克，比对照金黄麻增产 2.01%，比对照荆柴麻增产 49.43%。

栽培技术要点：适时播种，春播 4 月中下旬，夏播 5 月下旬至 6 月中旬，秋播 6 月下旬至 7 月上旬。播种量每亩 0.3～0.4 千克，播种方式以撒播（畦宽 3～3.5 米）或条播（开沟行距 40 厘米左右）均可。及时定苗，第 4～第 5 对真叶时定苗，春、夏播每亩定苗 1 万株，秋播每亩定苗 1.2 万株左右。施足底肥，亩施堆沤腐熟猪牛栏粪 1000 千克、钙镁磷肥 30～40 千克、尿素 8～10 千克、氯化钾 10～12 千克。其中磷肥也全部作底肥，氮肥和钾肥 70% 作底肥、30% 作追肥。综合防治病虫害。

适宜区域：该品种适宜在江西省芝麻主产区种植。

221. 晋芝 8 号

审定编号：晋审芝（认）2012002

选育单位：山西省农业科学院小麦研究所

品种来源：晋芝 1 号/豫芝 8 号。试验名称"临芝 8 号"。

特征特性：夏播生育期 90 天左右。株高 145.0 厘米左右，单干型，茎秆绿色，叶片宽剑形，叶深绿色，花浅紫色，分枝高度

25.5 厘米，一叶三花，蒴果四棱，小裂蒴，蒴绿色，主茎蒴数 85.4 个，单株蒴数 86.6 个，每蒴粒数 60～78 粒，籽粒白色、卵圆形，千粒重 2.5～3 克。抗倒性较强，抗旱性强，耐渍性好。农业部油料及制品质量监督检验测试中心（武汉）检测：油酸含量 43.0%、亚油酸含量 42.9%、含油量 54.97%、粗蛋白含量（换算系数 5.30）23.83%。

产量表现： 2010—2011 年参加山西省芝麻试验，两年平均亩产 78.9 千克，比对照晋芝 1 号（下同）增产 12.4%，试验点 8 个，7 个点增产。其中 2010 年平均亩产 75.4 千克，比对照增产 9.6%；2011 年平均亩产 82.5 千克，比对照增产 15.0%。

栽培技术要点： 合理施肥，氮、磷、钾肥配合，重施磷、钾底肥，盛花期结合浇水或降雨亩追施尿素 10 千克，夏播不迟于 6 月 20 日播种，亩留苗 1.2 万株，在叶片大部分脱落、蒴果变黄时收获，收获应捆成小捆竖直晾晒。

适宜区域： 该品种适宜在山西省芝麻夏播产区种植。

222. 中湘芝1号

登记编号： XPD001-2011

选育单位： 中国农业科学院油料作物研究所

品种来源： 中芝 11×ZZM2541（湖北竹山白芝麻）

特征特性： 生育期 88.4 天。植株单干型，株高 170 厘米，生长势强，茎秆茸毛量中等，叶色淡绿，花冠白色，每叶腋三花。主茎果轴长 118.0 厘米，始蒴部位 58.9 厘米，空梢尖 6.2 厘米，蒴果四棱，单株蒴果 98.48 个，每蒴粒数 70.5 个。成熟时茎秆为黄绿色，落黄性好。种子长椭圆形，种皮颜色纯白，千粒重 2.84 克。耐湿性较强，较抗枯萎病和茎点枯病，抗倒性较强。

产量表现： 经湖南省多点试验，2008 年平均亩产 83.18 千克，2009 年平均亩产 86.08 千克，两年平均亩产 84.63 千克。

栽培技术要点： 选地势较高、排水良好、不重茬的地块，深沟窄厢种植。夏播 5 月 25 日～6 月 10 日播种，秋播 7 月 10 日前播种。每亩种植密度 8000～12000 株。施足底肥，每亩施氮、磷、钾复合肥 25 千克，现蕾期至初花期每亩追施尿素 5 千克。1～3 对真叶期间苗 1～2 次，4～5 对真叶期及时定苗。遇雨及时清沟排渍，防止发生渍涝害。出苗后及时防治小地老虎，苗期 3～5 对真叶期和开花期，可喷洒杀菌剂和杀虫剂，防止茎点枯病、枯萎病、棉铃虫、甜菜夜蛾、芝麻夜蛾等病虫害。在芝麻终花期打掉嫩尖 1～2 厘米。全株蒴果自下而上有 3/4 变黄、基部有少数炸裂时收获为宜，小捆架晒，严禁闷垛。

适宜区域：该品种适宜在湖南省种植。

（四）油菜

223. 川油 36

审定编号：国审油 2010002

选育单位：四川省农业科学院作物研究所

品种来源：JA40×JR9

以往审定情况：2008 年、2009 年国家农作物品种审定委员会审定

特征特性：甘蓝型半冬性细胞质雄性不育三系杂交种。幼苗半直立，叶色深绿，顶片大而圆，裂叶 1～2 对，叶缘波状，茎秆绿色，茎叶均无刺毛而具蜡粉。花瓣较大、黄色、侧叠。种子黑褐色。区试结果：全生育期平均 219 天，与对照中油杂 2 号相当。平均株高 163 厘米，匀生分枝类型。一次有效分枝数 8 个，单株有效角果数 327.7 个，每角粒数 18.1 粒，千粒重 4.01 克。菌核病发病率 9.61%，病情指数 5.72；病毒病发病率 1.13%，病情指数 0.63。抗病鉴定综合评价为低感菌核病。抗倒性较强。经农业部油料及制品质量监督检验测试中心检测：平均芥酸含量 0.05%、饼粕硫苷含量 27.86 微摩尔/克、含油量 43.25%。

产量表现：2008—2009 年度参加长江中游区油菜品种区域试验，平均亩产 170.2 千克，比对照中油杂 2 号（下同）增产 8.2%；平均亩产油量 71.1 千克，比对照增产 9.7%。2009—2010 年度续试，平均亩产 157.0 千克，比对照减产 1.3%；平均亩产油量 70.3 千克，比对照增产 5.7%。两年平均亩产 163.6 千克，比对照增产 3.5%；平均亩产油量 70.7 千克，比对照增产 7.7%。

2009—2010 年度生产试验，平均亩产 154.3 千克，比对照减产 0.2%。

栽培技术要点：①适期播种，培育壮苗。育苗移栽 9 月 15 日～20 日播种，10 月中下旬移栽；直播 10 月 15 日～20 日播种。②施足底肥，合理密植。一般亩施纯氮 10～15 千克、过磷酸钙 30～40 千克、氯化钾 8～10 千克、硼砂 0.5 千克，育苗移栽每亩 6000～8000 株，直播每亩 8000～10000 株，高肥水田，可适当稀植。③及时管理，适时收获。苗期注意防治霜霉病、菜青虫和蚜虫，开花后 7 天防治菌核病，及时中耕除草，角果成熟期注意防治蚜虫和预防鸟害。

适宜区域：该品种适宜在湖北、湖南、江西三省冬油菜主产区种植。根据农业部第 1118 号和第 1309 号公告，该品种还适宜在云南、贵州、四川、重庆、陕西汉中和安康、上海、浙江、安徽和江苏两省淮河以南的冬油菜主产区种植。

224. 丰油 9 号

审定编号：国审油 2012003

选育单位：河南省农业科学院经济作物研究所

品种来源：22A×P087-2

以往审定情况：2003 年国家农作物品种审定委员会审定

特征特性：甘蓝型半冬性波里马细胞质雄性不育三系杂交种。全生育期 218 天，与对照中油杂 2 号（下同）相当。苗期半直立，顶裂叶较大，叶色较绿，无蜡粉，叶片长度中等，侧叠叶 4 对以上，裂叶深，叶脉明显，叶缘有小齿，波状。花瓣黄色，花瓣长度中等，较宽，侧叠状，籽粒黑色。株高 169 厘米，一次有效分枝数 7 个，单株有效角果数 268.2 个，每角粒数 19.0 粒，千粒重 3.94 克。菌核病发病率 6.23%，病情指数 3.9；病毒病发病率 0.95%，病情指数 0.7，低感菌核病。抗倒性中等。芥酸含量 1.5%，饼粕硫苷含量 29.92 微摩尔/克，含油量 41.59%。

产量表现：2009—2010 年度参加长江中游区油菜品种区域试验，平均亩产 173.8 千克，比对照增产 4.8%；2010—2011 年度续试，平均亩产 177.3 千克，比对照增产 5.4%；两年平均亩产

175.6 千克，比对照增产 5.1％，2010—2011 年度生产试验，平均亩产 153.8 千克，比对照增产 16.5％。

栽培技术要点：①适时早播，长江中游地区育苗移栽 9 月中旬播种，培育大壮苗，苗龄 30 天左右，10 月中旬移栽；直播 9 月下旬至 10 月上旬播种。②中等肥力水平条件下，育苗移栽亩密度 8000～9000 株、直播 18000～25000 株。③重施底肥，亩施复合肥 40～50 千克左右、硼砂 1.5 千克左右，注意氮、磷、钾配比施肥。④注意防治菌核病等病虫害。

适宜区域：该品种适宜在湖北、湖南、江西冬油菜区种植。根据农业部第 308 号公告，该品种还适宜在河南省、江苏省北部、安徽省北部的黄淮油菜区种植。

225. 沣油 737

审定编号：国审油 2011015

选育单位：湖南省作物研究所

品种来源：湘 5A×6150R

以往审定情况：2009 年国家农作物品种审定委员会审定

特征特性：甘蓝型半冬性细胞质雄性不育三系杂交种。幼苗半直立，子叶肾形，叶色浓绿，叶柄短。花瓣深黄色。种子黑褐色，圆形。全生育期平均 217 天，比对照中油杂 2 号（下同）早熟 1 天。株高 154.2 厘米，一次有效分枝数 7.5 个，单株有效角果数 282.5 个，每角粒数 19.3 粒；千粒重 3.64 克。菌核病发病率 7.95％，病情指数 4.31，病毒病发病率 0.92％，病情指数 0.54，菌核病综合评定为低感，抗倒性强。经农业部油料及制品质量监督检验测试中心检测：平均芥酸含量 0.05％，饼粕硫苷含量 37.22 微摩尔/克，含油量 41.59％。

产量表现：2008—2009 年度参加长江中游区油菜品种区域试验，平均亩产 173.6 千克，比对照增产 15.6％；2009—2010 年续试，平均亩产 181.0 千克，比对照增产 8.1％，两年平均亩产 177.3 千克，比对照增产 11.7％。2010—2011 年度生产试验，平均亩产 163.1 千克，比对照品种增产 6.0％。

栽培技术要点：①育苗移栽 9 月上中旬播种，苗床每亩播种量 0.4～0.5 千克，每亩移栽密度 6000～8000 株；直播 10 月中旬播种，每亩播种量 0.2～0.25 千克，3 叶期亩留苗 15000～25000 株。②播前施足底肥，播后施好追肥，氮、磷、钾肥搭配比例为 1∶2∶1，每亩底施硼肥 1 千克。③中耕培土，及时除草。④防治病虫害，重点做好菌核病的防治。⑤适时收获。人工收割以植株主序中部角中籽粒变黑为参照，机械收割以全株籽粒红黑色为参照。

适宜区域：该品种适宜在湖北、湖南、江西三省冬油菜产区种植。根据农业部第 1309 号公告，该品种还适宜在上海、浙江、安徽和江苏两省淮河以南的冬油菜主产区种植。

226. 广源 58

审定编号：国审油 2009017
选育单位：华中农业大学
品种来源：195A×8307
以往审定情况：2007 年、2008 年通过国家农作物品种审定委员会审定

特征特性：甘蓝型半冬性温敏型波里马细胞质不育两系杂交种。幼苗直立，子叶肾形，苗期叶圆形，有蜡粉，叶色深绿，裂叶 2～3 对。茎深绿色。花瓣黄色、重叠。种子黑褐色。区试结果：全生育期 232 天，与对照秦优 7 号（下同）相当。平均株高 158 厘米，中上部分枝类型，一次有效分枝数 9.4 个，单株有效角果数 443.2 个，每角粒数 23.9 粒，千粒重 3.96 克。菌核病发病率 15.71%，病情指数 7.36；病毒病发病率 3.6%，病情指数 1.85；抗病鉴定综合评价低感菌核病。抗倒性较强。经农业部油料及制品质量监督检验测试中心检测：平均芥酸含量 0.8%、饼粕硫苷含量 28.15 微摩尔/克、含油量 41.84%。

产量表现：2007—2008 年度参加长江下游区油菜品种区域试验，平均亩产 200.5 千克，比对照增产 16.6%；2008—2009 年度续试，平均亩产 177.0 千克，比对照增产 18.4%；两年区试 16 个试点，16 个点全部增产，平均亩产 188.7 千克，比对照增产 17.4%。2008—2009 年度生产试验，平均亩产 188.1 千克，比对

照增产 11.6%。

栽培技术要点： ①适时播种。长江下游区育苗移栽宜在 9 月 5 日～15 日，直播宜在 9 月 20 日～10 月 5 日。②栽培密度：育苗移栽每亩 0.6 万～0.8 万株，直播每亩 1.0 万～1.2 万株。③合理施肥。总施肥量的 80% 作底肥、20% 作追肥，追肥应以腊肥为主，每亩用 1 千克硼砂作底肥。④防虫防病。花期注意防治菌核病。

适宜区域： 该品种适宜在上海、浙江及安徽和江苏两省淮河以南的冬油菜主产区种植，根据农业部第 943 号和 1118 号公告，该品种还适宜在湖北、湖南、江西、云南、贵州、四川、重庆、陕西汉中及安康的冬油菜主产区推广种植。

227. 核杂 9 号

审定编号： 国审油 2008006
选育单位： 上海市农业科学院作物育种栽培研究所
品种来源： HY15CA×HF04
省级审定情况： 2007 年上海市农作物品种审定委员会审定
特征特性： 该品种为甘蓝型半冬性显性核不育三系杂交种，全生育期平均 234 天，与对照秦优 7 号（下同）相当。幼苗半直立，叶色绿，裂叶 2 对，有缺刻，叶缘有锯齿，蜡粉较厚，有刺毛。花瓣较大、色鲜黄，开花状态侧叠，种子为黑色。匀生分枝类型，平均株高 157.30 厘米，一次有效分枝 9.7 个。平均单株有效角果数 474.1 个，每角粒数为 20.3 粒，千粒重为 4.02 克。区域试验田间调查，平均菌核病发病率 12.3%、病情指数 6.03，病毒病发病率 5.79%、病情指数 2.45。抗病鉴定综合评价低抗菌核病和病毒病。抗倒性较强。经农业部油料及制品质量监督检验测试中心检测：平均芥酸含量 0、饼粕硫苷含量 19.95 微摩尔/克、含油量 43.59%。

产量表现： 2006—2007 年度长江下游区试平均亩产 177.34 千克，比对照增产 3.29%。2007—2008 年度续试，平均亩产 170.95 千克，较对照增产 9.9%。两年区试 17 个试点，13 个点增产 4 个点减产，平均亩产 174.15 千克，比对照增产 6.43%。2007—2008 年度生产试验，平均亩产 164.24 千克，比对照增产 6.32%。

栽培技术要点：①适时播种。育苗移栽宜在 9 月 15 日～25 日，直播宜在 10 月 15 日～22 日。②栽培密度：育苗移栽每亩宜 6000～8000 株，直播每亩宜 15000～18000 株。③合理施肥。总施肥量的 80％作底肥，20％作追肥，追肥应以腊肥为主，亩施硼砂 0.5～1 千克。④防虫防病。花期注意防治菌核病。

适宜区域：该品种适宜在江苏省淮河以南、安徽省淮河以南、浙江省、上海市的冬油菜主产区推广种植。

228. 华油杂 62

审定编号：国审油 2011021
选育单位：华中农业大学
品种来源：2063A×05-P71-2
以往审定情况：2009 年湖北省农作物品种审定委员会审定，2010 年国家农作物品种审定委员会审定

特征特性：甘蓝型半冬性波里马细胞质雄性不育系杂交种。苗期长势中等，半直立，叶片缺刻较深，叶色浓绿，叶缘浅锯齿，无缺刻，蜡粉较厚，叶片无刺毛。花瓣大、黄色、侧叠。长江下游全生育期 230 天，与对照秦油 7 号相当；株高 147.8 厘米，一次有效分枝数 7.8 个，单株有效角果数 333.1 个，每角粒数 22.7 粒，千粒重 3.62 克。菌核病发病率 20.59％，病情指数 9.35；病毒病发病率 4.86％，病情指数 1.74。抗病鉴定综合评价为低感菌核病，抗倒性较强。经农业部油料及制品质量监督检验测试中心检测：平均芥酸含量 0.45％、饼粕硫苷含量 29.68 微摩尔/克、含油量 41.46％。春油菜晚熟组全生育期 140.5 天，与对照青杂 2 号相当；株高 157.1 厘米，一次有效分枝数 5.17 个，单株有效角果数 231.2 个，每角粒数 25.53 粒，千粒重 4.11 克。菌核病发病率 17.75％，病情指数 8.52，抗病鉴定综合评价为低抗。抗倒性强。经农业部油料及制品质量监督检验测试中心检测：平均芥酸含量 0.00％、饼粕硫苷含量 29.64 微摩尔/克、含油量 43.46％。

产量表现：2009—2010 年度参加长江下游区油菜品种区域试验，平均亩产 177.3 千克，比对照秦油 7 号增产 12.5％；2010—2011 年度续试，平均亩产 168.5 千克，比对照增产 4.7％，两年平

均亩产 172.9 千克，比对照增产 8.6%；2010—2011 年度生产试验，平均亩产 180.3 千克，比对照增产 6.9%。2009 年参加春油菜晚熟组区域试验，平均亩产 260.7 千克，比对照青杂 2 号增产 4.2%；2010 年续试，平均亩产 248.8 千克，比对照增产 6.5%，两年平均亩产 254.7 千克，比对照增产 5.3%，2009 年生产试验，平均亩产 207.8 千克，比对照增产 3.0%。

栽培技术要点：长江下游区：①育苗移栽 9 月中下旬播种，每亩密度 8000～10000 株；直播每亩密度 15000～20000 株。②氮、磷、钾、硼肥配合施用，每亩施用纯氮 12～15 千克，60%～70% 基施；五氧化二磷 4～5 千克，全部基施；氧化钾 5～7 千克，60% 基施；硼肥 1.0 千克，全部基施。及时早追苗肥，力争冬至前单株绿叶数达到 10～12 片；迟栽、土质差或底肥少的弱苗田块要配合中耕松土适当增加苗肥，促早生快发；看苗适当施用腊肥和薹肥。③苗期防治蚜虫和菜青虫，初花期综合防治菌核病。春油菜区：①4 月初至 5 月上旬播种，条播或撒播，播种深度 3～4 厘米，亩播种量 0.4～0.5 千克，每亩保苗 15000～20000 株。②底肥每亩施磷酸二铵 20 千克、尿素 3～5 千克，4～5 叶苗期每亩追施尿素 3～5 千克。③及时间苗、定苗和浇水。④苗期注意防治跳甲和茎象甲，花角期注意防治小菜蛾、蚜虫、角野螟等害虫。

适宜区域：该品种适宜在上海、浙江及安徽和江苏两省淮河以南的冬油菜主产区种植。还适宜在内蒙古自治区、新疆维吾尔自治区及甘肃、青海两省低海拔地区的春油菜主产区种植。根据农业部 1505 号公告，该品种还适宜在湖北、湖南、江西三省冬油菜主产区种植。

229. 南油 12

审定编号：国审油 2010017

选育单位：南充市农业科学研究所

品种来源：南 A_7×96R

以往审定情况：2006 年四川省农作物品种审定委员会审定，2008 年国家农作物品种审定委员会审定

特征特性：甘蓝型半冬性细胞质雄性不育三系杂交种。幼苗半

直立，叶片暗绿色，有蜡粉，有刺毛，叶片较大，叶柄较长，裂片2～3对，叶缘缺刻。花瓣大、黄色、侧叠。种子褐色。区试结果：全生育期平均233天，比对照秦优7号（下同）早2天。平均株高145.9厘米，匀生分枝类型，一次有效分枝数7.9个，单株有效角果数462.6个，每角粒数24.1粒，千粒重3.36克。菌核病发病率29.68%、病情指数13.28；病毒病发病率13.85%、病情指数5.23。抗病鉴定综合评价为中感菌核病。抗倒性较强。经农业部油料及制品质量监督检验测试中心检测：平均芥酸含量0.00%，饼粕硫苷含量16.75微摩尔/克，含油量42.87%。

产量表现： 2008—2009年度参加长江下游区油菜品种区域试验，平均亩产174.4千克，比对照增产11.4%；2009—2010年度续试，平均亩产176.6千克，比对照增产8.6%。两年平均亩产175.5千克，比对照增产10.0%。2009—2010年度生产试验，平均亩产193.4千克，比对照增产8.3%。

栽培技术要点： ①适时播种，培育壮苗。育苗移栽宜在9月中旬播种，稀撒匀播，培育壮苗，苗龄约25～30天移栽；直播宜在10月上中旬播种。②重底早追，合理施肥。肥料以有机肥为主，氮、磷、钾、硼肥配合施用。重施底肥，早施追肥，且所有追肥应在12月底前施完。全生育期一般亩施纯氮11～13千克、五氧化二磷10千克、氧化钾8千克、硼砂0.5～1.0千克。③合理密植。育苗移栽亩植6000～8000株，直播亩植10000～12000株。④防治病虫害。苗期防菜青虫、蚜虫等，初花期防菌核病。

适宜区域： 该品种适宜在上海、浙江、安徽和江苏两省淮河以南的冬油菜主产区种植。根据农业部第1118号公告，该品种还适宜在云南、贵州、四川、重庆、陕西汉中和安康的冬油菜主产区种植。

230. 农华油101

审定编号： 国审油2010019
选育单位： 贵州省油菜研究所
品种来源： 8227A×F16-1400
以往审定情况： 2008年国家农作物品种审定委员会审定

特征特性：甘蓝型半冬性隐性核不育两系杂交种。幼苗子叶肾形，裂叶 3～4 对，叶缘有锯齿。花瓣黄色、复瓦状排列。区试结果：全生育期平均 219 天，与对照中油杂 2 号（下同）相当；平均株高 175.5 厘米，一次有效分枝数 7.8 个，单株有效角果数 317.2 个，每角粒数 19.9 粒，千粒重 4.02 克。菌核病发病率 9.22%，病情指数 5.68；病毒病发病率 0.57%，病情指数 0.38%。抗病鉴定综合评价为低感菌核病。经农业部油料及制品质量监督检验测试中心检测：平均芥酸含量 0.05%、饼粕硫苷含量 19.23 微摩尔/克、含油量 43.24%。

产量表现：2008—2009 年度参加长江中游区油菜品种区域试验，平均亩产 158.9 千克，比对照增产 1.0%；平均亩产油量 68.6 千克，比对照增产 5.8%。2009—2010 年度续试，平均亩产 175.8 千克，比对照增产 5.9%；平均亩产油量 76.1 千克，比对照增产 11.3%。两年平均亩产 167.3 千克，比对照增产 3.5%；平均亩产油量 72.3 千克，比对照增产 8.6%。2009—2010 年度生产试验，平均亩产 162.6 千克，比对照增产 4.9%。

栽培技术要点：①适时播种。宜在 9 月中旬育苗，10 月中下旬移栽。②种植密度。移栽亩植 6000～8000 株，直播亩植 10000～12000 株。③合理施肥。注意施用有机肥作底肥，追肥应注意苗重、薹轻，花期看苗根外补施，追肥方式以尿素对清粪水浇施为好。常年结实差的缺硼土壤，底肥施硼肥并且薹期也应喷施硼肥。

适宜区域：该品种适宜在湖北、湖南、江西三省冬油菜主产区种植。根据农业部第 1118 号公告，该品种还适宜在上海、浙江、安徽和江苏两省淮河以南的冬油菜主产区种植。

231. 秦优 11 号

审定编号：国审油 2009008

选育单位：咸阳市农业科学研究所，三原县种子管理站

品种来源：2168A×5012C

以往审定情况：2008 年陕西省和江苏省农作物品种审定委员会审定，2008 年国家农作物品种审定委员会审定

特征特性：甘蓝型半冬性细胞质雄性不育三系杂交种。幼苗半

直立，子叶肾形，苗期叶圆形，有蜡粉，叶绿色，顶叶大，有裂叶1～2 对，茎绿色。花瓣黄色，侧叠。种子黑色，圆形。区试结果：全生育期 220 天，比对照中油杂 2 号（下同）晚熟 2 天。平均株高176.2 厘米，中生分枝类型，一次有效分枝数 8.5 个，单株有效角果数 323.4 个，每角粒数 19.5 粒，千粒重 3.69 克。菌核病发病率4.85%，病情指数 3.03；病毒病发病率 1.39%，病情指数 1.04。抗病鉴定综合评价低抗菌核病。抗倒性强。经农业部油料及制品质量监督检验测试中心检测：平均芥酸含量 0.15%、饼粕硫苷含量27.88 微摩尔/克、含油量 41.47%。

产量表现： 2007—2008 年度参加长江中游区油菜品种区域试验，平均亩产 174.9 千克，比对照增产 9.4%；2008—2009 年度续试，平均亩产 165.1 千克，比对照增产 5.9%；两年区试 19 个试点，15 个点增产，4 个点减产，平均亩产 170.0 千克，比对照增产7.7%。2008—2009 年生产试验，平均亩产 152.2 千克，比对照增产 3.8%。

栽培技术要点： ①播期：与当地品种同期播种。②密度：每亩留苗 0.8 万～1.2 万株。③合理施肥。施足底肥，早施追肥，增施磷、钾肥，补施硼肥。一般亩施硼肥 0.5～0.75 千克。④防虫防病。注意防治菌核病和蚜虫。

适宜区域： 该品种适宜在湖北、湖南及江西三省冬油菜主产区种植。根据农业部第 1118 号公告，该品种还适宜在上海、浙江及安徽和江苏两省淮河以南冬油菜主产区种植。

232. 青杂 7 号

审定编号： 国审油 2011030
选育单位： 青海省农林科学院春油菜研究所
品种来源： 144A×1244R
省级审定情况： 2009 年青海省农作物品种审定委员会审定
特征特性： 甘蓝型春性细胞质雄性不育三系杂交种。幼苗半直立，缩茎叶为浅裂、绿色，叶脉白色，叶柄长，叶缘锯齿状，蜡粉少，薹茎叶绿色、披针形、半抱茎，叶片无刺毛。花黄色。种子深褐色。全生育期 132.3 天。株高 136.5 厘米，一次有效分枝数 4.1

个，单株有效角果数为 139.1 个，每角粒数为 28.3 粒，千粒重为 3.81 克。菌核病发病率 13.07％、病情指数为 3.13％。经农业部油料及制品质量监督检验测试中心检测：平均芥酸含量 0.4％、饼粕硫苷含量 19.25 微摩尔/克、含油量 48.18％。

产量表现： 2009 年参加春油菜高海拔、高纬度地区早熟组区域试验，平均亩产 186.9 千克，比对照青杂 3 号（下同）增产 9.0％；2010 年续试，平均亩产 220.3 千克，比对照增产 9.4％。两年平均亩产 203.6 千克，比对照增产 9.2％，2010 年生产试验，平均亩产 217.5 千克，比对照增产 8.9％。

栽培技术要点： ①4 月初至 5 月上旬播种，条播为宜，播种深度 3～4 厘米，每亩播种量 0.4～0.5 千克，每亩保苗 30000～35000 株。②底肥每亩施磷酸二铵 20 千克、尿素 3～5 千克，4～5 叶苗期每亩追施尿素 3～5 千克。③及时间苗、定苗和浇水。④苗期注意防治跳甲和茎象甲，花角期注意防治小菜蛾、蚜虫、角野螟等害虫和菌核病危害。

适宜区域： 该品种适宜在青海省、甘肃省、内蒙古自治区和新疆维吾尔自治区的高海拔、高纬度春油菜主产区种植。

233. 浙油 50

审定编号： 国审油 2011013

选育单位： 浙江省农业科学院作物与核技术利用研究所

品种来源： 沪油 15/浙双 6 号

以往审定情况： 2009 年浙江省农作物品种审定委员会审定，2010 年国家农作物品种审定委员会审定

特征特性： 甘蓝型半冬性常规种。幼苗半直立，叶片较大，顶裂叶圆形，叶色深绿，裂叶 2 对，叶缘全缘，光滑较厚，叶缘波状，皱褶较薄，叶被蜡粉，无刺毛；花瓣黄色，侧叠、复瓦状排列；种子黑色圆形。全生育期 220 天，比对照中油杂 2 号（下同）晚熟 1 天。株高 165.5 厘米，一次有效分枝数 7.8 个，单株有效角果数 248.5 个，每角粒数 19.0 粒，千粒重 3.91 克。菌核病发病率 2.26％，病情指数 1.25，病毒病发病率 1.17％，病情指数 0.78，菌核病鉴定结果为低抗，抗倒性强。经农业部油料及制品质量监督

检验测试中心检测：平均芥酸含量 0.25％、饼粕硫苷含量 20.78
微摩尔/克、含油量 46.53％。

产量表现： 2009—2010 年度参加长江中游区油菜品种区域试
验，平均亩产 160.9 千克，比对照减产 3.2％，平均亩产油量
72.76 千克，比对照增产 4.1％。2010—2011 年度续试，平均亩产
184.1 千克，比对照增产 2.5％，平均亩产油量 88.08 千克，比对
照增产 11.7％。两年平均亩产 172.5 千克，比对照减产 0.3％；平
均亩产油量 80.42 千克，比对照增产 8.1％。2010—2011 年度生产
试验，平均亩产 154.0 千克，比对照增产 1.5％。

栽培技术要点： ①长江中游区 9 月中旬播种育苗，苗床每亩用
种量 0.5 千克，苗床与大田比例为（1∶5）～（1∶6），苗龄 30～35
天，培育壮苗，每亩种植密度 7000～8000 株，宽行窄株种植。
②施足底肥，大田每亩底施农家肥 2000 千克、尿素 10 千克、过磷
酸钙 50 千克、氯化钾 10 千克、硼砂 1 千克；栽后当天施定根肥
水，栽后 20 天第一次追肥，12 月上旬重施“开盘肥”。③苗期注
意防治猝倒病、菜青虫和蚜虫，开花后 7 天防治菌核病，角果成熟
期注意防治蚜虫和预防鸟害。

适宜区域： 该品种适宜在湖北、江西两省冬油菜主产区种植。
根据农业部第 1505 号公告，该品种还适宜在浙江、江苏和安徽两
省淮河以南的冬油菜主产区种植。

234. 中农油 6 号

审定编号： 国审油 2010008
选育单位： 中国农业科学院油料作物研究所
品种来源： 1055A×R2
以往审定情况： 2008 年国家农作物品种审定委员会审定
特征特性： 甘蓝型半冬性波里马细胞质雄性不育三系杂交种。
苗期半直立，顶裂叶较大，叶色较绿，无蜡粉，叶片长度中等，侧
叠叶 4 对以上，裂叶深，叶脉明显，叶缘有小齿，波状。花瓣黄
色、长度中等、较宽、呈侧叠状。种子黑色。区试结果：全生育期
平均 219 天，与对照中油杂 2 号（下同）相当。平均株高 175 厘
米，一次有效分枝数 8～12 个，上生分枝类型，单株有效角果数

280 个，每角粒数 20 粒，千粒重 4.06 克。菌核病发病率 9.47％，病情指数 5.80；病毒病发病率 1.35％，病情指数 0.9。抗病鉴定综合评价为低感菌核病。抗倒性较强。经农业部油料及制品质量监督检验测试中心检测：芥酸含量 0.05％，饼粕硫苷含量 21.96 微摩尔/克，含油量 43.12％。

产量表现：2008—2009 年度参加长江中游区油菜品种区域试验，平均亩产 156.1 千克，比对照增产 2.0％；平均亩产油量 65.1 千克，比对照增产 5.5％。2009—2010 年度续试，平均亩产 166.9 千克，比对照增产 0.4％；平均亩产油量 74.3 千克，比对照增产 6.3％。两年平均亩产 161.5 千克，比对照增产 1.2％；平均亩产油量 69.7 千克，比对照增产 5.9％。2009—2010 年度生产试验，平均亩产 155.0 千克，比对照增产 3.4％。

栽培技术要点：①适时早播。长江中游地区育苗宜在 9 月中旬播种，苗床与大田比例为 1∶4，培育大壮苗，严格控制苗龄在 30 天左右，10 月中旬移栽；直播宜在 9 月下旬至 10 月下旬播种，根据雨水墒情、土壤含水等情况，每亩用种 0.2～0.4 千克。②合理密植。在中等肥力水平条件下，育苗移栽的合理密度为每亩 8000～9000 株，直播每亩 18000～22000 株。③合理施肥。重施底肥，每亩施复合肥 70 千克左右、硼砂 1.5 千克左右，注意氮、磷、钾配比施肥，追施苗肥，在 1 月底根据苗势每亩施尿素 5 千克，注意必施硼肥，如果底肥没施硼肥，应在薹期喷施浓度 0.2％的硼肥。④防治病害。初花期一周内防治菌核病。

适宜区域：该品种适宜在湖北、湖南、江西三省冬油菜主产区种植。根据农业部第 1118 号公告，该品种还适宜在上海、浙江、江苏和安徽两省淮河以南的冬油菜主产区种植。

（五）向日葵

235. DY1221

认定编号：甘认葵 2013004

选育单位：辽宁富友种业有限公司

品种来源：以 138A 为母本、1488-1-4R 为父本组配的食用向日葵杂交种，原代号 1221。

省级审定情况： 2010 年通过辽宁省非主要农作物品种备案

特征特性： 生育期 118 天。株高 161 厘米，茎粗 2.51 厘米，平均 29.4 片叶，花盘倾斜度 4 级，盘径 19.5 厘米，单盘粒数 1051 粒，单盘粒重 104 克。百粒重 14～16 克，出仁率 51.35%。籽实长 1.85 厘米、宽 0.79 厘米、长卵形，种皮色黑底带白条。经田间调查鉴定，霜霉病和菌核病病情指数分别为 12.69 和 4.02，低于对照品种 LD5009（下同）。籽仁粗蛋白含量 32.32%、粗脂肪含量 51.34%。

产量表现： 在 2011—2012 甘肃省向日葵区域试验中，平均亩产 250.99 千克，比对照增产 2.77%；2012 年生产试验，平均亩产 277.56 千克，比对照增产 13.77%。

栽培技术要点： 春播种植密度为亩留苗 2000～2500 株。亩施农家肥 1000～1500 千克或氮、磷、钾复合肥 20～30 千克作底肥，现蕾前一周亩追尿素 20 千克。开花期间每公顷放蜜蜂 5 箱或人工辅助授粉。

适宜区域： 该品种适宜在甘肃省酒泉、白银等地种植。

236. H7108

审定编号： 蒙审葵 2011024 号

选育单位： 山西省农业科学院棉花研究所

品种来源： 以 06-11-21A 为母本、06-16-119R 为父本选育而成

以往鉴定情况： 2010 年全国向日葵品种鉴定委员会鉴定

特征特性： 平均生育期 101 天，株高 198 厘米，茎粗 2.8 厘米，31 片叶，花盘倾斜度 5 级。花盘为平盘，盘径 19.1 厘米，单盘粒重 107.9 克。籽粒长 1.9 厘米，宽 0.8 厘米，百粒重 13.4 克，籽仁率 54.8%。2008 年吉林省向日葵研究所田间自然抗病性鉴定，盘腐型菌核病 0 级（0.00），茎腐型、根腐型菌核病 0.00，黄萎病 60.63，黑斑病 9.85，褐斑病 8.44；2009 年吉林省向日葵研究所田间自然抗病性鉴定，盘腐型菌核病 0 级（0.00），茎腐型、根腐型菌核病 0.00，黄萎病 38.44，黑斑病 5.31，褐斑病 6.72。2009 年吉林省农业科学院大豆研究所品质分析室（长春）测定：籽仁粗

蛋白含量 26.77%，籽实粗蛋白含量 14.55%。

产量表现： 2008 年参加全国向日葵杂交种区域试验，内蒙古 5 点平均亩产 219.9 千克，比对照 DK119（下同）增产 27.3%。2009 年参加全国向日葵杂交种区域试验，内蒙古 4 点平均亩产 226.3 千克，比对照增产 10.2%。2009 年参加全国向日葵杂交种生产试验，内蒙古 4 点平均亩产 214.6 千克，比对照增产 0.4%。

栽培技术要点： 亩保苗 2300 株左右。黄萎病重发区慎用。

适宜区域： 该品种适宜在内蒙古自治区巴彦淖尔市、鄂尔多斯市、赤峰市≥10℃活动积温 2300℃以上地区种植。

237. M0314

审定编号： 晋审葵 2008001
选育单位： 孟山都科技有限责任公司
品种来源： A3584×75R336
以往鉴定情况： 2006 年全国向日葵品种鉴定委员会鉴定
特征特性： 平均株高 170 厘米，茎粗 2.3 厘米，叶片数 30，花盘直径 18 厘米，单盘粒重 70 克，籽仁率 67%，单盘粒数 1330，结实率 87%。籽粒排列整齐，百粒重 6.1 克。吉林省向日葵研究所 2005 年田间自然抗病性鉴定：菌核病（盘腐病、根腐病）、黄萎病、黑斑病、褐斑病、锈病都为 1 级，无其他检疫对象。2006 年农业部油料及制品质量监督检验测试中心分析，粗脂肪含量 40.03%。

产量表现： 2004—2005 年参加国家油葵西北组区域试验，平均亩产分别为 243.6 千克和 229.5 千克，分别比对照 G101 增产 21.6% 和 21.3%，山西 4 点平均增产分别为 33.7% 和 25.6%。两年平均亩产 236.6 千克，比对照增产 21.5%。2005 年生产试验，平均亩产 180.3 千克，比对照 G101 增产 8.2%。山西 4 点平均增产 6.0%。

栽培技术要点： 该品种在播种后 60~80 天开花，生育期 105 天左右；各地根据当地的温度和土壤墒情适时播种，使花期避开高温多雨天气；每亩留苗 3500~4000 株左右；苗期少灌水，利于蹲苗；开花前后 20 天是水分敏感期，因此从现蕾到开花期间，应保证水分供应；及时防治病虫害、除草；有条件的应进行人工辅助授粉，以提高产量。

适宜区域：该品种适宜在山西南部夏播、中北部春播。

238. TKC-2008

审定编号：蒙审葵 2010009 号

申请单位：北京天葵立德种子科技有限公司

品种来源：以胞质雄性不育系 525A 为母本、恢复系 256R 为父本杂交选育而成。

以往鉴定情况：2008 年全国向日葵品种鉴定委员会鉴定

特征特性：株高 157～187 厘米，叶片心形，27～30 片叶。花盘为平盘，直径 18.1～19.0 厘米，舌状花黄色，管状花紫色，花药褐色。籽粒长锥形，黑底白边有条纹，长 1.82～1.86 厘米，宽 0.77～0.78 厘米，百粒重 13.9～15.3 克，籽仁率 47.4%～49.2%。2007 年吉林省向日葵研究所田间自然抗病性鉴定，盘腐型菌核病 0；茎腐型、根腐型菌核病 0；黄萎病 26.58；黑斑病 21.25；褐斑病 25.00；锈病 0。2006 年吉林省向日葵研究所（白城）测定，籽实粗蛋白含量 15.84%。

产量表现：2006 年参加国家食用向日葵杂交种区域试验，平均亩产 200.7 千克，比对照 DK119（下同）增产 5.7%。平均生育期 95 天。2007 年参加国家食用向日葵杂交种区域试验，平均亩产 200.9 千克，比对照减产 1.5%。平均生育期 99 天。2007 年参加国家食用向日葵杂交种生产试验，平均亩产 187.9 千克，比对照增产 0.6%。平均生育期 98 天。

栽培技术要点：亩保苗 2200～2500 株。

适宜区域：该品种适宜在内蒙古自治区巴彦淖尔市、鄂尔多斯市、赤峰市≥10℃活动积温 2300℃以上地区种植。

239. YS5604

审定编号：蒙审葵 2012009 号

选育单位：山西省农业科学院棉花研究所

品种来源：以 00-2-23A 为母本、03-18-5R 为父本选育而成

以往鉴定情况：2009 年全国向日葵品种鉴定委员会鉴定

特征特性：平均生育期 94 天，与对照 LD5009（下同）同期。株高 198 厘米，茎粗 2.7 厘米，28 片叶，花盘倾斜度 4～5 级。花盘为平盘，盘径 19.7 厘米，舌状花黄色，管状花橘黄色，花药紫色，单盘粒重 95.9 克，结实率 66.5％。籽粒长形，黑底灰条纹，长 1.83 厘米，宽 0.75 厘米，百粒重 13.2 克，籽仁率 50.2％。2011 年吉林省向日葵研究所田间自然抗病性鉴定，盘腐型菌核病 0 级（0.00），茎腐型、根腐型菌核病 0.00％，黄萎病 3 级（67.71），黑斑病 4 级（87.15），褐斑病 1 级（25.00）。2011 年吉林省向日葵研究所（白城）测定，籽实粗蛋白含量 16.63％，籽仁粗蛋白含量 33.56％。

产量表现：2010 年参加食用向日葵长粒组区域试验，平均亩产 214.0 千克，比对照增产 18.6％。2011 年参加食用向日葵长粒组生产试验，平均亩产 162.9 千克，比对照增产 13％。

栽培技术要点：亩保苗 2300 株左右。黄萎病、黑斑病重发区慎用。

适宜区域：该品种适宜在内蒙古自治区呼和浩特市以西≥10℃活动积温 2200℃以上地区种植。

240. 澳葵 62

审定编号：晋审葵 2009002

申报单位：中国种子集团公司

选育单位：澳大利亚利福来种子有限公司

品种来源：FS601×FR819

以往鉴定情况：2007 年全国向日葵品种鉴定委员会鉴定

特征特性：株高 145 厘米，叶片数 29.7 片，茎粗 2.27 厘米，平盘，无空心，花盘倾斜度 2 级，籽粒浅黑色、卵圆形，百粒重 5.6 克，单盘籽实重 60.37 克，结实率 82.3％，单盘籽粒 1262.6 粒，籽仁率 72.07％。吉林省向日葵研究所鉴定：黄萎病病情指数 30.28，黑斑病病情指数 22.50，褐斑病病情指数 26.25；锈病、菌核病未发生。农业部油料及制品质量监督检验测试中心分析，2005 年、

2006 年、2008 年籽实含油率分别为 42.99％、44.27％、46.36％。

产量表现： 2005—2006 年参加国家油葵西北组区域试验，平均亩产分别为 201.1 千克和 200.9 千克，分别比对照 G10（下同）1 增产 6.3％和 7.5％，两年平均亩产 201.0 千克，比对照增产 6.9％。2006 年生产试验，平均亩产为 190.6 千克，比对照增产 6.9％。2008 年参加山西油用向日葵品种区域试验，平均亩产 162.8 千克，比对照增产 6.1％。

栽培技术要点： 亩留苗 3300 株左右；亩施尿素 10 千克、磷酸二铵 7.5 千克、硫酸钾 7.5 千克作底肥，3～4 叶期适时定苗，现蕾期适量追施氮肥，适时收获晾晒。

适宜区域： 该品种适宜在山西油用向日葵产区种植。

241. 先瑞 9 号

认定编号： 甘认葵 2012002

选育单位： 先瑞种子科技（北京）有限公司

品种来源： 以 65A 为母本、3018R 为父本、SR221B 为保持系组配的三系食用向日葵杂交种。

省级审定情况： 2010 年内蒙古农作物品种审定委员会审定

特征特性： 属中晚熟品种，生育期 105 天。株高 170～180 厘米，茎粗 3.5 厘米，叶片数 30 片。花盘直径 22～28 厘米，籽粒长 2.0 厘米以上，宽 1 厘米，种皮黑色带白边。平均百粒重 16.5 克。籽仁粗脂肪含量 52.2％、粗蛋白含量 28.5％。2009 年吉林省向日葵研究所田间自然抗病性鉴定，盘腐型菌核病 0 级（0.00）；茎腐型、根腐型菌核病 0.00；黄萎病 2 级（33.13）；黑斑病 1 级（5.78）；褐斑病 1 级（5.16）；锈病 1 级（3.97）。

产量表现： 在 2009—2011 年多点试验中，平均亩产 330.4 千克，较对照增产 8.8％。

栽培技术要点： 4 月下旬至 5 月上旬播种，一般亩保苗 3500～3800 株。每亩施过磷酸钙 50～75 千克、磷酸二铵 15～20 千克、硫酸钾 10～20 千克、硼肥 2～3 千克，或者喷施速效叶面硼肥。蕾期要中耕培土，追肥浇水，促进生殖器官的生长发育。开花期每 10 亩养蜜蜂一箱以利于授粉，提高结实率。或者采取人工辅助授粉可明显提高产量。花盘发黄，籽粒皮壳干硬后即可收获。黄萎病重发区慎用。

适宜区域：该品种适宜在甘肃省金昌、武威、酒泉等地种植，同时适宜在内蒙古自治区巴彦淖尔市、赤峰市、鄂尔多斯市、呼伦贝尔市≥10℃活动积温2300℃以上地区种植。

（六）蓖麻

242. 经作蓖麻4号

审定编号：晋审蓖（认）2012001

选育单位：山西经作蓖麻科技有限公司，中北大学

品种来源：核不育材料S160×自交系04S05。试验名称"JZBM-4"。

特征特性：出苗至主穗成熟期97天，比对照晋蓖麻2号（下同）早熟4天左右。苗期生长较弱，后期生长势较强，茎秆红色，有薄蜡层，主茎节数8～9节，叶深绿色，雌花红色，主穗位高44厘米，主穗长40～48厘米，一级分枝数3～4个，一级分枝穗长35～40厘米，有效穗数6～8个，果穗塔形，蒴果排列密度中等，蒴果圆球形，主穗蒴果数50～80个，单株蒴果数170～220个，单果粒数3个，种子椭圆形，种皮浅红色，种皮花稀，百粒重33～36克。山西省产品质量监督检验所检测：粗脂肪含量52.6%，纯仁率74.1%。

产量表现：2010—2011年参加山西省蓖麻试验，两年平均亩产136.6千克，比对照增产10.2%，试验点6个，5个点增产。其中2010年平均亩产140.3千克，比对照增产6.2%；2011年平均亩产132.9千克，比对照增产14.8%。

栽培技术要点：亩施有机肥2000～2500千克、氮、磷、钾三元复合肥30千克作基肥，当10厘米地温稳定在10℃时播种，播种深度6厘米，每穴两粒种子，水肥地亩留苗密度900～1200株，水地、沟坝地宜稀，瘠薄地、坡梁地宜密，1对真叶期定苗，勤锄杂草，始花期亩穴追施尿素10千克，根据旱情，在开花期至籽粒

灌浆期适时浇水 1～2 次，在初霜来前 40 天左右，把 5 片叶以下的分枝全部去掉。

适宜区域：该品种适宜在山西省无霜期 130 天以上的蓖麻产区种植。

243. 通蓖 9 号

认定编号：蒙认麻 2011003 号

选育单位：通辽市农业科学研究院，内蒙古民族大学

品种来源：以 Lm 型标雌系"ZLmAB$_{11}$"为母本、恢复系"2129"为父本杂交选育而成。母本的选系基础为 Lm 型雌性系×永 283；父本选系基础为邵选高串早×青塔。

特征特性：平均生育期 99 天，幼苗叶片、叶脉、幼茎均为绿色，子叶出土阔椭圆形，第 1、第 2 片真叶对生，第 3 片真叶开始互生。茎秆绿色，全株被有蜡粉，株型较紧凑，枝叶上冲；株高 220 厘米，主茎穗位 56 厘米，主茎分枝 4～5 个，单株有效果穗数 5～6 个，单株粒数 400 粒。雌花柱头红色、雄花黄色，果穗塔形，蒴果有刺较密，主茎穗长 42 厘米，门桩穗长 30 厘米，果穗密度 1.19 个/厘米。籽粒扁椭圆形，花色（黑底灰色花纹），百粒重 34.71 克。田间未发现灰霉病及其他病害发生。2010 年农业部油料及制品质量监督检验测试中心测定：棕榈酸含量 1.0%，硬脂酸含量 1.1%，油酸含量 3.9%，亚油酸含量 4.6%，亚麻酸含量 0.4%，花生-烯酸含量 0.4%，蓖麻酸含量 88.6%，粗脂肪含量 68.60%，纯仁率 77.6%。

产量表现：2009 年参加委托区域试验，平均亩产 138.9 千克，比对照通蓖 6 号（下同）增产 3.7%。2010 年参加委托区域试验，平均亩产 209.4 千克，比对照增产 26.5%。2010 年参加委托生产试验，平均亩产 212.4 千克，比对照增产 21.0%。

栽培技术要点：水肥条件好的地块亩保苗 1400 株左右；中等肥力地块亩保苗 1600 株左右；旱薄地亩保苗 1800～2200 株。

适宜区域：该品种适宜在内蒙古自治区赤峰市、通辽市、兴安盟≥10℃活动积温 2500℃以上地区种植。

244. 淄蓖麻 7 号

审定编号： 鲁农审 2010047 号

选育单位： 淄博市农业科学研究院

品种来源： 一代杂交种，组合为 F9926/M180。母本 F9926 为雌性系，选自 ZB308；父本 M180 是 TCO-202 变异株自交选育。

特征特性： 无限生长习性。植株长势强，根系粗壮，幼茎紫红色，主茎浅紫色。叶片盾形，有裂片 7～9 个。果穗宝塔形，蒴果 3 室，有刺。区域试验结果：出苗到主穗成熟 105 天，株高 260 厘米，茎粗 3.3 厘米；一级有效分枝 3.2 个；主茎穗穗长 65.2 厘米，主茎穗蒴果数每穗 88 个；第一分枝穗穗长 55.5 厘米，蒴果数每穗 76 个；籽粒椭圆形，有棕红色花纹，百粒重 47.5 克，出仁率 76.8%，种子含油率 52.0%，种仁含油率 67.7%。抗逆性较好。

产量表现： 在 2008 年山东省蓖麻品种区域试验中，平均亩产 330.1 千克，比对照淄蓖麻 2 号（下同）增产 49.9%；2009 年生产试验平均亩产 334.7 千克，比对照增产 59.1%。

栽培技术要点： 适宜播期 3 月中下旬，适宜密度为每亩 750～900 株。5 月中旬追施复合肥 1 次，及时整枝、防治病虫害。

适宜区域： 该品种适宜在山东省蓖麻产区种植利用。

（七）胡麻

245. 晋亚 11 号

审定编号： 晋审亚（认）2010001

选育单位： 山西省农业科学院高寒区作物研究所

品种来源： 晋亚 7 号/US3295。试验名称"同亚 11 号"。

特征特性： 生育期 114 天左右，属中晚熟品种。田间生长整齐一致。株型紧凑，株高 65.3 厘米，主茎分枝 3.2 个，花蓝色，单株果数 40 个，单果粒数 8 粒左右，籽粒褐红色，千粒重 6.5 克左右。抗倒性较好，抗逆性较强，后期返青现象较对照晋亚 8 号（下同）轻。内蒙古自治区农产品质量安全综合检测中心检测：粗脂肪含量（干基）40.6%，棕榈酸含量 6.46%，硬脂酸含量 2.95%，油酸含量 25.41%，亚油酸含量 14.26%，亚麻酸含量 50.88%。

产量表现： 2008—2009 年参加山西省胡麻区域试验，两年平均亩产 88.6 千克，比对照平均增产 81.6%，试验点 9 个，增产点 8 个，增产点率 88.9%。其中 2008 年平均亩产 100.0 千克，比对照增产 8.1%；2009 年平均亩产 79.5 千克，比对照增产 9.0%。

栽培技术要点： 轮作以小麦、豆类、莜麦、马铃薯、玉米茬口为好。加强抗旱耕作措施，保墒蓄水。平川地区在 4 月中下旬播种，丘陵山区 5 月上旬播种。该品种分茎力较弱，注意适当加大播量，亩播量 3～3.5 千克。生育期间中耕 2 次，苗期浅锄，现蕾期深中耕。有条件地方可于现蕾期、花期浇水追肥，保证后期水肥需要。适时收获，防止后期遇雨返青减产。

适宜区域： 该品种适宜在山西省胡麻产区种植。

246. 陇亚杂 3 号

审定编号： 甘审油 2013006

选育单位： 甘肃省农业科学院作物研究所

品种来源： 以温敏雄性不育系 1S 为母本、定亚 23 号为父本组配的杂交种，原代号 121。

特征特性： 油用型。幼苗直立，株型紧凑。株高 54.9～79.0 厘米，工艺长度 28.0～50.0 厘米，分枝数 3.1～7.1 个。花蓝色，单株蒴果数 6.8～26.8 个，每果粒数 5.8～9.0 粒，种子褐色，千粒重 6.8～8.5 克，含油率 42.2%。生育期 93～116 天。抗病性，经田间自然发病调查，高抗枯萎病。

产量表现： 在 2010—2012 年甘肃省胡麻品种区域试验中，平均亩产 128.12 千克，较对照陇亚 8 号（下同）增产 11.12%；在 2012 年生产试验中，平均亩产 140.1 千克，较对照增产 7.94%。

栽培技术要点： 适期早播，播深 3～5 厘米；亩播量灌区 4～6 千克、旱区 3～5 千克。

适宜区域：该品种适宜在甘肃省张掖、白银、兰州、定西、平凉等地种植。

247. 宁亚 19 号

审定编号：宁审油 2010006

选育单位：宁夏固原市农科所

品种来源：以宁亚 11 号/宁亚 15 号杂交选育而成，原名 9425W-25-11。

特征特性：生育期 92～109 天，较对照宁亚 14 号（下同）早 5 天，属油麻兼用中早熟品种。耐旱，抗胡麻枯萎病，适应性较广，丰产性、稳产性好。株高 56.44 厘米，工艺长度 38.56 厘米，株型紧凑，单株有效分枝 8.3 个，结果集中，单株结果 17.2 个，每果 7.8 粒，籽粒浅褐色，千粒重 7.5 克。经农业部谷物及制品质量监督检验测试中心（哈尔滨）测定，粗脂肪含量 41.26％。

产量表现：2007 年区域试验亩产 139.12 千克，比对照增产 13.11％；2008 年生产试验亩产 143.89 千克，比对照增产 21.28％；2009 年生产试验亩产 145.08 千克，比对照增产 23.79％；两年生产试验平均亩产 144.49 千克，比对照增产 22.54％。

栽培技术要点：①施肥。以底肥为主，一般亩施农家肥 2000 千克以上、尿素 5～8 千克、磷酸二铵 7～10 千克。种肥每亩 3～4 千克磷酸二铵，尿素不宜作种肥；灌头水时亩追施磷酸二铵 7.5～10.0 千克、尿素 5.0 千克。②播种。适时早播，半干旱区 4 月上旬抢墒播种，旱地亩播 3～4 千克，亩保苗 20 万～35 万株；水地亩播 4～5 千克，亩保苗 30 万～35 万株。③合理轮作。轮作周期控制在 2～3 年以上。④灌水。适时灌好头水，一般出苗后 30～40 天灌头水，以后灌水视田间土壤水分状况和天气情况确定，避免倒伏。⑤田间管理。及时破除土壤表层板结，确保全苗。松土除草，防治金龟甲、蚜虫、蓟马、苜蓿盲蝽和黏虫等危害。

适宜区域：该品种适宜在宁南山区半干旱区旱地、水地种植。

三、糖 料 作 物

（一）甘蔗

248. 川蔗 26

审定编号： 川审蔗 2010001

选育单位： 四川省植物工程研究院

品种来源： 2003 年从华南 54-11 群体生产园中选择优良变异单株，经系统选育而成。

特征特性： 高产优质的果蔗品种。植株直立，节间圆筒形，蜡粉少；无生长裂缝和木栓条纹；叶鞘包裹部分呈红色，暴露部分为紫色；叶片光滑无毛，黄绿色，易脱落；蔗芽萌发整齐，分蘖偏少；抗倒力强，抗旱性和宿根性较差。蔗茎粗大、均匀、颜色紫红、卖相好、纤维含量低、口感松软泡脆，综合商品性状优于对照华南 54-11（下同）。经四川省农科院植保所抗性鉴定，高抗甘蔗黑穗病。

产量表现： 2006—2007 年区试，平均亩产 8160 千克，比对照增产 48.28%；2007—2009 年生产试验，平均亩产 8502 千克，比对照增产 35.19%。

栽培技术要点： 新植蔗栽培技术：①播种量：南亚热带 12000～13000 芽/亩，中亚热带 16000～18000 芽/亩。②施肥量：底肥亩施复合肥 20 千克、堆厩肥 1000～1500 千克、油枯 50～100 千克、施后培土 5 厘米。追肥亩施尿素 80 千克、复合肥 60 千克、清水粪 2000～3000 千克。③亩有效茎 4000～5000 株为宜。

宿根蔗栽培技术：①早破行松蔸。②早灌水，早漂蔸。③覆盖双膜，促进早生快长。④早施肥培土，以满足宿根蔗生长所需营养。

适宜区域： 该品种适宜在四川省蔗区种植。

249. 桂糖 43 号

审定编号： 桂审蔗 2013004 号

选育单位： 广西农业科学院甘蔗研究所

品种来源： 粤糖 85-177×桂糖 92-66

特征特性： 植株高 270 厘米，直立，株型紧凑，中大茎，节间圆筒形，芽沟浅或不明显，蔗茎呈微"之"字形，遮光部分黄绿色、露光棕黄色；芽菱形，芽基离开叶痕，芽尖略超过生长带，芽翼着生于芽中上部、较宽；内叶耳披针形，叶略披垂、叶尖弯曲；有少量 57 号毛群，易剥叶。

产量表现： 2010—2011 年参加广西甘蔗品种区域试验，2 年新植一年宿根试验，5 个试点平均甘蔗亩产量 6754 千克，比对照新台糖 22 号（下同）增产 8.85%；平均亩含糖量为 977.6 千克，比对照增糖 11.7%；11 月至翌 2 月甘蔗蔗糖分新植宿根平均为 14.47%，比对照高 0.42%（绝对值）。2012 年生产试验平均亩产蔗量 6047 千克，比对照增产 10.4%。

栽培技术要点： ①亩下种芽数以 6500～7000 芽为宜，播种后采用地膜覆盖。②宜施足基肥、增施有机肥和磷、钾肥，促其分蘖成茎和中期、后期快速生长。③宿根蔗要及时早开垄松蔸，苗数达到基本苗后宜及早大培土，抑制无效分蘖。④宿根年限可达 3～4 年以上，种植沟宜深（25 厘米以上），以防多年宿根后萌发蔗茎株入土太浅易倒伏。⑤在湿度较大的低洼地带种植应在多雨季节注意防治梢腐病。

适宜区域： 该品种适宜在广西壮族自治区甘蔗产区种植。

250. 闽引黄皮果蔗

认定编号： 闽认糖 2010001

引进单位： 福建省农业科学院甘蔗研究所，福建省种植业技术推广总站

品种来源： 原产台湾，2003 年从广东引进。

特征特性： 该品种群体整齐，植株高大，大茎，节间较长，圆筒形，蔗茎遮光时为黄绿色，曝光后呈黄色；水裂少，无木栓裂

缝；芽沟浅，不明显；芽倒卵形，中大，芽尖未超过生长带；叶片较紧凑，叶尖弯曲，叶色青绿；叶耳退化；自然条件下不孕穗开花；蔗皮薄、纤维长、蔗肉脆，出汁率高，蔗渣易成团。平均株高303 厘米，茎粗 3.52 厘米，单茎重 2.78 千克，萌芽率 70% 左右、分蘖率达 80% 以上；糖分适中，蔗汁清甜，有冰糖味，口感好，品质佳。经福建省农业科学院植物保护研究所田间调查，该品种主要病害有花叶病、赤腐病和白条病，病虫害发生情况与对照黑皮果蔗（下同）相当。经福建省农科院中心实验室测定，2008 年 12 月和 2009 年 1 月平均的蔗汁蔗糖分 12.8%、还原糖 2.35%；含有 17种氨基酸，平均每 100 毫升蔗汁中氨基酸总量 336.12 毫克。

产量表现： 经漳州长泰县、龙海市、泉州洛江区、莆田仙游县多年多点试验，平均亩产 8846 千克，比对照增产 13.32%。

栽培技术要点： 适宜下种量为每亩 3000 段双芽苗左右；冬植、早春植要覆盖地膜；施足基肥，氮、磷、钾肥合理配施；注意防治螟虫和蚜虫；因植株高大，应高培土，防止倒伏；及时剥叶，增加田间通风透光性，减少病虫危害，提高外观品质。

适宜区域： 该品种适宜在福建省中部、南部果蔗种植区种植。

251. 甜城 99

审定编号： 川审蔗 2012001

选育单位： 四川省内江市农业科学院

品种来源： 用内江 90-112 作母本、内江 92-244 作父本进行有性杂交，通过系统选育而成。

特征特性： 属果蔗品种。株高中等，大茎，蔗茎均匀，轻度曲拐，节间腰鼓型，茎色紫红，芽圆形，生长带黄绿色，芽沟不明显，叶片深绿色。叶鞘浅紫色，57 号毛群少，老叶鞘易脱落。蔗茎泡、脆，易撕皮，适口性好，含糖量较高，汁多味纯，甜度适中，商品性较优。抗倒性、耐旱性、耐寒性强。经四川省农科院植保所抗性鉴定，高抗甘蔗黑穗病。

产量表现： 2010 年和 2011 年在内江、资阳、成都、绵阳、自贡、泸州共 7 个试点进行多点试验，最低亩产 5821 千克，最高亩产 8819 千克，两年平均亩产量 7093.3 千克，比对照沱江红增产

24.5%。2011年进行生产试验，平均亩产量7660.7千克，比对照沱江红增产30.2%。

栽培技术要点：①新植、宿根均宜采用地膜栽培。②亩有效茎以3500株左右为宜。③氮、磷、钾肥配施，增施油饼，不施含氯肥料以保证口味纯正。④为防止蔗茎贪青晚熟，影响品质，7月底以前应停止施肥。⑤后期分3～4次剥去下部枯叶，以利蔗茎曝光增色。

适宜区域：该品种适宜在四川省蔗区种植。

252. 温联2号果蔗

认定编号：浙认蔗2008001
申报单位：温岭市农业技术推广站
品种来源：温联果蔗芽变株系统选育
特征特性：中熟，播种至采收270～300天；出苗率高，生长势强，株型挺拔，分蘖力较弱，平均株高219厘米；叶挺，叶环明显，最大叶长136～142厘米、宽6.6～6.8厘米；地上部节间长6～12厘米，茎粗3～4厘米；节间圆柱形，不易产生密节，外观光亮，蜡粉较多；单茎重约2千克，蔗皮紫色，蔗肉较白，糖分积累早，品质好，水裂少，无空心，鲜蔗成熟时田间锤度14～16度；芽呈尖三角形，芽沟较深。田间表现较抗梢腐病。

产量表现：2005—2006年多点品比试验，平均亩产6384.7千克，比对照温联果蔗增产3.6%。

栽培技术要点：2月底到3月上旬下种，定苗3200株/亩左右。该品种蔗茎略微偏细，不宜密植。可采用促早栽培，早上市。

适宜区域：该品种适宜在浙江省种植。

253. 粤糖04-245

审定编号：粤审糖2011002
选育单位：广州甘蔗糖业研究所
品种来源：粤糖94-128/美国特早CP72-1210
特征特性：早熟。萌芽好，分蘖力较强，全期生长较快，植株较高，老叶易脱落、无57号毛群，中大茎，有效茎数多。11月～

翌年 1 月平均蔗糖分 16.07%，分别比对照种新台糖 10 号、新台糖 16 号和新台糖 22 号高 1.47%、1.09% 和 1.28%。高抗嵌纹病，中抗黑穗病，较粗生耐旱，抗风力较强。

产量表现：2008—2009 年参加省区试，平均亩蔗茎产量 6292 千克，分别比对照种新台糖 10 号、新台糖 16 号和新台糖 22 号增产 30.25%、26.65% 和 8.61%；亩含糖量 1010 千克，分别比对照种新台糖 10 号、新台糖 16 号和新台糖 22 号增糖 43.87%、35.84% 和 18.24%。

栽培技术要点：冬植或早春植均可，亩种 3000～3100 段双芽苗，下种时用 0.2% 的多菌灵药液浸种消毒 3～5 分钟，覆土后加盖地膜保温、保湿。

适宜区域：该品种适宜在广东省蔗区中等以上肥力的旱坡地和水旱田种植。

（二）甜菜

254. HI0466

认定编号：蒙认甜 2011001 号

选育单位：先正达种子公司

品种来源：以单粒二倍体雄性不育系 MS-304 为母本、多粒种二倍体 POLL-0166 品系为父本杂交选育而成。

省级审定情况：2009 年黑龙江省农作物品种审定委员会审定

特征特性：叶片犁铧形，叶丛斜立，叶柄长，叶色深绿。块根为圆锥形，根肉白色，根沟浅。2010 年在抗（耐）丛根病鉴定试验中，病情指数 0.19。2010 年测定，钾离子含量 4.28 毫摩尔/100 克鲜重，Na 离子含量 1.60 毫摩尔/100 克鲜重，α-N 含量 3.7 毫摩尔/100 克鲜重。

产量表现：2010 年参加内蒙古自治区甜菜生产试验，平均亩产 4930 千克，比对照甜研 309（下同）增产 23.28%；平均含糖率 14.86%，比对照高 0.25 度。

栽培技术要点：一般育苗移栽 6000 株/亩，机械化直播 6600 株/亩，收获株数不低于 5000 株/亩。苗期防治立枯病和跳甲、象甲等苗期害虫，中后期防治甘蓝夜蛾和草地螟。

适宜区域： 该品种适宜在内蒙古自治区巴彦淖尔市、包头市、呼和浩特市、乌兰察布市、赤峰市产区种植。

255. 甘糖 7 号

认定编号： 甘认甜菜 2012003

选育单位： 武威三农种业科技有限公司

品种来源： 以 MS2007-2A 为母本、P2007 抗为父本配制的雄性不育多粒二倍体杂交种。

特征特性： 生育期 175 天，叶丛半斜立，平均高度 62 厘米，叶片柳叶形，叶柄长，叶色深绿，块根圆锥形，白色根皮，根肉白色，根沟浅。种球直径 2.3 毫米以上，千粒重 25～27 克之间。田间调查抗丛根病、褐斑病、黄化毒病。总糖含量 734.0 克/千克，粗蛋白含量 40.6 克/千克，粗纤维含量 57.4 克/千克，全钙含量 1.18 克/千克。

产量表现： 2009—2011 年多点试验平均亩产 6227 千克，比对照增产 16％；2011 年生产试验，平均亩产 6338 千克，较对照增产 23％。

栽培技术要点： 河西走廊播种期在 4 月上旬，每亩保苗 6000～6500 株；基肥亩施农家肥 1500 千克、磷酸二铵 40 千克、尿素 20 千克，追肥每亩 20 千克。播种前使用杀菌剂和杀虫剂，7～8 月喷杀虫剂防治害虫，保护叶片，促进生长。

适宜区域： 该品种适宜在甘肃省武威、张掖、酒泉等甜菜原料区种植。

256. 农大甜研 6 号

审定编号： 蒙审甜 2012001 号

选育单位： 内蒙古农业大学

品种来源： 以二倍体普通自交系 NDWF-1208 为母本、多粒四倍体品系 NDWZ-4602 为父本杂交选育而成。

特征特性：叶丛直立，叶片犁铧形，叶色呈绿色。块根为圆锥形，根头较小，根肉白色，根沟浅。2011 年在抗（耐）丛根病鉴定试验中，病情指数 0.2。2011 年测定，钾离子含量 6.24 毫摩尔/100 克鲜重，钠离子含量 5.45 毫摩尔/100 克鲜重，α-N 含量 7.24 毫摩尔/100 克鲜重。

产量表现：2010 年参加甜菜品种区域试验，平均亩产 4995 千克，比对照甜研 309（下同）增产 30.6%；平均含糖 14.45%，比对照低 0.54 度。2011 年参加甜菜品种区域试验，平均亩产 4849.2 千克，比对照增产 11.7%；平均含糖 16.40%，比对照低 0.26 度。两年区试平均亩产比对照增产 20.88%，含糖比对照低 0.4 度。2011 年参加甜菜品种生产试验，平均亩产 4692.3 千克，比对照增产 18.9%；平均含糖 16.18%，比对照高 0.5 度。

栽培技术要点：亩保苗 4800～5500 株。避免重茬、迎茬，避免过量使用氮肥，杜绝大水大肥。

适宜区域：该品种适宜在内蒙古自治区甜菜种植区种植。

257. 甜饲 2 号

认定编号：甘认甜菜 2009001

选育单位：甘肃省农业科学院啤酒原料研究所

品种来源：以 G04A 为母本、LC-1-1 为父本配制的杂交种，原代号 LC-2。

特征特性：属二倍体饲用甜菜杂交种。叶柄及叶脉均为红色，叶片浓绿；叶丛繁茂，高 45～65 厘米。根肥大，呈圆锥形，根皮红色，根肉细致，根头小，不易开裂。生育期 190～200 天。抗病性经田间调查，抗甜菜褐斑病和黄化毒病，中感白粉病。干物质含量为 10.9% 左右。干物质中蛋白质含量 13.3%，粗纤维含量 9.1%，粗脂肪含量 1.0%，蔗糖含量为 10%～12%。

产量表现：在 2005—2006 年多点试验中，平均亩产 7125.8 千克，比对照增产 2.2%。

栽培技术要点：3 月下旬或 4 月上旬播种，播种量 1.5 千克/亩。亩保苗 4200～4500 株。

适宜区域：该品种适宜在甘肃省中部较湿润地区种植。

四、药用作物

258. 宝膝 1 号

审定编号：川审药 2012002

选育单位：四川农业大学，雅安三九中药材科技产业化有限公司

品种来源：从四川省宝兴县蜂桶寨乡的半野生种群中经系统选育而成。基源为苋科杯苋属植物川牛膝 Cyathula officinalis Kuan。

特征特性：株高 80～95 厘米，分枝数 4～6 个，叶片数 35～65 片。茎秆中下部呈紫红色，叶色浓绿，持绿期长，生长旺盛，群体整齐性、一致性较好，倒苗后回苗率高且回苗期一致，耐寒性强。根呈圆柱形，微扭曲，主根明显，长 30～60 厘米，直径 0.5～3.0 厘米，向下略细或有少数分枝，表面黄棕色，质韧，味甜。经检测：含水量 13.7％、总灰分含量 4.6％、浸出物 69.4％、杯苋甾酮含量为 0.052％，均符合《中华人民共和国药典》（2010 年版，一部）规定。

产量表现：2010 年品比试验平均产量 8644.50 千克/公顷，比对照平均增产 18.42％；生产试验平均产量 14592 千克/公顷，比对照平均增产 12.01％。表现出良好的丰产性、稳定性和适应性。

栽培技术要点：4 月上中旬播种，采用窝播，按行距 35 厘米左右、窝距 24 厘米左右，用种量 30 千克/公顷。苗高 2～3 厘米时匀苗，苗高 5 厘米时定苗。第一、第二年在 5 月中下旬、6 月中下旬和 8 月上旬进行 3 次中耕除草，第三年进行 2 次中耕除草。结合中耕除草进行 3 次追肥；8 月对生长过旺的植株进行打顶，保持植株高度 30～40 厘米；及时防治白锈病和黑头病。第三年 11 月下旬至翌年 1 月上旬采收。

适宜区域：该品种适宜在四川省宝兴、天全、金口河等川牛膝主产区种植。

259. 滨乌1号

鉴定编号： 苏鉴何首乌 201001

选育单位： 江苏省白首乌产业协会

品种来源： 原名"白何首乌 6-16"，以何首乌地方品种经系统选育，于 2007 年育成。

特征特性： 为蔓生半灌木，发棵快、长势强、生长整齐。茎蔓圆形，中空，茎色青绿，呈左旋相互绕的习性。叶蔓层高 76.4 厘米，比对照何首乌地方品种（下同）高 10 厘米；叶对生，宽卵形；聚伞花序，花白色；蓇葖果双生，种子扁卵状、褐色，种子顶端有一簇白色茸毛。块根纺锤形、粗短，块根皮色土黄，块根肉色类白。播种至出苗天数：春播比对照早 5～6 天，夏播比对照早 3 天左右。田间褐斑病发生较轻。

产量表现： 2007—2008 年参加滨海县区域试验，2007 年平均亩产鲜何首乌 1281.6 千克，比对照增产 31.8%，2008 年平均亩产鲜何首乌 998.4 千克，比对照增产 37.3%；2009 年参加江苏省何首乌新品种鉴定试验，平均亩产鲜何首乌 1224.5 千克，比对照增产 35.6%；平均亩产干何首乌 400.6 千克，比对照增产 35.0%。

栽培技术要点： ①选地种植。轮作换茬，选择地势高、排水良好的沙壤土和黏壤土种植。②精细整地。耕深 20 厘米左右，开挖三沟，保证三沟相连、通畅。③适期播种。春播在 4 月中旬左右（气温稳定通过 10℃以后），夏播在 6 月上旬，每亩用种 25～30 千克。④种植密度。每亩密度 5000～6000 株。选直径 1～1.5 厘米的块根分段作种根，每段种根长 3～5 厘米，行距 45～50 厘米，株距 20～25 厘米，播深 4～5 厘米。⑤肥水运筹。施足基肥，每亩用腐熟土杂肥 1000 千克或腐熟饼肥 50～100 千克、过磷酸钙 25～30 千克、尿素 10～15 千克、硫酸钾 10 千克；早施苗肥，齐苗后，选用氮、磷、钾三元复合肥为宜；补施平衡肥，促稳长，当主茎 8 节左右亩用 5～8 千克尿素进行提黄补瘦，促黄僵苗的转化；重施膨大长粗肥，每亩用尿素 15～20 千克、硫酸钾 10 千克打洞穴施。⑥防治病虫草害。适时防治蛴螬、中华萝摩叶甲、蚜虫等害虫。对褐斑病防治，首先要降低田间的湿度，在发病的初期多次进行药剂防治。采取人工和化学除草的办法及时控制田间杂草。

适宜区域：该品种适宜在江苏省滨海县何首乌产区种植。

260. 川红花 2 号

审定编号：川审药 2009004

选育单位：四川省农业科学院经济作物育种栽培研究所

品种来源：为菊科植物红花 Carthamus tinctorius L.，在简阳红花地方品种的基础上采用系统选育法育成的红花新品系。

特征特性：生育期 208 天左右。株高约 130 厘米，叶色浓绿，分枝高度 66.6 厘米，果球呈扁平状，果球直径 2.6 厘米，平均单株果球数 14.4 个，苞叶卵圆形，苞叶位于果球基部，苞叶少并有少量的小软刺，开花集中、采花方便，花色橘红，种子千粒重 54.5 克。经四川省食品药品检验所测定：红花药材的吸光度 0.41、浸出物 38.6%、山奈素 0.252% 等有效成分指标符合《中华人民共和国药典》（2005 版，一部）的规定。

产量表现：2007 年、2008 年多点试验平均亩产红花 19.41 千克，比对照简阳红花（下同）增产 18.14%；2008 年生产试验平均亩产红花 20.1 千克，比对照增产 17.19%，增产极显著。

栽培技术要点：①播期：适宜 10 月中下旬至 11 月上旬播种。②密度：10000～12000 株/亩。③施肥：亩施纯氮 8～10 千克（底肥 15%，苗肥 40%，分枝期追肥 45%）、五氧化二磷 4～5 千克（底肥 40%，追肥 60%）、氧化钾 8～10 千克（底肥 40%，追肥 60%）。④田间管理：除草 2～3 次，最后一次在封行前进行，同时培土，以防倒伏。3 月中下旬开花前重点防治蚜虫危害，4 月下旬开花时上午采收，5 月底收种。

适宜区域：该品种适宜在四川省红花种植区种植。

261. 川麦冬 1 号

审定编号：川审药 2010003

选育单位：西南交通大学

品种来源：由三台川麦冬混合种质中的自然变异株经系统选育而成，基源鉴定为百合科植物麦冬 [*Ophiopogon japonicus*

（Thumb.）*Ker.-gawl.*]。

特征特性：全生育期约 305 天，植株深绿，花茎较短，紫色间有绿色，花紫白色。株型直立紧凑，平均株高 22 厘米，分蘖数约 5 个，叶形细长，叶片约 63 片，叶片长约 24 厘米，叶宽约 3 米。分蘖繁殖，发根早、返青快；须根粗壮，块根总数约 38 个，商品块根粗大，单株平均鲜重 12.8 克，优级品寸冬约 3.9 克，寸冬率 30.44％。经四川省药品检验所测定，药材均符合《中华人民共和国药典》（2005 年版，一部）麦冬的各项质量标准规定。

产量表现：2007 年、2008 年两年多点试验，块根鲜品和干品平均亩产 1010.3 和 311.5 千克，比对照平均增产 17.5％和 17.6％；寸冬鲜品和干品平均亩产 320.5 和 98.2 千克，比对照平均增产 24.0％和 25.1％，差异极显著，增产点 100％。2008 年度三台县生产试验，块根和寸冬分别比对照增产 17.5％和 23.9％。

栽培技术要点：4 月上旬栽种，选用一年生单蘖健壮规范种苗。前作收获后翻耕炕土。每亩用腐熟有机肥 2000～3000 千克，配合撒施氮 5～6 千克、五氧化二磷 7～9 千克、氧化钾 10～14 千克的化学单质肥料或等量养分的复合肥，均匀撒入土中，耙细整平开厢，厢宽 150～200 厘米、沟宽 25 厘米、沟深 20 厘米。种植密度 10 万～12 万苗/亩，按株行距（8～10）厘米×10 厘米、穴深 3～4 厘米栽植，每窝栽 1 苗，扶正压实。栽完后立即灌水淹苗，保持土壤湿润直至返青成活。及时补植同级种苗。适时追施苗肥（4～5 月）、分蘖肥（6～7 月）、秋肥（11 月）和春肥（2 月），追肥的氮、五氧化二磷、氧化钾适宜比例为 1.0∶0.5∶0.9。7～8 月和 9～10 月浅中耕，不定期人工拔除杂草。8～9 月选择阴天或晴天对麦冬植株断根。9～10 月用多效唑对水泼施 1～2 次，每亩施用量不得超过 3 千克。其余栽培管理按常规进行。翌年 4 月上旬选晴天适时采收与加工。

适宜区域：该品种适宜在四川麦冬道地产区种植。

262. 川天麻金乌1号

审定编号：川审药 2011001
选育单位：西南交通大学，乐山市金口河区森宝野生植物开发有限公司，乐山市金口河区生产力促进中心。

品种来源：由川西南天麻野生混合种质中的自然变异株经系统选育而成，基源为兰科植物乌天麻（*Gastrodia elata Bl. f. glauca S. Chow.*）。

特征特性：有性繁育天麻全生育期约526天，植株无根无叶，地上茎高大粗壮，平均株高150厘米，灰棕色，带白色纵条纹；花片被蓝绿色；蒴果大、灰棕色；种子细小，粉末状。块茎粗壮肥大，椭圆形或卵状长椭圆形，表面黄色或淡棕色，表面具黑褐色环纹及针眼，顶生芽大、灰棕色，最大单个鲜重800克，平均含水率31.9%，优级品率45.1%。经四川省食品药品检验所检测：水分12.4%，总灰分含量3.2%，天麻素含量0.47%，符合《中华人民共和国药典》（2010年版，一部）标准（水分≤15%，总灰分≤4.5%，天麻素≥0.2%）。

产量表现：2007年、2008年两年多点试验，平均亩产天麻块茎分别为1140.9千克和1147.5千克，分别比对照增产73.4%和73.8%，增产点100%。2009年度生产试验平均亩产天麻块茎1144.1千克，比对照增产73.5%。

栽培技术要点：①备种。选高山野生天麻——萌发菌-密环菌培育优质有性繁殖种源。②栽种。11月～翌年3月，采用活动菌床法栽种，下垫疏松腐殖质土，上面撒一层枯枝、落叶，顺坡排放菌材，播种白麻，间距15厘米，菌材两端各放1个白麻，菌床用腐殖质土或沙覆盖，厚度10厘米。③田间管理。冬季盖薄膜或干草保温防冻；夏季搭棚遮阳，高温应喷水降温，适时盖膜防雨并疏通排水沟；保湿润；防污染和鼠害。④适时采收。10月下旬，及时清洁田园。

适宜区域：该品种适宜在四川金口河及相似生态区种植。

263. 川芷2号

审定编号：川审药2012001

选育单位：四川农业大学

品种来源：为重庆南川收集的白芷材料经系统选育而成。基源为伞形科植物杭白芷〔*Angelica dahurica（Fisch. ex Hoffm.）*

Benth. *et Hook. f. var. formosana* (*Boiss.*) *Shan et Yuan*]。

特征特性：生育期平均 616 天，其中大田生产平均 300 天；种子繁育平均 316 天。大田生产植株株高 87.0～96.4 厘米，叶柄基部紫色，叶色深绿、退绿迟。根圆锥形，根头部钝四棱形；表皮浅黄色至黄棕色。留种开花植株长势旺、分枝多，株高 1.8 米左右，秆硬、抗倒。经检测：干燥根水分含量为 9.3%，总灰分含量为 2.9%，欧前胡素含量为 0.28%，均符合《中华人民共和国药典》（2010 版，一部）的规定。

产量表现：2008—2009 年度平均产量为 6804 千克/公顷，比对照川芷 1 号（下同）平均增产 21.7%，增产极显著。2010—2011 年度，平均产量 10098 千克/公顷，比对照增 39.2%，增产极显著。2010—2011 年度生产试验中，平均产量 8679 千克/公顷，比对照增产 29.5%。表现出良好的丰产性、稳定性和适应性。

栽培技术要点：①商品生产用当年繁育的种子，9 月下旬至 10 月上旬播种；12 月下旬匀苗、翌年 2 月下旬定苗；底肥以有机肥为主，增施磷钾肥，控施氮肥。及时拔除早期抽薹植株。适时防治白芷斑枯病、根结线虫病、黄凤蝶幼虫及蚜虫等病虫害。7 月中下旬叶片枯黄时采挖，晒干。②种子繁育应选择根形好、无分叉、无损伤、无病虫害的根作种根。隔离区在 500 米以上。6～7 月分批采收成熟饱满种子，阴干。

适宜区域：该品种适宜在四川川中平坝、丘陵等白芷主产区种植。

264. 恩玄参1号

审定编号：鄂审药 2008001

选育单位：恩施硒都科技园有限公司

品种来源：从恩施州地方玄参群体中经系统选育而成

特征特性：植株直立四棱形，叶对生，平均分枝 5.5 个；平均株高 168.2 厘米，茎基粗 1.6 厘米、最大叶长 12 厘米、宽 10.5 厘米，每株子芽 6～10 个，块根 6～8 个；单株鲜块根质量 380～410 克，鲜块根折干率 24% 左右。叶斑病花前 1～2 级，花期 2～3 级。子芽越冬的最低温度 2℃，气温 15～18℃ 生长迅速。在恩施州海拔

1400 米左右的地区栽培，3 月中旬出苗，11 月上中旬茎叶开始枯萎，从出苗至成熟 230 天左右。经湖北省中药标准化工程技术研究中心检测：哈巴俄苷含量 0.07518%，符合《中华人民共和国药典》（2005 版，一部）玄参条目中规定 0.05% 的标准。

产量表现： 2006—2007 两年品比试验，平均亩产干药材 436.5 千克，比对照（原始群体）增产 20.3%。

栽培技术要点： ①选择土层深厚、肥沃、疏松和排水良好的土地种植，忌连作。②育芽床储藏子芽，2 月下旬至 3 月上旬精选子芽移栽。宽窄行种植，宽行距 80 厘米，窄行距 30 厘米，株距 30～33 厘米。③底肥一般亩施腐熟农家肥 1500 千克、复合肥 25 千克；齐苗期结合中耕除草亩追尿素 5 千克；现蕾前亩追尿素 10 千克。④蕾期打顶 2 次。⑤注意防治叶斑病、蛴螬等病虫害。

适宜区域： 该品种适宜在湖北省恩施州海拔 1000～1600 米的地区种植。

265. 航丹1号

登记编号： XPD010-2012

选育单位： 湖南中医药大学

品种来源： 安徽亳州药材市场种苗站

特征特性： 株高 20～40 厘米。全株有柔毛。叶单数羽状复叶，叶片深绿色，叶长 4～6 厘米，宽 2.2～4.5 厘米，先端渐尖，基部心形，叶缘锯齿较浅，叶片较厚，表面皱缩。茎分枝多 1～5 个，节间距短 1～3 厘米。根圆柱形，表面砖红色或红色，长 15～30 厘米，直径 0.5～1.5 厘米；根数多达 15～40 条。轮伞花序，苞片披针形，花冠紫色，花萼紫色，花序长 4～12 厘米，花朵数 15～32 个。小坚果黑色，椭圆形。花期 4～11 月。水溶性浸出物 62.56%，醇溶性浸出物 17.08%，有效成分丹参酮ⅡA、丹酚酸B的含量分别为 0.56%、6.81%。

产量表现： 平均亩产鲜丹参约 1700 千克，折合干药材约 560 千克。

栽培技术要点： 选取土层 30 厘米以上、土层肥沃、疏松、地势略高、排水良好的土地种植；繁殖方式包括芦头繁殖和分根繁殖。按行距 30～45 厘米和株距 25～30 厘米穴栽，每穴 1～2 段，栽后随即覆土，田间管理注意施足基肥，及时追肥，适当氮、磷、钾肥结合施用，注意病虫害防治。

适宜区域：该品种适宜在湖南省丹参主产区种植。

266. 晋远 1 号

审定编号：晋审远志（认）2012001

选育单位：山西省农业科学院经济作物研究所

品种来源：吕梁山野生种变异株系选。试验名称"汾远 1 号"。

特征特性：生长期约 2 年半，根系圆柱形、粗壮、深黄色，具少数侧根，生长势较强，株高 35～45 厘米，分枝数 7～8 个，直立或斜上，丛生，茎秆绿色、叶互生、鲜绿色、线形、全缘、无柄或近无柄，花淡蓝紫色，硕果近倒心形，边缘有狭翅，无毛，种子 2 个，卵形，微扁，灰黑色，密被白色茸毛，千粒重 3.1～3.4 克。抗旱，抗涝，抗病性较强。宁夏医科大学检验测试中心检测：远志皂苷元含量 1.499%，可溶性糖含量 16.696%。

产量表现：2007—2011 年参加山西省远志试验，平均亩产 601.4 千克，比对照闻喜农家种（下同）增产 24.1%，试验点 10 个，全部增产。其中 2009 年平均亩产 589.0 千克，比对照增产 24.1%；2011 年平均亩产 613.8 千克，比对照增产 24.2%。

栽培技术要点：选择地势高燥的沙质壤土，一次性施足底肥，亩播量 3.0～4.0 千克，控制氮、磷、钾肥施肥量，加强花期水肥管理，选用生物制剂对病虫害进行防治。

适宜区域：该品种适宜在山西省远志产区种植。

267. 陇芪 3 号

认定编号：甘认药 2013001

选育单位：定西市旱作农业科研推广中心、中国科学院近代物理研究所

品种来源：用陇芪 1 号进行辐照处理诱变选育而成，原代号 HQN03-03。

特征特性：根圆柱状，外表皮淡褐色，内部黄白色，根长

58.9 厘米。一年生植株茎高 25～30 厘米，两年生植株茎高 45.8 厘米。主茎半紫色，冠幅 49.4 厘米，茎上白色伏毛较密。叶长 3～10 厘米，小叶 27 枚，小叶长 6 毫米、宽 6.6 毫米；花枝着生小花 3～12 枚，花蝶形、淡黄色，花期 6～7 月；荚果长 1.5～3.2 厘米，内含种子 3～8 粒。种子色泽棕褐色，千粒重 7.47 克。经田间调查根腐病病株率为 25.0%，病情指数为 8.75%，抗病性优于对照。总灰分含量 2.6%、浸出物含量 31.7%、黄芪甲苷含量 0.089%，毛蕊异黄酮葡萄糖苷含量 0.080%。

产量表现：在 2009—2011 年多点试验中，平均亩产 655.2 千克，较对照陇芪 1 号增产 17.1%。

栽培技术要点：播前将选好的种子放入沸水中搅拌 90 秒，后用冷水冷却至 40℃后再浸种 2 小时，再将水沥出，加盖麻袋等物闷种 12 小时，待种子膨胀后，抢墒播种；成药田要求移栽苗行距 25 厘米，株距 20 厘米，种苗平摆，栽植深度 10 厘米；亩保苗 1.2 万～1.3 万株为宜，每亩施有机肥 5000 千克，配施化肥纯氮肥 10～15 千克、磷肥 15～18 千克、钾肥 5～6 千克。黄芪花序为无限型，应分期采收种子。

适宜区域：该品种适宜在甘肃省定西海拔 1900～2400 米、年平均气温 5～8℃、降水量 450～550 毫米的生态区种植。

268. 陇苏 1 号

认定编号：甘认苏 2013001

选育单位：甘肃省农业科学院旱地农业研究所

品种来源：从甘肃正宁县西坡乡月明村收集紫苏材料中经过连续提纯选育而成，原代号 ym-08-023。

特征特性：一年生草本，生育期为 143 天左右。株高平均 185 厘米，茎秆绿色、方形有凹沟、基部光滑坚硬、上部嫩茎着生白色茸毛，叶柄着生处具分枝特性，分枝数 6～10 个，叶对生、叶片为阔卵形、边缘有锯齿、绿色，叶背绿色稍带浅紫红色，叶脉白色，叶片两面有茸毛，顶生总状花序、花白色、子房 4 心室，单果结实 4 粒，结果习性小坚果，成熟果穗为淡褐色，籽粒近圆形、红褐色，千粒重 4.5 克。籽粒粗脂肪含量 43.49%，粗蛋白含量

21.94%，粗纤维含量 15.75%。对锈病和白粉病均表现抗病。

产量表现： 2011—2012 年多点试验平均亩产 138.3 千克，较对照增产 14.08%。2012 年生产性试验平均亩产 136.8 千克，较对照增产 14.8%。

栽培技术要点： 选择地势平坦、肥力较高、排水良好、阔叶杂草较少的沙壤土种植，一般每亩施纯氮 2.7 千克、纯磷 3.6 千克、纯钾 2.5 千克、有机肥 2000 千克。4 月中下旬播种，机械每穴下种 3～4 粒，亩播量 0.4～0.5 千克；人工撒播亩播量 2.0～2.5 千克，播深 2～3 厘米。9 月中下旬当全田有 2/3 植株叶片由绿色变成浅黄色、结穗变成浅褐色、种子由白色变成浅褐色时即可收获。

适宜区域： 该品种适宜在甘肃省庆阳、天水干旱半干旱地区种植。

269. 绿芎1号

审定编号： 川审药 2011005

选育单位： 成都中医药大学，四川农业大学

品种来源： 在川芎地方品种基础上经系统选育而成，基源为伞形科植物川芎（*Ligusticum chuanxiong Hort.*）。

特征特性： 育苓约 200～210 天，坝区栽培生育期 280～290 天，株高 40～48 厘米，叶片数 35～65 片，茎蘖数 15～25 个；茎秆中下部成紫红色，株型好。成株叶色浓绿，持绿期长，品质优，生长旺盛，群体整齐性、一致性较好，抗病性强。块茎呈拳形团块，直径 2～7 厘米，表面黄褐色，断面黄白色或灰黄色，有黄棕色的油室，气浓香。经四川省食品药品检验所检测：总灰分含量 3.8%，酸不溶性灰分含量 0.9%，浸出物含量 20.4%，符合《中华人民共和国药典》（2005 年版，一部）标准（总灰分含量不得超过 6.0%，酸不溶性灰分含量不得超过 2.0%，浸出物含量不得少于 12.0%）。

产量表现： 2007—2009 年多点试验，平均产量 4936.4 千克/公顷，比当地主栽品种增产 26.5%，增产显著；2009—2010 年生产试验，中农 1 号平均产量 4629.2 千克/公顷，产量比当地主栽品种增产 19.1%，表现出良好的丰产性、稳定性和适应性。

栽培技术要点：①遵循"山区育苓，坝区种芎"的原则，选择海拔 1200～1500 米的山区培育苓种，7 月中旬至 8 月上旬采收。②栽种期：于每年立秋至处暑间栽种。以立秋后一周之内为栽种最佳期。栽种方法：多直栽。注意苓种的芽口朝上。栽后覆盖半寸土，再浇腐熟清粪水后用稻草覆盖。③其他田间管理方法同产区传统栽培技术。

适宜区域：该品种适宜在四川川芎道地产区种植。

270. 岷归 5 号

认定编号：甘认药 2013003

选育单位：定西市旱作农业科研推广中心

品种来源：对岷县大田当归采用系统选择法选育而成，代号 DG2005-02。

特征特性：根为肉质性圆锥状直根系。苗根长 13.4 厘米，侧根 2.4 条/株，单株鲜根重 0.87 克；成药期根长 35.2 厘米，芦头径粗 3.7 厘米。主茎、侧茎均为淡紫色，结籽期主茎高 81 厘米，具 4～7 节，叶柄长 3～7 厘米，叶片长 2～3.5 厘米，有 2 个或 3 个浅裂。结籽期叶柄长 8.8 厘米，小叶片宽 3 厘米、长 4.3 厘米。花白色，未开放的花苞呈淡紫色，花期在 6～8 月。果为双悬果，长 4～6 毫米，宽 3～5 毫米。种子淡白色、长卵形，种果千粒重 1.91 克，种子发芽率 87.4%。经田间调查，当归麻口病病株率 27.86%，病情指数 9.29%，抗病性表现较好。总灰分含量 4.6%，酸不溶性灰分含量 0.6%，浸出物含量 60.4%，阿魏酸含量 0.125%。

产量表现：在 2007—2011 年的多点试验中，平均亩产鲜归 701.1 千克，较对照岷归 1 号增产 17.4%。

栽培技术要点：播前将熏肥和每亩 20 千克磷酸二铵和每亩 6.7 千克硫酸钾均匀施入土壤中，密度 3500～4000 粒／米^2，覆土厚度 0.2～0.3 厘米，然后畦面覆盖作物秸秆 1～3 厘米厚；成药期要求亩施有机肥 5000 千克，配施化肥纯氮肥 16～17 千克、磷肥 7～8 千克、钾肥 3～4 千克。采用当归黑色地膜覆盖栽培技术，垄宽 60 厘米，垄高 15 厘米，沟宽 40 厘米，每垄栽 3 行，穴距 25 厘米，每穴栽两株，早薹过后选留 1 株。待早薹盛期过后进行定苗，亩保苗 8000 株。

适宜区域： 该品种适宜在甘肃省定西海拔 2000～2450 米的中壤或沙壤土生态区种植。

271. 黔太子参 1 号

审定编号： 黔审药 2011001 号

选育单位： 贵州昌昊中药发展有限公司

品种来源： 福建太子参

特征特性： 多年生宿根草本植物，株高 10～20 厘米，茎直立，近方形，节间被 2 列短毛，分枝 5～8 个，略呈紫色。叶对生，色深绿，叶片宽卵形或卵状菱形，顶端渐尖，基部渐狭，上面无毛，下面沿叶脉疏生柔毛，顶部有 2 对大叶，形成十字形。花腋生，聚伞花序。蒴果宽卵形，具种子 6～19 粒，种子褐色，扁圆形，具疣状突起。块根长纺锤形，长约 5 厘米，直径约 0.5 厘米，白色，稍带灰黄色，苦甜味。本品呈细长纺锤形或细长条形，稍弯曲，长 3～10 厘米，直径 0.2～0.6 厘米。表面黄白色，较光滑，微有纵皱褶，凹陷处有须根痕。顶端有茎痕。质硬而脆，断面平坦，淡黄白色，角质样，或类白色，有粉性。气微，味微甘。11 月开始种根栽植，翌年 2 月出苗，8 月采收，生长期 145～160 天，花期 3～7 月，果期 4～7 月。抗花叶病较强。药材符合《中华人民共和国药典》（2010 年版，一部）标准和"药典业中函〔2011〕92 号"文件规定。

产量表现： 2009—2010 年度省区域试验平均亩产鲜品 387.84 千克，比对照施秉常规用种（下同）增产 34.22%。2010—2011 年度省区域试验平均亩产鲜品 372.49 千克，比对照增产 40.06%。省区试两年度平均亩产鲜品 380.81 千克，比对照增产 37.14%；省生产试验平均亩产鲜品 368.50 千克，比对照增产 36.75%；经加工，折干率比对照高 2.86%。

栽培技术要点： 选择中偏酸性沙壤土或壤土，土层深 20 厘米以上，2 年以上未种过太子参和十字花科以及茄科作物，略带倾斜，斜度＜25°；11 月初整地，结合整地，亩施农家肥 1500～2000

千克、有机复合肥 100 千克作基肥，种植前 1 周内起厢，厢高25～
30 厘米，宽 1.0～1.3 米，沟宽 30 厘米，深 25～30 厘米；11 月中
旬至 12 月下旬播种，株距 7～9 厘米，行距 12～14 厘米，覆土深
度 6～8 厘米，种参用量 30～40 千克/亩；结合第一次除草施用有
机复合肥 25～30 千克/亩、尿素 2.5 千克/亩作追肥，4 月中下旬
施用磷酸二氢钾 0.15 千克/亩，配成 0.3％溶液进行叶面喷施追
肥；适时防治小地老虎、蚜虫等害虫，加强对太子参病毒病、叶斑
病、根腐病的预防，及时做好除草，控制草害。注意预防早春
冻害。

适宜区域：该品种适宜在贵州省黔东南州、黔南州、毕节地
区、遵义市、铜仁地区及贵阳市等海拔 750～1700 米的区域种植。

272. 苏薄 2 号

鉴定编号：苏鉴薄荷 201101

选育单位：江苏省中国科学院植物研究所

品种来源：以 68-7×73-8 进行杂交选育

特征特性：属晚熟薄荷品种。叶深绿色，叶片较大，先端锐
尖，基部楔形。植株长势较旺，茎直立，分枝能力较强。轮伞花序
腋生，花瓣白色，花期 6～8 月。小坚果卵珠形，褐色。薄荷油平
均出油率 0.52％，薄荷醇含量 82％～85％。

产量表现：平均亩产薄荷油 17.5～18.9 千克。

栽培技术要点：①适期播种。用地下茎无性繁殖。选取新鲜色
白、粗壮且节间短、无病虫害的根茎作种，在 11 月中下旬至 12 月
初进行播种。种植密度株行距 20 厘米×30 厘米。每亩用种茎量
80～100 千克。②肥水管理。头刀薄荷施肥分 3 次进行。第一次在
苗高 10 厘米时施苗肥，每亩施尿素 5 千克；第二次在田间 60％以
上植株产生一次分枝时施分枝肥，每亩施复合肥 8 千克；第三次在
6 月中下旬施保叶肥，每亩施尿素 10 千克。二刀薄荷施肥要在生
长的中前期多施肥，生长的后期要少施肥。一般前期、后期肥料用
量比例为 8∶2。③适时采收。头刀薄荷在 7 月下旬收割。二刀薄
荷在 10 月下旬收割。

适宜区域：该品种适宜在江苏省地区种植。

273. 渭党 2 号

认定编号： 甘认药 2009003

选育单位： 定西市旱作农业科研推广中心，中国科学院近代物理研究所

品种来源： 从渭源党参中选择淡绿茎单株系统选育而成，原代号甘肃党参 98-01。

特征特性： 初生茎绿色，后转为淡绿色，茎上疏生短刺毛，地下茎基部具多数瘤状茎痕。叶片色泽淡绿，叶柄长 0.5～3.3 厘米，叶片长 1～6 厘米，宽 1～4.5 厘米。花冠宽钟状，淡黄绿色，长1.5～2.3 厘米，直径 0.8～2.1 厘米。种子卵形、棕黄色，千粒重0.26～0.31 克。根纺锤状，色泽淡黄白色，上端 3～5 厘米处有细密环纹，下部疏生横长皮孔。田间根病病株率为 4.1％，病情指数为 2.2％。浸出物 64.5％。

产量表现： 在 2005—2007 年定西市多点试验中，平均亩产鲜党参 431.6 千克，较对照增产 24.1％。

栽培技术要点： 覆盖遮阳 3～4 月育苗，亩播种量 2 千克左右。翌年 3 月中旬栽植。10 月中下旬采挖。

适宜区域： 该品种适宜在甘肃省定西海拔 1800～2300 米，年降水量 450～550 毫米的半干旱区和二阴区种植。

274. 温郁金 1 号

认定编号： 浙认药 2008001

申报单位： 浙江省亚热带作物研究所，乐清市源生中药材种植有限公司，浙江省中药研究所

品种来源： 瑞安地方品种

特征特性： 植株生长迅速、整齐，生长盛期株高 185～210 厘米、叶长 85～100 厘米、叶宽 21～25 厘米、主根茎 5～6 个、叶片8～9 片；与农家品种相比，叶丛期长 20 天左右，枯叶期迟 20 天左右，块根形成晚 20 天左右。地下根茎个大，平均个重 130 克（鲜重）；侧根茎平均个重 60 克（鲜重）；块根郁金肥满，单株数量多，每株 30～40 个，平均个重 20 克（鲜重）。耐肥力强，抗病性

较好。莪术挥发油平均含量在 3.0%〔《中华人民共和国药典》（2005 年版）规定为 1.5%〕，指标成分（吉马酮）含量稳定。

产量表现： 2002—2003 年在瑞安、乐清小区品比试验结果，平均亩产莪术 313.7 千克、姜黄 177.9 千克、郁金 91.2 千克，分别比农家种增产 11.6%、10.2%、14.2%，其中莪术、姜黄增产达显著水平，郁金增产达极显著水平。2004—2006 年在瑞安、乐清、永嘉等多点大区试验结果，平均亩产莪术 310.7 千克、姜黄 175.1 千克、郁金 95.8 千克，分别比农家种增产 13.0%、6.8%、16.0%，增产达显著水平。

栽培技术要点： 选择粗短的二头或三头作种茎，清明前后栽种，行距 110～120 厘米，株距 30～40 厘米，每穴栽种种茎 1 个，栽后覆土 3～6 厘米；施足底肥，多次追肥，及时中耕培土；防旱防涝；忌连作。

适宜区域： 该品种适宜在浙江省温郁金产区种植。

275. 湘白鱼腥草

登记编号： XPD017-2009

选育单位： 怀化学院

品种来源： 人工栽培怀化市鹤城区杨村乡野生鱼腥草品种，通过单株选留并以其地下茎为繁殖材料进行无性繁殖，系统选育而成。

特征特性： 多年生草本。植株茎直立，高 30～50 厘米，全株有浓鱼腥味。地下茎匍匐生长，白色、圆形，直径 0.27 厘米左右，节间明显，每节着生须根和芽。地上茎绿白色，圆形，直径 0.29 厘米左右。单叶互生，叶面光滑，绿白色，基部心形，深绿色，具柄，掌状叶脉 6 条，托叶膜质，基部与叶柄合生，上部分离。穗状花序，基部着生 4 片花瓣状白色苞片，花小而密，淡黄色，雄蕊 3 个，长于子房，花丝下部与子房合生。蒴果顶裂，种子卵形、有条纹。综合农艺性状好，株高较矮，适应性较强，稳产性较好。地下茎粗壮、白嫩、质脆、适口性好。植株生长健壮，叶片大小均匀。地上部分挥发性油、黄酮含量较高。地上部分产量比红秆类鱼腥草稍低。适合作特色蔬菜和药用鱼腥草栽培。

产量表现：地下部分平均亩产 2000 千克，地上部分平均亩产 200 千克左右。

栽培技术要点：用地下茎进行无性繁殖，每亩用种茎 20～50 千克。选择粗壮、无虫口、无病害、无损伤的种茎，从节间剪成 7 厘米左右的小段，每段 2～3 个节。选择土层深厚、肥沃疏松、湿润、略带沙质的微酸性土壤，做畦开沟条播。栽种前先将土壤翻耕整平，畦宽 1.8～2.0 米、高 15～20 厘米，畦间开深 20 厘米左右的排水沟。每亩施腐熟有机肥 2000～2500 千克、复合肥 80～100 千克。将种茎按株行距（2～4）厘米×25 厘米左右栽植，覆土 2～3 厘米，浇清水，保持土壤湿润。在齐苗和地上部分生长旺盛时期追肥 2～3 次，每次每亩追施尿素 3 千克、清粪水或沼液 400 千克。播种到出苗期间保持土壤含水量为 85%～95%，出苗后保持土壤含水量为 80%。不宜连作，需 1～2 年与水稻、莲等水生作物换茬轮作。每年 10～12 月播种，翌年 7～8 月采收地上部分，10 月以后采收地下部分。

适宜区域：该品种适宜在湖南省种植。

276. 湘葛二号

登记编号：XPD009-2012

选育单位：湖南天盛生物科技有限公司

品种来源：XG99-1、XG-4

特征特性：早熟，生育期 205～255 天。三出羽状复叶，主叶长 10～15 厘米。主叶片长宽均为 8～12 厘米，两复叶长宽均为 6～8 厘米。叶薄、色浅绿，叶面较平整。蔓长 300～500 厘米，从根颈部开始着生侧蔓，侧蔓长度可超过主蔓。根系树根状，主块根粗短呈圆筒形，根颈处分叉根 2～3 根，表皮薄，黄白色。抗寒、抗旱、抗病、耐肥能力较强。出粉率 14%～16%，纤维 3%～3.5%，氨基酸 2.5%～3.0%，每百克含维生素 B_1 0.06 毫克、维生素 B_2 0.05 毫克、维生素 C 20 毫克，每千克含钙 0.15 毫克、铁 27.8 毫克、锌 6.8 毫克、硒 75.18 毫克。

产量表现：在湖南种植，当年平均亩产 2693 千克，最高单株 8.5 千克。

栽培技术要点： 土壤深翻后按行距 1.5 米起垄，垄高 50 厘米，垄底宽 60 厘米。起垄后在厢面中央开沟施基肥，每亩施腐熟有机肥 1500 千克、硫酸钾复合肥 50 千克，然后壅土。2 月中下旬将选育好的葛蔓休眠苗插在准备好的苗床上，苗床宽度为厢面 1.2 米，长度依势而定。扦插密度以 3 厘米×10 厘米为宜。葛苗长出 2～3 片叶后在 3 月 20 日前后移栽。搭架栽培每亩 800～1200 株为宜，自然生长每亩 400～500 株。苗高 50 厘米左右开始在土堆上方立竿，竹竿粗 5 厘米（直径）、高 2.5 米（土堆以上），引苗上竿。每蔸从根颈处选苗 1～2 根主蔓，6～7 月蔓叶满架时主蔓摘心。6～7 月疏蔓摘心的同时将根茎部泥土爬开晒蔸，选留 1～2 根健壮的主根，疏剪其余葛根。栽前用农家肥、饼肥等有机肥作基肥，栽后用尿素提苗 1 次。6～8 月埋施硫酸钾复合肥。7～9 月遇久旱不雨天气时，将土沟里灌满水，保持 8～10 小时后再把水放干。15 天左右灌水 1 次。对红粉病的防治可采用冬季清园、生长初期用1000～1500 微升/升多效唑喷雾、发病初期施 700～800 倍粉锈宁等农业和化学方法控制病情的发生和发展。立冬至春分时采挖产量最高，淀粉含量最高。

适宜区域： 该品种适宜在湖南省种植。

277. 药灵芝 2 号

审定编号： 川审药 2011003
选育单位： 德阳市食用菌专家大院
品种来源： 由四川攀枝花地区的一株野生灵芝经系统选育而成。基源为多孔菌科真菌赤芝 [*Ganoderma lucidum（Leyss. ex Fr.）Karst.*]。
特征特性： 生产周期约 124 天。子实体朵型大而美观，菌盖、菌柄颜色较深，气微香，味苦涩。经德阳市食品药品检验所检测：水分 12.3%，总灰分含量 1.0%，酸不溶性灰分含量 0.01%，浸出物含量 5.9%，灵芝多糖含量 0.52%，符合《中华人民共和国药典》（2005 年版，一部）标准（水分≤17.0%，总灰分含量≤3.2%，酸不溶性灰分含量≤0.5%，浸出物含量≥3.0%，灵芝多糖含量≥0.5%）。

产量表现：2009 年、2010 年品种比较试验，两年产量分别达到 28.32 克/千克段木和 28.38 克/千克段木，比对照药灵芝 1 号增产 12.94％和 12.56％。2010 年生产试验产量达到 28.4 克/千克段木，比药灵芝 1 号增产 10.9％。

栽培技术要点：①段木栽培应以阔叶杂木为宜。②段木含水量不能过高或过低，保持断面中部有 1～2 厘米的微小裂口即可。③灭菌应彻底，生产过程中始终严防杂菌污染。④接种过程中，应使接种块与断面良好接触，使菌丝尽快定植。⑤菌棒培养过程须遮光，并控制培养室温、湿度。⑥菌丝生长过程中，若水珠产生过多，应及时排除，避免影响菌丝生长。⑦出芝场地应控制好温度、湿度、二氧化碳浓度和光照条件。

适宜区域：该品种适宜在四川灵芝大棚种植。

278. 亦元生富硒罗汉果

审定编号：桂审药 2013001 号

选育单位：桂林亦元生现代生物技术有限公司

品种来源：雌株来源于科研一号新品种，雄株来源于长圆形花粉新种，上述种质均为二倍体。

特征特性：草质藤本，主根长 151 厘米、粗 0.842 厘米，垂直生长于土壤深层，9 月在地表处形成块根，10 月下旬果实采收后块根显著膨大，横径 7.74 厘米，纵径 7.21 厘米。侧根分布在土层 10 厘米左右深度，长 110 厘米，粗 0.316 厘米。主蔓直径为 7.00～11.60 毫米，一级蔓直径为 6.56～11.40 毫米，二级蔓直径为 4.98～6.20 毫米。叶片呈心形，叶基半闭合，叶大而肥厚，叶色深绿，长 15.3～24.6 厘米，宽 13.5～22.9 厘米，叶柄长 7.2～9.1 厘米，柄粗 0.41～0.53 厘米。花期自 6 月底至 10 月初，8 月上旬为盛花期，花瓣为黄色，长 33.50～36.10 毫米，宽 15.50～16.00 毫米，子房被红色腺毛，子房横径 8.56～8.87 毫米，纵径 17.56～18.90 毫米。授粉后的第 7 天果实显著膨大，29 天左右果实定型，10 月下旬果实开始成熟，果柄短，果实长圆形，果皮深绿色、纵纹清晰，被细短柔毛，果皮韧性强、不易破损，不裂果；

果肉饱满，具香气，浓甜，硒的含量达 38.67 微克/克，甜苷 V 含量达 2.37%。

产量表现： 2012 年测产，亩产果数 15824 个，其中特果 557 个、大果 3396 个、中果 9182 个、小果 1915 个。

栽培技术要点： ①亩撒 100 千克石灰消毒，按 2.5 米间距起畦，按 1.5 米间距挖基肥坑，施入充分腐熟的农家肥。②4 月上旬选择健壮种苗定植于基肥坑中，按每 100 株雌株配 1 株雄株的比例，同时栽植雄株。③科学打顶，整形修剪。④授粉应在立秋前后植株进入盛花期的 15 天以内完成。⑤追肥促花保果，防治病毒病、根结线虫病、蟋蟀、地老虎、象甲、果实蝇等病虫害。

适宜区域： 该品种适宜在广西桂林市罗汉果产区种植。

279. 浙石蒜 1 号

认定编号： 浙认药 2008004

申报单位： 浙江省中药研究所，浙江一新制药股份有限公司

品种来源： 兰溪石蒜地方种系统选育而成

特征特性： 生长盛期叶片长 32 厘米、宽 0.56 厘米，叶片数 11 片左右；花茎高 40～50 厘米，花鲜红色；地下鳞茎呈卵圆形，鳞茎横径 3.44 厘米、高度 4.3 厘米，鳞茎鲜重 33 克；须根型，根系发达。8 月上中旬先于叶开花，花期 25 天，9 月中旬出叶，10～11 月为叶片快速生长期，翌年 5 月中旬叶片基本枯萎，全生育期 270 天，比对照长 5 天。经浙江省食品药品检验所检测：主要药用成分加兰他敏含量达 0.021%。

产量表现： 2004—2005 年小区品比试验平均亩产 944.8 千克，比原地方种增产 8.5%。2006—2007 年大区对比试验平均亩产 921.1 千克，比对照增产 10.5%。

栽培技术要点： 选择 20 克左右的鳞茎作种，株行距 15 厘米×15 厘米，每穴 1 个鳞茎，下种时间 6 月中旬至 7 月初为宜；施足基肥，多施有机肥；生长季节特别是花期要有遮阳措施，适宜林地间套作。

适宜区域： 该品种适宜在浙江省丘陵、山区等地种植。

280. 浙藤1号

认定编号： 浙认药 2008005

申报单位： 浙江省中药研究所，浙江得恩德制药有限公司

品种来源： 新昌雷公藤野生种源驯化

特征特性： 一年生小枝红褐色，分枝多。叶椭圆形，叶面不平，长 8～10 厘米，宽 3～5 厘米。圆锥状聚伞花序顶生及腋生，长 5～7 厘米；花淡绿色，杯盘状，直径 4～5 毫米；雄蕊着生于花盘裂片之间。翅果不裂，淡绿色，长圆形，长约 1.5 厘米，具 3 翅，种子 1 粒，细柱状，黑色。花期 5～6 月，果期 9～10 月。根系发达，须根多，三年生根直径可达 1 厘米。经浙江省食品药品检验所测定：雷公藤甲素含量达 107.6 微克/克，显著高于对照新昌种源（下同）的 78.1 微克/克。该品种与对照相比具有性状整齐、稳定，药用部位产量高，雷公藤甲素含量高等优点。

产量表现： 2003 年、2004 年新昌和淳安的小区品比试验结果，2 年生干根平均亩产 362.2 千克，比对照 266.7 千克，增产 35.8%。2004—2005 年在新昌、淳安和磐安三地进行大区品比试验结果，3 年生干根平均亩产 395.5 千克，比对照增产 34.0%。

栽培技术要点： 选微酸性沙质土，于 11 月至翌年 3 月选阴天定植为宜。畦上种植一行，株距 80 厘米，亩用苗量 800～1000 株。采取综合防治等方法加强对双斑锦天牛的防治。一般在定植后第 3 年采收。

适宜区域： 该品种适宜在浙江省低海拔丘陵、山区等地种植。

281. 中附1号

审定编号： 川审药 2009001

选育单位： 四川省中医药科学院，四川农业大学

品种来源： 从青川产乌头（*Aconitum carmichaoli Debx.*）种质资源中经过系统选育出的优良品种。

特征特性： 生育期 200 天左右。株高 42～47 厘米，茎绿色，叶色黄绿，质地较软，叶片外缘略下垂，裂片张度小，中裂片宽，叶片较大，须根较多，块根大，形状纺锤形。经成都市药品检验所

测定，品质符合《中华人民共和国药典》（2005 版，一部）的规定。

产量表现： 2007 年、2008 两年品系比较试验，平均亩产分别为 228.55 千克和 219.10 千克，分别比对照大田生产常规品系增产 22.6% 和 27.48%，差异极显著。2008 年生产试验平均亩产 217.70 千克，比对照大田生产常规品系增产 26.61%。

栽培技术要点： ①适时播种。四川江油主产区于 11 月下旬至 12 月初栽种。②合理密植。开厢栽种，厢宽 50 厘米，沟心距 95 厘米，沟深 10 厘米。每厢按丁字错位两行栽种，行距 16 厘米，株距 16 厘米，亩栽约 8700 株；栽前浸种种根。③合理施肥。施足底肥，3 月初施催苗肥，4 月初施绿肥壮苗，5 月上旬施壮根肥，均以有机肥为主。④修根、打尖和掰芽。分别于春分至清明前后、立夏前后进行修根；第一次修根后 7～8 天开始打尖，每株留叶 6～8 片，叶小而密的可留 8～9 片；随时掰除腋芽，一般每周 1～2 次，摘尽为止。⑤间作。冬季间种莴苣等蔬菜，春季在附子畦边阳面间种玉米。⑥加强田间管理。人工拔除杂草，土壤干燥时及时灌水，大雨后及时排出积水。苗期发现霜霉病株及时拔除，夏季发现白绢病株及时连土挖取倒在水田或深埋在土里，并在病穴撒石灰粉。⑦适时采收。夏至后收获，过迟易烂根。⑧忌长期连作，至少 2～3 年需换地种植。

适宜区域： 该品种适宜在四川省"江油附子"种植区种植。

282. 中科从都铁皮石斛

审定编号： 粤审药 2013002

选育单位： 中国科学院华南植物园，广州市从化鳌头从都园铁皮石斛种植场

品种来源： 从广西乐业县雅长兰科植物自然保护区引进的铁皮石斛经多代自交选育而成

特征特性： 丛生，茎圆柱形、多节、不分枝，两年生植株茎粗约 0.6 厘米，长可达 55 厘米以上。叶片互生、矩圆状披针形，先端钝，长 4～6 厘米，宽 2～3 厘米，基部下延为抱茎的鞘，叶鞘为绿色，具明显铁锈状斑点。总状花序侧生于老茎上部节上，花最大

宽幅 4 厘米左右，萼片与花瓣淡黄色，唇瓣黄白色，唇瓣中上半部有一个边缘不规则的紫红色斑块，蕊柱上有明显的紫红色条纹，蕊柱腔两侧有 2 个紫红色斑点，药帽白色。在广州地区种植，盛花期 3～5 月。与对照种中科 1 号铁皮石斛相比，产量相当，多糖含量更高，抗逆性更强。茎多糖含量为干重的 32.1%，甘露糖含量为 23.7%，符合《中华人民共和国药典》规定。

产量表现： 试管苗种植 1 年半左右采收，每平方米的鲜品产量可达 1.2 千克。

栽培技术要点： ①采用种子繁殖，无菌播种萌发育苗。②瓶苗在 15～25℃温度下移植，选苔藓、木屑、兰石或蘑菇渣做栽培基质，并将基质含水量保持在 60% 左右。③夏、秋两季用 60% 遮阳网降温，冬、春两季用 30% 遮阳网遮光，湿度保持在 70% 左右。④当植株生长减慢或停滞时应减少淋水。⑤4～10 月每隔 15～20 天施肥 1 次。⑥注意防治灰霉病、轮斑病、软腐病、蜗牛、蚜虫、红蜘蛛等病虫害。

适宜区域： 该品种适宜在广东省设施栽培。

五、饮 料 作 物

283. 槎湾 3 号

鉴定编号： 苏鉴茶 201103

选育单位： 苏州吴中区东山多种经营服务公司，南京农业大学，苏州洞庭福岗科技有限公司

品种来源： 在东山镇双湾村槎湾藏船坞、树龄为 50 年以上的洞庭群体小叶种茶园中选取表现特异的单株，通过系统选育法育成的品种。

特征特性： 灌木型，小叶类，无性系，早生种。树姿半开展，叶片上斜，呈长椭圆形，叶面微隆，叶色绿，芽色黄绿，茸毛较多，一芽一叶百芽重 4.8 克，发芽密度平均 152 个/米²。新梢生长势强、持嫩性强，扦插繁殖能力较强。芽叶萌发期比对照福鼎大白茶（下同）平均早 3 天，对小绿叶蝉抗性为中感（S），对茶橙瘿螨

高抗，抗寒性、抗旱性均为中抗；水浸出物含量 40.6％，茶多酚含量 21.7％，氨基酸含量 4.0％，咖啡碱含量 3.4％，酚氨比低于对照，加工绿茶品质略优于对照，芽叶细小、茸毛多，尤其适制碧螺春。

产量表现：春季鲜叶平均亩产量比对照高 20％左右。

栽培技术要点：双行单株或双行双株栽种，大行距 1.5 米，小行距 0.3 米，株距 0.3 米。肥培管理与其他中小叶茶树品种同，开采茶园提倡春茶后重修剪，留养夏秋梢，培养立体采树冠。注重假眼小绿叶蝉的防治。

适宜区域：该品种适宜在苏南碧螺春茶主产区种植。

284. 川沐 217

审定编号：川审茶树 2012002

选育单位：四川一枝春茶业有限公司，四川农业大学

品种来源：从浙农 117 茶树品种生产园中，选择优良的变异单株，经系统选育而成。

特征特性：属半乔木型，早生，抗旱型品种。植株主干较明显，树姿半开张，分枝较密；中叶，叶形为披针形，新梢绿色，成叶深绿色，光泽性强，叶质较脆，叶面较平展，叶缘微波，锯齿平均 26 对，叶脉 9～11 对，叶尖钝尖，叶身内折，茸毛少，持嫩性强，发芽整齐，易采独芽，独芽百芽重平均 10.8 克，一芽三叶百芽重 31.3 克。经中国测试技术研究院测试：一芽二叶春梢水浸出物、氨基酸、咖啡碱、儿茶素总量、茶多酚含量分别为 43.53％、2.94％、4.05％、18.92％、25.03％，春、夏、秋三季茶叶的酚氨比为 8～12。该品种芽形较长、紧实饱满、大小适中，制作名茶滋味浓厚，耐冲泡，适制高档名茶，红、绿兼制。在干旱的季节表现出显著的抗旱性。

产量表现：2010—2012 年在名山、宜宾、洪雅和沐川进行多点试验：该品种发芽期与对照福鼎大白茶（下同）相当；独芽亩产量 3 年平均 77.0 千克，比对照高 52.2％，全年鲜叶亩产量 3 年平均 424.7 千克，比对照高 27.3％。

栽培技术要点：①种植在 pH 为 4.0～6.5 的土壤中。挖沟定

植，施好底肥。双行单株或双株种植。②定型修剪：移栽后第一次在离地 15～20 厘米处剪去主枝，第二、第三次在上一次剪口处提高 10～15 厘米修剪。③采摘：早春当 5% 单芽形成时开园采摘名茶原料，注意留叶养树。④施肥：投产茶园早春催芽肥宜早施多施，在 2 月中旬前施入；夏秋再施 2 次追肥，秋冬季重施有机肥，并配合施入氮、磷、钾肥。

适宜区域：该品种适宜在四川省茶区种植。

285. 春雨1号

审定编号：浙（非）审茶 2010001

选育单位：武义县农业局

品种来源：福鼎大白茶系统选育，原名武阳早。

特征特性：属灌木型、中叶类、特早生，浙中一带春茶开采期一般在 2 月底或 3 月初，比福鼎大白茶（下同）早 4～14 天，比嘉茗 1 号迟 1～2 天。植株中等，树姿半开张，分枝密。叶片椭圆形，稍上斜，叶色绿，叶面稍隆起，叶身平，叶缘微波状，叶尖钝尖。育芽能力强，芽肥壮、茸毛中等、持嫩性好。抗逆性较强。经农业部茶叶质量监督检验测试中心测定：春茶一芽二叶生化样水浸出物 45.0%，氨基酸含量 4.6%，茶多酚含量 11.7%，咖啡碱含量 2.8%。制成的绿茶品质好于对照，制扁形或针形名茶品质优。

产量表现：2008—2009 年经武义县大田、俞源等地试验，平均亩产鲜叶 461.7 千克，比对照平均增产 45.6%。

栽培技术要点：适当密植，早春注意防倒春寒，及时防治小绿叶蝉和茶橙瘿螨等病虫害。

适宜区域：该品种适宜在浙中及生态类似地区种植。

286. 大红袍

审定编号：闽审茶 2012002

申报单位：武夷山市茶业局

品种来源：武夷山风景区天心岩九龙窠岩壁上母树

特征特性：该品种属无性系，灌木型，中叶类，晚生种，树姿半披张，分枝较密，叶梢向上斜生长，叶长 10～11 厘米，宽 4～4.3 厘米；叶椭圆形；叶尖钝略下垂；叶缘微波状；叶身平展；叶色深绿光亮；叶面微隆；叶质硬；叶脉 7～9 对；叶齿浅尚明，27～28 对；花冠直径 3 厘米×3 厘米左右；花萼 5 片；花瓣 6 片；二倍体；扦插与种植成活率较高；适制闽北乌龙茶，品质优。经教育部茶学重点实验室（湖南农业大学）检测：一芽二叶干样含茶多酚 15.6%，黄酮 6.92%，咖啡碱 2.53%，水浸出物 31.99%。经福建省茶叶质量检测中心站感观审评，制乌龙茶外形条索紧结、色泽乌润、匀整、洁净；内质香气浓长；滋味醇厚、回甘、较滑爽；汤色深橙黄；叶底软亮、朱砂色明显。抗旱、抗寒性较强。

产量表现： 4～7 龄茶树春茶平均亩产鲜叶 214.1 千克，比对照福建水仙略低。

栽培技术要点： 幼龄茶园以保全苗、增肥改土为主；树冠培养采大养小，采高留低，打顶护侧。成龄茶园重施和适当早施基肥，注重茶园深翻、客土，秋冬季深翻有利于疏松土壤，改善土壤的理化性状，促进茶树根系的生长发育和土壤的通透性，以恢复茶树生机。

适宜区域： 该品种适宜在福建省乌龙茶区种植。

287. 丹霞 2 号茶

审定编号： 粤审茶 2011002

选育单位： 广东省农业科学院茶叶研究所，仁化县红山镇人民政府

品种来源： 仁化白毛茶野生群体变异株

特征特性： 无性系茶树品种。小乔木、中叶类，树姿半开展，分枝密，发芽整齐，密度大，芽叶肥壮，叶色深绿，茸毛多，抗寒、抗旱性强。芽叶内含物丰富，茶多酚含量 30.57%、儿茶素总量 231.19 毫克/克、可溶性糖含量 3.95%、游离氨基酸含量 3.64%、水浸出物含量 45.26%，品质优良。适宜制名优红、白茶。制成的红茶外形秀丽，金毫满披，花香高长浓郁，滋味浓爽，回甘味好，汤色红亮。制成的白茶外形挺直，白毫满披，滋味浓醇爽口，汤色杏黄明亮。抗逆性强，适应性广。

产量表现：在仁化红山 3 年试验，平均亩产鲜叶 375.8 千克，比白毛群体和无性系对照种谢儒高分别增产 27.6% 和 15.8%。在仁化、英德、梅州 3 年试验，平均亩产鲜叶 358.3 千克，比对照种英红九号增产 12.9%。

栽培技术要点：①选择海拔 100 米以上，坡度 25°以下的山坡地开辟茶园，等高线梯级宽 1.3～1.5 米，挖宽、深为 60 厘米×50 厘米的种植沟，沟底埋入草皮、表土和有机肥 2000 千克以上，过磷酸钙 500 千克。②选择苗龄 18 个月以上，株高 35 厘米，茎粗 0.5 厘米的短穗扦插苗种植。③扦插苗宜于 11 月下旬至 12 月上旬种植，双行单株，行距 30 厘米、株距 25 厘米，亩植 3000 株左右。高接换种于 5 月中下旬进行，剪取生长健壮、腋芽饱满的短穗嫁接到老龄茶树上。④幼龄树加强水肥管理，以施有机水肥为主，间种豆科作物遮阳，以采代剪，合理修剪，培育高产并适合机械化采茶的树冠。

适宜区域：该品种适宜在广东省粤北、粤东和其他大叶种茶区推广种植。

288. 鄂茶 14

审定编号：鄂审茶 2012002

选育单位：恩施州茶叶工程技术研究中心，恩施自治州经济作物技术推广站

品种来源：从恩施本地群体种茶园中选择优良单株经无性繁殖而成的茶树品种。

特征特性：灌木型，中叶类，早生种。树姿半张开，分枝适中。成叶绿色，椭圆形，叶面平，叶质较软，叶身稍内折，叶缘微波，叶脉 7～9 对，锯齿较稀，叶尖钝尖。花白色，雌蕊高，子房茸毛中等，花柱 3 裂，开花较多，结实率低。种子圆形或肾形，黑褐色。芽叶淡绿色，茸毛中等，节间较短，一芽一叶百芽重 16 克，育芽能力、持嫩性较强。一般 3 月上旬可采一芽一叶。抗寒、抗旱性较强。经农业部茶叶质量监督检验测试中心测定，水浸出物含量 51.1%，茶多酚含量 22.8%，咖啡碱含量 4.4%，游离氨基酸含量 2.7%。春茶绿茶样外形条索紧细、色绿，汤色绿亮，栗香尚持久，

滋味醇厚，叶底黄绿明亮。

产量表现： 2002—2011 年在恩施、宣恩等地试验、试种，六年生茶树亩产鲜叶 330 千克左右。

栽培技术要点： ①建园。建园前土壤全面深耕 50 厘米以上或抽槽 50 厘米深、70 厘米宽，施足底肥，改良土壤。提倡秋栽，一般 10 月中旬至 11 月下旬定植，双行种植，种植规格为 150 厘米×40 厘米×33 厘米，每穴 1～2 株，定植深度 8～10 厘米，亩定植 4500 株左右。②加强田间管理。多施有机肥，及时中耕除草、追肥、抗旱。③合理修剪。一般秋季进行修剪，幼年茶树要严格进行 3 次定型修剪，以低位修剪为宜。④注意防治病虫害。⑤及时采摘，预防"倒春寒"。

适宜区域： 该品种适宜在湖北省武陵山茶区种植。

289. 陕茶 1 号

登记编号： 陕茶登字 2010001 号

选育单位： 安康市汉水韵茶业有限公司

品种来源： 从紫阳茶群体种中采用单株无性系扦插系统选育而成

特征特性： 灌木型，中叶类，树姿半披张状，叶色深绿，叶面隆起，光泽性强。发芽早，芽叶肥状，节间长；具有持嫩性强、生长势好、适应性广的特点。抗寒性强；高抗炭疽病、云纹叶枯病，中抗白星病。商品茶外形匀齐，色泽翠绿，汤色嫩绿，清澈明亮，清香高长，滋味鲜醇、爽口、回甘，叶底嫩黄绿明亮、匀整。经测定：水浸出物含量 48.7%，氨基酸含量 5.2%，茶多酚含量 12.2%，咖啡碱含量 2.8%，表没食子儿茶素没食子酸酯含量 8.05%。

产量表现： 按照一芽二叶标准，亩干茶产量 100 千克左右。

栽培技术要点： 培植扦插枝条，春茶前或春茶后及时重修剪，每亩施尿素 30 千克，8 月上旬枝条半木质化（棕红色）扦插。苗圃选择旱平地或水田，土壤 pH4.5～6.5。深耕 30 厘米，垄畦宽 90 厘米，上层 5 厘米细土，多菌灵液消毒处理。以一个节间带一正常叶为一穗，剪刀要锋利，叶片枝条无损伤。扦插行距 10 厘米，株距 3 厘米，以叶片不覆盖为宜。覆盖遮阳，以遮阳网拱棚，遮阳网以 50％为宜。适时浇水，扦插后 1 个月内每天洒水 1 次，1 个月后每 2 天洒水 1 次。适时追肥，可喷施 0.5％尿素液和 2％磷酸二氢钾液，第二年 4 月后可每 20 天撒施尿素，要少量勤施。第二年苗高 30 厘米以上时，离地 25 厘米修剪，促进分枝；10 月可以出圃，出圃前用托布津及多菌灵全面喷洒消毒，灌水带土起苗。选择缓坡地和旱平地，土壤 pH4.5～6.5。单行种植，行距 1.5 米，株距 30 厘米，每穴定植 2 株。栽植时间陕南地区 9 月下旬至 10 月下旬。栽植方法，茶苗带土移栽，浇足定根水，铺草覆土保墒防冻。及时除草，勤施追肥。第一次定型修剪离地 25 厘米，第二次修剪离地 45 厘米，第三次修剪离地 55 厘米。该品种适制绿茶，宜主抓春秋茶生产，既采取春茶结束后及时重修剪，夏梢留起后 8 月上旬轻修剪，秋茶可采至 10 月上中旬。一芽二叶、一芽三叶营养成分丰富，依据市场需求扩大生产烘炒型大宗茶类。

适宜区域：该品种适宜在陕南及同类生态区栽培。

290. 潇湘红 21-3

登记编号：XPD008-2012

选育单位：湖南省茶叶研究所

品种来源：江华苦茶群体种

特征特性：植株属小乔木，中叶类。树姿半开展，分枝能力强，叶片半上斜着生，叶形长椭圆形，叶尖渐尖延长，叶面平展，锯齿稀而较深。叶色黄绿发亮，光泽强。芽叶少茸毛，花果少。在长沙地区一芽一叶期在 4 月初，一芽二叶在 4 月中旬，比槠叶齐迟 3～4 天，属特中生种。茶多酚含量高，连续 5 年夏季茶多酚含量平均值为 37.63％±1.67％。春季氨基酸含量平均值为 3.08％±0.39％。制红茶品质优。制红碎茶外形棕润，香气高锐，汤色红亮，滋味浓强，品质达二套样水平。

产量表现：产量较高。3～6 龄茶园平均亩产鲜叶 720 千克左右，与槠叶齐相当，比云南大叶增产 20％以上。成龄茶园一般亩产鲜叶 1000 千克左右。

栽培技术要点：采用无性系扦插繁育。选择土层深厚，有效土层 60 厘米以上，pH（H_2O）4.5～6.0，排水和透气性良好，耕作层有机质含量 1.0％以上茶园进行种植。种植密度为单行双株 140 厘米×40 厘米、双行双株 150 厘米×40 厘米×40 厘米。幼龄茶园 3 次定型修剪，修剪高度为第一次 15 厘米、第二次 30 厘米、第三次 40～45 厘米。新垦茶园深挖 50 厘米左右深度，开种植沟，每亩施有机肥 4000～5000 千克、饼肥 300 千克和复合肥 100 千克作基肥，每年春、夏、秋三季茶萌发前施尿素作追肥，施肥量一般 1～2 年生茶园每亩施 10 千克、3～4 年生茶园每亩施 30～40 千克，投产后按鲜叶产量每 100 千克施尿素 10 千克左右。

适宜区域：该品种适宜在湖南省种植。

291. 云茶春毫

登记编号：滇登记茶树 2012002 号

选育单位：云南省农业科学院茶叶研究所

品种来源：云茶春毫（试验代号：12—8）是以国家级中叶良种福鼎大白茶为母本、省级大叶良种长叶白毫为父本，通过人工授粉，从杂交 F1 中单株选育出的无性系新品系。

特征特性：小乔木，树姿开展，分枝密；叶片稍上斜状着生，叶形披针形，叶长 12.1 厘米，叶宽 4.4 厘米，叶色绿，叶面平滑，叶身平，叶缘平，叶尖渐尖，叶质硬，嫩叶呈平展状态，芽叶淡绿色，茸毛多。盛花期在 10 月中旬，花冠直径 4.27 厘米×3.91 厘米，花梗茸毛少，花萼茸毛多，花瓣无茸毛，子房茸毛多，柱头 3 裂，裂位 1/3，雌雄蕊等高。鲜叶内含物质丰富，水浸出物含量 43.1％，茶多酚含量 28.0％，氨基酸含量 2.7％，咖啡碱含量 3.8％，酚氨比值 10.4，略低于福大（10.6）。云茶春毫品系抗寒能力与云抗 10 号相当，抗旱能力超过云抗 10 号，抗茶小绿叶蝉能力与福大相当，抗茶饼病能力超过云抗 10 号。云茶春毫制绿茶具有外形绿、披毫、显芽，汤色嫩绿明亮，花香显露，滋味鲜爽，叶底绿较亮的品质特点。

产量表现：经过多年在保山区试点、澜沧区试点、勐海试验点和昌宁引种试验点鉴定结果表明：云茶春毫在移栽成活率、生长势、产量、绿茶品质、抗逆性方面都优于当地大叶种和云抗 10 号。

在保山区试点 4～5 足龄 2 年产量比云抗 10 号高 2.5%，比当地大叶种高 31.5%；澜沧区试点 3～9 足龄 7 年平均产量比云抗 10 号高 10.1%，比当地大叶种高 3.9%；在勐海区试点 6～8 足龄 3 年平均亩产优质"佛香茶"134.6 千克。在昌宁引种点产量比云抗 10 号高 0.2%。

适宜区域： 该品种适宜在年降雨量 1400 毫米左右、海拔 2000 米以下、绝对最低气温－5.4℃以上的云南茶区种植。

六、桑

292. 川桑 7431

审定编号： 川审桑树 2010001

选育单位： 四川省农业科学院蚕业研究所

品种来源： 以苍溪 49 作母本、6031 作父本杂交，将 F1 桑种子先用秋水仙碱浸种后再用^{60}Coγ 射线辐射处理，经系统选育而成。

特征特性： 枝条直立，皮褐色，皮孔粗，侧枝少，发条数中等，平均条长 1.66 米；冬芽三角形，芽鳞棕褐色，少副芽，平均发芽率 48.3%；叶片卵圆形，叶尖短尾或双头，叶缘乳头状锯齿，叶片心形，深凹，叶色深绿，叶大而厚，叶面稍粗糙，有光泽，无皱缩，叶片着生略下垂，桑叶成熟整齐，硬化迟，耐储藏，采叶易撕皮；开雄花，花少，花叶同开。经多年多点试验调查：春伐或夏伐均无桑细菌型黑枯病发生，抗旱能力强。

产量表现： 2007—2009 年多点试验，春季、秋季和全年平均亩桑产叶量分别为 1041.37 千克、1160.9 千克和 2202.3 千克，分别比对照湖桑 32 号（下同）高 13.4%、43.9%和 16.2%。叶质鉴定：两年四季平均万头产茧量 19.56 千克，四龄万头茧层量 4.6 千克，五龄 50 千克桑产茧量 4.21 千克，分别比对照高 10.2%、10.3%和 11.7%；亩桑产茧量 60.15 千克，产茧层量 14.93 千克，分别比对照高 28.6%和 16.5%。

栽培技术要点： 川桑 7431 具有高产、品质较好、抗桑细菌病能力强，桑叶硬化迟，能提高蚕种的正常卵化率等优点，适合我省平坝、丘陵、特别是容易发生干旱的蚕区栽植，如在土质肥沃、水肥条件好的地方更能体现品种特点。宜中低干养成，通过冬季芽接无性繁殖方法保持品种种性。应注意保芽，更能提高来年春季发芽率和产叶量。

适宜区域： 该品种适宜在四川省平坝、丘陵蚕区（特别是容易发生干旱的蚕区）种植。

293. 晋桑一号

审定编号： 晋审桑（认）2010001

选育单位： 山西省蚕桑研究所

品种来源： 山西省地方桑树品种选育

特征特性： 树型直立，枝条细长直立，皮色青灰，节间直，节距 5.4 厘米，叶序 3/8，皮孔大而少。冬芽三角形，灰褐色，紧贴枝条，有副芽。成叶阔心形，间有 1～4 个缺刻裂叶，叶长 26 厘米，叶幅 24 厘米，叶色深绿，叶面光滑，叶肉厚，泡状皱缩，叶片着生下垂。仅开少许雄花。在山西南部地区，一般 4 月上旬脱苞，4 月中旬开叶，5 月中旬成熟，开叶至成熟需 25 天左右，属早生中熟品种。发芽率为 83.45%，生长芽率为 47.93%，硬化迟，桑叶萎凋慢，生长势旺，适应性广。

产量表现： 在山西省蚕桑研究所、永济、翼城、沁县栽植试验：亩产叶量 1707.4 千克，比对照湖桑 32 号提高 34.69%，壮蚕 100 千克叶产茧量提高 5.64%～15.57%，万头蚕收茧量提高 5.17%～10.32%，万头蚕茧层量、壮蚕 100 千克叶茧层量春季持平，秋季分别提高 8.63% 和 13.92%。

栽培技术要点： 亩栽植 1000～1200 株为宜，株行距为 1.67 米×0.4 米，适宜条桑收获，伐条时应多留生长芽，不宜在大风地带栽种。剪梢程度以条长的 1/5 最为适宜。

适宜区域： 该品种适宜在山西省南部地区种植。

294. 强桑 2 号

审定编号： 浙（非）审桑 2011001

选育单位：浙江省农业科学院蚕桑研究所

品种来源：塔桑×农桑 14 号，原名丰田 5 号。

特征特性：该品种属鲁桑系人工四倍体，中生中熟。叶片较大，产叶量较高，叶质较优，抗旱、抗病性强，易采摘。树形矮壮略开展，枝条较直立，群体较整齐，无侧枝；皮灰褐色，节间稍曲，节距密，约 3.6 厘米；冬芽紫色，呈正三角形；成叶正绿色，阔心形，叶片肥大，约 25 厘米×24 厘米，平均叶厚 2.5 克/100 厘米²，单叶重约 9 克。有少量雌雄花。在杭州栽培，春季发芽期在 3 月中旬，比对照荷叶白早 5～7 天，比农桑 14 号迟 5～7 天；秋叶硬化期在 10 月中下旬，约比荷叶白迟 15 天。经浙江省农科院蚕桑所 2009 年桑疫病病原人工接种鉴定，强桑 2 号的病情指数为 0，对照荷叶白和桐乡青的病情指数分别为 22.7% 和 33.3%。大田种植至今未见桑黄化型萎缩病发生。

产量表现：该品种 2007—2009 年在海宁、绍兴、建德进行多点品种比较试验，平均亩桑产叶量分别为 1981.3 千克和 2010.3 千克，比对照荷叶白（下同）增产 16.0% 和 15.6%。两年度 3 个区试点平均亩桑产叶量 1995.8 千克，比对照增产 15.8%。2008 年在省农科院蚕桑所养蚕叶质试验，万蚕产茧层量 4.0 千克，比对照增产 1.7%。

栽培技术要点：一般亩栽 700 株左右，中低干养成。重施夏肥，提高秋条长度，增加产叶量。雨水过多时需开沟排水，防止桑灰霉病的发生。注意防治桑瘿蚊和桑蓟马。由于叶型较大，采用嫁接繁殖育苗时应控制桑苗落地数量，提高成苗率和苗木匀整度。

适宜区域：该品种适宜在浙江省各蚕区与早生桑搭配种植，桑瘿蚊重发区慎栽。

295. 桑特优 3 号

审定编号：桂审桑 2009002 号

选育单位：广西壮族自治区蚕业技术推广总站

品种来源：7862×粤诱 30。其母本 7862 为二倍体品种（2n），从广东省农科院蚕业与农产品加工研究所引进；其父本粤诱 30 为人工诱导育成的桑树四倍体品种（4n），从广东省农科院蚕业与农产品加工研究所引进。

特征特性： 该品种属三倍体杂交桑（杂交一代）。其种籽粒较粗、千粒重 2.2 克左右。植株群体表现整齐。树型高大、枝态直立、发条较多，枝条较高、中等粗、较直、皮色青灰褐色，节直，节距为 3.8～5.1 厘米、1/2 叶序，皮孔椭圆形或圆形、中等大小、中等密度，冬芽正三角形至长三角形、色灰褐、着生状为贴生、有副芽较多。叶形多为全叶长心形，基部叶偶有浅裂叶；叶色深绿、较平展，叶尖长短尾至长尾状；叶缘齿为乳头齿、中等大小。叶面光滑、波皱或微皱、光泽较强。叶着生态多为平伸，叶柄中长、叶基浅心状。叶片大而厚，叶长×叶幅可达 28.5 厘米×26.2 厘米，单叶重可达 10.5 克，100 厘米^2 叶片重可达 2.5 克。新梢顶端芽及幼叶色淡棕绿色。植株开雌花和开雄花约各半。有较明显的冬眠期，在南宁市冬芽萌芽时间为 1 月上旬，生长期长，如水肥充足植株长叶可到 11 月底才盲顶收造。生长势旺、长叶较快、再生能力强、耐剪伐、一年可多次剪伐，耐旱、耐高温、适应性强，广西各地均能种植。进行 5 批次的养蚕叶质鉴定，结果表明桑特优 3 号的叶质显著优于对照沙 2X 伦 109（下同），其中，春季，桑特优 3 号养蚕的万头茧层量达 3.45 千克、比对照增 4.29％，百千克产茧量 6.55 千克、比对照增 3.90％，百千克叶产茧层量 1.50 千克、比对照增加 5.61％；秋季，桑特优 3 号桑叶养蚕的万头茧层量达 3.73 千克、比对照种增 2.26％，百千克叶产茧层量 1.79 千克、比对照品种增加 2.24％。进行 4 年对桑花叶病的抗性测定，桑特优 3 号病情指数平均比对照沙 2×伦 109 降低 35.66％。

产量表现： 2002—2006 年在广西的南宁、宜州、玉林、象州、鹿寨县设 5 个点进行桑树新品种的区域性试验，经过 3 年的调查，"桑特优 3 号"投产当年亩产叶量平均为 1841.6 千克，比对照沙 2×伦 109（下同）增产 15.61％；投产第 2 年进入丰产期，亩产叶量达 2549.4～4072.0 千克，平均达 3324.2 千克，比对照增产 10.46％；投产第 3 年亩产叶量达 3212.9～4072.0 千克，平均达

3338.0 千克，比对照增产 12.98％。

栽培技术要点：采用种子繁殖。可以先播种育实生苗后移栽建园，也可直播成园。适宜密植，亩栽 5000～6000 株，全年以采片叶为主的桑园每年夏伐和冬伐各 1 次，夏伐宜低刈或根刈，冬伐宜留长枝（留下半年生枝条高 30～50 厘米），促进冬芽早发快长、提高产量和叶质，还可防治花叶病。叶片较大，适宜采摘片叶收获桑叶养蚕、也适合条桑收获（即割枝叶）养蚕，条桑收获要保持桑园肥水充足，使枝叶生长旺盛。桑园要多施有机肥、及时追肥，促进枝繁叶茂，发挥丰产性能。

适宜区域：该品种适宜在广西壮族自治区各地推广种植。

296. 粤桑 51 号

审定编号：粤审桑 2013001

选育单位：广东省农业科学院蚕业与农产品加工研究所

品种来源：优选 02/粤诱 A03-112

特征特性：多倍体杂交组合。群体整齐，生长势强，耐剪伐。枝条直立，皮灰褐色，皮孔圆形、椭圆形和纺锤形，平均节间距 5.6 厘米，叶序 2/5 或 3/8。冬芽为长三角形，尖离，副芽多。顶部嫩叶黄绿色或淡紫色。叶片大，成熟叶心形或长心形，叶基心形或肾形，叶尖长尾状，叶缘锯齿状或钝齿状。叶面粗糙有波皱，叶色翠绿，光泽较弱。叶柄 5～6 厘米，叶片平伸或稍下垂。春季成熟叶片长幅 25.0～31.0 厘米、宽幅 20.0～27.0 厘米，平均单叶重 7.2 克。桑叶含糖量高，品质好。田间表现易感青枯病，耐旱性较强。

产量表现：种植两年桑树平均亩产叶量为 2191.5 千克，比对照塘 10×伦 109（下同）增产 17.3％。饲养蚕品种两广 2 号结果，平均万蚕产茧量 17.71 千克、万蚕茧层量 3.72 千克、100 千克桑叶产茧量 7.94 千克，分别比对照提高了 5.0％、6.0％和 5.8％。

栽培技术要点：①亩栽 4000 株左右，大小苗分类种植。②种植前开挖种植沟，施足基肥，平时桑园应多施有机肥。③可采叶片或收获条桑，收获片叶每隔 20～25 天采 1 次，不宜超过 30 天；收获条桑每隔 40～45 天伐 1 次，不宜超过 50 天。

适宜区域：该品种适宜在广东省蚕区种植，但易发青枯病地块不宜种植。

Ⅶ.蔬 菜

一、萝 卜

297. 晋萝卜4号

审定编号：晋审菜（认）2012024

选育单位：山西省农业科学院蔬菜研究所

品种来源：4-01A×03-37-1。母本 4-01A 雄性不育系的不育源来自"晋丰"萝卜品种，采用"一母多父"的测交方法选育而成；父本 03-37-1 是外引品种"青光二号"经多代自交分离选育而成。试验名称"丰润一代"。

特征特性：杂交一代秋萝卜品种。中熟，生育期 80～90 天，叶丛半直立，单株叶重 0.5 千克左右。肉质根长圆柱形，根长 35 厘米左右，粗 7～8 厘米，平均单根重 1.8 千克。表皮光滑，出土部皮绿色，入土部皮白色，近 1/2 露出地面。生食无辣味或微辣，适口性较好。山西省食品工业研究所实验室品质分析检测：干物质 7.06%，可溶性总糖（以葡萄糖计）3.26%，维生素 C 含量 11.66 毫克/100 克，粗纤维含量 0.59%。

产量表现：2010—2011 年参加山西省秋萝卜试验，两年平均亩产 5707.8 千克，比对照丰光一代（下同）平均增产 4.0%；亩产值 2332.0 元，比对照增值 351 元。其中 2010 年平均亩产 5682.4 千克，比对照增产 5.1%，平均亩产值 2514.0 元，比对照增值 388 元；2011 年平均亩产 5733.3 千克，比对照增产 2.9%，平均亩产值 2150.9 元，比对照增值 315 元。

栽培技术要点：太原地区 7 月下旬至 8 月上旬露地直播，10 月中旬至下旬收获。行距 50 厘米，株距 40 厘米，平畦条播或高垄穴播均可，有条件最好采用垄作栽培。

适宜区域：该品种适宜在山西省秋冬季节栽培。

298. 凌翠

登记编号：陕蔬登字 2010008 号

选育单位：西北农林科技大学园艺学院

品种来源：LS14-2×LS39-5

特征特性：早中熟一代杂种，生育期 65 天。叶簇开张度小，较平展，长势中等，株高 42 厘米，株幅 51 厘米，羽状裂叶、叶色绿，叶数少。肉质根长圆筒形，侧根细，根孔浅，外表光滑细腻，白皮白肉，根肩部有淡色绿晕，肉质根纵径 38～42 厘米、横径 6～7 厘米，单根重 1.2～1.5 千克，肉质致密，口感脆嫩，味稍甜，无辣味。2010 年 6 月 8 日陕西省农产品质量监督检验站分析结果：可溶性糖含量 2.51%，维生素 C 含量 14.8 毫克/100 克，蛋白质含量 0.66%，粗纤维含量 0.62%，水分含量 94.81%。岐根、裂根少，延迟采收不易糠心，冬性强，耐抽薹性好。2009 年 9 月 16 日西北农林科技大学植保学院抗病性鉴定结果：病毒病病情指数 11.62，黑腐病病情指数 15.13，霜霉病病情指数 6.12，对病毒病、黑腐病表现抗病，对霜霉病表现高抗。

产量表现：春季栽培每亩产量 4000 千克左右，秋季栽培每亩产量 5000 千克左右。

栽培技术要点：①地块选择。选择土层深厚、富含有机质、土壤肥沃、疏松、排水良好的沙壤土和光照充足的地块种植。播种前结合翻耕整地，每亩施优质有机肥 3000 千克、氮、磷、钾三元复合肥 30 千克。②播期。关中地区作春萝卜栽培，播种期根据不同栽培设施及不同地区酌情安排，冬季加温温室、春季塑料拱棚或露地均可栽培，从 1 月中旬至 4 月均可播种，播种后覆盖地膜，保温保湿，促进种子发芽，子叶平展时破膜露苗、间苗和补苗，封严地膜破口，生育初期温度保持在 12℃以上；作秋萝卜栽培，播种期在 7 月下旬至 8 月中旬。太白、凤县高山地区正常年份 5 月上旬至 6 月中旬均可露地地膜覆盖播种。③播量。一般采用点播，每穴播种 1～3 粒，播后覆土约 0.5 厘米，每亩用种量 100 克。④栽培方式及留苗密度。高垄单行或双行栽培，行距 40～50 厘米，株距 20～25 厘米，留苗密度 6500 株/亩。⑤田间管理。"破肚"时定苗，定苗后追施提苗肥，每亩追施稀薄人粪尿 1500 千克，当肉质根刚露肩时追 1 次膨大肥，每亩追尿素 10～15 千克。要保持土壤湿润，遇干旱应及时灌水，特别是肉质根膨大期，需水量增加，要注意土壤墒情，及时灌水。忌大水漫灌，以防渍水烂根。⑥病虫害防治。作春萝卜栽培，由于早春温度低，基本没有病虫危害。作秋萝卜栽培，生长前期注意防治病毒病、菜青虫、菜螟、小菜蛾、蚜虫、黄曲跳甲等病虫害。⑦收获。当地上部直径达到 5～6 厘米以上，重约 0.5 千克时，可根据市场行情，分批收获上市。

适宜区域：该品种适宜在陕西省春季保护地栽培，秋露地栽培和高冷地区反季节栽培。

299. 南春白 5 号

鉴定编号：苏鉴萝卜 201001

选育单位：南京农业大学

品种来源：利用晚抽薹白萝卜不育系 NAURWA01 与白萝卜自交系 NAUILW-SDG02 配组，于 2008 年育成。

特征特性：属花叶类型春白萝卜品种。植株田间生长势强，一致性好，从播种到采收约 62 天。株型半直立，叶片数 19～21 枚，深绿色，花叶深裂。肉质根圆柱形，长 25～26 厘米，直径 7～8 厘米，肉质根白色，不易糠心，肉质脆甜，口感风味好。田间调查未见抽薹，未见霜霉病及病毒病。

产量表现：2008 年品比试验，平均亩产 6482.4 千克，比对照小红头（下同）增产 80.2%；2009 年品比试验，平均亩产 6412.4 千克，比对照增产 72.5%；2010 年省生产试验，平均亩产 6536.8

千克，比对照增产 79.0%。

栽培技术要点：①适期播种。选择土层深厚、排灌方便的沙壤土地块，春季栽培南京地区一般于 3 月至 4 月中旬播种，地膜覆盖；选晴天上午播种，墒情较好时在畦内开沟，沟深 2.0～3.5 厘米，均匀点播，覆土平沟。②适宜密度。株行距约 33 厘米×40 厘米，每亩定苗 5500～6000 株。③田间管理。整地播种前亩施腐熟有机肥 3000 千克和复合肥 40 千克，春季播种后即覆盖地膜或小中棚；应早间苗、晚定苗，第一次间苗在子叶充分展开时进行，2～3 片真叶时第二次间苗、定苗；根据土壤肥力和生长状况确定追肥时间，一般在肉质根膨大初期（破肚后）追肥 1 次，亩施复合肥 25～35 千克。④病虫害防治。预防为主，农业防治和药剂防治相结合，要及时防治蚜虫、小菜蛾、菜青虫与霜霉病。

适宜区域：该品种适宜在江苏省春季保护地或露地栽培。

300. 榕研1号

认定编号：闽认菜 2011017

选育单位：福州市蔬菜科学研究所

品种来源：6-4-1A×16-1-5（6-4-1A 是用"东方惠"的不育株与"和风"杂交后代中分离出的不育株，经多代回交纯化，定向选育而成的雄性不育系；16-1-5 是用"南研 30"与"夏抗 40"的杂交后代中分离选育而成的自交系）

特征特性：早熟、耐热，从播种至采收 55 天左右。株高 35 厘米，叶丛直立，板叶，倒卵形，叶色浅绿，叶数 13 片，叶面少毛，叶长 30 厘米，叶宽 11 厘米。肉质根圆柱形，皮白色，肉色白均匀，品质优。根长 26～28 厘米，根粗 5～6 厘米，露土 1/2，单根重 350～500 克。经福州市植保植检站田间病害调查，未发现病毒病，黑腐病和菌核病发病率低。经福建省农科院中心实验室品质测定：每 100 克鲜样含水分 89.9 克、粗纤维 1.1 克、维生素 C 14.74 毫克、还原糖 2.0 克、蔗糖 0.13 克、蛋白质 1.39 克。

产量表现：该品种经福州、莆田、宁德、龙岩等地多年多点试种示范，一般亩产量 3500～4000 千克。

栽培技术要点：选择肥力较高、排灌方便、前茬为非十字花科蔬菜的壤土或轻壤土。福州地区可在8月上旬至9月上旬播种,采用穴播,每畦2行,株距13～15厘米,每亩种植7000～8000株。2～3片真叶时间苗,"大破肚"时定苗,合理浇水,以"基肥为主,追肥为辅",及时采收,保证萝卜质量,提高商品价值,栽培过程中应注意防治黑腐病和菌核病。

适宜区域: 该品种适宜在福建省种植。

301. 蜀萝8号

审定编号: 川审蔬2011007

选育单位: 四川省农业科学院水稻高粱研究所

品种来源: 用自育耐热萝卜不育系C5116A与自育父本系C8690-25配制的杂交一代组合。

特征特性: 中熟,全生育期67天,比对照夏抗40(下同)迟熟4天。株高55.3厘米,叶片开展度42.6厘米,根冠比2.68∶1。叶簇半直立,板叶,叶绿色,叶片厚,持绿时间长。根长30.6厘米、横径8.2厘米,单根重682.7克,肉质根长圆柱形,1/2外露,白色。生长势强,不易糠心,耐热,田间表现抗病毒病和软腐病,适应性强。外形美观,商品性佳,熟食带甜味,口感好。

产量表现: 两年多点试验平均亩产3349.7千克/亩,比对照增产10.9%,连续两年试验10点次均表现增产。两年生产试验平均亩产3420.7千克,比对照增产12.3%。两年生产试验6点次均增产。

栽培技术要点: 夏播,最佳播期6月上旬,每亩用种150克,苗期20～25天,及时间苗,每穴留苗1株,间苗在肉质根开始膨大前完成。每亩种植5000株,株距33.3厘米。起垄点播,垄面宽50厘米,垄沟宽30厘米,每垄两行,做好四周边沟。浇足淡粪水,播后盖一层灰渣肥。苗期需肥较少,抗旱能力较强,生长后期适当灌溉,以补充萝卜生长所需水分,在肉质根膨大期,用水淹灌1～2次,灌溉时切勿淹没垄面,淹水后及时排干沟水,淹水时间在傍晚或夜晚10点以后进行。萝卜施肥以底肥一道清为主,亩施氮、磷、钾含量为12%、8%、7%的复合肥60千克,在播种前7～10天深翻于土壤中。或底肥采用农家肥,追肥施化肥的方式,但化肥不宜过多，亩施纯氮 10 千克以内（折合尿素 20 千克/亩）。耐热萝卜一般采收期较短，播种后 50 天开始采收，有效采收期 15～20 天，采收时拔大留小，及时食用或加工处理。注意防治软腐病、黑腐病及菜青虫、蚜虫等病虫害。

适宜区域：该品种适宜在四川省萝卜产区夏季种植。

302. 天正萝卜 12 号

审定编号：鲁农审 2010058 号

选育单位：山东省农业科学院蔬菜研究所

品种来源：一代杂交种，组合为 01-11A/9230-11。母本雄性不育系 01-11A 为潍县青高代自交系经雄性不育转育育成，父本 9230-11 为淄博大青皮转育的抗病自交系。

特征特性：属秋萝卜品种。生长期约 80 天；叶丛半直立，羽状裂叶，叶色深绿，单株叶片 13～15 片；肉质根圆柱形，入土部分较小，皮深绿色，肉翠绿色，肉质致密，微辣，脆甜多汁，风味好，生食、熟食兼用；单株肉质根重 500～700 克；耐储藏。区域试验试点调查：霜霉病病株率 41.9%，病情指数 8.8；病毒病病株率 8.8%，病情指数 3.1；软腐病病株率 4.2%，皆与对照潍萝卜 1 号（下同）相当。2009 年经农业部食品质量监督检验测试中心（济南）品质检验：干燥失重 92.1%，干物质含量 7.5%，维生素 C 29.6 毫克/100 克鲜重，可溶性总糖 3.7%。

产量表现：在 2008 年山东省秋萝卜品种区域试验中，平均亩产 3798.1 千克，比对照增产 0.9%；2009 年生产试验平均亩产 4623.0 千克，比对照增产 13.0%。

栽培技术要点：一般 8 月 15 日～20 日播种，宜生茬地起垄点播，施足基肥，株距 30 厘米，行距 35 厘米。及时追肥，注意防治菜青虫、小菜蛾等害虫。

适宜区域：该品种适宜在山东省作秋萝卜品种种植利用。

303. 雪单 1 号

审定编号：鄂审菜 2008002

选育单位：湖北省农业科学院经济作物研究所

品种来源：用"ED0108A"作母本、"ED0268"作父本配组育成的杂交萝卜品种。

特征特性：属春白萝卜品种。平原地区 3 月中旬播种至采收 60～65 天，高山地区 5 月下旬至 8 月初播种至采收 55～60 天。叶簇半直立，裂叶，叶色深绿，成熟时叶片数 15 片左右。肉质根长圆柱形，长 25～30 厘米，横径 7～10 厘米，樱口较小，白皮白肉，表皮较光滑，歧根、须根少，单根重 900 克左右。肉质脆嫩，水分含量较高，生食味微甜，辣味轻，不易糠心。较耐抽薹。经农业部食品质量监督检验测试中心对送样测定：水分含量 95.3%，可溶性固形物含量 3.39%，维生素 C 含量 92.6 毫克/千克，粗纤维含量 0.8%。

产量表现：2005—2007 年在恩施、宜昌、黄冈等地试验、试种，一般亩产 3300 千克左右。

栽培技术要点：①双垄栽培。平原地区垄宽 1 米（包沟），高山地区垄宽 0.67 米（包沟）。②适时播种。平原地区春季 3 月上中旬播种，每亩 5000 株；高山地区 5 月中旬至 8 月中旬播种，每亩 8000 株。③科学施肥。底肥一般亩施腐熟的农家肥 2000 千克、复合肥 50 千克和硼肥 1 千克，苗期酌施速效肥。④注意防治病毒病、霜霉病、黑腐病、美洲斑潜蝇、菜青虫、菜螟、小菜蛾、蚜虫、黄曲跳甲等病虫害。⑤适时收获。

适宜区域：该品种适宜在湖北省高山栽培和平原地区早春栽培。

304. 胭脂红 1 号

鉴定编号：渝品审鉴 2011001

选育单位：重庆市涪陵区农业科学研究所

品种来源：3526A×09S77

特征特性：属杂交一代品种。株高 43 厘米，开展度 53 厘米；板叶、深裂、绿色，叶面微皱，有少量茸毛；叶长 46 厘米，叶宽 10 厘米，叶柄红色；肉质根葫芦形、横径 5.2 厘米、纵径 8.9 厘米，入土 1/3～1/2，皮厚 0.2 厘米、红色，肉鲜红色，质地脆嫩，稍有辣味，含水量 93%左右。种子扁圆形，淡黄色，长 3.6 毫米、宽 3 毫米，胚根红色，千粒重 11 克。重庆沿江低海拔地区 9 月上旬播种，播收期 120 天左右。2009 年田间自然诱发病毒病鉴定结果：中感病毒病。

产量表现： 2009 年多点比较试验肉质根亩产 1123 千克，较对照 V01A1106（下同）增产 10%，达极显著水平；萝卜红色素含量 16.4‰，较对照增 21%。2010 年多点比较试验肉质根亩产 2394 千克，较对照增产 41%，达极显著水平；萝卜红色素含量 14.1‰，较对照增 18.9%。

栽培技术要点： 重庆沿江低海拔地区 8 月下旬至 9 月上旬播种，每亩 6000 窝左右，每窝 2 株。掌握增施基肥、前期轻施、中期重施、后期看苗施肥的原则，忌用未腐熟的人、畜粪，粪、肥不得接触肉质根。重点注意防治蚜虫、菜青虫。肉质根膨大定型后可采收，作色素加工原料栽培可割薹推迟收获期。

适宜区域： 该品种适宜在重庆市中低海拔地区种植。

二、大 白 菜

305. 福春 1 号

认定编号： 闽认菜 2011014

选育单位： 福州市蔬菜科学研究所

品种来源：（药×健×京）-3×春大强-6［母本（药×健×京）-3 是从药膳春、健春、京春绿三个品种杂交后代中分离出的优良单株，经多代纯化育成的自交不亲和系；父本春大强-6 是从韩国引进的春大强品种中选出的自交不亲和系］

特征特性： 属中熟春白菜杂交种，耐抽薹，从定植到采收 75 天左右。植株半直立，株高 31 厘米，开展度 50 厘米×50 厘米，叶形倒卵形，叶色深绿，叶面微皱少毛，叶脉明显，中肋绿白色，外叶数 11 片，叶长 34 厘米，叶宽 26 厘米。叶球叠抱、短筒形、中桩，球内叶浅黄色，叶球纵径 28 厘米、横径 15 厘米，单球重 2~3 千克，净菜率 75%。经福州市植保植检站田间病害调查，未发现病毒病，霜霉病、软腐病比对照阳春发病率低。经福建省农科院中心实验室测定：每 100 克鲜样含水分 98.6 克、粗纤维 0.27 克、维生素 C 10.5 毫克、还原糖 0.18 克、蔗糖 0.031 克。

产量表现： 经福州、莆田、宁德、龙岩等地多年多点试种，一般亩产量 3800～4200 千克。

栽培技术要点： 选择肥力较高、排灌方便、前茬为非十字花科蔬菜的壤土或轻壤土。选择肥力较高排灌方便，前茬为非十字花科蔬菜的田块。福州秋冬季平原地区秋季 10 月下旬至 11 月中旬播种，海拔 500 米以上山区提早 15～20 天播种；春季于 2 月上旬至 2 月中旬播种，采用大棚加小拱棚育苗，保证苗期温度高于 12℃以上。施足基肥，做成中间高两边低的高畦。育苗移植，每亩定植 2600 株左右，水肥应充足，掌握一促到底原则，结球八成紧时，适时采收。栽培过程中应注意防治软腐病、病毒病和霜霉病。

适宜区域： 该品种适宜在福建省作春白菜种植。

306. 金宝 8 号

认定编号： 甘认菜 2011047

引进单位： 兰州中科西高种业有限公司

品种来源： 从韩国坂田株式会社引进。

特征特性： 植株长势旺盛，株高 29.5 厘米，株幅 27～28 厘米，外叶圆形、深绿色，内叶鲜黄色，叶球呈半叠抱圆筒形，单球重 3 千克。

产量表现： 在 2008—2009 年多点试验中，平均亩产 5079.9 千克，比对照阳春增产 18.6%。

栽培技术要点： 在 3 月下旬至 6 月上旬均可起垄覆膜直播或育苗移栽，应及时放苗，5～6 片叶及时间苗、定苗，每穴留一株壮苗。苗龄 25～30 天及时定植，亩保苗 3000～3500 株。结球期结合浇水亩追施尿素 10～15 千克、硫酸钾 10 千克，并叶面喷施 0.3% 氯化钙溶液 1～2 次。

适宜区域： 该品种适宜在甘肃省榆中、红古、定西等地种植。

307. 金娃娃

审定编号： 京审菜 2012002

选育单位：北京市特种蔬菜种苗公司

品种来源：6014×05-11

特征特性：春播小株型大白菜一代杂交品种。定植后 50 天收获，植株半直立，叶色深绿，外叶叶面微皱，白帮；球叶合抱，短筒形，颜色绿，内叶颜色黄色。株高 31.9 厘米，开展度 35.0 厘米，叶球高 22.3 厘米，球形指数 2.2，净菜率 65.3%，单株净菜重 0.7 千克。苗期人工接种抗病性鉴定结果为抗病毒病、黑腐病和霜霉病。

产量表现：2010—2011 年两年区域试验净菜平均亩产 6342 千克；2011 年生产试验净菜平均亩产 6148 千克。

栽培技术要点：北京地区于 3 月中下旬播种，6 月上旬收获，行株距 30 厘米×(20～30)厘米，栽培密度以 8000～10000 株为宜。其他同一般春季大白菜管理。最好选择非十字花科蔬菜为栽培前茬。底肥要充足，每亩施优质农家肥 3000～5000 千克作底肥，追肥分 2 次进行，缓苗后可追施尿素每亩 10 千克、复合肥 10 千克，撒施或开沟穴施。进入结球期后，每亩再随水追施尿素 10 千克。及时间苗、定苗、中耕、除草，同时要特别注意防治虫害，严格注意采收时间，符合收获标准时应立即采收商品菜。

适宜区域：该品种适宜在北京地区春播种植。

308. 津秋 78

审定编号：京审菜 2008012

选育单位：天津科润蔬菜研究所

品种来源：J406×H229

特征特性：秋播中熟直筒青麻叶类型品种。成熟期 79 天，株型直立，株高 50 厘米，开展度 62 厘米。叶色深绿，叶缘钝锯，外叶微皱，浅绿帮。叶球顶部疏心，叶球长筒形，绿色，内叶颜色黄，高 44 厘米，直径 14 厘米，球形指数 3.3，外叶数 10 片，球叶数 38 片，叶球重 2.8 千克，净菜率 76.2%，软叶率 47%。高抗霜霉病和黑腐病，抗病毒病，不易发生干烧心现象。

产量表现：2006—2007 年两年区域试验净菜平均亩产 6200 千克，比对照秋绿 75 增产 23.9%；2007 年生产试验净菜平均亩产

4464 千克，比对照秋绿 75 增产 3.4%。

栽培技术要点：北京地区 8 月 8 日～14 日播种，高温年份适当晚播，以直播为宜，定棵密度行株距 60 厘米×45 厘米（约 2400 株/亩）。高盐碱地区以平畦栽植为宜，非盐碱地区以小高垄栽植为宜。莲座期适当蹲苗，促进根部向下延伸便于肥水吸收，进入结球期要肥水充足，因该品种喜高水肥，但要注意均匀施肥和浇水。及时防治病虫害。该品种适于用作冬储菜，在收获前一周停止浇水，并要及时收获，以便于储存。

适宜区域：该品种适宜在北京地区种植。

309. 晋白菜 8 号

审定编号：晋审菜（认）2012023

选育单位：太原市农业科学研究所

品种来源：HY219×H226。母本 HY219 来源于河北唐山地区农家品种，父本 H226 来源于天津农家品种天津核桃纹的自交后代。试验名称"青美"。

特征特性：杂交一代秋白菜品种。中晚熟，生育期 95 天左右。植株生长势强，株高 65 厘米左右，外叶浅绿色。叶球为直筒拧心形，包心较紧实。单株重 4 千克左右，净菜率 80% 以上。

产量表现：2010—2011 年参加山西省秋白菜试验，两年平均亩产 8648.4 千克，比对照太原二青（下同）平均增产 11.3%，试验点 12 个，10 个点增产。其中 2010 年平均亩产 8660.8 千克，比对照增产 11.0%；2011 年平均亩产 8636.0 千克，比对照增产 11.6%。

栽培技术要点：太原地区立秋播种，种植密度每亩 2800～2900 株，株行距 50 厘米×50 厘米。注意施足底肥，每亩施有机肥 5000 千克以上。

适宜区域：该品种适宜在山西省秋季种植。

310. 黔白 7 号

审定编号：黔审菜 2010002 号

选育单位：贵州省园艺研究所

品种来源： 2004 年用 66121 和 592a 组配选育而成的杂交一代种。66121 和 592a 是 1990 年和 1993 年分别从北京引入的石特 1 号和小白口中选择优良变异单株，经多代单株自交培育而成。亲本有较强的自交不亲和性。区试名称为 66121〡592a。

特征特性： 属中早熟品种。正季栽培生育期 80 天，夏季栽培生育期 69 天。植株整齐一致，株高 38 厘米，开展度 47 厘米×47 厘米。夏季高温条件下结球率高，叶球紧实，净菜率高，叶球呈倒卵形，大小适中，中桩，软叶多，叶帮比 0.9852，单球重 1.6 千克左右。肉质甜嫩，商品性好。耐热性好。

产量表现： 2007 年、2008 年省区域试验平均亩产 4454.7 千克，比对照增产 12.94%，增产点次为 100%；2008 年、2009 年省生产试验平均亩产 4462.7 千克，比对照增产 14.13%，增产点次为 100%。

栽培技术要点： 省内中部温和地区适宜播种期在 5 月中旬至 9 月上旬。高温露地育苗，可用遮阳网或稻草遮阳，播后 20 余天（秧苗 5 片左右真叶）定植。也可采取露地直播或地膜覆盖栽培，叶球包心紧实即可陆续采收上市。宜选肥沃疏松、排水良好的土壤，采用深沟高畦栽培，1 米开厢栽 2 行或 1.8 米开厢栽 4 行，沟深 20～30 厘米，株行距 40 厘米×40 厘米。基肥每亩施 3000 千克腐熟农家肥和 50 千克复合肥。定植后要加强水分的管理，确保苗齐苗壮；定植缓苗后，结合中耕除草追肥 2～3 次，以促丰产。

适宜区域： 该品种适宜在贵州省正季和中海拔、高海拔区域夏季种植。

311. 潍白七号

审定编号： 鲁农审 2009045 号

选育单位： 山东省潍坊市农业科学院

品种来源： 一代杂交种，组合为 BZ-02-17/BZ-02-10。双亲均为自交不亲和系，BZ-02-17 是福山包头变异单株自交选育，BZ-02-10 是春夏王变异单株自交选育。

特征特性： 秋白菜中早熟品种。生长期约 66 天，比对照秋珍白 6 号（下同）早熟 1 天。株高 38 厘米，开展度 50 厘米。外叶半披张，深绿色，多皱褶，刺毛少，叶柄白而薄。叶球炮弹形，球叶合抱，稍舒心，球高 32 厘米、横径 21 厘米，单球重 2.4 千克左右。净菜率 64.5％，软叶率 44.1％，不结球率 2.6％。品尝风味品质较好。区域试验调查结果平均：霜霉病病株率 56.3％，病情指数 17.9；病毒病病株率 5.4％，病情指数 3.5；软腐病病株率 10.6％；夹皮烂病株率 0.2％。2007 年经中国农业科学院蔬菜花卉研究所抗病性鉴定：中抗病毒病（TuMV），病情指数 42.2；抗霜霉病，病情指数 21.9。2008 年经农业部食品质量监督检验测试中心（济南）品质分析：粗纤维含量 0.7％，维生素 C 含量 15.8 毫克/100 克鲜重，蛋白质含量 1.20％，干物质含量 4.34％，可溶性总糖含量 1.55％。

产量表现：在 2006—2007 年山东省秋白菜品种早熟组区域试验中，两年平均亩产净菜 4764.2 千克，比对照增产 20.2％；在 2007—2008 年山东省秋白菜早熟组生产试验中，平均亩产净菜 4495.0 千克，比对照增产 34.7％。

栽培技术要点：一般在 7 月中下旬播种，高垄直播，行距 60 厘米，株距 45～50 厘米，每亩种植 3000 株左右。其他管理措施同一般大田。

适宜区域：该品种适宜在山东省作为秋白菜中早熟品种推广利用。

312. 浙白 8 号

认定编号：浙认蔬 2008010
申报单位：浙江省农业科学院蔬菜研究所
品种来源：S02-PB657-6-1-1-2-18×S98-430-9-2-18-6-6
特征特性：早熟，播种到收获 55 天左右；生长势旺，株型小而紧凑，半直立，株高约 35 厘米，开展度 40 厘米×45 厘米左右；叶色浅绿、叶面光滑无毛、宽白帮；矮桩叠抱球形，球高约 27 厘米，横径约 16 厘米，球形指数 1.7，单球净重 1.9 千克左右；外叶少，净菜率 70％以上；耐热性较强，结球紧实，商品性好，品质优；高抗病毒病、黑斑病，抗霜霉病、软腐病。

产量表现：2005—2006 年多点品比试验结果，平均亩产 5169

千克，比对照早熟 5 号增产 34.2%。

栽培技术要点：株行距 40 厘米×40 厘米；加强肥水管理，注意防虫；叶球成熟 7～8 成时开始采收。

适宜区域：该品种适宜在浙江省秋季种植。

三、甘　蓝

313. 惠丰 6 号

审定编号：晋审菜（认）2009004

选育单位：山西省农业科学院蔬菜研究所

品种来源：9203—4—3—11×0346—4—1—1

特征特性：植株生长势较强，开展度 50～55，外叶数 12～14 片，外叶深绿色，叶面稍皱，叶缘齐，蜡粉少；叶球近圆球形，翠绿色，叶球横径 18～19 厘米，叶球纵径 16～17 厘米，单球质量 1.5～1.6 千克，中心柱长约为球高的 1/2；球叶脆嫩，味较甜，纤维少，品质佳。中早熟品种，从定植到商品成熟 63 天左右。抗病性较强，冬性较强，耐裂球性较好。2008 年 8 月～9 月经中国农业科学院蔬菜花卉研究所人工接种病毒病鉴定，病情指数为 23.7，表现为抗病（R）。2008 年 6 月经山西省农科院中心实验室品质分析检测：100 克鲜重含维生素 C41.60 毫克、可溶性糖 3.41 克、粗蛋白 1.08 克、粗纤维 0.47 克。

产量表现：2007—2008 年参加山西省春甘蓝试验，2007 年平均亩产 4855.7 千克，比对照中甘 21 号（下同）增产 14.6%；2008 年平均亩产 4429.7 千克，比对照增产 13.2%。两年平均亩产 4642.7 千克，比对照增产 13.9%。两年 12 个点次全部增产，增产点比例 100%。

栽培技术要点：太原地区可在 1 月下旬至 2 月上旬用塑料薄膜覆盖阳畦播种育苗，露地或地膜覆盖栽培，4 月 10 日前后定植，晋北地区可比太原推后 10～15 天，晋南地区可比太原提早 10～15 天；行距 40～43 厘米，株距 40 厘米，亩栽苗 3800～4000 株。施足底肥，在结球初期追肥 1 次；注意防治小菜蛾、菜青虫和蚜虫；

其他地区可根据当地的气候条件，确定适宜的栽培时期。

适宜区域：该品种适宜在山西各地作中早熟春甘蓝种植。

314. 兰园明珠

认定编号：甘认菜 2013074

引进单位：兰州园艺试验场种子经营部

品种来源：从河北省邢台市蔬菜种子公司引进

特征特性：早熟春甘蓝，定植后 50 天左右收获。叶色绿，叶球紧实，圆球形，植株开展度约 52 厘米，外叶约 15 片，叶面蜡粉少。单球重 1.0～1.5 千克。耐裂球。

产量表现：在 2011—2012 年多点试验中，平均亩产 9306.5 千克，比对照增产 30.7%；2012 年生产试验，平均亩产 9021.1 千克，比对照增产 26.9%。

栽培技术要点：1 月中下旬在温室育苗，2 月中下旬分苗，3 月底或 4 月初定植露地，每亩约 4500 株。蹲苗后苗子开始包心时追肥浇水，3～4 水后即可收获上市。

适宜区域：该品种适宜在甘肃省榆中、兰州红古等相同生态区种植。

315. 黔甘 6 号

审定编号：黔审菜 2010003 号

选育单位：贵州省园艺研究所

品种来源：于 2004 年从四季甘蓝中选出的强冬性自交不亲和系 3404 和大牛心甘蓝中选出的平头形早熟优良自交不亲和系 7206 组配选育而成的杂交一代种。

特征特性：在平头形甘蓝中属早熟品种。播种到收获 96 天。株高 28 厘米，开展度 56.7 厘米×57.8 厘米。外叶 12～14 片，绿色，叶面稍皱，蜡粉较少，叶球扁圆形近圆球形，球高约 11.2 厘米、横径 20.6 厘米，球内中心柱 6.9 厘米、宽 3.1 厘米，结球紧实，单球重 1.61 千克。口感甜嫩，品质优良。

产量表现：2007 年、2008 年省区域试验平均亩产 4829.7 千克，比对照中甘 8 号（下同）增产 10.4%，增产点次为 100%；

2008 年省生产试验平均亩产 4939.3 千克，比对照增产 10.5％，增产点次为 100％。

栽培技术要点： ①夏秋甘蓝栽培。一般在 3 月中旬至 7 月上旬播种育苗，5 月初至 8 月上旬定植，7～10 月上市，补充这一淡季叶菜类蔬菜供应不足的市场缺口。5 月下旬至 7 月播种的幼苗，正值温度较高季节，苗床需用遮阳网或凉棚遮阳，防止强光直射和暴雨冲击。3～4 月播种的夏甘蓝，生长前期低温阴雨，中后期又遇高温干旱；5～7 月播种的早秋甘蓝，整个生育期都遇高温，还会出现阵雨或暴雨，因此，要选排水良好、通风凉爽、土质肥沃、海拔较高的地段栽培。为利于排水和通风透光，宜采用深沟窄畦，1 米开厢栽 2 行或 2 米开厢栽 4～5 行，适当密植，株行距 40 厘米×45 厘米。每亩窝施 3000 千克腐熟厩肥和 30 千克过磷酸钙作底肥。定植时一定要带土移栽，及时浇定根水，这是保证幼苗还苗快，成活率高的重要措施。夏秋甘蓝生长期温度较高，生长较快，需大肥大水的管理。在定植成活后一周，轻施 1 次"提苗肥"；在莲座期，结合中耕每亩对水施 15 千克尿素和 10 千克复合肥；在结球前期和中期，每亩追施 10 千克尿素和 20 千克复合肥。生长过程中注意病虫危害，可用高效低毒的阿维虫清、杀虫菌、抑太保乳油或锐劲特 4000 倍液或辛硫磷防治蚜虫和菜青虫。叶球成熟后须及时采收，否则高温多雨，容易裂球腐烂。②冬甘蓝栽培。一般在 7 月中旬至 8 月上旬播种，8 月中下旬至 9 月中下旬定植，元旦前后采收。育苗和定植时采用遮阳网或稻草遮阳，同时注意常浇水抗旱，其余田间管理技术与夏秋甘蓝栽培相类似。

适宜区域： 该品种适宜在贵州省正季和中海拔、高海拔区域夏季种植。

316. 秋绿 98

登记编号： 陕蔬登字 2010011 号
选育单位： 西北农林科技大学园艺学院
品种来源： CMSH12-69×IP05-98
特征特性： 苗期叶片深绿色，叶片较厚，叶脉明显。莲座期株型半直立，叶片绿色，着生叶片外茎短粗。结球期植株开展度

55.6厘米，外叶数13～15片，外叶绿色，叶面平滑，蜡粉中等；叶球扁圆形，球纵径24.5厘米、横径35.3厘米，球叶绿色；叶球紧实度0.58，中心柱长0.61厘米，平均单球重3.5千克。高抗病毒病和霜霉病，抗黑腐病，耐裂球。该品种定植到收获98天左右，为秋冬甘蓝品种。叶球商品性好，叶球外观符合消费者习惯；球叶质地脆甜，生食香甜，风味品质优良，帮叶比28.3%。其主要营养成分分析：100克鲜重中含粗蛋白1.18克、粗纤维0.46克、可溶性糖2.81克、维生素C 45.13毫克、干物质7.14克，优于对照品种。

产量表现： 一般亩产5500～6000千克。

栽培技术要点： 陕西省秋季栽培6月中下旬落水播种育苗，亩播量45～50克。平畦或半高畦栽培。当幼苗长有6～7片真叶时喷药防虫带土坨，平畦或半高畦定植。定植密度行距60～65厘米，株距50～60厘米，亩栽培2000～2200株。苗子定植时温度较高，定植后及时灌水，第一次稳苗水不宜过大、过多；相隔1～2天后再灌1次水，以利降温、缓苗、保苗。莲座期至结球中期，每隔6～10天灌1次水，保持见干见湿原则；结球后期灌水时间相对延长，成球后减少或停止灌水。施肥以厩肥或复合肥作底肥，定植后7～10天结合中耕蹲苗时追第一次肥，以后分莲座中期、包心前期和中期分次追肥，植株封垄前穴施追肥、封垄后跟水追肥，每次追肥尿素20～30千克/亩或人粪尿5000千克/亩，结球后期，则不必再追肥。选用低毒或无公害农药防治菜青虫、蚜虫、蚂蚁、甘蓝夜蛾等害虫。

适宜区域： 该品种适宜在陕西省秋季栽培和无霜期较短地区一年一季栽培。

317. 瑞甘21

鉴定编号： 苏鉴甘蓝201204

选育单位： 江苏丘陵地区镇江农业科学研究所

品种来源： 以引进的寒玉155和026为原始材料，选育出两个稳定的自交不亲和系，于2004年育成。

特征特性： 属晚熟结球越冬甘蓝品种。植株生长势较旺盛，耐寒性、耐抽薹性强。株高 33 厘米左右，开展度 57 厘米左右，外叶数 12～13 片，叶片绿色、倒卵圆形，叶球高扁圆形，结球紧，脆甜，单球重 1.4 千克，球高 15.2 厘米左右，横径 19 厘米左右，中心柱长 7.0 厘米左右，中心柱宽 3.2 厘米。全生育期 177 天。

产量表现： 2009—2010 年参加江苏省区试，平均亩产 4445 千克，比对照寒玉 155 增产 13.8%；2011 年省生产试验，平均亩产 4960 千克，比对照寒玉 155 增产 13.1%。

栽培技术要点： ①适期播种。南京地区一般在 8 月上中旬播种。其他适宜种植地区可依据栽培条件合理确定播种期。②合理密植。6～8 片真叶定植。株行距 40 厘米×45 厘米，每亩 3200 株左右。③田间管理。施足基肥，生长期间要保持有一定的土壤湿度，结球期适当浇水。结合浇水追肥 3～4 次，以追速效氮肥为主。④病虫害防治。预防为主，农业防治和药剂防治相结合，注意防治黑斑病、小菜蛾、菜青虫、甜菜夜蛾和蚜虫等病虫害。

适宜区域： 该品种适宜在江苏省淮南地区越冬露地栽培。

318. 西园 14 号

鉴定编号： 渝品审鉴 2010005

选育单位： 西南大学园艺园林学院

品种来源： 2006A×2006152

特征特性： 该品种植株性状整齐，植株开展度 69 厘米左右，外叶 11.1～13.5 片，叶色绿色。叶球扁圆形，叶球纵径 12.5～13.2 厘米、横径 21.0～23.1 厘米，球内中心柱长 6.2 厘米，叶球紧实度 0.54，单球重 1.76 千克。全生育期 150 天左右。田间表现抗黑腐病，对根肿病具有一定耐性。经室内苗期人工多抗性鉴定，对根肿病和黑腐病表现为耐病，对病毒病表现为抗病，病毒病病情指数为 19.3，黑腐病病情指数为 26.4，根肿病病情指数为 22.1。叶质脆嫩，商品性好，口感好，纤维素含量 0.65%，帮叶比 15.4%，100 克鲜样含维生素 C 28.0 毫克，可溶性固形物含量 5.7%。

产量表现： 2006—2007 年品种比较试验，产量为 3984.0 千克/亩，比京丰一号增产 31.8%。2008—2009 年在北碚、潼南等区县进行区域试验，两年 3 点平均产量为 4475.0 千克/亩，比京丰一号增产 38.3%。

栽培技术要点： 重庆市 7 月至 8 月上中旬播种育苗，苗龄30～40 天定植，株行距 50 厘米×50 厘米，每亩定植约 2600 株，重施基肥，定植后，前期施清粪水，莲座期和结球初期重施追肥。注意防治病虫害。

适宜区域： 该品种适宜在重庆地区作秋冬甘蓝栽培。

319. 晓丰

认定编号： 闽认菜 2011008

引进单位： 福建省农科院农业生物资源研究所，福建农林大学蔬菜研究所

品种来源： 从台湾引进

特征特性： 早熟、耐热，植株生长势强，夏秋栽培 50～55 天。株幅 50～60 厘米，外叶 11～13 片，叶色深绿，蜡粉中等，叶球紧实，扁球形，横径 16～18 厘米，纵径 10～12 厘米，中心柱 6～8 厘米，单球重 1.0～1.5 千克，田间结球整齐，采收期较一致，口感甜脆，品质优。经福建省农科院中心室检测：每 100 克鲜样含水分 94.37 克、维生素 C 37.6 毫克、蔗糖 0.24 克、还原糖 2.7 克、粗纤维 0.6 克、蛋白质 0.97 克。经闽侯县植保站在白沙镇示范点调查，田间有发生霜霉病、黑斑病、病毒病。

产量表现： 该品种经福州、宁德等地多年多点试种示范，一般亩产 2500 千克左右。

栽培技术要点： 该品种适播期为福州平原地区春季 2 月至 3 月上旬，秋季 7 月下旬至 9 月中旬，中高海拔地区 5 月上旬至 7 月下旬。选择土壤肥沃、排灌方便的地块，整成畦宽 1.5 米、沟宽 25 厘米的高畦。苗龄 30～40 天，亩定植 2300～2500 株，施足基肥、硼肥，栽培上注意防治结球甘蓝霜霉病、黑斑病、黑腐病、软腐病等病害。适时采收，减少裂球。

适宜区域： 该种适宜在福建省种植。

四、花 椰 菜

320. 阿里山 105 天

认定编号：甘认菜 2013061

选育单位：浙江神良种业有限公司

品种来源：以 9709 为母本、1108 为父本组配的杂交种。

特征特性：株高 55 厘米，株幅 60 厘米，花球洁白、稍松，蕾茎稍长，呈淡绿色。抗黑腐病和病毒病。

产量表现：在 2010—2011 年多点试验中，平均亩产 2311.0 千克，比对照松花 90（下同）增产 25.5%；2011 年生产试验平均亩产 2329.8 千克，比对照增产 17.4%。

栽培技术要点：3 月中下旬至 6 月上旬均可直播或育苗移栽。亩保苗 1500～2000 株。中后期用速克灵预防细菌性病害，春季种植注意苗期保温。

适宜区域：该品种适宜在甘肃省榆中、皋兰、红古、城关区等相同生态区种植。

321. 松花 55 天

认定编号：闽认菜 2011012

选育单位：福州市蔬菜科学研究所

品种来源：CMS36-5×1314（CMS36-5 是以欧洲花椰菜为不育源，用纯系 DH36-5 为回交亲本，经多代回交纯化和综合鉴定，定向选择而育成的胞质雄性不育系；1314 是从"青口 50"中选出的优良单株，经多代自交纯化定向选择而育成的自交系）

特征特性：早熟、耐热，从定植至采收 55 天左右。株型半直立，株幅 65 厘米×65 厘米，株高 52 厘米；叶形长椭圆、叶色灰绿，叶面蜡粉中等，外叶数 16 片，叶长 45 厘米、叶宽 19 厘米；花球扁圆形、乳白色、松花、花梗淡绿色，品质优，横径 17 厘米、纵径 11 厘米，单球重 0.5 千克左右。经福建省农科院中心实验室品质测定：每 100 克鲜样含水分 90.4 克、粗纤维 1.0 克、维生素 C

94.48 毫克、还原糖 3.2 克、蔗糖是 0.3 克，蛋白质 2.26 克。经福州市植保植检站田间病害调查，软腐病、黑腐病和菌核病发病率低。

产量表现：该品种经福州、莆田、宁德、龙岩等地多年多点试种示范，一般亩产量 1500～1700 千克。

栽培技术要点：选择肥力较高、排灌方便、前茬为非十字花科蔬菜的壤土或轻壤土。福州地区于 7 月下旬至 8 月下旬播种，苗龄 26 天左右，5～6 片叶定植，株距 42 厘米，每亩种植 2200～2600 株。及时中耕追肥，在花球形成期叶面喷 2 次 0.2% 硼砂或硼酸，当花球充分长大，边缘最外一个小花枝（蕾）与主球有小裂缝时及时采收。栽培过程中应注意防治黑腐病、软腐病。

适宜区域：该品种适宜在福建省种植。

322. 雪洁 70

认定编号：甘认菜 2010022

引进单位：兰州东平种子有限公司

品种来源：从北京凤鸣雅世科技有限公司引进

特征特性：株高 60 厘米，株幅 52 厘米×48 厘米。外叶长圆形，叶面微皱，深绿色，蜡粉少。在 19 片叶左右显花球，内层叶片扣抱。花球高圆形，花球洁白，紧实，球径 10.3 厘米，球高 15.0 厘米，单球重 0.9～1.3 千克。全生育期，早春和秋茬 105～120 天，夏茬 86 天左右。较抗黑腐病。

产量表现：在 2008—2009 年多点试验中，平均亩产 2622.2 千克，比对照祁连白雪增产 19.1%。

栽培技术要点：3 月中下旬至 6 月上旬均可直播或育苗移栽。当幼苗顶膜时及时放苗，3～4 片叶时间苗、定苗，每穴留一株健苗。育苗移栽，当苗在 6～7 片叶时及时定植。亩保苗 4000 株左右。定苗后 10～15 天，结合灌水亩追施尿素 10～15 千克。花球直径达 2～3 厘米时，及时束叶，注意防治小菜蛾、菜青虫、蚜虫和黑腐病。

适宜区域：该品种适宜在甘肃省榆中、红古、城关等地种植。

323. 浙 091

审定编号： 浙（非）审蔬 2012006

选育单位： 浙江浙农种业有限公司，浙江省农业科学院蔬菜研究所，杭州市良种引进公司

品种来源： "3201-1" DH 系 × "3203-16" DH 系

特征特性： 该品种花球松散型，中熟，定植至采收 80 天左右。植株中等，株高和开展度分别为 50 厘米和 80 厘米左右。叶片披针形，叶缘波状，叶色深绿，蜡粉厚。花球扁平圆形、浅黄色，花梗淡绿，单球重 1.5 千克左右，品质好，适应性广，适合鲜食和脱水加工。

产量表现： 2010—2011 年两年秋季多点品比试验，平均亩产量 2605 千克，与对照庆农 65 天相当。

栽培技术要点： 秋季栽培，7 月中下旬播种。亩栽 2200 株左右。

适宜区域： 该品种适宜在浙江省产区种植。

324. 中花 1 号

审定编号： 晋审菜（认）2011019

选育单位： 中国农业科学院蔬菜花卉研究所

品种来源： 雄性不育系 C17 × 2005-19。雄性不育系 C17 是由改良后的 Ogura 胞质雄性不育材料与自交系 17 进行 8 代回交转育而成；自交系 2005-19 是由杂交一代品种 XJ 经多代自交选育而成。

特征特性： 杂交一代花椰菜品种。早熟，从定植到收获 55 天左右。株型直立，株高 60 厘米左右，开展度 72 厘米×70 厘米左右，外叶 12～15 片，外叶灰绿色，叶面蜡粉中等。花球圆球形，花球色泽乳白、花球紧实。花球高 14.7 厘米、球径 9.03 厘米，平均单球重 745 克。

产量表现： 2009—2010 年参加山西省秋季花椰菜早熟组试验，两年平均亩产 1854.8 千克，比对照瑞雪特早（下同）平均增产 56.9%，试验点 9 个，增产点 8 个，增产点率 88.9%。其中 2009 年平均亩产 1574.7 千克，比对照增产 97.7%；2010 年平均亩产

2135.0 千克，比对照增产 16.0%。

栽培技术要点：该品种为秋季耐热类型品种，严禁春季及冷凉气候条件下种植，否则必定出现抽薹开花现象。华北地区 6 月中下旬定植，其他地区可参照当地气候条件安排播种期，播种过早或过晚均会使品种的产量下降、品质变差、抗病性及抗逆性减弱；速生苗，苗期要求日均温 25℃以上，结球期不低于 20℃。苗龄 28～30 天，定植前施足基肥，定植后不宜蹲苗，保持充足水肥供应。采用深沟高垄栽培，行距 50 厘米，株距 35～40 厘米，亩栽 3000～3200 株。出苗后及时防治蚜虫、菜青虫、小菜蛾等害虫。整个生长期加强田间管理及巡查，对病虫害做到早发现、早治疗。

适宜区域：该品种适宜在山西花椰菜主产区秋季栽培。

五、茄　子

325. 并杂圆茄 3 号

审定编号：晋审菜（认）2009006

选育单位：太原市农业科学研究所

品种来源：D99-2×H01-01。母本 D99-2 是从地方品种短把黑中发现的一特异单株，经多代自交定向选择而形成的一个遗传性稳定自交系 D99-2；父本 H01-01 是一杂交种经多代自交选择而形成的一个稳定的自交系。

特征特性：植株生长势中等，茎秆粗壮直立，叶色浓绿，叶片较大。第一雌花节位 8 节，果实扁圆形，果形指数 0.8，果皮黑紫色，果肉浅绿色，肉质致密细嫩，品质佳，单果质量 560～650 克左右。果实发育速度快，连续结果能力强，平均单株结果数 10 个以上，果个中等大小。中熟品种，生育期比对照新短把黑（下同）略早。田间有轻度黄萎病发生。

产量表现：2007—2008 年参加山西省茄子试验，2007 年平均亩产 4553.9 千克，比对照增产 11.2%；2008 年平均亩产 4035.8 千克，比对照增产 7.0%。两年平均亩产 4294.9 千克，比对照增产 9.1%。两年 11 个点次 10 个点增产，增产点比例 90.9%。

栽培技术要点：一般每亩栽 2000～2500 株为宜，行距 65 厘米，株距 45～50 厘米，不可过密，否则四门茄以上果实着色差；适时育苗，种植培育壮苗，太原地区早春露地定植，一般为 2 月上旬在温室育苗，3 月中旬分苗，4 月中旬蹲苗，5 月太原地区早春露地定植，要求苗龄 90 天左右，8～9 片真叶，根系发达，茎粗，叶宽厚；要及时整枝，待第一分枝以下的腋芽长出时，全部去掉。

适宜区域：该品种适宜在山西省各地早春露地种植。

326. 福茄 5 号

认定编号：闽认菜 2012003

选育单位：福建省农业科学院作物研究所

品种来源：原名绿丰 5 号。ep104025×ep104001（ep104025 是从台湾引进的茄子品种 E-6-89 中选择的优良单株经多代自交系统选育而成的自交系，ep104001 是从湖北引进的茄子品种 E-3 经多代自交定向选育而成的自交系。）

特征特性：属中熟茄子杂交种。植株直立，生长势中等，春季从定植到始收 60～65 天。株高 80～85 厘米，株幅 70～75 厘米，茎绿紫色，叶色紫绿色，叶脉紫，浅缺刻。始花节位 11～13 节，果长 30～35 厘米，果径 3.5～4.0 厘米，单果重 130～150 克，茄果长棒形，尾部钝，皮光滑紫红色，肉乳白色。经福建省农业科学院植保所田间现场调查，未发现青枯病和黄萎病。经福建省农科院中心实验室检测：每 100 克鲜样含粗蛋白质 0.69 克、维生素 C 9.71 毫克、粗纤维 0.4 克、蔗糖 0.26 克、还原糖 2.5 克、水分含量 95.6%。

产量表现：经福州、宁德、南平 3 年多点试验示范，一般每亩产量 2500～3000 千克。

栽培技术要点：平原地区春季栽培 10 月下旬至 11 月上旬播种，保护地育苗，采用越冬大苗定植；秋季栽培 7 月上旬播种，每亩 1600～1700 株。栽培过程中应注意防治黄萎病、绵疫病、蚜虫等病虫害，早春低温注意保花保果。

适宜区域：该品种适宜在福建省种植。

327. 航茄 7 号

认定编号：甘认菜 2012012

选育单位：天水神舟绿鹏农业科技有限公司

品种来源：以 04-4-2-2-5H 为母本、04-1-4-6-7-H 为父本组配的杂交种。

特征特性：无限生长型茄子品种。叶片中等，无刺。门茄着生节位 7～8 节。果实长条形，紫黑亮丽，紫柄，紫萼，果纵径 40～45 厘米、横径 4～5 厘米，单果重 300～350 克。商品性好。果实含可溶性糖 2.90%，维生素 C 1.27 毫克/100 克。高抗茄子黄萎病，抗青枯病。

产量表现：在 2008—2009 年多点试验中，平均亩产 4720.0 千克，较对照兰杂 2 号增产 30.9%。

栽培技术要点：苗龄 70～75 天，采用大垄双行定植。行距 60 厘米，株距 50 厘米，每亩 2200 株左右。

适宜区域：该品种适宜在甘肃省天水、徽县、武威、兰州、白银等地种植。

328. 宁茄 4 号

鉴定编号：苏鉴茄子 201201

选育单位：南京市蔬菜科学研究所

品种来源：以 S095-1-7-1-1-1 × S047-3-7-1-1-1 配组，于 2009 年育成。

特征特性：属早熟紫色长茄品种。生长势强，株型较直立，株高 100～110 厘米，开展度 95 厘米左右；早中熟，8～9 片真叶显蕾；茎及叶脉深紫黑色；每 1～2 片叶 1 个花序，复花率高，坐果力强，果实长卵圆形，平均果长 22.9 厘米，果径 6.0 厘米，单果重 265 克左右，萼片黑紫色，果皮黑亮，品质佳、商品性好；区试调查表现抗青枯病。

产量表现：2009—2010 年参加省区试，两年前期平均亩产 914.2 千克，比对照苏崎茄（下同）增产 61.1%，总产量平均亩产 4365.8 千克，比对照增产 19.3%；2011 年省生产试验，前期平均亩产 361.9 千克，比对照增产 36.3%，总产量平均每亩 3083.5 千克，比对照增产 10.3%。

栽培技术要点：①适期播种。南京地区春早熟栽培 11 月播种，翌年 2 月下旬至 3 月上旬定植，其他适宜种植地区可依据栽培条件合理确定播种期。②合理密植。株行距（45～50）厘米×（45～50）厘米，每亩定植 2500 株左右。③肥水管理。基肥每亩施腐熟有机肥 2500 千克、茄果类复合肥 50 千克；坐果前保持土壤湿润。门茄坐果后，每亩追施茄果类复合肥 25 千克，以后每采收 2～3 次每亩追施茄果类复合肥 20～30 千克。④病虫害防治。预防为主，农业防治和药剂防治相结合，注意防治猝倒病、立枯病、灰霉病、青枯病、红蜘蛛、茶黄螨、茄二十八星瓢虫等。

适宜区域：该品种适宜在江苏省保护地及露地栽培。

329. 蓉杂茄 5 号

审定编号：川审蔬 2010004

选育单位：成都市农林科学院园艺研究所

品种来源：本品种为杂一代种。父本"9902"是从原江苏农学院园艺系引进，用单株选育法经多代自交纯化的株系材料。母本是 1989 年从川南地区收集的一个早乌棒墨茄品种用单株选育法经多代自交纯化选育的优良株系材料。

特征特性：株型直立，生长势强，株高 97 厘米，开展度 65 厘米，茎黑紫色，叶片长卵形，叶柄及叶脉浅紫色，果实棒状，纵长 24 厘米左右，横径 5.0 厘米，果皮紫色。单果重 300 克左右。极早熟，从定植到始收 43 天左右，比本地早熟主栽品种蓉杂茄 3 号（下同）略早，田间表现抗病抗逆性好，单株结果多，果肉细嫩，商品性好。

产量表现：2008 年和 2009 年的两年省区试中，平均早期产量比对照增产 26.33%。平均总产量为 3991.49 千克/亩，比对照增产 9.22%。

栽培技术要点：①提早育苗。四川于 9 月底播种，11 月上旬假植于营养钵，大棚加小拱棚覆盖过冬。②整地施肥，选排灌方便，保水保肥力强的田块，底肥全层撒施，耕翻后做成包沟 1.33

米的厢面，覆盖好地膜。③合理密植。在 3 月初定植，栽植密度为每亩 2400～2600 株，定植后加盖中小棚保温。④田间管理。前期注意保温，当第一蓬花开时，可使用生长调节剂保花保果。

适宜区域： 该品种适宜在四川茄子主产区春季种植。

330. 瑞丰 3 号紫长茄

审定编号： 桂审蔬 2011001 号

选育单位： 广西农业科学院蔬菜研究所

品种来源： RF06-5-2/SJ04-15-6。母本 RF06-5-2 来源于"瑞丰 1 号"紫长茄经 7 代系谱选育而成的稳定株系。父本是以广东地方品种"石碣紫长茄"经 8 代自交分离提纯定向选育而成的自交系。

特征特性： 中早熟，从定植至始收春茬为 65～75 天、秋茬为 50～55 天。叶片绿色、长椭圆形边缘波浪状，叶脉、果柄、萼片均呈紫色，有芒刺。花紫色，门茄着生位为第 9～第 10 节，果实长棒形、果实下端钝，商品果长 30～35 厘米、直径约 4.5 厘米，平均单果重 250 克，成熟果实外皮紫黑色、有光泽，果肉白色、肉质细嫩，品质佳。抗逆性强。

产量表现： 2008—2010 年分别在南宁、鹿寨、八步、灵山等生产示范的平均每亩产量为 4470.0 千克，平均增产 8.08%。

栽培技术要点： ①在我区春季栽培桂南最佳播种期在头年的 11 底至 12 月初；桂中在当年 1 月；桂北在当年的 2 月播种。秋造栽培桂南 7 月中旬；桂中在 6 月、桂北在 5 月中旬播种。②畦面宽 1.7 米，畦沟宽 0.4 米，双行种植，春季亩栽约 1200 株；秋季亩栽约 1400 株。亩施优质腐熟有机肥 1500 千克作基肥，生长期追施复合肥 3～4 次，每次约 7 千克。③一般花后 20～25 天为采收期。

适宜区域： 该品种适宜在广西壮族自治区茄子生产区域种植。

331. 西星长茄 1 号

审定编号： 鲁农审 2009051 号

选育单位： 山东登海种业股份有限公司西由种子分公司

品种来源： 一代杂交种，组合为 98-35/04-39。98-35 是福星长茄自交选育，04-39 是布利塔自交选育。

特征特性：长茄品种。植株生长势强，茎、叶绿紫相间，花紫色。中早熟，第一雌花着生于主茎第 9～第 10 节。果实粗棒形，单果重约 380 克，萼片绿紫相间，果色黑亮，商品性好，果肉浅绿，肉质细嫩，品质佳。区域试验调查结果平均：绵疫病、黄萎病病株率为 0，褐纹病病株率为 12%，病情指数 7.0。

产量表现：在 2007 年山东省露地茄子新品种区域试验中，平均亩产 6969.1 千克，比对照郭庄长茄（下同）增产 28.0%；2008 年生产试验平均亩产 6225.5 千克，比对照增产 30.9%。

栽培技术要点：露地栽培 3 月中旬育苗，终霜期定植，一般采用大小行，大行距 80～90 厘米，小行距 60～70 厘米，株距 50～60 厘米。

适宜区域：该品种适宜在山东省作为露地茄子中早熟品种推广利用。

332. 浙茄 28

审定编号：浙（非）审蔬 2011007

选育单位：浙江省农业科学院蔬菜研究所

品种来源：杭州红茄×T905-2

特征特性：中熟，生长势较强。株高 100～120 厘米，开展度 60～65 厘米。叶色绿色，长 25 厘米，宽 17 厘米。第一雌花节位 9～10 节，花蕾紫色，平均单株坐果数 25～30 个。果形粗长条形，较直，头部较钝圆，果皮紫红色，光泽好，果长 30 厘米左右，果径 3.0～3.5 厘米，单果重 100 克左右，商品性好，商品果率 90% 左右。经浙江省农科院植物保护与微生物研究所田间鉴定：中抗黄萎病，抗青枯病和绵疫病。

产量表现：2009 年多点比较试验，平均亩产 4098 千克，比对照农友长茄（下同）平均增产 13.6%；2010 年多点比较试验，平均亩产 4040 千克，比对照平均增产 13.2%；两年平均亩产 4069 千克，比对照平均增产 13.4%。

栽培技术要点：春夏季露地栽培，栽培密度 1600～1800 株/亩。重施基肥，重视中后期追肥，及时防治病虫害。

适宜区域：该品种适宜在浙江省春夏季露地栽培。

333. 紫荣 7 号茄子

审定编号：粤审菜 2012009

选育单位：广州市农业科学研究院

品种来源：长丰长茄 cf-4-4-4-4/屏东长茄 0031

特征特性：杂交一代品种。从播种至始收春季 107 天、秋季 87 天，延续采收期春季 43 天、秋季 59 天，全生育期春季 150 天、秋季 146 天。门茄坐果率 77.05%～90.05%。果长棒形，头尾匀称，尾部圆，果身微弯；果皮紫红色，果面平滑、着色均匀、有光泽，果上萼片呈紫绿色；果肉白色、紧密。果长 29.1～30.4 厘米，果粗 5.01～5.18 厘米，单果重 244.9～288.5 克，商品率 92.68%～96.32%。青枯病人工接种鉴定表现耐病；耐热性、耐寒性、耐涝性和耐旱性均表现强。感观品质鉴定为优，品质分 89.3 分。还原糖含量 2.66 克/100 克，维生素 C 含量 90 毫克/千克，蛋白质含量 0.75 克/100 克，可溶性固形物含量 4.2 克/100 克。

产量表现：2010 年秋季初试，平均亩总产量 2299.26 千克，比对照新丰紫红茄（下同）增产 23.68%，增产达极显著标准；前期平均亩产量 783.16 千克，比对照增产 22.41%，增产达极显著标准。2011 年春季复试，平均亩总产量 2471.71 千克，比对照增产 2.87%，增产未达显著标准；前期平均亩产量 1161.11 千克，比对照增产 11.43%，增产达极显著标准。

栽培技术要点：①每亩用种量 10 克，亩植 1300 株。②及时整枝。③果实皮色富有光泽时及时采收。④注意防治绵疫病和褐纹病。

适宜区域：该品种适宜在广东省茄子产区春、秋季种植。

334. 紫云

登记编号：津登茄子 2011002

选育单位：天津科润农业科技股份有限公司蔬菜研究所

品种来源：126bd×43

特征特性：杂交一代，中熟品种，平均第 8～第 9 节节位着生门茄；株高约 95 厘米，开展度 60 厘米；果实紫红色，有明亮光泽，果形指数 0.89，果脐极小，近点状。肉质洁白细嫩，风味佳，平均单果重 400 克左右；亩定植 2000～2500 株，较抗黄萎病、根腐病，耐绵疫病。

产量表现：2007 年和 2008 年在蔬菜所试验地、天津西青和河北滦南进行露地试验，平均亩产分别为 7992.6 千克、7506.9 千克和 7019.7 千克。

栽培技术要点：露地栽培苗龄 70～80 天，保护地栽培苗龄 85～100 天，2～3 片真叶时分苗 1 次，育苗土营养要充足，缓苗后白天保持 25℃ 以上，夜晚保持 15～20℃，适当浇水，使秧苗生长健壮，要注意预防苗期病害，提前喷施多菌灵粉剂 500 倍液，防治猝倒病。定植前加大通风量进行炼苗。每亩栽 2400 株左右，露地定植株距 50 厘米，行距 55 厘米，保护地株距 45 厘米，行距 50 厘米左右。采取双干整枝法，适时去掉下部老叶和两干之间遮阳的叶子，利于通风透光，增加果实着光。同时及时采收果实，以防坠秧，使植株生长受阻，抵抗病菌侵染能力降低。茄子连续坐果能力强，需肥水量大，但若灌水量大又不能及时排出，则会诱发其他病害，所以要选择晴天合理灌溉，宜小水勤浇，大雨过后要及时排水补氧。每采收一次后及时追肥。定植时盖地膜，提高地温，保水保肥，促进根系发育。后期露地高温干旱时加强水分管理，可大幅度提高产量。在常年多发病地块，要加强土传病害的防治。保护地栽培时，因此根据温度的高低，通常采用 2,4-D 等喷花，浓度一般为 20～30 微升/升。不抗重茬，连续 3 年以上重茬栽培会发生较严重的黄萎病、枯萎病、根腐病等土传病害。利用野生茄子品种土鲁巴姆作砧木进行嫁接，能够克服病害的发生，提高产量，延长采收期。

适宜区域：该品种适宜在天津保护地、露地栽培。

六、番　　茄

335. 川科 5 号

审定编号：川审蔬 2009011

选育单位： 四川省农业科学院经济作物育种栽培研究所

品种来源： 该品种是以中国农业科学院引进的丰产材料 O9832 为母本、国外引进抗逆材料 H9641 为父本，通过有性杂交育种，经连续 7 代系统选育而成。2001 年进行有性杂交，通过加代繁殖、定向选择、病圃筛选、品比试验和多点试验，2008 年完成生产试验和田间技术鉴定。

特征特性： 无限生长类型，中熟，全生育期 159 天。植株生长势强，叶色浓绿，果实圆形，红色，硬度中等，平均单果重 210 克，可溶性固形物 4.1，口感酸甜适中，商品果率 87%，裂果率 11%，畸形果率 7%。抗病性强，经接种鉴定，抗病毒病、青枯病和枯萎病。

产量表现： 2007 年省区试 4 点平均亩产量 4727 千克，比对照合作 903（下同）增产 12%，且增产达极显著水平；2008 年省区试 4 点平均亩产 4749 千克，比对照增产 12%，增产达极显著水平。两年 8 点全部增产，平均亩产为 4738 千克，比对照增产 12%；2008 年生产试验，亩产 4843 千克，比对照增产 13%，各试点全部增产，生产试验结果与多点试验一致。

栽培技术要点： ①适时播种、培育壮苗、及时定植。根据当地的种植习惯，选择通风向阳、多年没有种植过茄科作物的肥沃土壤作苗床，育苗移栽。播种前做好种子和苗床的消毒工作，培育壮苗，及时定植，每亩种植 3000～3500 株。②重视肥水管理。以有机肥为主，根据土壤肥力及植株长势，酌情追施少量化肥，氮、磷、钾肥配合使用。天气干旱及时浇水，雨涝天气及时排水，做到雨过水停沟干。③及时搭架绑蔓、整枝打杈。在植株倒伏前及时搭架、绑蔓，防止主茎倒伏，根据当地栽培习惯和栽培目的，进行单干或双干整枝，及时去掉所有多余的侧芽。④加强病虫害防治。结合当地的气候特点及番茄主要病虫害的发生规律，进行综合防治，做到以防为主，以治为辅，利用高效低毒低残留农药，种植出无公害的优质番茄。

适宜区域： 该品种适宜在四川省番茄产区种植。

336. 富丹

认定编号： 闽认菜 2008003

选育单位： 福建省农业科学院作物研究所

品种来源： 16-6-1×16-10-6（其中 16-6-1 是从印尼引进樱桃番茄品种中选育的自交系；16-10-6 是从台湾引进樱桃番茄 16-10 中选育的自交系）

特征特性： 属无限生长型早熟樱桃番茄品种，始花节位 7～8 节，定植至初收 50～60 天。植株生长势强，茎绿色，株高 180～200 厘米；叶片薯叶形，绿色；成熟果红色，果实长椭圆形，果面光滑有光泽。耐储运，不易裂果，单果重 12～16 克，品质佳，肉质甜脆。经福建省分析测试中心检测：含维生素 C 31.96 毫克/100 克鲜重，总糖含量 4.83%；经福建省农业科学院植物保护研究所田间调查，未发现青枯病，其他病害与对照圣女相当。

产量表现： 经福州、南平等地多年多点试种，一般亩产 4000 千克。

栽培技术要点： 福州市春季栽培 11 月至 12 月播种，秋季栽培 7 月至 8 月上旬播种。其他地区可参照当地气候条件及栽培习惯，选择适宜播种期。

适宜区域： 该品种适宜在福建省番茄产区种植。

337. 桂茄砧 2 号

审定编号： 桂审蔬 2010010 号

选育单位： 广西农业科学院蔬菜研究所

品种来源： 11×03。母本是从辽宁引进品种 Ls89 经 4 代自交提纯育成性状稳定的高抗青枯病自交系，编号 11。父本是从湖南引进品种 791 经 3 代自交提纯育成性状稳定的高抗青枯病自交系，编号 03。

特征特性： 种子为扁平短卵形，种子表面有短而粗呈灰褐色的茸毛，千粒重约 2.6 克；植株为无限生长类型，分枝性较强；中早熟，叶片淡绿色，叶形普通叶，下部叶片易卷；第一花序着生于第 7～8 节，花黄色；每花序着花 8～15 朵，坐果率达 90%；果短卵圆形，单果质量 68.5 克，青果无绿肩，熟果鲜红有光泽，着色均匀，2～3 心室；品质中等，果实硬度差；高抗青枯病，耐热性强，耐寒性中等，适合春、夏、秋季露地栽培。

产量表现：一般亩产量 3500～4000 千克。

栽培技术要点：①接穗比砧木播迟 5～7 天。②嫁接前 1～2 天将砧木苗淋足水，并喷灭菌剂，拔除病苗、弱苗及残株病叶、杂草；接穗也于嫁接前 3～4 天控制水分。建议用劈接方法。③嫁接苗的管理：嫁接后的 5～7 天内空气湿度保持在 90% 以上，遮阳避光 5～7 天，防止阳光直射秧苗，最好是随接随覆盖薄膜和遮阳网。④嫁接苗定植时，嫁接口距地面 10 厘米以上，需中耕培土时也要防止掩埋嫁接口，避免接穗重新发根入土，降低防病效果。

适宜区域：该品种适宜在广西壮族自治区作番茄砧木应用。

338. 华番 11

审定编号：鄂审菜 2013005

选育单位：华中农业大学

品种来源：用"东农 709F2-3-6-2-2-5"作母本、"（齐达利 F2）70F2-2-1-2-2-6-混-混"作父本配组育成的杂交番茄品种。

特征特性：属中晚熟品种，无限生长型。植株半直立，生长势较强。羽状裂叶，叶色深绿。第一花序着生在主茎第 7～第 8 节，花序间隔节位 2～3 节。果皮大红色，果实扁圆形，果形指数 0.8 左右，果面光滑，无绿果肩，果棱较明显，少数成熟果有果肩开裂现象，单果重 250 克左右。对番茄黄化曲叶病毒病、枯萎病的抗（耐）性较强。经农业部食品质量监督检验测试中心（武汉）测定：可溶性糖含量 2.60%，维生素 C 含量 93.44 毫克/千克，可滴定酸（以柠檬酸计）含量 0.58%。

产量表现：2010—2012 年在武汉、长阳等地试验、试种，一般亩产 4500 千克左右。

栽培技术要点：①适时播种，合理密植。春季大棚栽培于 11 月～翌年 2 月播种，2 月中下旬至 3 月中下旬定植；秋季栽培于 7 月上中旬播种，8 月中下旬定植。深沟高畦栽培，亩定植密度 2000 株左右。②科学肥水管理。施足底肥，苗期适当控制氮肥用量，以防徒长；坐果后及时增施磷、钾肥。后期适当控制肥水，防止裂果。③整枝搭架。单干整枝，摘除全部侧枝，及时抹芽，后期适当摘除老叶、病叶；开花期用保果灵等保花保果，一般每株留 4 薹果、每薹留 3～4 个果。④注意防治病虫害，适时采收。

适宜区域：该品种适宜在湖北省种植。

339. 晋番茄 8 号

审定编号：晋审菜（认）2012001

选育单位：山西省农业科学院蔬菜研究所

品种来源：M55-26×H157-12。母本 M55-26 是用桃太郎与 516 杂交，经多代自交分离选育而成。父本 H157-12 是用多茸毛"G1 号"与"印第安"杂交后经多代自交分离选育而成。试验名称"特优毛红 2 号"。

特征特性：杂交一代番茄品种。中熟，无限生长类型。其中 50％的植株全株长有长而密的白色茸毛（即多茸毛植株），50％植株为普通植株。普通叶形，茸毛株叶片灰绿，普通株叶片绿色，主茎 7～8 节着生第一花序，花序间隔 3 片叶，每花序坐果 3～5 个。果实近圆形，果形指数 0.96，果脐小，幼果无绿色果肩，成熟果实大红色，果肉较厚，不易裂果，口感甜酸适中。单果重 194 克左右。2011 年山西省农科院植物保护研究所抗病鉴定，高抗番茄花叶病毒病（ToMV）、叶霉病，抗黄瓜花叶病毒病（CMV）。2011 年山西省农科院中心化验室品质分析：可溶性固形物含量 5.36％，还原糖含量 3.14％，有机酸含量 0.59％，维生素 C 含量 20.3 毫克/100 克。

产量表现：2010—2011 年参加山西省春露地番茄试验，两年平均亩产 4748.7 千克，比对照合作 909（下同）平均增产 9.7％，试验点 12 个，全部增产。其中 2010 年平均亩产 4347.0 千克，比对照增产 9.8％；2011 年平均亩产 5150.4 千克，比对照增产 9.3％。

栽培技术要点：在间苗、移苗时淘汰非多茸毛株，则栽培效果更佳。一般每亩留苗 3000 株左右。第一穗果坐住后一定要加强肥水管理。施足底肥，适当追肥。

适宜区域： 该品种适宜在山西省春露地种植。

340. 苏红 9 号

鉴定编号： 苏鉴番茄 201201

选育单位： 江苏省农科院蔬菜研究所

品种来源： 以 TM-18×TM-21 配组，于 2009 年育成。

特征特性： 属中熟无限生长型番茄品种。中熟，植株长势旺盛。主茎 8～9 节着生第一花序，每花序坐果 4～5 个，果实圆形，成熟果大红色，果实光滑，着色均匀，色泽亮丽，单果重 167.8 克左右，可溶性固形物含量 4.8%。区试田间调查高抗叶霉病，未发现番茄黄化卷叶病毒病（TYLCV）和病毒病等。

产量表现： 2010—2011 年参加江苏省鉴定试验，前期平均产量 3258.2 千克，比对照苏粉 8 号增产 0.8%，总产量 7078 千克，比对照苏粉 8 号增产 3.5%。

栽培技术要点： ①适期播种。南京地区一般 12 月播种，温床育苗，苗龄 70～80 天，保护地和露地定植期分别为 3 月上中旬和 4 月初。其他适宜种植地区可依据栽培条件合理确定播种期。②合理密植。春季大棚栽培，每亩定植宜 3000～3500 株；日光温室栽培，每亩定植 2800 株左右。③肥水管理。定植后及时浇定根水，成活后追施提苗肥。第一穗果坐稳后进行第一次追肥，第一穗果采收后进行第二次追肥。根据土壤肥力、生育期长短和生长状况可多次进行追肥。结果期用 0.2%～0.5% 的磷酸二氢钾进行根外追肥，每隔 7～10 天 1 次。④病虫害防治。预防为主，农业防治和药剂防治相结合，注意防治猝倒病、早疫病、晚疫病、灰霉病、病毒病、蚜虫、斜纹夜蛾及棉铃虫。

适宜区域： 该品种适宜在江苏省大棚、日光温室栽培及露地栽培。

341. 天骄 805

认定编号： 蒙认菜 2012002 号

选育单位： 呼和浩特市广禾农业科技有限公司

品种来源： 以 V750 为母本、SP-019 为父本组配而成。母本选自美国引进的优良材料 V03 杂交后代；父本是从美国引进材料 M315 和自育骨干系材料 BT12 杂交后选出。

特征特性：植株为无限生长型。果实为高圆形，粉红色，单果重 195.7 克。2010 年中国农科院蔬菜花卉研究所抗性鉴定，中抗番茄花叶病毒病（49.6MR）。2010 农业部蔬菜品质监督检验测试中心（北京）测定，维生素 C 含量 15.7 毫克/100 克，总酸含量 4.82 克/千克，番茄红素含量 58.9 毫克/千克，可溶性固形物含量 4.6%。

产量表现：2009 年参加番茄品种区域试验，平均亩产 6243.2 千克，比对照合作 918（下同）增产 10.1%。2010 年参加番茄品种区域试验，平均亩产 7035.1 千克，比对照增产 21.5%。2011 年参加番茄品种生产试验，平均亩产 7098.4 千克，比对照增产 11.7%。

栽培技术要点：亩保苗 2800～3200 株。

适宜区域：该品种适宜在内蒙古自治区赤峰市、呼和浩特市、包头市、巴彦淖尔市种植。

342. 西农 207

登记编号：陕蔬登字 2010005 号
选育单位：西北农林科技大学园艺学院
品种来源：B5×B10
特征特性：属无限生长类型。生长势强，株型紧凑，叶色绿，主茎第 6～第 7 节着生第一花序，中早熟。果实扁圆形，每隔 2～3 片叶着生一花序，青熟果绿色，成熟果大红色，无绿色果肩，果脐小，果实匀称、整齐，表面光滑，外形美观。单果重 230～260 克左右。坐果力强，低温坐果率高，膨果速度快、连续结果能力强，丰产性好。每株可连续坐 6～8 序果实。果实硬，耐储运，货架寿命长。营养品质和商品品质好，维生素 C 含量高，风味好。抗番茄烟草花叶病毒，耐黄瓜花叶病毒，对叶霉病和早疫病具有一定抗性。抗逆性强。经陕西省农产品质量监督检验站测定：维生素 C 含量 16.7 毫克/100 克（对照 10.3 毫克/100 克），可溶性固形物含量 4.8%（对照 4.1%），总糖含量 2.44%（对照 2.38%），总酸含量 0.486%（对照 0.377%），糖酸比 5.02（对照 6.31），品质优于对照。

产量表现： 区域试验平均亩产 7500 千克左右。

栽培技术要点： ①适期播种。播期根据栽培季节和栽培条件而定，建议陕西关中地区，春温室栽培 11 月下旬至翌年 1 月上旬育苗，2 月上旬定植；春大棚 1 月中下旬播种，3 月下旬定植；秋延温室 7 月或 8 月初播种，8 月下旬或 9 月上旬定植；秋大棚 6 月下旬播种，7 月中下旬定植；冬春茬日光温室 9 月中下旬播种，11 月中下旬定植；春露地栽培 2 月中下旬播种，4 月中下旬定植。②合理密植：该品种株型紧凑，叶片开展度较小，可根据栽培季节和栽培条件适当密植。③合理整枝，及时疏花疏果：整枝方式要根据栽培季节和栽培条件而异。建议春露地栽培 4～5 穗果摘心，春秋大棚栽培 2～3 穗果摘心，冬春茬日光温室 6～8 穗果摘心，长季节栽培单干整枝，及时摘除和清理老叶、病叶。该品种结果能力强，每序坐果数多，可以通过疏花疏果来调整每序果实的数量和果实的大小。④施足底肥，适时追肥：在栽培过程中，要加强肥水管理，重施底肥，多施有机肥，促进秧苗健壮生长。建议亩施优质农家肥 10000 千克、磷酸二铵 50 千克，结果后应早施、勤施追肥，多施复合肥。建议在定植后一周施缓苗肥，第一穗果膨大时第二次追肥，采收期每 7～10 天追肥 1 次，追肥要氮、磷、钾肥结合，也可施叶面喷肥。⑤病虫害防治要预防为主，综合防治。

适宜区域： 该品种适宜在陕西省保护地、秋延迟、越冬栽培，亦可露地栽培。

343. 湘粉 1 号

登记编号： XPD002-2012
选育单位： 湖南省蔬菜研究所
品种来源： "F06-13" × "05-24-3"
特征特性： 春季露地栽培全生育期 140 天左右，果实成熟期 44 天左右，为早中熟粉红大果番茄品种。植株直立，生长势强，无限生长型，株高 150 厘米左右，开展度 67 厘米×68 厘米，植株中部节间长 6.1 厘米。普通叶、叶背面附生少量茸毛，叶深绿色，单歧聚散花序。第 6～第 7 叶着生第一花序，花序间隔 3～4 节，每花序 5～6 朵花，单穗能结 2～4 个商品果。六雄蕊，花柱长 0.65～0.8 厘米。正常花。果实扁圆形，果纵径 6.6 厘米，果横径 7.7 厘米。果脐较小，无深色绿果肩，果皮较厚。成熟果实粉红，心室数 6～8 个。平均单果重 220 克，最大单果重 300 克，果面光滑，以鲜食红熟番茄为主。干燥种子呈灰白色，形状扁平椭圆形，千粒重 3.38 克。果实上下层大小均匀，果实硬度较高，耐储运，货架时间长，味浓爽口，甜酸适中，鲜食口感好，风味佳。果实中心可溶性固形物含量 6.2% 左右。

产量表现： 每亩产量 5000 千克左右。

栽培技术要点： 长江流域，宜 12 月～翌年 1 月间播种。出苗到移栽间的秧苗期不宜超过 85 天（含假植期在内）。每亩大田用种量约 20 克。3 月中下旬带土定植大田。每亩定植密度在 2000 株左右。基肥亩施 100 千克菜饼、50 千克磷肥、1500～2500 千克腐熟人畜粪。追肥原则：幼苗期低浓度，多次追；盛花期增加浓度和数量，一般追壮果肥 2～3 次，多以速效人畜粪为主。第一、第二果穗开花时，常遇低温阴雨天气，可用 15～20 微升/升的 2,4-D 等生长调节剂点涂，以保花坐果。每株坐果 15～20 个果。依定植密度进行双干整枝（或单干整枝），摘除多余的侧枝。实时搭架、绑苗。栽后幼苗长到一定高度，一般在 4 月上中旬搭架，可采用人字架或一条龙式搭架，每长到一定高度，绑苗 1 次。采收中、后期注意调控肥水。适时采摘。注意适当疏果和防治病虫害。

适宜区域： 该品种适宜在湖南省种植。

344. 烟番 9 号

审定编号： 鲁农审 2011026 号

选育单位： 烟台市农业科学研究院

品种来源： 一代杂交种，组合为 XM-9/EL-13。母本 XM-9 为以色列 R-144 自交分离自交系经 N 离子辐射处理后自交选育，父本 EL-13 为俄罗斯引进材料自交选育。

特征特性： 保护地栽培品种，无限生长类型。区域试验结果：

生长势强；初花节位 7~8 节；果实圆形，果面红色，鲜艳有光泽，无青肩，硬度好，单果重 200 克左右；畸形果率 1.44%，裂果率 0.53%，均低于对照莎龙（下同）；可溶性固形物含量 4.8%，风味口感好。病毒病病情指数 0.25，抗性强于对照；叶霉病病情指数 3.65，与对照相当。

产量表现：在 2009 年山东省番茄品种日光温室早春组区域试验中，平均亩产 6550.2 千克，比对照增产 9.2%；2010 年生产试验平均亩产 6746.3 千克，比对照增产 19.2%。

栽培技术要点：12 月中旬播种育苗，苗龄 65 天左右，苗期注意防治番茄猝倒病和立枯病；5~6 片真叶定植，定植时施足底肥，大小行栽培，大行距 80 厘米，小行距 50 厘米，株距 33 厘米，每亩定植 3000 株左右。其他管理措施同一般同类型品种。

适宜区域：该品种适宜在山东省日光温室或大棚早春种植利用。

345. 益丰 5 号番茄

审定编号：粤审菜 2013001

选育单位：广州市农业科学研究院

品种来源：东方红 g-9/石头 Stnf-4

特征特性：无限生长类型杂交一代组合。秋季从播种至始收 103~107 天，延续采收期 53~58 天，全生育期 156~165 天。植株生长势强。第一花序节位 9.1~9.9 节，第一花序坐果率 59.24%~76.45%，平均坐果率 70.65%~79.32%。果实扁圆形，无绿肩，转色均匀，熟果鲜红色，果面微沟，纵环裂轻。中至大果，单果重 144.6~150.0 克，商品率 87.13%~93.09%。抗病性接种鉴定为感青枯病和病毒病（包括 CMV 和 ToMV）。田间表现耐热性、耐寒性、耐涝性和耐旱性强。感观品质鉴定为良，品质分 79.2 分。理化品质检测结果：有机酸含量 3.80 克/千克，还原糖含量 5.60 克/100 克，维生素 C 含量 25.6 毫克/100 克，水分含量 94.6 克/100 克。

产量表现：2010 年秋季参加省区试，平均亩总产量 3011.32 千克，比对照夏红 1 号番茄（下同）减产 7.51%，减产未达显著水平；前期平均亩产量 1426.32 千克，比对照增产 8.02％，增产未达显著水平。2011 年秋季复试，平均亩总产量 2676.80 千克，比对照增产 17.87％，增产达极显著水平；前期平均亩产量 1251.79 千克，比对照减产 5.10％，减产未达显著水平。

栽培技术要点： ①广州地区播种期从 8 月至翌年 2 月，亩用种量 20 克，育苗移栽，株行距 45 厘米×60 厘米，亩植 2000～2200 株。②单干整枝，及时搭架、绑蔓，适当疏花疏果。③高温天气可用番茄灵 20～30 毫克/升涂抹花序。④注意防治青枯病、病毒病和烟粉虱、蚜虫。

适宜区域： 该品种适宜在广东省番茄产区春、秋季种植。

346. 渝粉 107

鉴定编号： 渝品审鉴 2011005

选育单位： 重庆市农业科学院蔬菜花卉研究所

品种来源： 877A×739A

特征特性： 属中早熟杂交一代品种。植株无限生长型，始花节位 8～9 节，花间叶 3 片，叶片绿色，普通叶；果实无青果肩，成熟果粉红色，大果型，平均单果重 200 克左右，扁圆或圆形。室内人工接种病害鉴定结果：抗番茄花叶病毒病（T0MV），中抗枯萎病。经农业部农产品质量安全监督检验测试中心（重庆）测定：果实可溶性固形物含量 5.13％，可溶性糖含量 3.21％，可滴定酸含量 0.38％，维生素 C 含量 18.12 毫克/100 克。

产量表现： 2009—2010 年重庆市多点试验，平均前期产量 2137.16 千克/亩，较对照渝粉 109 增产 6.25％；平均总产量 4093.61 千克/亩，较对照渝粉 109 增产 6.14％。

栽培技术要点： 重庆地区作早春露地栽培，11 月上旬至 12 月上旬大棚冷床播种，第二年 2 月下旬至 3 月上旬定植。一般采用单株单干整枝，亩植 2400 株左右。重施底肥和钾肥，合理施用氮、磷肥。在第一、第二穗保留 2～3 个果，第三穗以上保留 3～4 个果。注意防治青枯病、灰霉病、晚疫病和棉铃虫。

适宜区域： 该品种适宜在重庆市喜食粉果地区露地和保护地栽培。

347. 宇航 7 号

认定编号： 甘认菜 2013006

选育单位： 神舟天辰科技实业有限公司

品种来源： 从卫星搭载的自交系番茄 16 中选育而成，原代号为 04-9-2。

特征特性： 为无限生长型樱桃番茄，早熟。果实圆形，红色，无绿果肩，单果重 10 克，果实硬度 0.38 千克/厘米²，耐储藏。抗晚疫病、病毒病。果实含可溶性固形物 10.2%、维生素 C 45.3 毫克/100 克、总酸 6.23 克/千克。

产量表现： 在 2010—2011 年多点试验中，平均亩产 4596 千克，较对照丹红增产 18.9%。

栽培技术要点： 苗龄 45～50 天。施足底肥，增施磷、钾肥。定植株距 45 厘米、行距 55 厘米，每穴 1 株，地膜覆盖栽培、双行定植、单干整枝。第一穗果坐果后应及时追肥和灌水，成熟时及时采收，在生长中后期适当疏花疏果。

适宜区域： 该品种适宜在甘肃省天水、白银、张掖、庆阳、陇南等地保护地种植。

348. 浙粉 702

审定编号： 浙（非）审蔬 2011006

选育单位： 浙江省农业科学院蔬菜研究所

品种来源： 7969F$_2$-19-1-1-3×4078F$_2$-3-3-3

特征特性： 早熟，无限生长类型，长势较强，叶色浓绿，叶片肥厚；第一花序节位 6～7 叶，花序间隔 3 叶，连续坐果能力强；果实高圆形，幼果淡绿色、无青肩，果面光滑，无棱沟；果洼小，果脐平，花痕小；成熟果粉红色，色泽鲜亮，着色一致；平均单果重 250 克左右（每穗留 3～4 果）；果皮、果肉厚，畸形果少，果实硬度好、耐储运，商品性好，品质佳，宜生食。经浙江省农业科学院植物保护与微生物研究所鉴定，高抗番茄黄化曲叶病毒病、抗番茄叶霉病。

产量表现： 2009—2010 年在浙江省海宁、嘉善、丽水等地多点品种比较试验，早期产量和总产量分别达到 1949.8 千克/亩和 4925.1 千克/亩，分别比对照浙粉 202 增产 4.3％和 6.0％。

栽培技术要点： 栽培密度 2300 株/亩左右，单干整枝，每花序留 3～4 果。注意温度管理，加强中后期肥水管理。

适宜区域： 该品种适宜在浙江省喜食粉果地区种植。

七、辣　　椒

349. 川腾 8 号

审定编号： 川审蔬 2012001

选育单位： 四川省农业科学院园艺研究所

品种来源： 以自交系 2004-21-2-3 作母本、自交系 2003-10-3-6 作父本配制的杂交一代新品种。

特征特性： 粗牛角椒，早中熟，从定植到始收青椒为 64 天。株型紧凑，首花节位 8～13 节，株高 67.3 厘米，株幅 59.9 厘米×61.3 厘米。果实长 13.1 厘米、横径 5.0 厘米，果肉厚 0.33 厘米，果形大，单果重 59.4 克。商品性好，青熟果绿色，老熟果红色，微辣，品质上等，适鲜食。较耐寒、耐热、耐旱、耐涝；较抗疫病、病毒病、炭疽病。

产量表现： 2008—2009 年省内多点试验，两年平均亩产量 3421 千克，比对照洛椒 98A 增产 13.5％；2009 年生产试验，平均亩产量 2433 千克，比对照（洛椒 98A、湘研 13 号）增产 8％。

栽培技术要点： ①适时播种（四川冬苗 10 月中旬至 11 月上旬，春苗 1 月下旬至 2 月中旬），适时定植（露地 3～4 月），地膜覆盖栽培方式为好。②亩用种量为 50 克。亩栽苗 2400 株左右，行株距 70 厘米×40 厘米。③重施底肥。亩施有机肥 3000～5000 千克、过磷酸钙 50～80 千克、硫酸钾 20 千克或饼肥 50～100 千克或草木灰 200 千克。④追肥。轻施提苗肥，稳施开花肥，重施结果肥。⑤病虫害防治。及时防治小地老虎、蚜虫、红蜘蛛、白蜘蛛（跗线螨）、烟青虫和病毒病、炭疽病、疫病等病虫害。

适宜区域： 该品种适宜在四川省菜椒产区种植。

350. 干椒 6 号

审定编号：鲁农审 2010062 号

选育单位：青岛农业大学，德州市农业科学研究院

品种来源：一代杂交种，组合为 06001A/06015C。不育系 06001A 由韩引-1 不育株回交转育而成，恢复系 06015C 为贵州地方品种系统选育。

特征特性：干鲜两用辣椒品种。苗期 50～55 天，定植至鲜红果采收 100～150 天，定植至干椒采收 180～210 天。植株高约 90 厘米，株幅 95 厘米左右；门椒着生节位 10～13 节。主枝结果后稍软，株态较松散。叶色深绿色。果实羊角形，果长 10～13 厘米，果肩径 2.2 厘米左右，果直，果皮光滑。嫩果深绿色，成熟果鲜红色、光亮、饱满度好。干椒果皮内外红色均匀，干椒色价 10～12。鲜椒单果重 20～25 克，干椒单果重 2.8～3.1 克。区域试验试点调查：病毒病病株率 17%，病情指数 0.03；疫病病株率 12%，病情指数 0.04，皆好于对照益都红（下同）。

产量表现：在 2008—2009 年山东省辣椒露地区域试验中，两年平均亩产干椒 430.0 千克，比对照增产 64.1%；2009 年生产试验平均亩产干椒 412.5 千克，比对照增产 44.2%。

栽培技术要点：适宜苗龄 50～55 天，适宜定植期 4 月下旬至 5 月初，每亩定植 4500～5000 株，大小垄种植。重施有机肥，盛果期前补施钙肥和铁肥。及时防治病虫害，红果期控制浇水。

适宜区域：该品种适宜在山东省产区作干鲜两用辣椒品种种植利用。

351. 赣丰辣玉

审定编号：赣审辣椒 2010001

选育单位：江西省农业科学院蔬菜花卉研究所

品种来源：N9012×S1024 杂交选配的杂交辣椒组合

特征特性：该品种属中熟品种，始花节位 12.2 节。植株生长势强，分枝力强。株高 63.6 厘米，开展度 74.5 厘米×68.6 厘米，

叶色绿，果实长牛角形，果长 18.1 厘米，果横径 3.23 厘米，果肉厚 0.38 厘米，单果重 47.5 克，果面光滑，青果绿色，辣味中等，品质较好，以鲜用为主，抗病性、抗逆性较强。

产量表现： 2008—2009 年参加江西省辣椒区域试验；2008 年平均亩产 2579.2 千克，比对照赣丰五号（下同）减产 11.07%；2009 年平均亩产 2514.2 千克，比对照增产 47.87%。两年平均亩产 2546.7 千克，比对照增产 10.71%。

栽培技术要点： 保护地播种育苗，苗龄 40～45 天，每亩用种量 50～60 克，育苗期间分苗 1 次。选择排、灌两便的壤土种植，前茬忌茄科作物，采用高垄窄畦，每畦两行，1.2～1.3 米连沟做畦，畦宽 0.8～0.9 米。春夏露地栽培和南菜北运基地栽培，每亩 3000～3500 株，秋延后大棚栽培每亩 4200～4500 株。每亩施腐熟厩肥 3000～4000 千克、钙镁磷肥 50 千克和氮、磷、钾三元复合肥 50 千克，沟施或撒施。定植活棵后浇施稀薄氮肥 1～2 次，开花结果期注意清沟培土，防止植株倒伏，中后期追肥 1～2 次，可每次每亩穴施复合肥 15～20 千克，防止早衰。雨季及时清沟排水，综合防治病虫害。

适宜区域： 该品种适宜在江西省种植。

352. 航椒 11 号

认定编号： 甘认菜 2012002
选育单位： 天水神舟绿鹏农业科技有限公司
品种来源： 以 048-3-2-1-1-H-H 为母本、048-3-2-1-1-H-H 为父本组配的杂交种

特征特性： 大牛角形辣椒。株高 72.0 厘米，开展度 50.0 厘米，株型半直立，叶色绿。单株结果数 15 个左右，单果重 110.0 克左右，果实纵径 25.8 厘米，横径 4.1 厘米，肉厚 0.32 厘米，果面皱褶少，青熟果浅绿色，红熟果深红色。较抗辣椒疫病和炭疽病。含维生素 C 136 毫克/100 克。味辣，商品性优。

产量表现： 在 2009—2010 年多点试验中，平均亩产 4238.8 千克，比台湾牛角王增产 13.3%。

栽培技术要点： 保护地栽培，行距 50 厘米，株距 40 厘米，每

穴 1 株。

适宜区域： 该品种适宜在甘肃省天水、徽县、崆峒区、靖远、兰州保护地种植。

353. 晋青椒 4 号

审定编号： 晋审菜（认）2011008

选育单位： 山西省农业科学院园艺研究所

品种来源： xj213-4-3-2-1-1-2(C13)×01ZF02-4-2-2-1-1-1(C2)。母本 xj213-4-3-2-1-1-2(C13)是从国外引进的种质仙井 213 中经多代系选而成；父本 01ZF02-4-2-2-1-1-1(C2)是农大 40 与茄门杂交后经多代自交选育而成。试验名称"迪丰 132"。

特征特性： 杂交一代甜椒品种。中晚熟，从定植到始收 65 天左右。植株生长势强，株型紧凑，株高 55 厘米左右，开展度 56 厘米×60 厘米左右。始花节位 8～10 节。果实方灯笼形，果形指数 1.0，果肉厚 0.6～0.8 厘米，3～4 心室，皮色深绿，食味甜。平均单果重 150 克。

产量表现： 2008—2009 年参加山西省甜椒中晚熟组试验，两年平均亩产 3517.5 千克，比对照中椒 4 号（下同）平均增产 9.4%，试验点 12 个，增产点 10 个，增产点率 83.3%。其中 2008 年平均亩产 3571.6 千克，比对照增产 4.6%；2009 年平均亩产 3463.3 千克，比对照增产 14.2%。

栽培技术要点： 太原地区露地地膜覆盖栽培，采用育苗移栽，2 月下旬育苗盘播种，3～4 周 2 叶 1 心期分苗到苗床，苗龄 70～80 天，苗期主要严防徒长及猝倒病。5 月 7 日前后定植，一般每亩栽苗 4000 株。定植前亩施优质有机肥 5000 千克，追肥应本着少施、勤施的原则。适时采收，门椒早收或摘除，每次采收后，结合灌水每亩追施三元复合肥 20 千克。田间水分不宜过多，注意排水防涝。前期病虫害防治应以防为主，定植缓苗后每 10～15 天喷施 1 次多菌灵、农用链霉素等广谱性杀菌剂，中期注意防治疫病、病毒病、蚜虫、棉铃虫等病虫害。

适宜区域： 该品种适宜在山西省早春露地甜椒产区种植。

354. 昆椒六号

登记编号： 滇登记辣椒 2012007 号

选育单位： 昆明市农业科学研究院

品种来源： 母本 06-037-6 是课题组于 2003 年从河北省引进的应用辣椒雄性不育两用系育成的灯笼形辣椒新组合冀研 6 号，于 2004 年进行了试种，2005 年继续进行 F2 代的种植，在后代分离材料中，选出雄性不育株，并进行套袋自交和姊妹间杂交，由于套袋自交不能结果（或能结果，但果实无种子），姊妹交能结果，果实中有种子，姊妹交后代于 2006 年种植，后代中出现的雄性不育植株继续进行姊妹间杂交，其后代株系 06-037-6 在 2007 年种植，后代表现不育植株所占比例接近 50%，同年，用不育株作母本与自交系 HZ 配制杂交组合。自交系 HZ 是课题组于 2005 年收集的昆明地方品种高产皱皮辣椒经过连续多代自交得到的辣椒自交系。

特征特性： 该品种生长势强，抗病，平均株高 100 厘米，开展度 80 厘米×65 厘米。叶片绿色，长椭圆形，茎秆绿色，平均茎粗 1 厘米，叶片无茸毛，首花节位 10 节，花色白色，柱头短，着果向下，青熟果绿色，老熟后红色，果皮光滑。果柄长 6.5 厘米，果实横径 4.5 厘米，果长 9.5 厘米，果肉厚 0.2 厘米，微辣，单株结果 23.7 个，平均单果重 35.8 克。平均单果种子数 108 粒。该品种抗性强、长势强、品质优、综合利用价值高，种植优势突出。

产量表现： 经 2009—2010 年在昆明市进行区域试验及 2011 年的试验示范，该品种区域试验中平均比对照增产 37.43%，2010—2012 年示范面积 46 亩，平均亩产 2551 千克，比本地品种高 20% 以上。

适宜区域： 该品种适宜在云南省昆明、红河、文山、玉溪等区域种植。

355. 陇椒 5 号

认定编号： 甘认菜 2011006

选育单位： 甘肃省农科院蔬菜研究所

品种来源： 以 2002A14 为母本、2002A45 为父本配制的杂交种。

特征特性：播种至始花期 98 天，播种至青果始收期 141 天。株高 77 厘米，株幅 71 厘米；单株结果数 21 个，果实羊角形，果长 25 厘米、果宽 3.0 厘米，肉厚 0.30 厘米，单果重 46 克，果色绿、果面皱、味辣；维生素含量 0.11%，耐低温寡照，抗病毒病，耐疫病。

产量表现：2008—2009 年试验，露地平均前期亩产量 1546.47 千克，总产量 3638.47 千克，分别较对照陇椒 2 号（下同）增产 13.45% 和 12.52%；在日光温室平均总产量 5216.9 千克，较对照增产 15.54%。

栽培技术要点：采用育苗移栽，苗龄 60～70 天，株距 0.4 米，行距 0.6 米，每穴 2 株，定植前施足基肥，每亩施农家肥 5000 千克、油渣 300 千克，结果期每一批果坐稳后及每次采收后，结合灌水每亩追施三元复合肥 20 千克，同时注意防治病毒病、疫病、白粉病及蚜虫等。

适宜区域：该品种适宜在甘肃省塑料大棚、日光温室及露地种植。

356. 明椒 5 号

审定编号：湘审椒 2013007

选育单位：福建省三明市农业科学研究所，福建农林大学海外学院

品种来源：m16-4-2-1-3×f115-3-2-1-1（m16-4-2-1-3 为江西抚州地方品种"羊角尖椒"选育而成的自交系，f115-3-2-1-1 为三明建宁地方品种"短尖椒"选育而成的自交系），原名辣王椒。

省级审定情况：2011 年福建省农作物品种审定委员会认定

特征特性：早熟杂交短牛角椒品种。省区试结果：株高 46 厘米，开展度 76 厘米×70 厘米，分枝力强，第一花着生节位 11 节。果长 9.5 厘米，果宽 2.0 厘米，单果重 13.5 克。青熟果绿色，老熟果红色，果面光亮，果实中维生素 C 含量 62.9 毫克/100 克鲜重，可溶性糖含量 1.45 克/100 克。抗病性与抗逆性较强。味辣，宜鲜食、酱制和干制。经三明市植保植检站 2009—2010 年田间病

害调查，发现有病毒病和疫病发生，但发病率均比对照"永安黄椒"低。

产量表现：2011 年、2012 年湖南省区试两年平均亩产量 1203.8 千克。该品种经三明、南平等地多点多年试种示范，一般亩产 3000 千克左右。

栽培技术要点：12 月至翌年 2 月均可播种，3 月假植 1 次。亩用种量 40 克左右。露地 4 月上旬至 5 月上旬定植，参考株行距 45 厘米×45 厘米，施足基肥，勤施追肥。注意防治病毒病、疫病、蚜虫等病虫害。

适宜区域：该品种适宜在湖南省和福建省种植。

357. 黔辣 7 号

审定编号：黔审椒 2011004 号

选育单位：贵州省辣椒研究所

品种来源：于 2008 年用自育自交系 110 与自育自交系 128 组配选育而成的杂交一代种。自交系 110 是 2004 年从绥阳县郑场镇收集到的朝天单生小米椒经株选、连续自交定向选育而成，自交系 128 是 2004 年从桐梓花秋收集到的向下单生长角椒品种经株选、连续自交定向选育而成。

特征特性：属干、鲜两用型，中早熟品种。全生育期 189 天，比对照遵椒 2 号（下同）短 5 天，从定植至始收红椒 100 天左右。株高 68 厘米，株幅 58.8 厘米，平均分枝 7.8 次。叶片绿色，花瓣白色，青熟果绿色，老熟果鲜红色。果实单生向下，果面微皱，羊角形。单株结果 31.6 个。果长 10.75 厘米，横径 1.42 厘米，果柄长 3.86 厘米。单果鲜重 7.03 克，干重 1.4 克。干果色泽红亮、果味辣、商品性好。

产量表现：2009 年省区域试验平均亩产（干重）255.78 千克，比对照增产 6.59%；2010 年省区域试验平均亩产（干重）219.39 千克，比对照增产 15.23%。省区域试验两年平均亩产（干重）237.59 千克，比对照增产 10.41%。2010 年省生产试验平均亩产（干重）203.53 千克，比对照增产 18.72%。

栽培技术要点：2 月播种，4 月中下旬至 5 月上旬定植。地膜覆盖双株栽培，每亩用种量 60 克左右。参考行株距 60 厘米×30 厘米，每亩栽苗 7000～7500 株左右。移栽前每亩施腐熟圈肥 1500～2000 千克、过磷酸钙 15～20 千克、尿素 3 千克、硫酸钾 5 千克。定植后 7 天左右每亩用清水对 2 千克尿素浇缓苗水，使幼苗转绿快，移栽后 20 天左右进入初花期，此时结合清粪水要追施化肥，一般每亩施用尿素 8～10 千克、硫酸钾 5 千克，并向植株根部培土，形成高垄。辣椒 1～2 层果采摘后，结合浇水增施保秧壮果肥，一般每亩施用尿素 5 千克，以防止脱肥。椒果红熟后要及时采摘。辣椒幼苗期及时防治猝倒病和灰霉病，移栽时及时防治地老虎，大田期及时防治辣椒疫病、青枯病、病毒病、叶斑病和蚜虫等病虫害。

适宜区域： 该品种适宜在贵州省的遵义市、安顺市、黔南州、毕节地区、黔西南州种植。

358. 苏椒 17 号

审定编号： 苏审椒 201201

选育单位： 江苏省农业科学院蔬菜研究所

品种来源： 以 06X354×06X28 配组，于 2008 年育成。

特征特性： 属于早熟长灯笼形辣椒。早熟，植株生长势强，叶绿色，株高 60 厘米左右，开展度 55 厘米左右。嫩果长灯笼形，绿色，微辣，果长 10.3 厘米左右，果肩宽 4.8 厘米左右，果形指数 2.1 左右，果肉厚 0.27 厘米左右，平均单果重 44.2 克。区试田间病害调查，病毒病病情指数 5.7，未发生炭疽病。

产量表现： 2009—2010 年参加省品种区试，两年区试前期平均亩产 2000.5 千克，比对照苏椒 5 号（下同）增产 8.4%，总产量平均亩产 3376.1 千克，比对照增产 5.3%。2011 年生产试验，前期平均亩产 1532.9 千克，比对照减产 0.5%，总产量平均每亩 3150.9 千克，比对照增产 1.7%。

栽培技术要点： ①适期播种。春季保护地栽培，南京地区一般 11 月中下旬播种，每亩用种量 40 克左右，其他适宜种植地区依据当地温光条件及栽培措施合理安排播种期。②适宜密度。一般每亩定植 3200～3500 株。③合理施肥。重施基肥，一般每亩施腐熟有机肥 3000～3500 千克；适时适量追肥，追肥以三元复合肥为主。④病虫害防治。坚持以预防为主，农业防治和药剂防治相结合。

适宜区域：该品种适宜在江苏省春季保护地栽培。

359. 坛坛香 2 号黄线椒

审定编号：湘审椒 2011007

选育单位：长沙坛坛香调料食品有限公司，湖南农业大学，浏阳市果蔬实用技术研究所

品种来源：6206×8008

特征特性：晚熟黄线椒品种。生长势中等，株高 82 厘米，开展度 100 厘米×74 厘米，分枝较多。果实细长呈羊角形，果长 20.7 厘米，果宽 1.7 厘米，果肉厚 0.2 厘米，单果重 20.7 克。青果绿色，成熟果橙黄色，果表光亮。较抗病毒病、耐疫病和炭疽病。黄熟果的维生素 C 含量为 137.4 毫克/100 克，干物质含量 15.5%，鲜椒辣椒素含量为 0.279 毫克/克，味辛辣，可作发酵型加工辣椒专用品种。

产量表现：2009 年、2010 年两年区试平均亩产 1566.63 千克。

栽培技术要点：湖南 1～2 月保护地播种，清明至立夏定植，要求土层深厚，排水良好的地块。参考株行距 40 厘米×50 厘米，施足基肥，勤施追肥。注意防治白粉病等病虫害。

适宜区域：该品种适宜在湖南省种植。

360. 湘特辣 1 号

审定编号：湘审椒 2009007

选育引进单位：湖南农业大学，湖南湘研种业有限公司

品种来源：以 0419 为母本、0429 为父本配制的高辣椒素含量辣椒品种。

特征特性：哈瓦拉辣椒类型，迟熟品种，全生育期 110 天左右。生长势强，株高 101 厘米，植株开展度 141 厘米左右，分枝较多。第一花着生节位为 17 节。果实小灯笼形，3～4 心室，果长 5.2 厘米，横径 3.7 厘米，平均单果重 13 克。青果绿色，生物学成熟果鲜红色，果表光亮，有深沟纹，果肉薄。果实味特辣，略有

香味，适合提取辣椒素或食品加工。辣椒素含量 2.37％，辣度 30万斯高威尔单位（SHU），干物质含量 15％。植株连续挂果性强，花簇生，每节能坐 1～4 个果实，丰产性好，耐储运。

产量表现：平均亩产 1500 千克左右。

栽培技术要点：要求种植地肥沃、基肥充足，勤施追肥，保持秧苗健壮生长。参考株行距 55 厘米×65 厘米。注意防治病毒病。

适宜区域：该品种适宜在湖南省种植。

361. 辛香 8 号

审定编号：赣审辣椒 2010004

选育单位：江西农望高科技有限公司

品种来源：N119×T046 杂交选配的杂交辣椒组合

省级审定情况：2008 年贵州省农作物品种审定委员会认定，2010 年湖南省农作物品种审定委员会审定

特征特性：该品种属早熟品种，始花节位 12.0 节。植株生长势强，分枝力强。株高 67.0 厘米，开展度 75.4 厘米×72.9厘米，叶色绿，果实细长羊角形，果长 21.2 厘米，果横径 1.73厘米，果肉厚 0.25 厘米，单果重 20.7 克，果面光滑，青果深绿色，辣味强，品质较好，干、鲜两用品种，抗病性、抗逆性较强。

产量表现：2008—2009 年参加江西省辣椒区域试验；2008 年平均亩产 2689.2 千克，比对照赣丰五号（下同）减产 7.28％；2009 年平均亩产 2451.6 千克，比对照增产 44.19％。两年平均亩产 2570.4 千克，比对照增产 11.74％。

栽培技术要点：11 月至翌年 3 月均可播种育苗，亩用种量 50克，保护地育苗，3 月至 5 月中旬定植，深沟高畦单株双行定植，建议每亩种植 3300～3500 株。施足有机基肥，一般亩施农家肥3000 千克、复合肥 40～50 千克。定植成活后轻施 1 次提苗肥，重点在结果期追肥，共追肥 3～4 次，以尿素为主，搭配 1～2 次钾肥，每次亩施肥量为 10～15 千克（钾肥 7.5 千克）。勤采勤收，综合防治病虫害。

适宜区域：该品种适宜在江西、湖南、贵州各地种植。

362. 扬椒 5 号

审定编号：苏审椒 201301

选育单位：江苏里下河地区农业科学研究所

品种来源：原名"扬椒 7065"，以 3070×3065 配组，于 2008 年育成。

特征特性：该品种属早熟长灯笼形辣椒。早熟，始花节位 8～10 节。植株生长势强，叶色深绿色，株高 45 厘米左右，开展度 50 厘米左右。果实长灯笼形，浅绿色，果面有皱褶，微辣，果长 10.1 厘米左右，果肩宽 4.2 厘米左右，果形指数 2.4，果肉厚 0.27 厘米左右，单果重 41 克左右。区试田间病害调查，病毒病病情指数 3.2，炭疽病病情指数 0.0。

产量表现：2010—2011 年参加省区域试验，两年区试前期平均亩产 1628.4 千克，与对照苏椒 5 号（下同）产量相当，总产量平均每亩 3379.1 千克，比对照增产 4.5%。2012 年生产试验，前期产量每亩 1426.5 千克，比对照增产 8.8%，总产量每亩 2933.6 千克，比对照增产 3.3%。

栽培技术要点：①适期播种。南京地区一般 10 月中下旬至翌年 1 月上旬播种，每亩用种量 50 克。②适宜密度。每亩定植 3000～3500 株。③肥水管理。重施基肥，一般每亩施腐熟有机肥 2500～3000 千克、三元复合肥 50 千克。追肥以三元复合肥为主。④病虫害防治。坚持预防为主，农业防治和药剂防治相结合。

适宜区域：该品种适宜在江苏省早春保护地栽培。

363. 渝椒 12 号

鉴定编号：渝渝审鉴 2011003

选育单位：重庆市农业科学院蔬菜花卉研究所

品种来源：892-1-1-1×766-1-1-1-1

特征特性：属早熟杂交一代品种。株高 59.5 厘米，开展度 57.3 厘米，株型较开展。平均始花节位 8.8 节，平均单株挂果 9.2 个。果实长灯笼形，长 14.7 厘米，宽 5.7 厘米，鲜单果重 112.0 克。青椒绿色，果面较光滑，有纵棱，果肉厚 0.42 厘米。从定植到始采青椒 56 天。2009 年田间自然诱发病害鉴定结果：高抗疫病和病毒病。味中辣，汁多，化渣，尾味带甜。经农业部农产品品质监督检验测试中心（重庆）测定：维生素 C 含量 57.09 毫克/100克，粗蛋白含量 18.61%，可溶性糖含量 3.20%，粗纤维含量 15.05%。

产量表现： 2009—2010 年重庆市多点试验，青椒前期平均产量 865.6 千克/亩，平均总产量 2421.2 千克/亩（变幅 2236.6～2656.6 千克/亩），比对照品种苏五博士王增产 17.34%，达极显著水平。

栽培技术要点： ①播种。重庆地区采用塑料大棚冷床育苗或者撒播后假植育苗，10 月中旬播种催芽，亩用种量 30 克。②定植。翌年 3 月中旬定植，提倡地膜栽培，双行单株，1.2 米开厢，株距 0.33 米，小行距 0.5 米，密度为 3300 穴/亩。③施肥。定植前 7～10 天施足底肥，约占施肥总量 60%～70%，亩施腐熟有机肥 2500 千克、复合肥（氮：磷：钾＝15：15：15）50 千克。结果期和盛采期适时追肥，亩施过磷酸钙 20 千克、硫酸钾 10 千克。④田间管理。及时中耕除草。注意防治红蜘蛛、白蜘蛛、蚜虫、烟青虫等。⑤采收。青椒成熟后及时采收，前期一般 4 天左右采收 1 次，后期 7 天采收 1 次。

适宜区域： 该品种适宜在重庆地区作早春地膜覆盖栽培。

364. 遵辣 6 号

审定编号： 黔审椒 2011002 号

选育单位： 遵义市农业科学研究所

品种来源： 于 1999 年在遵义县新舟镇新舟村民组村民辣椒地选择的优良单株，通过定向培育，经株选、系统选育于 2007 年选育而成的地方常规品种。区试名称：遵辣 1775。

特征特性： 属干、鲜两用型。全生育期 192 天，从定植至始收 70 天左右。株高 72 厘米，株幅 62.8 厘米，平均分枝 8.3 次。叶片绿色，花瓣白色。青果绿色，老熟果深红色。果实单生向上，果面光滑，锥形。果长 6.58 厘米，横径 1.58 厘米。单果鲜重 5.33 克，干重 1.38 克。单株结果 34.8 个。种子肾形，单果种子数

97.55 粒，种子千粒重 5.75 克。果味辛辣、商品性好。

产量表现： 2009 年省区域试验平均亩产（干重）277.59 千克，比对照增产 15.68％；2010 年省区域试验平均亩产（干重）211.39 千克，比对照增产 11.03％。省区域试验两年平均亩产（干重）244.49 千克，比对照增产 13.62％。2010 年省生产试验平均亩产（干重）263.87 千克，比对照增产 23.03％。

栽培技术要点： 1 月下旬至 3 月上旬播种，4 月下旬至 5 月定植。地膜覆盖双株栽培，亩用种量 60 克左右。移栽行距 60 厘米、株距 30 厘米左右，每亩栽苗 6500～7500 株。移栽前每亩施腐熟圈肥 1500～2500 千克、普钙 20～25 千克、尿素 5～10 千克、钾肥 5～10 千克或复合肥 50 千克。边移栽边浇定根水（清粪水），定植 7 天左右缓苗后，每亩用清粪水对 5～10 千克尿素施提苗肥，移栽后 20～25 天进入初花期，采用清粪水（苗长势差可亩加尿素 5～10 千克）施坐果肥，并向植株根部培土形成高垄。在果实坐稳后，一般每亩每次施人畜粪尿 1500 千克，另加钾肥 5 千克、尿素 5 千克。在坐果后施肥 2～3 次，每次采收后应追施 1 次。椒果红熟后要及时采摘。辣椒幼苗期及时防治猝倒病、灰霉病、病毒病、蚜虫和鼠害等，移栽时及时防治地老虎，大田期及时防治辣椒疫病、青枯病、病毒病、叶斑病、蚜虫、烟青虫、棉铃虫和鼠害等病虫害。

适宜区域： 该品种适宜在贵州省海拔 1500 米以下区域种植。

八、南　瓜

365. 川甜 1 号

审定编号： 川审蔬 2009006
选育单位： 四川省农业科学院园艺研究所
品种来源： 2005 年以本所选育自交系 WM01—91 作母本、自交系 P325 作父本组配，2006—2008 年经品比筛选、鉴定、区域试验和生产示范选育而成的优质、早熟无蔓杂交一代南瓜新组合。

特征特性： 无蔓、丛生。早熟，定植至采收 100 天左右；植株生长势强，茎粗约 1 厘米；叶片近掌状五角形、浅裂，较大。雌花多，主、侧蔓均可坐果。果实近梨形，成熟果皮土黄色，有少量绿色斑带，果面光滑，老熟果耐储运。果实大小适中，平均单瓜重1.1～1.5千克，坐果性强，单株坐果2～3个。果肉金黄色，肉质致密，干物质含量高，甜而细面，风味极佳。

产量表现： 2007年全省多点试验平均亩产2815千克，比对照蜜本南瓜（下同）增产18％。2008年全省多点试验平均亩产2880千克，比对照增产16％。两年6点次平均亩产2848千克，比对照增产17％。

栽培技术要点： ①四川盆地3月上旬前后播种，苗龄25天左右，1～2片真叶时定植，地膜覆盖栽培方式为好。②亩用种量400克。亩栽1200株左右，行株距100厘米×50厘米。③亩施有机肥2500～3000千克、过磷酸钙50千克、氮、磷、钾三元复合肥30千克作底肥，轻施提苗肥，稳施开花肥，重施结果肥。④及时防治小地老虎、蚜虫和病毒病、白粉病等病虫害。

适宜区域： 该品种适宜在四川南瓜产区种植。

366. 翠栗1号

认定编号： 浙认蔬2008015

申报单位： 绍兴市农业科学研究院，浙江勿忘农种业股份有限公司

品种来源： 栗子自交系×日本锦栗自交系

特征特性： 中早熟，春季设施栽培定植至始收期为50～60天。植株长势中等，分枝性较强，叶小，叶柄较短。第一雌花节位6～7节，20节内雌花数为7～8朵以上；田间生长整齐一致，结果性强，单株可连续结瓜4～5个；果实扁圆形，横径12～15厘米，纵径9～10厘米，嫩瓜单瓜重500克左右，果皮色泽亮绿，有浅绿色条纹，果肉淡黄色。开花后10～15天采收嫩果。种子千粒重为150～160克。

产量表现： 经2005—2006年早春设施搭架多点试验结果，嫩瓜平均亩产3360.3千克，比对照日本锦栗南瓜增产10％以上。早春设施搭架栽培嫩瓜亩产3000～3500千克。

栽培技术要点： 采用适宜的坐果方法，摘除畸形果，及时

采收。

适宜区域：该品种适宜在浙江省种植。

367. 丹红 3 号南瓜

审定编号：粤审菜 2013009

选育单位：广东省农业科学院蔬菜研究所

品种来源：粉红 1 号/红皮 6 号

特征特性：杂交一代组合。早熟，从播种至初收春季 90 天、秋季 69 天。植株生长势和分枝性强。第一雌花节位 7.5～10.5 节，花期集中，瓜形扁圆形，瓜皮红色，肉色橙黄，单瓜重 0.61～1.17 千克。采收期集中，田间表现抗逆性较强。理化品质检测结果：总糖含量 8.33%，可溶性固形物含量 11.68%，维生素 C 含量 23.7 毫克/100 克，淀粉含量 6.16%。

产量表现：2011 年春、秋两季参加在广州、东莞等 4 个点进行的品种多点比较试验，春季平均亩总产量 1013.95 千克，比对照东升南瓜（下同）增产 20.85%，增产达极显著水平；秋季平均亩总产量 459.20 千克，比对照增产 33.00%，增产达显著水平。

栽培技术要点：忌与瓜类作物连作，选择前茬为水稻田块种植，每亩施基肥约 1000 千克，全生长期追肥 2 次，注意防治枯萎病和疫病。

适宜区域：该品种适宜在广东省春、秋两季种植。

368. 甘红栗

认定编号：甘认菜 2009012

选育单位：甘肃省农业科学院蔬菜研究所

品种来源：以韩国品种短蔓变异株选育而成的自交系 YN0112 为母本、Jar0521 为父本配制的杂交种。

特征特性：短蔓，第 2 瓜坐后蔓长 0.4～0.5 米。第一雌花节位第 8～第 10 节，每隔 2～3 叶再现一雌花，可连续坐果 2～3 个。果实扁圆形，深橘红色皮。果肉厚 3.1 厘米，深橘黄色，肉质致密，含干物质 22.32%，可溶性糖 3.23%，维生素 C 256.6 毫克/千克，有机酸 0.164%。单果重 1 千克左右，种子白色，千粒重 180

克左右。从授粉至果实成熟 36 天左右，全生育期 92 天。抗南瓜白粉病和病毒病。

产量表现： 在 2006—2007 年多点试验中，平均亩产 2389.2 千克，较对照增产 62.5%。

栽培技术要点： 前茬尽量避开瓜类作物。直播或育苗移栽均可，2～3 片真叶时定植。深沟高畦，栽培株距 55 厘米，大行距 80 厘米，小行距 70 厘米，双行定植，一般栽植密度为 1600 株/亩。

适宜区域： 该品种适宜在甘肃省民勤、皋兰、西固、秦州、镇原等保护地种植。

369. 金平果 909

认定编号： 蒙认菜 2012009 号

选育单位： 武威金苹果有限责任公司

品种来源： 以 R10（63-9-7A-3C）为母本、N47（53-8-6D-37）为父本选育而成。

特征特性： 叶片深绿色，叶柄长 48 厘米，瓜蔓长 110 厘米。果实为圆形，果皮颜色为橙黄色。籽粒为绿色、长 1.6 厘米、宽 0.8 厘米。2011 年内蒙古农业大学农学院鉴定：中感白粉病（39.06SR），高抗枯萎病（11.5HR）。2011 年内蒙古自治区农产品质量安全综合检测中心检测：含油率 46.5%。

产量表现： 2010 年籽用南瓜参加区域试验，平均亩产 126.3 千克，比对照多籽无壳（下同）增产 21.1%。2011 年籽用南瓜参加区域试验，平均亩产 115.7 千克，比对照增产 7.6%。2011 年籽用南瓜参加生产试验，平均亩产 122.3 千克，比对照增产 18.3%。

栽培技术要点： 亩保苗 2200～2500 株。注意防治白粉病。

适宜区域： 该品种适宜在内蒙古自治区巴彦淖尔市产区种植。

370. 绿蜜栗

审定编号： 鲁农审 2010067 号

选育单位： 淄博市农业科学研究院

品种来源： 一代杂交种，组合为 TL-01-06/HZ-01-19。TL-01-06

为韩国甜栗自交选育，HZ-01-19 为灰珍珠自交选育。

特征特性： 属早熟品种，全生育期 103 天左右，叶色浓绿，叶缘微波状，茎截面近圆形，绿色，生长势稳健，第一雌花节位 6～8 节，易坐果，连续坐果能力强，开花后果实 35～40 天成熟。果实扁圆形，瓜纵径 12 厘米、横径 15 厘米，嫩瓜表皮光亮，绿色，老熟瓜皮色墨绿，具浅绿色条纹，果肉杏黄色，粉质，风味好，肉厚 3.5～3.8 厘米，单瓜重 1.5 千克左右，区域试验试点调查：霜霉病病株率 46.5%，病情指数 14.7；病毒病病株率 21.9%，病情指数 8.6；白粉病病株率 60.2%，病情指数 24.6，皆好于对照日本栗子南瓜（下同）。

产量表现： 在 2008 年全省南瓜春露地区域试验中，平均亩产 1368.4 千克，比对照增产 67.9%；2009 年生产试验平均亩产 1586.3 千克，比对照增产 91.3%。

栽培技术要点： 早春露地爬地栽培适宜 3 月下旬阳畦育苗，4 月下旬露地定植。株距 40～50 厘米，行距 200 厘米，每亩栽植 700～800 株。早春保护地栽培 1 月中下旬育苗、2 月中下旬定植，株距 70～80 厘米，行距 150 厘米，每亩栽植 500～600 株。雌花初开时注意人工授粉，保花保果。

适宜区域： 该品种适宜在广东省作为早春露地或保护地南瓜品种种植利用。

371. 蜜丰

审定编号： 晋审菜（认）2010021

选育单位： 山西省农业科学院园艺研究所

品种来源： M1-132×XT-2211

特征特性： 长蔓型中国南瓜杂交一代。晚熟，植株生长势强，叶片较大，幼苗生长快，第一雌花节位 15 节左右。易坐瓜，每株可结瓜 2 个左右，单瓜重 4 千克左右。果实球形、有棱 16 个左右。嫩瓜绿花皮，老熟瓜黄褐色、覆白色蜡粉，果肉橙黄色、较厚，味甜微面，肉质细腻，风味好，耐储运。

产量表现： 2008—2009 年参加山西省早春露地南瓜区域试验，两年平均亩产 4577.5 千克，比对照蜜本（下同）增产 51.1%，10

个试验点全部增产。2008 年平均亩产 4297 千克，比对照增产 44.6%；2009 年平均亩产 4858 千克，比对照增产 57.6%。

栽培技术要点： 亩留苗 660 株，株行距为 0.5 米×2.0 米。单蔓整枝，伸蔓后及时压蔓、勤打杈，花期人工辅助授粉可促进结瓜。单株留瓜数为山西北部 1 个、中部 2 个、南部 2～3 个。其他常规管理可按照当地栽培习惯进行。

适宜区域： 该品种适宜在山西省各地种植。

372. 南砧1号

认定编号： 闽认菜 2013020

选育单位： 福建省农业科学院农业生物资源研究所，福州市农业科学研究所

品种来源： 012×023（012 是从台湾引进的台湾 4 号南瓜经多代自交定向选择育成的自交系，023 是从广东蜜本南瓜经多代自交定向选择育成的自交系）

特征特性： 该品种属砧木专用南瓜品种，长势较强，主蔓第一雌花节位 8～10 节，果实高圆形，成熟时果皮棕黄色，有纵棱。果肉味甜质糯，单瓜重 2 千克左右，果实发育期约 32 天。种子较大，短椭圆形，白色，千粒重约 120 克。该品种与甜瓜嫁接亲和力强，嫁接成活率达 90% 以上，比连江南瓜作砧木嫁接成活率高 10 个百分点左右。经福建省分析测试中心品质检测，嫁接后对甜瓜品质影响小，甜瓜风味品质基本保持原品种特性。经连江县植保站田间调查，用南砧 1 号作砧木嫁接的甜瓜田间未发现枯萎病，自根苗发病率达 81.6%。

产量表现： 经福州、漳州等地多年多点试种示范，重茬地用南砧 1 号作砧木嫁接甜瓜，亩平均产量比连江南瓜作砧木增产 33.4%。

栽培技术要点： 福州地区大棚栽培适播期在 11 月中旬，露地栽培适播期在 3 月中旬前后，采用顶插接，砧木比接穗提早播种 7～10 天；采用靠接，砧木比接穗晚播 5～7 天，定植时注意嫁接口要高出地面 2 厘米，同时及时抹除砧木腋芽。

适宜区域： 该品种适宜在福建省甜瓜产区作为砧木专用品种。

373. 兴蔬蜜宝

登记编号： XPD008-2009

选育单位： 湖南省蔬菜研究所

品种来源： M2×15-3

特征特性： 早熟品种。植株生长势中等，第一雌花节位 11 节左右，主蔓结瓜为主。果实葫芦形，嫩果绿色带白条纹，成熟果橘黄色带白条纹，果面有棱沟，商品瓜长 30 厘米左右，口感粉、甜，单瓜重 2.5～4 千克。适于湖南省作早熟栽培。可实行瓜-稻和瓜-菜种植模式，占地时间相对较短。

产量表现： 老熟瓜平均亩产 2200 千克左右。

栽培技术要点： 湖南地区于 3 月上旬播种，每亩用种量 40 克。当幼苗 4～5 片真叶时定植，采用地膜覆盖栽培。株行距 35 厘米×（500～600）厘米。选土层深厚、肥沃地块，每亩施农家肥 1500 千克、菜枯 50 千克、氯化钾 10 千克、过磷酸钙 50 千克，拌匀覆土，整平畦面。摘除所有侧蔓。前期控制肥水，坐果后，追肥 2～3 次，注意防治病虫害。

适宜区域： 该品种适宜在湖南省种植。

374. 旭日

鉴定编号： 苏鉴南瓜 200902

选育单位： 江苏省农业科学院蔬菜研究所

品种来源： 以 B5-3-6-2-6-1-8、C2-8-1-9-4-3-2-4 为亲本，利用杂交方法，于 2004 年育成。

特征特性： 属红皮南瓜。植株生长势强，坐果性好，第一雌花节位 5～7 节。果实近圆形，果皮橙红色，色泽艳丽。种子土黄色，单果籽粒数约 160 粒。果肉橙红色，质地致密，可溶性糖含量 4.2%，淀粉含量 8.8%。区试平均结果：春季保护地栽培从坐果到采收 45 天，全生育期 120 天。果形指数 0.9，肉厚 3.3 厘米，单果重 2.0 千克。抗逆性较强。

产量表现： 2007 年参加区试，平均亩产 2416.3 千克，比对照东升（下同）增产 1.1%；2008 年区试，平均亩产 2385.1 千克，比对照增产 10.2％；2009 年生产试验，平均亩产 2317.2 千克，比对照增产 5.0％。

栽培技术要点：①适期播种。春季保护地栽培南京地区一般为 2 月中旬，亩播种量吊蔓栽培 150 克、爬地栽培 70 克。各适宜种植地区，应根据本地的光温条件科学安排播种期。②适宜密度。吊蔓株距 0.4 米、行距 1.5 米，亩栽 900 株左右，单蔓整枝；爬地栽培株距 0.6 米、行距 2 米，亩栽 600 株左右，双蔓整枝。③肥水管理。施足基肥，一般亩施腐熟有机肥 2000 千克左右、45％硫酸钾型复合肥 25 千克左右；果实膨大期适时适量追施膨瓜肥。根据墒情浇水，坐果 30 天后一般不浇水。④病虫害防治。预防为主，农业防治和药剂防治相结合，注意防治蚜虫和白粉病。

适宜区域：该品种适宜在江苏省春季保护地或露地栽培。

375. 永安 5 号

登记编号：陕蔬登字 2010002 号
选育单位：西北农林科技大学
品种来源：P06×J22
特征特性：该品种植物学特性表现为印度南瓜类型，生长势强，生长速度快，熟性早，一般定植后 50～55 天开花，叶面绿色，无白色花斑，叶面积 25 厘米×30 厘米，蔓长 2.5 米，主蔓结瓜为主，侧蔓较发达，第一雌花节位为 7～9 节，瓜型为高扁圆形，瓜皮色为橘红色，单瓜重 1.0～1.5 千克，味甜面，品质好。耐热、耐寒、耐弱光。经抗病性鉴定：中抗病毒病、枯萎病、白粉病，高抗黑斑病。

产量表现：区域试验平均亩产 2148 千克。

栽培技术要点：①早熟覆盖栽培：可进行育苗移栽。用 25～30℃温水浸种 6～8 小时，于 25～30℃下催芽，出芽后可在纸钵、泥钵或在切块培养土上播种，也可用 8 厘米×8 厘米以上的塑料营养钵和 50 孔以下的穴盘育苗。播种时胚根向下，平放，后覆土（无土基质）1 厘米即可。出苗后的温度控制：白天 20～25℃，夜间 15℃。苗长至高 10 厘米、茎粗 0.5 厘米、叶 3～4 片时即可定植。整地：每亩施充分腐熟的农家肥料 5000 千克、磷酸二铵 50 千克、硫酸钾 50 千克、尿素 20 千克，深翻 2 次，水平整地，然后做成平畦或半高垄备用。带土定植：密度 600～800 株/亩，爬地栽培行距 240 厘米。定植后的管理：缓苗后温度控制白天为 20～25℃、夜间为 13～15℃。根瓜膨大后，适当提高温度，白天为 22～25℃、夜间 13～15℃。肥水管理：开花前通过中耕提高地温，一般尽量少浇或不浇水，等瓜坐稳后开始灌水，并随水施复合肥 10 千克/亩，之后酌情灌水施肥；温室栽培须进行吊蔓或搭架，生长前期若雄花不足时，可进行人工辅助授粉。植株出现侧芽及时打掉。②露地直播栽培：晚霜过后可进行露地直播或催芽点播，行距 2.4 米，株距 0.4～0.5 米。其他管理同早熟覆盖栽培。

适宜区域：该品种适宜在陕西省保护地及露地栽培，以保护地种植为佳。夏季冷凉、无霜期短的地区，可采取保护地育苗露地栽培方式。

九、黄　　瓜

376. 昌研1号

认定编号：赣认黄瓜 2009001

选育单位：南昌市农业科学院

品种来源：CY05×CY23 杂交选配的水果黄瓜新组合

特征特性：早熟、全雌性系水果型黄瓜品种。无限生长型，分枝性中等，生长势强，茎秆粗壮，节间短。第一雌花节位 3～4 节，主蔓结果为主，着果率高，每节坐果 1～2 个，结果期较集中。商品果短圆柱形，无瓜把，果长 13～16 厘米，横径 2.6 厘米左右，单果重 80～90 克。瓜条顺直，果皮深绿色、光滑无刺，心腔小、口感脆嫩。

产量表现：大田生产种植产量比对照以色列萨瑞格（HA-454）水果黄瓜增产明显。

栽培技术要点：适宜早春设施大棚和露地及秋延后栽培。大棚 2 月上中旬播种，3 月上中旬定植，4 月上中旬开始采收；露地 3 月底至 8 月上中旬均可播种，春播生育期 60 天；夏、秋播生育期

45～50 天，亩用种量约 60 克。种植密度每亩 2000～2400 株，行株距 70 厘米×35 厘米。施足基肥，每亩施有机肥 3000 千克、三元复合肥 30 千克；采收前追施 5～10 千克尿素并结合喷施 0.2%～0.3%的磷酸二氢钾进行根外施肥，防止植株早衰。及时整枝和疏果，开花后 7～10 天开始采收。注意病虫害防治和温湿度的综合调控。

适宜区域：该品种适宜在江西省各地种植。

377. 川翠 1 号

审定编号：川审蔬 2009005

选育单位：四川省农业科学院园艺研究所

品种来源：2005 年用自交系 H03-2-19 为母本、以自交系 H02-16-52 为父本组配，2006—2008 年经品比筛选、鉴定、区域试验和生产试验示范而成的杂交一代夏秋专用黄瓜新品种。父、母本均为本所利用国内黄瓜资源于 2002—2005 年经多代自交优选育成。

特征特性：植株生长势强，叶片较大，主蔓结瓜为主，耐高温，气温 32～35℃时，能正常开花结果。夏秋露地种植，播种到始收 40～45 天。主蔓第一雌花 6～8 节，雌花率 20%～25%，结成性好，畸形瓜率低。回头花多，结果性好。瓜直筒形，瓜条顺直，瓜把短（小于 1/8），商品瓜长 35 厘米左右，横径 3.5～4 厘米，单瓜重 250～300 克；瓜色深绿，瘤显著，密生白刺，外观漂亮；果肉绿色，口感脆嫩，味甜。田间表现对黄瓜霜霉病、白粉病抗性好，高温条件下抗病毒病能力强。适宜夏秋露地种植。

产量表现：2007 年四川省多点试验平均亩产 4167 千克，比对照津优 1 号（下同）增产 17.6%，2008 年全省多点试验平均亩产 4212 千克，比对照增产 18.2%，两年 6 点次平均亩产 4190 千克，比对照增产 18%。

栽培技术要点：①四川盆地 8 月上旬播种，苗龄 15 天左右，1～2 片真叶时定植。②亩用种量 150 克。每亩 2300～2500 株左右，行株距 70 厘米×35 厘米。③亩施有机肥 3000～4000 千克、过磷酸钙 50 千克、氮、磷、钾三元复合肥 50 千克作底肥。轻施提苗肥，稳施开花肥，重施结果肥。④及时防治小地老虎、蚜虫和病毒病、白粉病、霜霉病等病虫害。

适宜区域：该品种适宜在四川黄瓜产区种植。

378. 春华1号

审定编号：鲁农审 2010051 号

选育单位：青岛市农业科学研究院

品种来源：一代杂交种，组合为 8072/73-1-3。母本 8072 为广东粤早 2 号自交选育，父本 73-1-3 为辽宁旱黄瓜自交选育。

特征特性：属早熟品种。从播种到初收约 52 天。生长势较强，叶色深绿，主蔓结瓜为主。瓜短圆筒形，皮色浅绿，瓜条顺直，瓜表面光滑无棱沟，刺瘤白色，小且稀少，瓜长约 18 厘米，横径约 3 厘米，瓜把长小于瓜长的 1/6，平均单瓜重 152 克。商品性及风味品质较好。区域试验试点调查：白粉病病情指数 13，霜霉病病情指数 18.0，皆好于对照鲁黄瓜 3 号，细菌性角斑病病情指数 29.5，枯萎病发病株率 3.4%，皆与对照鲁黄瓜 3 号（下同）相当。

产量表现：在 2008 年山东省黄瓜品种春露地区域试验中，早期产量平均亩产 1589.0 千克，总产量平均亩产 2896.1 千克，比对照分别增产 8.1% 和 18.3%；2009 年生产试验早期产量平均亩产 2063.3 千克，总产量平均亩产 4601.1 千克，比对照分别增产 4.2% 和 10.1%。

栽培技术要点：适于春露地栽培。适宜 3 月下旬育苗，4 月下旬移栽，或 5 月上旬直播。平畦栽培，大行距 80 厘米，小行距 40 厘米，一般每亩栽植 3500～4000 株。3 节以下侧枝全部打掉。根瓜坐住前少浇水，防秧徒长。根瓜开始膨大后，要早摘勤摘，防止化瓜。

适宜区域：该品种适宜在山东省喜食华南型品种的地区作为露地品种种植利用。

379. 翠秋 20 号

登记编号：津登黄瓜 2011011

选育单位： 天津市天丰种苗中心

品种来源： 以"华北叶三秋"为母本、"唐山秋瓜"为父本进行杂交，系统选育而成。

特征特性： 生长势强，中早熟，以主蔓结瓜为主。瓜条短棒形，长 12~14 厘米，粗 5~6 厘米，翠绿色，有光泽，刺瘤适中，白刺。清香味浓，品质佳，商品性好。抗病性较好，丰产性强。

产量表现： 平均亩产 4000 千克左右。

栽培技术要点： 春露地栽培 3 月中下旬播种育苗，行株距65 厘米×30 厘米，4 月中下旬定植，苗龄 30 天左右。定植前施足底肥，苗期 2 叶 1 心时适量喷施增瓜剂可提高产量。坐瓜后及时追肥，打掉其根部侧枝，中上部侧枝见瓜后留 2~3 叶掐尖，商品瓜要及时采收。后期注意防治蚜虫及其他病虫害。

适宜区域： 该品种适宜在天津市春秋露地及早春茬保护地栽培。

380. 冬之光

认定编号： 甘认菜 2012006

引进单位： 武威市百利种苗有限公司

品种来源： 从山东金种子农业发展有限公司引进，原代号22-36。

特征特性： 无限生长型黄瓜品种。株型紧凑，节间短。果实绿色，瓜条长 16~18 厘米，横径 3 厘米，无刺，单瓜重约 100 克。含干物质 4.6%，维生素 C 14.80 毫克/100 克，可溶性总糖4.2%。对黄瓜花叶病毒病、白粉病和疮痂病具有较强抗性，中抗黄瓜霜霉病。

产量表现： 在 2009—2010 年多点试验中，平均亩产 4820.6 千克，比对照夏美伦增产 12.3%。

栽培技术要点： 育苗，春、夏季 25 天，秋、冬季 35 天。起垄定植，一垄双行，行距 60 厘米，株距 40 厘米，每亩 2700 株。

适宜区域： 该品种适宜在甘肃省武威凉州区早春、早秋、秋冬日光温室等保护地种植。

381. 华黄瓜 6 号

审定编号： 鄂审菜 2013004

选育单位： 华中农业大学

品种来源： 用"2006-2"作母本、"2006-3"作父本配组育成的杂交黄瓜品种。

特征特性： 属早熟黄瓜品种。植株较紧凑，生长势强。以主蔓结瓜为主，第一雌花节位着生在主蔓第 4～第 6 节，每 2～3 节着生 1 朵雌花，连续结瓜能力强。瓜条端直，瓜刺白色、较密、匀，瓜把短，瓜皮亮绿色，果肉淡绿色，三心室，腔小肉厚，瓜长 35 厘米左右，单瓜重 350 克左右。耐低温、弱光性较强。对叶斑病、霜霉病抗（耐）性较强。经农业部食品质量监督检验测试中心（武汉）测定：维生素 C 含量 37.3 毫克/千克，可溶性糖含量 1.91%。

产量表现： 2008—2012 年在武汉、钟祥、宜都等地试验、试种，一般亩产 4500 千克左右。

栽培技术要点： ①适时播种，合理密植。露地栽培 2 月中旬至 3 月初播种；保护地栽培 1 月下旬至 2 月上旬播种。亩定植 3600 株左右。②科学施肥。底肥以农家肥为主，适量增施复合肥、尿素和钾肥；定植后及时追施提苗肥，采收 1～2 次后及时追施速效肥。③及时剪整侧蔓，侧蔓见瓜后留 2 片叶掐尖。④注意防治霜霉病、白粉病、病毒病和烟粉虱等病虫害。⑤适时采收。及早采收低节位瓜。

适宜区域： 该品种适宜在湖北省作早春、秋延大棚栽培。

382. 明研 5 号

认定编号： 闽认菜 2011006

选育单位： 福建省三明市农业科学研究所

品种来源： H35-2-3-5-1×H49-2-4-1-2（H35-2-3-5-1 为"沙县本地黄瓜"地方品种经多代自交提纯和定向培育的优良自交系；H49-2-4-1-2 为"台湾耐热王"经多代自交选育而成的自交系）

特征特性： 属早中熟密刺黄瓜杂交种。春季栽培从播种到始收 60 天左右；秋季栽培从播种至始收 45～50 天，植株长势强，分枝性中等，主蔓第 3～第 7 节开始着生雌花，主蔓结瓜为主，连续坐果率强；瓜条直，长棒形，瓜长 35～41 厘米，瓜径 4.0～5.0 厘米，瓜把长 5～6 厘米，单瓜重 400～500 克，瓜色深绿均匀，有光泽，黑密刺，刺瘤粗，瓜顶尖，黄白条纹，果肉翠绿色，肉质甜脆，商品性好，品质佳，可生食、熟食。2008—2010 年经三明市植保植检站田间调查，"明研 5 号"晚疫病、霜霉病、枯萎病发生情况与对照"中农 8 号"相当。经福建省农科院中心实验室品质检测：每 100 克鲜样含还原糖 1.4 克、蔗糖 0.017 克、维生素 C 7.32 克。

产量表现：该品种经三明、南平等地多点多年试种示范，一般亩产 4000～5000 千克。

栽培技术要点：三明地区保护地栽培在 2 月上中旬播种，早春保护地育苗露地栽培在 2 月下旬至 3 月上旬播种，秋季栽培在 7 月下旬至 8 月上中旬播种，其他地区播种可视当地气候条件适时调整播期，播种前种子用 55℃温汤浸种消毒或用 10% 磷酸三钠浸种消毒 20～30 分钟或用 1000 倍高锰酸钾浸种消毒，选择前茬未种过瓜类、茄果类土壤肥沃，有机质含量高，保水保肥力强，排灌良好的壤土种植。选晴天翻犁整地，基肥亩用腐熟农家肥 1000～1500 千克、复合肥 50 千克，整畦时开中间沟条施。畦宽带沟 130 厘米，畦高 20～25 厘米，双行种植，株行距 30 厘米×50 厘米，亩种植 2500～2800 株。注意防治霜霉病、晚疫病、枯萎病等病害。

适宜区域：该品种适宜在福建省春、秋季种植。

383. 农城新玉1号

登记编号：陕蔬登字 2010009 号
选育单位：西北农林科技大学
品种来源：Q53×C37
特征特性：属白皮类型（浅绿色）早熟一代杂交种。植株生长势较强，茎浅绿色、粗壮，叶片中等大小，分枝性较弱，以主蔓结瓜为主。早春低温环境下结果早，第一雌花节位 3～4 节，坐果率高，果实发育速度快。果实外观鲜嫩，皮色浅绿色有光泽，瘤中等大小，密生白刺。瓜条长圆柱形，瓜长 30～32 厘米，横径 3～4 厘米，平均单瓜重 160～200 克。果实口感清香、脆嫩、微甜，不带苦涩味。果皮较厚，比一般黄瓜耐藏性好。抗霜霉病、白粉病和枯萎病等病害。适应性广，尤其适于春季大棚早熟栽培，也可进行秋季大棚延后栽培。2010 年经陕西省农产品质量监督检验站分析测定：维生素 C 含量 11.0 毫克/100 克，维生素 B_2 含量 0.0241 毫克/100 克，总糖含量 1.90%，蛋白质含量 1.11%，黄酮含量 6.0 毫克/100 克。

产量表现： 一般春大棚亩产约 4000～5000 千克，秋大棚亩产约 3000～4000 千克。

栽培技术要点： ①播种育苗与定植。春季大棚栽培可在 2 月上旬播种，苗龄 30 天左右。秋延后大棚栽培可在 7 月底或 8 月初直播或育苗。春季大棚栽培可在 3 月中旬定植，定植密度为 3500 株左右/亩，秋延后大棚栽培定植密度为 4000 株左右/亩。②田间管理。定植时施足底肥，定植缓苗后及时扦插绑蔓，初花期注意适当控水蹲苗，结果期及时浇水施肥，前期追施农家肥，盛果期施速效化肥和适宜的叶面追肥。病虫害防治以预防为主，综合防治。在黄瓜生长的不同时期，根据天气变化情况，控制保护地内的小气候，减少病害发生，及时用瑞毒霉、克露等防治霜霉病等。

适宜区域： 该品种适宜在陕西省春季大棚早熟栽培，也可秋季大棚延后栽培。

384. 青丰 3 号黄瓜

审定编号： 粤审菜 2012004

选育单位： 汕头市白沙蔬菜原种研究所

品种来源： 澄海二青-5-8/万吉-Ⅱ-6

特征特性： 杂交一代华南型黄瓜品种。从播种至始收春季 66 天、秋季 43 天，全生育期春季 101 天、秋季 69 天。生长势和分枝性强，叶片春季呈深绿色、秋季呈绿色。第一雌花着生节位春季 5.5 节、秋季 9.4 节。瓜短圆筒形，黄绿色，瘤小、刺疏、白刺；横切面呈圆形，肉质硬、含水量中等；果柄长 1.20～1.80 厘米，瓜长 23.90～24.1 厘米，横径 5.11～5.24 厘米，肉厚 1.49～1.52 厘米，单瓜重 381.20～422.90 克，单株产量 1.48～1.85 千克，商品率 90.79%～94.70%。感观品质鉴定为良，品质分 79.20 分。中抗枯萎病，高感疫病。耐热性、耐寒性与耐旱性强，耐涝性中等。粗蛋白含量 0.13 克/100 克，维生素 C 含量 123 毫克/千克，可溶性固形物 3.1 克/100 克。

产量表现： 2009 年秋季初试，平均亩总产量 3457.71 千克，比对照津春 4 号（下同）增产 44.47%，增产达极显著标准；前期平均亩产量 1404.44 千克，比对照增产 48.16%，增产达极显著标准。2010 年春季复试，平均亩总产量 3710.24 千克，比对照增产 32.16%，增产达极显著标准；前期平均亩产量 1258.92 千克，比对照增产 54.72%，增产达极显著标准。

栽培技术要点： ①潮汕地区春植 1～3 月、秋植 7～8 月播种，每亩用种量 75～100 克。②单行植，株距 30 厘米，每亩种 1800 株左右。③搭"人"字架，及时摘除基部侧蔓和病、残、老叶。④注意防治疫病。

适宜区域： 该品种适宜在广东省黄瓜产区春、秋季种植。

385. 蔬研 5 号

登记编号： XPD012-2010
选育单位： 湖南省蔬菜研究所
品种来源： HG05×T199
特征特性： 早熟、强雌性黄瓜杂交种。植物生长势旺盛，叶色深绿，中等叶型，侧枝发生多，具有单性结实能力。第一雌花节位 3～5 节，雌花率 90%，几乎每节一瓜，主蔓及侧枝均可结瓜，主蔓结瓜为主，连续坐果能力强。瓜短筒形，瓜把短，瓜色深绿一致，有光泽，无花纹，刺稀瘤小，白刺，无棱，瓜长 20 厘米左右、直径 3 厘米，单瓜重 120～150 克。肉质致密，脆嫩，心腔小，果肉厚，耐储运，商品性佳。耐热强，兼抗枯萎病、白粉病、霜霉病、疫病等多种病害。适宜春、夏及秋延后栽培。

产量表现： 2008—2009 年多点试验，蔬研五号均较对照增产，平均亩产 4613.16 千克，较对照皇轨增产 17%，增产达显著水平，比对照浏阳白黄瓜增产 29%，增产达极显著水平。

栽培技术要点： 早春露地栽培，2 月中旬至 3 月上旬播种，温床、冷床育苗，4 月上旬定植；夏秋栽培，4 月至 8 月上旬直播；秋延后一般 8 月下旬至 9 月上旬直播。黄瓜忌连作，栽培土应该选择肥沃、排灌方便、2～3 年内未种植过瓜类作物的沙壤土。1.4 米开沟做畦，株距 30 厘米，亩栽 3000 株。每亩用腐熟农家肥或厩肥 5000 千克、复合肥 80 千克、磷肥 30～50 千克作基肥；中后期加大肥水量，采收 1 次瓜及时追 1 次肥水，并进行叶面追肥。7 节以下的侧枝及雌花全部打掉，上部每一分枝留 2 叶 1 瓜去尖。加强病虫害防治，主要防治霜霉病、疫病、白粉病、蚜虫、茶蝗螨及红蜘蛛。盛果期晴天每天采收 1 次，阴天 2 天采收 1 次。

适宜区域：该品种适宜在湖南省种植。

386. 浙秀 302

审定编号：浙（非）审蔬 2012014
选育单位：浙江省农业科学院蔬菜研究所
品种来源：H8-5-1-2-1-3-1×H75-2-1-1-2-2-1（原名浙优 1 号）
特征特性：该品种黄瓜植株生长势强，最大叶片长和宽分别为 28 厘米和 29 厘米，叶柄长 23.2 厘米。主蔓结果，第一雌花着生于第 4.2 节，其后每 2～4 节有 1 朵雌花，雌花节率 30.3%；瓜长棒形，瓜长 38 厘米左右、横径约 3.7 厘米，瓜把长 4.5 厘米左右，平均单瓜重约 300 克；果皮深绿色、有光泽，瘤多刺密、白刺，果肉浅绿色，肉质脆嫩。经浙江省农科院植物保护与微生物研究所田间鉴定，高抗白粉病、中抗霜霉病、抗枯萎病。

产量表现：经 2009 年品种多点比较试验，平均亩产量 5135.1 千克，较对照津优 1 号（下同）增产 6.1%；2010 年品种多点试验平均亩产量 4963.6 千克，较对照增产 6.4%。两年平均亩产量 5049.3 千克，较对照平均增产 6.3%。

栽培技术要点：亩种植 2500～2800 株。
适宜区域：该品种适宜在浙江省产区种植。

387. 中农 26 号

审定编号：晋审菜（认）2010009
选育单位：中国农业科学院蔬菜花卉研究所

品种来源： 01316×04348。

特征特性： 普通花性杂交种。中熟，植株生长势强，分枝中等、叶色深绿、均匀。以主蔓结瓜为主，早春第一雌花始于主蔓第3～第4节，结成性高。瓜色深绿、亮，腰瓜长约30厘米，瓜把短，瓜粗3厘米左右，心腔小，果肉绿色，商品瓜率高。刺瘤密，白刺，瘤小，无棱，微纹，质脆味甜。农业部蔬菜品质监督检验测试中心（北京）苗期人工接种鉴定，抗白粉病、霜霉病、中抗枯萎病，高感黑星病。农业部蔬菜品质监督检验测试中心（北京）品质分析：维生素C含量11.2毫克/100克，干物质含量5.70%，总糖含量2.18%，可溶性固形物含量4.6%。

产量表现： 2008—2009年参加山西省早春日光温室黄瓜区域试验，两年平均亩产9656.2千克，比对照津优3号（下同）增产24.6%，6个试验点全部增产。2008年平均亩产6383.5千克，比对照增产9.6%；2009年平均亩产12928.9千克，比对照增产39.7%。

栽培技术要点： 合理密植，亩栽3000～3500株。喜肥水，施足优质农家肥作底肥，勤追肥，有机肥、化肥、生物肥交替使用。打掉5节以下侧枝和雌花，中上部侧枝见瓜后留2叶掐尖。生长中后期可结合防病喷叶面肥6～10次，提高中后期产量。及时清理底部老叶、整枝落蔓，及时采收商品瓜。育苗每亩用种量150克。

适宜区域： 该品种适宜在山西各地日光温室早春茬栽培。

十、冬　　瓜

388. 碧玉1号

审定编号： 桂审蔬2012001号

选育单位： 南宁市桂福园农业有限公司，广西大学

品种来源： G-DG-B020-X×G-JG-A003-8。母本G-DG-B020-X是从日本带回来的座钟型小冬瓜F2群体中选择优良单株进行套袋自交而成的自交系。父本G-JG-A003-8以"南宁农家种"与广东

良种引进服务公司生产的"碧绿翡翠"冬瓜品种杂交后选择优良单株套袋自交而成的自交系。

特征特性：全生育期为 100～125 天，播种到始收天数为 55～70 天。茎蔓性，五角棱形，绿色，密被茸毛。主蔓长约 5.0 米。叶互生，掌状浅裂，6 裂，叶面与叶柄有刺毛，叶色深绿；叶长 28～33 厘米、宽 32～35 厘米。花单性，雌雄同株，单生；雌花花柄绿色，花柄短，花柱绿色，花瓣 5 裂。雄花花柄绿色，花药黄色。主蔓第一雌花节位在 11～14 节，每隔 4～5 节着生 1 雌花，常见连续着生 2 朵雌花；侧蔓第 3～第 4 节现雌花。果实座钟形，头尾均匀，嫩瓜绿色稀少斑点，有光泽。嫩瓜果实长度 18～22 厘米，果实横径 10～12 厘米，单瓜重 800 克，果肉厚约 2.5～3.0 厘米，果肉淡绿色；老熟瓜墨绿色，果面着生刺毛，无蜡粉，单瓜重 1.5～2.0 千克，果肉厚约 3.0～3.5 厘米。

产量表现：2009 年秋季和 2010 年春季用上海惠和公司的"华枕"品种作对照，采收嫩瓜亩产平均为 4285.5 千克，比对照品种华枕（下同）增产 12.2%。2010 年秋季在广西的南宁、桂林等地进行生产试验，平均亩产量 4412.0 千克，其中南宁市生产试验点亩产达到 4687.0 千克，比对照平均亩产量增产 13.1%。2011 年春季在广西的南宁和桂林等地进行少量面积推广，平均亩产 4035.0 千克，与对照品种增产 11.2%。2011 年广西农作物品种审定委员会办公室组织有关专家在兴宁区三塘验收，亩产约 4500 千克。

栽培技术要点：①桂南地区 1～8 月，桂北地区 3～7 月；土壤 10 厘米处温度稳定在 12℃以上，均可移植。②立架栽培亩植 1500～1800 株；棚架栽培亩植 500～800 株。③瓜蔓长 50 厘米，及时搭架引蔓。剪除离地面 50 厘米以下的侧蔓；选留第二雌花开始留瓜，早熟栽培建议前期采用人工授粉；及时摘除畸形和虫害果实。主、侧蔓都能坐瓜。④全期亩施复合肥 70～100 千克、磷肥 50 千克、尿素 10 千克、钾肥 20 千克；整个坐果期保持土壤湿润。⑤嫩瓜于授粉后 15 天采收；老瓜于授粉后 25 天后采收。

适宜区域：该品种适宜在广西壮族自治区冬瓜种植区种植。

389. 黑杂 2 号

登记编号: XPD007-2011

选育单位: 长沙市蔬菜科学研究所

品种来源: BH3031×BH2783

特征特性: 中晚熟冬瓜品种。生育期 130 天。植株蔓生,生长旺盛,主蔓长 5～6 米,茎粗 0.8～1.1 厘米,节间长 16～18 厘米,主蔓第 18～第 21 节出现第一雌花。果实呈炮弹形,表皮光滑,深墨绿色,果实长 80～90 厘米、横径 18～22 厘米,肉厚 5～5.5 厘米,侧膜胎座,空腔小,肉质致密,较耐储运。抗病抗逆性较强。果实中干物质含量 6.5%,每 100 克果肉鲜重的维生素 C 含量 21.6 毫克,可溶性固形物含量 2.2 毫克,可溶性总糖含量 1.75 毫克,总酸含量 0.91 毫克。

产量表现: 一般亩产 8000～11000 千克。

栽培技术要点: 露地栽培 3 月下旬至 4 月下旬播种育苗,幼苗 2 叶 1 心时分苗假植培育壮苗。深挖整土,施足基肥,按 2 米包沟整土做畦,覆盖地膜。秧苗 4～6 片真叶时定植大田,双行定植,株距 80 厘米。蔓长 100 厘米时引蔓上架,及时抹除卷须、侧枝,适时吊瓜,生长期间保持土壤湿润和充足的肥料供应。适时采收。

适宜区域: 该品种适宜在湖南省种植。

390. 宏大 1 号

审定编号: 浙(非)审蔬 2011014

选育单位: 象山县农业技术推广中心,象山县丹东街道农技站,宁波市农业科学研究院蔬菜研究所

品种来源: "粉白"变异株系选育。

特征特性: 晚熟,长势中等偏强;主蔓横径 1.36 厘米,叶绿色、平展,缺刻较深,最大叶长和宽分别为 22.4 厘米和 29.6 厘米左右,叶柄长 16.2 厘米;第一雌花着生于主蔓第 7～第 10 节,主、侧蔓均能结瓜;瓜皮绿色,有毛刺和较厚蜡粉;瓜长圆筒形,略扁平,上下大小均匀,瓜长 85 厘米左右,横切面 27 厘米×39

厘米，平均单瓜重 41.3 千克；瓜肉白色，厚 8 厘米左右，肉质致密，耐储性好，加工和鲜食皆宜。

产量表现： 2009—2010 年在宁海、路桥、象山多点品种比较试验，2009 年平均亩产量 6771.7 千克，比对照冬勇 303（下同）增产 38.7%，2010 年平均亩产量 6044.7 千克，比对照增产 54.5%。两年平均亩产量 6408.2 千克，比对照增产 45.3%。

栽培技术要点： 露地栽培 3 月下旬前后播种，每亩定植 150 株左右，双蔓整枝，适宜在 13～20 节位留瓜，1 株 1 瓜。

适宜区域： 该品种适宜在浙江省春季露地种植。

391. 铁柱冬瓜

审定编号： 粤审菜 2013011

选育单位： 广东省农业科学院蔬菜研究所

品种来源： 台山 B98／英德 B96

特征特性： 杂交一代组合。中晚熟，从播种至收获春季 125 天、秋季 95 天。生长势强，分枝性中等。果实长圆柱形、整齐匀称，浅棱沟，尾部钝尖，皮墨绿色，表皮光滑，瓜长 80～100 厘米，横径 17.0～20.0 厘米，肉厚 6.6～6.8 厘米，单瓜重约 16 千克；囊腔小，肉质致密，致密度 1.944 克/厘米^3，耐储运。抗病性接种鉴定为抗枯萎病、中抗疫病。理化品质检测结果：维生素 C 含量 13.2 毫克/100 克，粗纤维含量 0.55%，总糖含量 1.42%，总酸含量 0.89 克/1000 克。感观品质鉴定为优，品质分 87.8 分。

产量表现： 2010—2011 年在三水、台山、增城、英德、连州、茂南 6 个点进行品种比较试验，春植平均亩产 6496.6 千克，比对照南海黑皮冬（CK1）增产 16.8%、增产极显著，比对照黑优 1 号（CK2）增产 2.0%、增产不显著；秋植平均亩产 6205.0 千克，比 CK1 增产 18.2%、增产极显著，比 CK2 增产 3.5%、增产不显著；春、秋两季平均亩产 6350.8 千克，比 CK1 增产 17.5%、增产极显著，比 CK2 增产 2.8%、增产不显著。

栽培技术要点： ①广州地区春植 2 月初育苗、3 月初定植，夏、秋植 6 月底至 7 月初播种。②每亩施土杂肥 2000 千克以上、毛肥 50 千克。③春植每亩种 500 株，秋植每亩种 550 株。④开花期遇阴雨天进行人工辅助授粉。⑤注意防疫病和枯萎病。

适宜区域： 该品种适宜在广东省冬瓜产区春、夏、秋季种植。

392. 望春冬瓜

审定编号： 川审蔬 2011006

选育单位： 四川省绵阳科兴种业有限公司

品种来源： 父本为北京一串铃冬瓜的高代自交系，母本为绵阳五叶米冬瓜的高代自交系。

特征特性： 早熟，从定植到采收约 60 天；第一雌花节位 6～8 节，主蔓长 5 米以上，节间长 14～18 厘米，生长势强，分枝性较强。叶片绿色、叶形掌状浅裂。嫩瓜浅绿色，短柱形，平均单瓜重 1300 克，商品性较好。

产量表现： 省内两年多点试验结果为前期平均产量为 2489 千克/亩，较对照绵阳五叶米冬瓜增产 10.1%，平均总产量为 4281 千克/亩。

栽培技术要点： ①适时播种。四川盆地早春大棚栽培适宜播期为 1 月中旬至 3 月上旬，采用催芽播种，温床育苗，保护地栽培，更能提早上市。亩用种量 200～250 克。栽培密度 1700～2000 窝，每窝 1 株。春季露地栽培适宜播期为 3 月中旬至 4 月中旬。②肥水管理。根据田间情况进行肥水管理。定植前整地施肥，深翻土地 15～20 厘米，深沟高厢，精耕细作，每亩施腐熟有机肥 3000～4000 千克、过磷酸钙 70～90 千克、硫酸钾 10 千克，施肥做到前控后促，重追花期肥，果膨大期保持田间土壤湿润。③植株调整。搭架以"人"字架为宜。单蔓整枝，及时除去侧枝，首次采收后及时打去老叶、病叶，以提高早期产量。④病虫害防治。注意防治蚜虫、小地老虎、瓜食蝇、病毒病、枯萎病、疫病等，科学施肥，搞好田园清洁；严格实施轮作制度；应优先选用高效、低毒、低残留新型生物和化学农药。⑤适时采收。嫩瓜在 1～1.5 千克根据生长情况和市场需求，陆续采收上市。

适宜区域： 该品种适宜在四川省早熟冬瓜种植区种植。

十一、丝　瓜

393. 皇冠 3 号

审定编号：桂审蔬 2010007 号

选育单位：广西农业科学院蔬菜研究所

品种来源：（SIGUA0033-8-5×SIGUA0006-12-3）→F6。母本 SIGUA0033-8-5 从广东引进的夏棠丝瓜经 5 代定向选择而成的稳定自交株系。父本 SIGUA0006-12-3 是以广西农家品种"桂林八棱瓜"经 3 代自交分离提纯定向选育而成的自交系。

特征特性：植株生长势旺，分枝力强，叶深绿色，掌状形，叶腋有深绿斑。主、侧蔓均可结瓜。春植第一雌花节位 6～9 节，秋植第一雌花节位 18～20 节，此后每隔 1～2 节着生一雌花。商品瓜长棒形，瓜皮色为绿色，头尾均匀，瓜长 50～60 厘米、横径 4.5～5.5厘米，单瓜重 350～450 克。中熟品种，春播采收期 50～60 天，秋播采收期 45 天左右。瓜身柔软，纤维少，瓜肉白色，肉质清甜。耐热，较抗角斑病和霜霉病。

产量表现：2006—2007 年在广西农科院进行品种比较试验。前期产量春造平均 945.6 千克/亩，比对照皇冠 1 号（下同）减产 4.9%，秋造 756.5 千克/亩，比对照增产 1.5%，总产量春造平均 3062.8 千克/亩，比对照增产 6.2%，秋造 2487.7 千克/亩，比对照增产 4.5%。2008—2009 年分别在广西柳州市和南宁市等地进行试验示范。春造亩产量 3076.4 千克，秋造平均亩产 2666.3 千克。

栽培技术要点：①春植适播期为 1～3 月，采用薄膜小拱棚育苗移栽；秋植为 7 月下旬至 8 月。②高畦栽培，畦面宽 1.6 米（包沟），单行双株或双行单株种植，株距 0.5～0.6 米，亩栽约 1500 株，及时搭架引蔓。春季温度低，雌花出现早，要及时摘去过早出现的雌花，以免植株早衰，有时还会出现雄花很少的现象，此时，为了保证坐果，要进行人工辅助授粉。夏秋栽培温度高，易徒长，前期要控制水肥，待雌花出现后再加强水肥；盛果期间摘除过密的老叶、黄叶以及发育不正常的畸形瓜。③春季育苗时要预防苗期猝倒病；植株生长期间注意防瓜实蝇、美洲斑潜蝇、斜纹夜蛾等害虫。④谢花后 7～10 天，表皮嫩绿、皱褶深时即成熟，应及时采收。

适宜区域：该品种适宜在广西壮族自治区丝瓜生产区种植。

394. 江蔬一号丝瓜

鉴定编号：苏鉴丝瓜 200901

选育单位：江苏省农业科学院蔬菜研究所

品种来源：以 ZZS、SX 为亲本，利用杂交方法，于 1998 年育成。

特征特性：属极早熟棒形丝瓜。早春栽培从出苗到第一朵雌花开花约 50 天，夏秋栽培从出苗到第一朵雌花开花约 35 天。连续结瓜能力强，可同时坐果 6～8 条；盛果期一般花后 6～7 天可采收，耐老化；瓜条长棒形，瓜面有绿色条纹，瓜皮绿色；果长 45.7 厘米、横径 4.6 厘米；果肉绿白色，清香略甜，肉质致密细嫩，口感好；耐储运。抗逆性较强。

产量表现：2007 年参加区试，平均亩产 4580.0 千克，比对照南京蛇形丝瓜（下同）增产 29.0%；2008 年区试，平均亩产 5190.0 千克，比对照增产 73.6%；2009 年生产试验，平均亩产 5240.0 千克，比对照增产 48.4%。

栽培技术要点：①适期播种。南京地区露地栽培，播期在 3 月 20 日左右；地膜栽培，3 月 10 日左右催芽播种或直播；小棚栽培，2 月 20 日左右催芽播种；大棚栽培，1 月 15 日播种育苗；早秋露地栽培 6 月下旬至 7 月上旬播种。各适宜种植地区，应根据本地的光温条件科学安排播种期。②适宜密度。大行行距 120～150 厘米；小行行距 60～80 厘米；株距 35～40 厘米，搭架栽培。③肥水管理。一般亩施腐熟有机肥 3000 千克、45% 硫酸钾型复合肥 25 千克左右作基肥为宜；采收期，每 15～20 天追肥 1 次。④病虫害防治。预防为主，农业防治和药剂防治相结合，注意防治灰霉病、白粉病、黄守瓜、潜叶蝇。

适宜区域：该品种适宜在江苏省露地或保护地栽培。

395. 农福丝瓜 801

认定编号： 闽认菜 2012004

选育单位： 福建省福州市蔬菜科学研究所

品种来源： S2×S5（S2 是福州肉丝瓜经多代自交、定向纯化育成的优良自交系，S5 是从广东引进短果型丝瓜经多代自交纯化选育的稳定自交系）。

特征特性： 该品种植株生长势强，早熟。节间短，叶片厚，深绿色；主、侧蔓均可结果，春植主蔓第 8 节左右着生第一雌花，雌花率高，连续坐果能力强。果实粗大，匀直，纵径 30 厘米左右，横径 6.5 厘米左右，单果重 650 克左右，果皮翠绿粗糙，果肉致密，不易老化，味清甜，细嫩爽口，不易褐变，品质优。采收期长，一般春季栽培可从 5 月采收到 9 月。经福州市植保植检站田间病害调查，霜霉病、白粉病、病毒病发病率低。品质经福建省农科院中心化验室检测：每 100 克鲜样维生素 C 含量 6.04 毫克、还原糖含量 2.8 克、蔗糖含量 0.15 克、蛋白质含量 0.85 克、粗纤维含量 0.6 克。

产量表现： 经福州、厦门、龙岩、宁德、三明等地多年多点试种示范，亩产量 4700 千克左右。

栽培技术要点： 在福州地区 2 月下旬至 5 月上旬均可播种，亩种植 800 株左右，保持土壤湿润不积水，及时追肥防止脱肥早衰，注意防治霜霉病、白粉病、病毒病。

适宜区域： 该品种适宜在福建省种植。

396. 攀杂丝瓜 1 号

审定编号： 川审蔬 2008001

选育单位： 攀枝花市农林科学研究院

品种来源： 2001 配制杂交组合 7 个，组合 $S_{8-6}×S_{4-3}$ 经筛选、鉴定和品比，2006—2007 年通过省区试，并于 2007 年同时进行大区生产试验和生产示范，同时进行田间技术鉴定。

特征特性： 攀杂一号丝瓜植株茎蔓生五棱，浓绿色，茎节发生侧蔓、卷须和花芽，生长势强，株高 3.5 米左右，分枝能力中等。

叶片掌状裂叶，深绿色，具叶柄。雌花单生，一般着生在主蔓的 8 节左右，以后可以连续出现雌花；雄花为总状花序、黄色，自第一朵雄花出现后，每个叶腋处都能着生雄花，雌花和雄花的花柄基部粘合在一起。商品瓜为嫩瓜，瓜长圆柱形，果皮皱，绿色，外被少量白霜，单瓜重 285.8 克，横径 5.5 厘米，纵径 26.5 厘米，肉质细嫩。种子扁平椭圆形，白色，千粒重 119 克，每瓜含充实种子 200 粒左右。肉质白色细嫩，纤维少，略带甜味，口感好，耐储运、耐老化。

产量表现： 区试两年平均亩产 2918.5 千克，增产 43.51%，有 5 个点次增产，仅 1 个点次减产。其中早期产量 949.3 千克，较对照增加 75.79%。生产试验结果为亩产 2988.2 千克，较对照增产 72.00%。

栽培技术要点： 采用露地、保护地栽培均可。四川内地一般在 3 月中旬播种。攀西河谷地区早春栽培，一般在前一年的 11 月底至 12 月上旬播种，翌年 1 月中下旬定植。采用双膜覆盖播种期可提前 1 个月。密度为攀西河谷地区每亩定植 2000 株。四川盆地内每亩定植 1660 株。注意防治霜霉病和蚜虫。

适宜区域： 该品种适宜在四川省内各地种植，攀西地区适合早春栽培，盆地适合春夏栽培。

397. 台丝 2 号

审定编号： 浙（非）审蔬 2012013
选育单位： 台州市农业科学研究院
品种来源： Ps2-10-3-6-12-8×Ps1-3-5-2-9-6
特征特性： 该品种属早中熟普通丝瓜，春季播种至始收 85 天左右，秋季播种至始收约 50 天，采收期比对照提早 5 天左右。植株生长势前中后强，分枝性中等；叶片掌状中裂，长、宽分别为 28.1 厘米和 30.6 厘米，叶柄长 11.4 厘米，叶色墨绿。主蔓第 9～第 10 节着生第一雌花，雌花节率 62.5%，主、侧蔓均能结瓜，连续坐瓜能力较强；瓜条短棒形，商品瓜长 32.1 厘米、最大横径 4.6 厘米、单瓜重 250 克左右；瓜皮光亮、白色，瓜蒂部浅绿色，瓜顶部深绿色；果肉绿白色、致密、脆嫩。经浙江省农科院植物保护与微生物研究所鉴定，抗霜霉病和炭疽病。

产量表现： 2010 年多点试验平均亩产 4691.0 千克，比对照温岭白丝瓜（下同）增产 18.5%；2011 年多点试验平均亩产 4777.3 千克，比对照增产 22.4%。两年平均亩产 4734.2 千克，比对照增产 20.4%。

栽培技术要点： 春播 3 月下旬，秋播 7 月下旬，搭架栽培，亩栽 500～750 株，做好引蔓、整枝工作。

适宜区域： 该品种适宜在浙江省种植。

398. 粤优 2 号丝瓜

审定编号： 粤审菜 2012002

选育单位： 广东省农业科学院蔬菜研究所

品种来源： DR05-2-6/S11-3-8

特征特性： 杂交一代品种。从播种至始收春季 69 天、秋季 38 天，延续采收期春季 47 天、秋季 43 天，全生育期春季 116 天、秋季 81 天。植株生长势和分枝性强，叶片绿色至深绿色。第一朵雌花着生节位春季 7.7 节、秋季 18.9 节，第一个瓜坐瓜节位春季 10.9 节、秋季 20.2 节。瓜呈棍棒形，瓜色绿白。瓜较小，长 42.6～49 厘米，横径 4.64～4.95 厘米，单瓜重 316.2～379.84 克，商品率 91.27%～95.70%。瓜外皮花斑少，棱沟较浅，棱色绿。肉质脆，风味微甜，感观品质现场鉴定结果为良，品质分 78.8 分。抗病性鉴定结果为中抗枯萎病。田间表现耐热性、耐涝性和耐旱性强，耐寒性中等。理化品质检测结果：粗蛋白含量 0.38 克/100 克，维生素 C 含量 180 毫克/千克，可溶性固形物 3.9 克/100 克，粗纤维 0.30 克/100 克。

产量表现： 2009 年秋季初试，平均亩总产量 2920.83 千克，比对照雅绿二号丝瓜（下同）增产 39.31%，增产达极显著标准；前期平均亩产量 749.63 千克，比对照增产 17.07%，增产达极显著标准。2010 年春季复试，平均亩总产量 2333.16 千克，比对照增产 45.98%，增产达极显著标准；前期平均亩产量 451.54 千克，比对照增产 53.04%，增产达极显著标准。

栽培技术要点： ①广州地区适播期春植 2～3 月、秋植 7～8

月。②每亩播种量 150～200 克左右，株距 40～60 厘米，行距 150～180 厘米，每亩种 1000～1500 株。

适宜区域：该品种适宜在广东省丝瓜产区春、秋季种植。

399. 早优 8 号

登记编号：XPD009-2011

选育单位：长沙市蔬菜科学研究所，长沙市蔬菜科技开发公司

品种来源：S-03-98×S-05-6

特征特性：早熟丝瓜品种。植株蔓生，生长势强。早熟，主蔓结瓜为主，第一雌花节位 6～8 节，雌花节率高，连续结果能力强，果实长棒形，果皮微皱，浅绿色，被白色茸毛（浅霜），不显老，果长 37.0 厘米、横径 5.0 厘米，平均单果重 500 克，果肉细嫩爽口、味较甜。抗病抗逆性较强。果实中干物质含量 6.23%，每 100 克果肉鲜重维生素 C 含量 7.8 毫克、总糖含量 435 毫克、蛋白质含量 1.34 毫克。

产量表现：一般亩产 5000 千克。

某培技术要点：早熟栽培 1 月下旬至 2 月中下旬播种育苗，幼苗 2 叶 1 心的分苗假植，培育壮苗。

适宜区域：该品种适宜在湖南省种植。

十二、苦　　瓜

400. 碧丰 2 号苦瓜

审定编号：粤审菜 2013016

选育单位：广州市农业科学研究院

品种来源：丰绿苦瓜-F-1-4/崖城苦瓜-Z-7-4

特征特性：属油瓜类杂交一代组合。植株生长势和分枝性强。从播种至始收春植 77 天、秋植 53 天，延续采收期春植 31 天、秋植 33 天，全生育期春植 108 天、秋植 86 天。第一朵雌花着生节位 18.7～20.9 节，第一个瓜坐瓜节位 20.5～23.8 节。瓜长圆锥形，瓜皮绿色，条瘤。瓜长 24.8～25.0 厘米、横径 6.40～6.46 厘米，

肉厚 1.05～1.09 厘米。单瓜重 397.2～405.4 克，商品瓜率 93.85%～94.22%。抗病性接种鉴定为中抗白粉病和枯萎病。田间表现耐热性、耐寒性、耐涝性和耐旱性强。感观品质鉴定为良，品质分 84 分；理化品质检测结果：粗纤维含量 0.65 克/100 克，可溶性固形物含量 2.80 克/100 克，维生素 C 含量 1040 毫克/千克，粗蛋白含量 0.98 克/100 克。

产量表现： 2011 年秋季、2012 年春季参加省区试，平均亩总产分别为 1658.3 千克和 2059.3 千克，比对照丰绿苦瓜（下同）分别增产 0.61% 和 3.35%，增产均未达显著水平；前期亩产平均分别为 576.5 千克和 484.59 千克，比对照分别增产 2.85% 和 8.19%，增产均未达显著水平。

栽培技术要点： ①珠江三角洲地区露地栽培于 3～8 月播种。②株行距 1～1.5 米，每亩 300～600 株。③抽蔓后搭架引蔓，雌花开放时结合中耕、除草、培土重追肥 1 次。④阴雨天进行人工辅助授粉。⑤雌花开花后 16～20 天，即可采收。

适宜区域： 该品种适宜在广东省苦瓜产区春、秋季种植。

401. 川苦 10 号

审定编号： 川审蔬 2011003

选育单位： 四川省农业科学院水稻高粱研究所

品种来源： 以自育强雌系"Q01"为母本、自交系"041"为父本于 2005 年配组而成。母本"Q01"是以"槟城苦瓜"萌动种子辐射突变产生的高雌花比例单株，经多代定向选择而形成的强雌系；父本"041"是商品种"绿苦瓜"经多代自交纯化而形成的自交系。2007 年进行品比试验，2008—2009 年进行多点试验、生产试验，该组合都表现出优质、高产、抗病性强。2010 年通过田间技术鉴定。

特征特性： 中熟。主蔓第一雌花着生节位低，一般在主蔓第 10～第 12 节。植株生长旺盛，分枝能力强。主、侧蔓雌花多，挂瓜能力强，可连续结瓜。瓜短圆锥形，绿色，表皮光滑，梗大、适宜运输，长 25～30 厘米，横径 6～8 厘米，肉厚 1.2 厘米，单瓜重 0.3～0.5 千克，肉质脆嫩，苦味适中。较耐高温多湿天气。适于春季栽培。

产量表现： 2008—2009 年在泸州、南充、德阳、阿坝 4 个不同生态区进行区域试验，4 点平均产量为 3649.8 千克/亩，比对照 1 "四川长白苦瓜"（2428.8 千克/亩）增产 50.4%；比对照 2 "蓝山大白苦瓜"（2692.3 千克/亩）增产 35.7%。2009 年在泸州、南充、德阳等不同生态区进行生产试验，平均亩产量 3705 千克，比对照四川长白苦瓜增产 47.0%。

栽培技术要点： ①适期播种。四川、重庆地区春季在地膜加小拱棚等保护设施下作早熟栽培，可于 2 月下旬播种在温床，每亩用种约 300 克，3 月中下旬定植；露地栽培则 3 月中下旬播种，4 月上旬至 4 月中旬定植。②适宜密植。参考株行距（0.3～0.6）米×（1.0～1.2）米，每亩栽植 1200～1800 株。③加强田间管理，尤其是肥水管理。本品种因结果期集中，应施足基肥，结果初期及时追施氮、磷肥。全生育期保持土壤湿润，绑蔓时结合整枝，尽早采收根瓜，在中后期及时打去下部叶片。

适宜区域： 该品种适宜在四川省苦瓜种植区种植。

402. 贵苦瓜 2 号

审定编号： 黔审菜 2011002 号

选育单位： 贵州省果树科学研究所

品种来源： 用自育强雌自交系 qc 为母本和自交系 xls 为父本组配而成的杂交种。母本 qc 是 2005 年从蓝山大白苦瓜、蓝山长白苦瓜、春华苦瓜、长麻子苦瓜等多个苦瓜品种混交种中发现的一株雌花率特别高的植株，用系普法经 6 代选育成稳定的强雌自交系；父本 xls 是从巨绿苦瓜王中选育的瘤深苦瓜和引进的台湾明珠 101 杂交，后经 7 代自交选育而成。区试名称：贵苦 2 号。

特征特性： 属中早熟，春秋两用型。全生育期 162 天，春播从播种到始收 74 天（夏播为 50 天左右）。主蔓长 3.78 米，分枝力极强，主蔓雌花率 41.2%，第 11 节开始着生第一雌花，第一坐果节位第 12 节；果实长圆柱形，绿白色有光泽，瘤纹明显，条瘤和粒瘤相间；瓜长 29.6 厘米，横径 5.87 厘米，单果重 373.7 克（授粉后 15 天嫩瓜），味甘苦，质脆，肉绿白色，商品性好，植株较耐白粉病、疫病。

产量表现：2010 年省区域试验平均亩产 2061.7 千克，比对照增产 13.63%；2011 年省区域试验平均亩产 2179.9 千克，比对照增产 21.36%。省区域试验两年平均亩产 2120.8 千克，比对照增产 17.50%。2011 年省生产试验平均亩产 2353.3 千克，比对照增产 22.41%。

栽培技术要点：选稻田或缓坡地为种植地，忌连作。育苗移栽，方法是先在 50～60℃ 的水中浸种 30 分钟，然后捞起让其自然冷凉后播种育苗。春播可在 1～4 月进行，注意防寒保温，夏播注意防基质过湿。一般每亩种植密度为 1588 株左右。定植时每亩施有机肥作基肥 1500 千克。人字架或平架栽培，人字架式整枝修剪时将 1 米以下的侧枝全疏除，平架式的整枝修剪疏至架高，以后让其自然生长。利用其植株长势强和雌花多的特点，要早留果，以果压蔓，如果仍生长过旺要疏除一些侧枝。在产瓜后每隔 5～7 天追肥 1 次，肥料为人畜粪尿或硫酸钾复合肥液。如果有白粉病、蚜虫等病虫害，要进行适时防治。果实一般在雌花开后 12～16 天采收。

适宜区域：该品种适宜在贵州省海拔 1100 米以下区域种植。

403. 桂农科三号苦瓜

审定编号：桂审蔬 2013001 号

选育单位：广西农业科学院蔬菜研究所

品种来源：$MC_{1-M5} \times MC_{39}$。母本 MC_{1-M5} 源自广西地方品种，经辐射诱变后以分子标记辅助定向筛选 5 代而成的强雌性系。父本 MC_{39} 源自福建地方苦瓜品种与曼谷绿苦瓜的杂交后代，利用抗白粉病分子标记辅助选择，经 6 代回交 2 代自交筛选而成的优良株系。

特征特性：植株生长旺盛，分株性强，掌状叶，叶色绿，叶片长 14.6 厘米、宽 19.5 厘米，茎粗 0.6 厘米，节间长 11.3 厘米，主、侧蔓均可结瓜，强雌性，连续结瓜能力强；早熟，第一雌花节位 8～12 节，气温在 25℃ 以上时从定植到采收 30～35 天；商品瓜皮色油绿，瓜型圆筒形，肩平蒂圆，大直瘤，长约 30.0 厘米，横径 6.0 厘米，肉厚 1.1 厘米，平均单瓜重 420 克，最大单瓜重 800 克；味甘微苦，肉质爽滑，耐冷凉性好，在气温为 15～25℃ 条件下能正常开花结果，果实能正常发育膨大。抗白粉病，中抗枯萎病。亩产约为 3300 千克。

产量表现： 品比试验前期产量 1048.66～1061.27 千克/亩，比对照翠竹（下同）增产 31.10%～33.99%；总产量 3295.19～3316.10 千克/亩，比对照增产 11.03%～14.52%。生产试种总产量 3364.33～3431.28 千克/亩，比对照增产 14.57%～17.05%，比对照金乐丰增产 13.26%～16.61%。

栽培技术要点： ①一般在 1 月上旬至 2 月上旬保护地营养钵育苗，2 月上旬至 3 月上旬定植；秋延后栽培在 9 月上旬至 9 月下旬定植。采用双行定植，春季株距 35 厘米，秋季株距 30 厘米，畦高 30 厘米，畦宽 1.5～1.7 米包沟，畦面 1.0 米。种植密度 2200～2500 株/亩。②基肥条施腐熟农家肥 1～1.5 吨/亩、过磷酸钙或花生麸 50 千克/亩。③果实采收期及时追肥，适量浇水，保持土壤湿润，忌大水漫灌，雨后要及时排水。氮肥不足或过多、长势过旺或衰弱易发生白粉病，应在发病初期及时喷药控制，叶片正反面均要喷到药剂，可选用 5% 己唑醇微乳剂 1000 倍液、25% 乙嘧酚悬浮剂（控白）1000 倍液、43% 戊唑醇 2000～3000 倍液；高温高湿天气易发生枯萎病，应及时拔除病株，用 50% 多菌灵可湿性粉剂 500 倍液，或 70% 甲基托布津可湿性粉剂 600 倍液灌根。利用黄板诱杀蚜虫、粉虱等。

适宜区域： 该品种适宜在广西壮族自治区种植。

404. 华翠玉

审定编号： 鄂审菜 2011003
选育单位： 华中农业大学
品种来源： 用"70-1"作母本、"69-3-7"作父本配组育成的杂交苦瓜品种。
特征特性： 属早中熟绿皮苦瓜品种。植株蔓生，生长势强，分枝力强，节间较短。掌状裂叶，叶片绿色。第一雌花节位在主蔓第 9～第 10 节，第一侧蔓在主蔓第 3 节左右，侧蔓 4～5 节后连续着生 2～3 朵雌花，主、侧蔓均可结果。商品果长棒形，浅绿色，刺瘤平滑，苦味适中，果长 37 厘米左右，横径 4.8 厘米左右，果肉厚 0.9 厘米左右，单果重 250 克左右。耐低温性较强。对白粉病、霜霉病抗（耐）性较强。经农业部食品质量监督检验测试中心（武汉）测定：维生素 C 含量 1102.2 毫克/千克，粗蛋白含量 0.59%，粗纤维含量 1.0%。

产量表现：2008—2010 年在武汉、宜昌等地试种，一般亩产 3000 千克。

栽培技术要点：①避免重茬。选择土层深厚、肥沃、排灌良好的田块种植，注意轮作换茬。②育苗移栽。早春大棚栽培 1 月下旬至 2 月上旬播种，温床育苗，3 月中旬大棚定植；露地栽培 3 月上中旬播种，3 月底至 4 月初定植。每亩栽植 1000 株左右。③科学肥水管理。施足底肥，合理追肥。底肥一般亩施腐熟有机肥 2000～2500 千克、过磷酸钙 20～30 千克；第一次采收后开始追肥，每 7～10 天追 1 次，亩施复合肥 25 千克左右。全生育期保持土壤湿润。④及时搭架整枝，设施栽培应注意人工辅助授粉，加强通风透光。⑤注意防治病虫害，适时采收。

适宜区域：该品种适宜在湖北省种植。

405. 闽研 3 号

认定编号：闽认菜 2013013

选育单位：福建省农业科学院作物研究所

品种来源：K-48×K-43（K-48 是从广东青皮苦瓜品种经多代自交纯化而成的自交系，K-43 是从漳平西园苦瓜品种经多代自交纯化而成的自交系）

特征特性：该品种属中早熟苦瓜杂交种，主蔓第 14～第 17 节着生第一雌花，春季栽培从定植至始收 65 天左右，开花至商品瓜采收 15～18 天。瓜纺锤状，瓜皮绿色有光泽，纵瘤间圆瘤。瓜长 28～37 厘米，瓜径 6～7 厘米，肉厚 1 厘米左右，单瓜重 500 克左右。肉脆微苦，品质好。经福建省农业科学院植保所田间调查，该品种未发现枯萎病，白粉病、霜霉病发生情况与对照如玉 5 号（下同）相当。经福建省测试中心品质检测：每 100 克鲜样含蛋白质

1.11 克、维生素 C 28.7 毫克。

产量表现：经福州、宁德、龙岩等地多年多点试种示范，亩产量 3500 千克左右，比对照增产 6％左右。

栽培技术要点：福建平原地区春植一般在 2 月下旬至 3 月下旬播种，秋植在 7 月上旬至 8 月播种；一般平棚架每亩种植 200～300 株，篱笆架每亩种植 300～500 株，"人"字架每亩种植 800～1200 株；栽培上应注意防治枯萎病、白粉病、霜霉病、瓜实蝇等病虫害。

适宜区域：该品种适宜在福建省种植。

406. 莆航苦瓜 1 号

认定编号：闽认菜 2011019

选育单位：莆田市农业科学研究所

品种来源：莆田本地苦瓜优良单株"莆0609"的种子，在太空环境中进行辐射诱变，经过多代定向选择育成，原名航育苦瓜。

特征特性：早熟，主蔓第一雌花节位 9～12 节，雌花率高，早期产量高。春季从定植到采收 50～60 天，秋季从定植到采收 45 天左右。果实长纺锤形，瓜长 30～35 厘米、横径 5.5～6.5 厘米，瓜肉厚 1.3 厘米左右，单瓜重 350～450 克。种子呈盾形，千粒重 200～210 克。瓜皮淡绿色有光泽，棱相间，呈三角形，瘤呈中圆粒突起，光滑。口感微苦。经莆田市植保植检站田间病害调查，发现有霜霉病、白粉病、枯萎病发生。品质经福建省分析测试中心检测：每 100 克鲜重含维生素 C 27.5 毫克、粗脂肪 0.2 克、可溶性总糖 1.06 克、粗蛋白质 1.45 克、水分 93.1 克。

产量表现：该品种经莆田、福州、三明等地多年多点试验示范，一般亩产量 3000 千克左右。

栽培技术要点：平原地区春植一般在 2 月下旬至 3 月上旬播种，秋植在 7 月上旬至 8 月上旬播种。平棚架每亩种植 500 株左右。栽培过程中应注意防治枯萎病、白粉病、霜霉病、瓜食蝇等病虫害。

适宜区域：该品种适宜在福建省种植。

407. 兴蔬春丽

登记编号： XPD003-2011

选育单位： 湖南省蔬菜研究所

品种来源： G189-1×G181

特征特性： 晚熟品种。植株蔓生，生长势强，分枝力强，主、侧蔓均可结瓜，第一雌花节位 15～18 节，连续坐果能力强，商品瓜长棒形，绿色，条瘤，果肩平，瓜长 32～36 厘米、横径 7 厘米、肉厚 1.2 厘米，味略苦，单瓜重 550 克。较抗白粉病、疫病。

产量表现： 2006 年、2007 年省多点试验，平均亩产 5040.2 千克。

栽培技术要点： 春播 2～3 月保护地育苗。温汤浸种，即两份开水对一份凉水使水温在 55℃左右，将种子泡于其中充分搅拌，并保持水温 30℃左右。浸种 4～5 小时后沥干播于苗床中。选土层深厚肥沃向阳的田地，地膜覆盖栽培，4～5 片真叶时定植，株行距 50 厘米×500 厘米。及时引蔓，摘除下部侧蔓。基肥每亩施农家肥 1500 千克、复合肥 100 千克、饼肥 100 千克，开花坐果后及时追肥。雌花开花后 18 天即可采收。一般用 50% 的甲维盐 1000～1500 倍液、2.5% 的吡虫啉 1000 倍液、5% 的灭蝇胺 1500 倍液喷雾，防治菜青虫、蚜虫、瓜绢螟等害虫。用甲基托布津 800～1000 倍液或克霉净 1000 倍液预防白粉病、疫病等。

适宜区域： 该品种适宜在湖南省种植。

408. 浙绿1号

审定编号： 浙（非）审蔬 2010010

选育单位： 浙江省农业科学院蔬菜研究所

品种来源： K7-30-2-1-4-2×G23-1-4-2-11-1

特征特性： 植株蔓生，生长势和分枝力较强，蔓长 4 米左右，节间长 11 厘米左右，叶掌状、深裂，叶缘锯齿状，叶面长和宽分别为 20.3 厘米和 22.6 厘米左右。主、侧蔓均能结瓜，主蔓第一雌花节位 9～12 节。商品瓜长圆锥形，绿色，果面条状瘤与圆粒状瘤相间，瓜长 25～30 厘米、直径 6～6.5 厘米，肉厚 1.2 厘米左右，苦味轻，单瓜重 480 克左右。采收期长，产量高，果实商品性佳。中熟，田间抗性鉴定结果抗白粉病和霜霉病。

产量表现： 2008 年多点品种比较试验，平均亩产量 2808.6 千克，比对照碧玉（下同）增产 10.0%；2009 年平均亩产量 2732.2 千克，比对照增产 13.5%。两年平均亩产量 2770.4 千克，比对照增产 11.8%。

栽培技术要点： 亩种植 300～400 株；及时吊蔓、整枝，适时采收。

适宜区域： 该品种适宜在浙江省种植。

十三、西 葫 芦

409. 春玉 3 号

登记编号： 陕蔬登字 2010003 号

选育单位： 西北农林科技大学

品种来源： F02×U03

特征特性： 该品种为矮秧类型早中熟种。植株生长势较强，植株开展度 90 厘米左右，株高 65 厘米左右，植株直立，叶色浓绿，生长中期以后，叶面有白色花斑。第一雌花节位平均为 7.5 节，平均 1.5 节再现一雌花，结成性较高。主蔓结瓜，侧枝较少。瓜形长棒状，瓜皮淡绿色，嫩熟单瓜重 400～600 克。耐低温、耐弱光性较强。适宜保护地及露地栽培。经抗病性鉴定：中感病毒病，中抗枯萎病和白粉病，高抗黑斑病。

产量表现： 区域试验平均亩产 4958 千克。

栽培技术要点： 陕西关中地区塑料大棚覆盖栽培，可于 1 月下旬至 2 月上旬育苗，3 月苗长至 3 叶 1 心时定植。栽培密度为 1500～1800 株/亩。育苗时，用 25～30℃温水浸种 6 小时左右，于 25～30℃下催芽，出芽后可在纸钵、泥钵或在切块培养土上播种，也可用 8 厘米×8 厘米以上的塑料营养钵和 50 孔以下的穴盘育苗。播种时胚根向下，平放，后覆土（或无土基质）1 厘米即可。出苗后的温度控制在白天 20～25℃、夜间 15℃。苗长至高 8 厘米左右、茎粗 0.3～0.5 厘米、叶 2～4 片时即可定植。整地：每亩施充分腐熟的农家肥料 5000 千克、磷酸二铵 50 千克、硫酸钾 50 千克、尿素 20 千克，深翻 2 次，水平整地，然后做成平畦或半高垄备用。带土定植，密度为 1500～1800 株/亩，即日光温室冬春茬长季节栽培建议密度 1500 株/亩。定植后的管理：缓苗后温度控制白天为 20～25℃、夜间 13～15℃。肥水管理：开花前通过中耕提高地温，一般尽量少浇或不浇水，根瓜膨大后开始灌水，并随水施复合肥 10 千克/亩，嫩瓜长至 400～600 克就可采收。植株出现侧芽时，必须及时打掉；温室栽培的生长前期，若雄花不足时，可行人工辅助授粉。或用 2,4-D 蘸花保果。日光温室栽培建议采用吊蔓栽培，生长中后期，除去病叶和下部老黄叶，以利通风透光。生长期间，及时防治病毒病、白粉病、斑潜蝇等病、虫危害。露地直播栽培：晚霜过后，可进行露地直播或催芽点播，其他管理同早熟覆盖栽培。

适宜区域： 该品种适宜在陕西省早春保护地和露地栽培。

410. 多籽光板二号

认定编号： 蒙认菜 2010007 号

申请单位： 内蒙古丰农种业有限公司

品种来源： 组合为 Mx-12-3×Gx-12-11。母本来源于国外西葫芦自交系；父本是以武威的打籽葫芦早青为材料自交提纯而成。

特征特性： 平均生育期 90 天。叶片深绿色、掌形，叶缘深缺刻，叶柄长 40～50 厘米；主蔓长 50～80 厘米，侧蔓 2～5 个，坐果节位 7～13 节，单株坐果 1 个。果实为短椭圆形，果皮橘黄色有绿斑，单瓜重 1.7 千克，产籽 288 粒。籽粒乳白色，长 1.68 厘米，宽 0.97 厘米，百粒重 14.3 克。自然条件下，轻度发生霜霉病、白粉病，未发现其他病害。

产量表现： 2008 年参加内蒙古自治区区域作物委托试验，平均亩产 129.0 千克，比对照光板一星增产 7.5%。

栽培技术要点： 用 70 厘米宽地膜种植。播种大行距 90 厘米、小行距 40 厘米、株距 50 厘米、深度 3～4 厘米，每穴点籽两粒。亩留苗 2300 株左右。

适宜区域： 该品种适宜在内蒙古自治区巴彦淖尔市产区种植。

411. 丰宝 3 号

认定编号： 甘认菜 2013086

选育单位： 武威源泰丰种业有限公司

品种来源： 以 SQ10-30 为母本、SQ08-C-4F 为父本杂交选育而成。

特征特性： 属短蔓型，蔓长 90 厘米。果实为短椭圆形，嫩瓜黑色，成熟后红色，籽粒为中片，粒长 0.9 厘米，粒宽 0.8 厘米，百粒重 16.7 克，全生育期 138 天左右。白粉病平均发病率 17.9，病情指数 7.1，对西葫芦白粉病表现为中抗。蛋白质含量 25.6%，脂肪含量 38.0%。

产量表现： 2010—2011 年多点试验平均亩产 198.6 千克，比对照增产 11.6%。2012 年生产试验平均亩产 198.8 千克，比对照增产 12.3%。

栽培技术要点： 起垄覆膜种植，垄宽 1.2 米，沟宽 0.5 米，株距 33 厘米，保苗 2600 株/亩。幼瓜坐稳后如发生白粉病，可选用 75%甲基托布津可湿性粉剂 1000～1500 倍液，或 75%乙醚酚浮剂 500～800 倍液喷雾防治。

适宜区域： 该品种适宜在甘肃省武威、金昌等地种植。

412. 晋西葫芦 7 号

审定编号： 晋审菜（认）2009020

选育单位： 山西省农业科学院蔬菜研究所

品种来源： 外 04-2-03A×03-7-9H，原名"晋葫十七号"。

特征特性： 植株直立，串蔓型，叶形五角掌状，叶缘浅裂，第 8～第 9 节初生雌花，主蔓结瓜，无侧枝；瓜条直，棍棒形，色泽嫩绿，商品性好；较耐低温、弱光。

产量表现： 2007—2008 年参加山西省西葫芦保护地试验，平均亩产 6000 千克左右，比对照早青一代增产 15%左右。

栽培技术要点： 早春露地栽培一般 4 月播种、5 月底到 6 月初开始收获、7 月收获完毕；秋延后栽培 8 月下旬育苗、9 月初定植；

冬春茬栽培可在 10 月初育苗、11 月定植、翌年 1 月初开始收获。每亩施有机肥 5000 千克左右、磷酸二铵 20～30 千克、尿素 15～20 千克，定植 1800 株，尽量避免连作；春提早栽培定植应在 2 叶 1 心期，采取点水定植以不缓苗不淹苗为准，避免大水漫灌，影响植株生长；第一雌花开花前应适当控制肥水防止徒长，以后加强肥水管理；秋延后栽培应采用施足基肥，4 叶 1 心定植，前期严防蚜虫发生，后期减少浇水次数；及时采收嫩瓜以确保丰产丰收。

适宜区域： 该品种适宜在山西省各地早春保护地及露地种植。

413. 烟葫 4 号

审定编号： 鲁农审 2010053

选育单位： 烟台市农业科学研究院

品种来源： 一代杂交种，组合为 2-13-5-26-7-3/N2-10-7-11-5-6。母本 2-13-5-26-7-3 为美国灰采尼分离后代，经航天搭载诱变，自交选育；父本 N2-10-7-11-5-6 为汉城早熟自交选育。

特征特性： 属短蔓矮生型品种。生长势强，茎蔓绿色，蔓长 50～60 厘米，株幅 60～70 厘米，叶掌状五裂、深绿色，叶面有白色斑点。第一雌花着生于第 5～第 6 节，瓜码密，连续结瓜性强，可同时结 4～5 瓜。定植后 35 天左右开始采收嫩瓜。瓜条顺直，圆柱形，长 20～22 厘米，横径 5～6 厘米，单瓜重 350 克左右。嫩瓜皮色墨绿，有光泽，瓜肉厚、腔小，肉质细腻，品质好。区域试验试点调查：霜霉病病株率 15.0%，病情指数 2.5；病毒病病株率 68.8%，病情指数 15.1；白粉病病株率 55.0%，病情指数 9.4，皆与对照潍早 1 号（下同）相当。

产量表现： 在 2008 年山西省西葫芦品种春露地区域试验中，平均亩产 4173.5 千克，比对照增产 10.3%；2009 年生产试验平均亩产 4094.9 千克，比对照增产 13.4%。

栽培技术要点： 早春拱棚栽培适宜 1 月上旬播种、2 月上旬定植。早春露地栽培适宜 3 月下旬播种、4 月下旬定植。适宜密度每亩 1900 株左右。雌花初开时注意人工授粉，保花保果。注意预防早春蚜虫。

适宜区域： 该品种适宜在山东省作为早春保护地和露地西葫芦

品种种植利用。

414. 圆葫 2 号

审定编号： 浙（非）审蔬 2011013

选育单位： 衢州市农业科学研究所，龙游县乐土良种推广中心

品种来源： M16-2/Y22-9，原名"MY19"。

特征特性： 短蔓型，株型较直立，无分枝，生长势强。茎蔓绿色，叶掌状、叶裂中等、绿色，叶面无白斑，叶片长 31.1 厘米、宽 33.4 厘米，叶柄长 42.6 厘米、直径 2.0 厘米。第一雌花节位 8～10 节，可单性结实，单株商品瓜数 9.1 个，可同时坐瓜 3～4 个。一般花后 7～12 天可采收嫩瓜，单瓜重 350～450 克、横径 9.5～10.5 厘米、纵径 7.5～8.0 厘米，瓜型指数 0.77；嫩瓜皮底色绿、有光泽，覆乳白小碎斑，瓜柄长 3.8 厘米，商品瓜适采期较对照长 3～5 天，瓜肉淡黄色，肉质细腻，口感好，商品性佳。老熟瓜金黄色。田间表现抗病性较强。

产量表现： 2008—2009 年多点比较试验，平均前期产量 2111 千克，比对照早青一代增产 14.0%，平均亩产量 3748 千克，比对照增产 41.7%。

栽培技术要点： 冬春季设施栽培一般于 12 月中下旬至 1 月中下旬播种，定植密度 1300 株/亩左右。

适宜区域： 该品种适宜在浙江省设施种植。

十四、菜　　豆

415. 加工菜豆 2 号

审定编号： 川审蔬 2010007

选育单位： 四川农业大学

品种来源： 青刀豆 D 种是四川农业大学及其合作单位从法国引进加工型法国青刀豆，通过引种试验，其产量、品质、加工性状都符合出口要求。

特征特性： 早中熟，植株高 60 厘米左右，长势中等，开展度

40 厘米×28 厘米，分枝 15～17 个。花淡紫红色，每花序 4～8 朵，第一花序节位为 2～3 节。食用嫩豆荚，绿色。一级商品豆单荚重为 3 克左右，粗度 5.5～6.5 毫米，长度为 12 厘米左右。种皮黑色，千粒重 300 克左右。从播种到初收嫩荚春季为 41～43 天，平均为 46 天，采收期 26～34 天，全生育期 85 天。春季亩产量 1000 千克左右，秋季产量为 500 千克左右，一级商品豆单荚重 3 克左右，加工特性较好，加工后口感细嫩稍软。豆荚整齐，一级豆荚率高达 90％以上。抗枯萎病和锈病，抗逆性较强，适应性较好，丰产性和商品性好，是优良出口加工品种。

产量表现： 2007 年和 2008 年两年春季的平均产量为 1030 千克/亩。

栽培技术要点： ①选择土层较深厚、肥沃、地势高燥、排水良好的壤土或沙壤土。②播种期：春季播种期 3 月下旬，秋季播种期 7 月中旬至 7 月下旬。③播种方式：直播。④栽培模式及栽培密度：1.2 米开厢栽培，厢面宽 0.80 米。双行栽植，株距 15 厘米，行距 60 厘米，每穴栽培 1 株。⑤肥水管理：基肥 3000 千克/亩，追肥 2～3 次，每次施氮、磷、钾三元复合肥 20 千克/亩。⑥病虫害防治：主要病害主要有疫病、枯萎病、锈病，主要虫害有蚜虫、螨、斑潜蝇、小地老虎，根据发生情况进行合理防治。

适宜区域： 该品种适宜在四川加工菜豆栽培区种植。

416. 晋菜豆 2 号

审定编号： 晋审菜（认）2010023

选育单位： 山西省农业科学院蔬菜研究所

品种来源： 从非洲（安哥拉）市场引进 pbenomene 中系选。试验名称"晋菜豆 6 号"。

特征特性： 植株蔓生。中晚熟种，株高 305 厘米以上，茎绿色、多棱，有分枝。叶色深绿、大而厚。花冠呈蝶形、白色。荚圆棍形，荚面平，荚长 22 厘米左右，宽 1.4 厘米，厚 1 厘米，单荚重 21 克。嫩荚深绿色，荚壁纤维少。每荚有种子 7 粒左右，种子肾形，种皮白色，千粒重 405 克。2007 年经山西省农业科学院中心实验室化验检测：商品荚含总碳水化合物 4.4％、粗蛋白

2.18％、维生素 C 17.56 毫克/100 克、钙 0.0557％、磷 0.024％、粗纤维 1.09％。

产量表现： 2008—2009 年参加山西省春季菜豆区域试验，两年平均亩产 3424.0 千克，比对照四季豆（下同）增产 7.5％，6 个试验点全部增产。2008 年平均亩产 4200 千克，比对照增产 7.6％；2009 年平均亩产 2648 千克，比对照增产 7.4％。

栽培技术要点： 晋南地区 4 月上旬、太原地区 4 月下旬、大同地区 5 月中下旬露地直播，行距 60～70 厘米、穴距 30～40 厘米；播种后 50 天即可采收，连续采荚 55 天。生长前期适当增施氮肥，中、后期要多施磷、钾肥，忌连作，及时搭架，防治红蜘蛛和炭疽病。在晋南地区也可秋播。

适宜区域： 该品种适宜在山西省各地种植。

417. 龙莱 1 号

认定编号： 闽认菜 2011020

选育单位： 龙岩龙津作物品种研究所，龙岩市农业技术推广站

品种来源： 从龙岩市地方菜豆品种中筛选育成

特征特性： 中熟菜豆品种。主蔓始花节位 9～11 节，从播种至第一次商品豆采收 110～120 天；主蔓长 3～5 米；叶为三出复叶，深绿色，阔卵圆形；花为腋生总状花序，荚果镰刀状，每花序结荚为 2～4 荚，每荚 2～4 粒，3 粒居多，单鲜荚重 15～22 克，鲜荚可食率 65％～68％，鲜籽粒百粒重 270～320 克；籽粒肾形，鲜籽皮呈浅紫红色与浅绿色相间。品质优、风味独特，经福建省中心检验所检测：每 100 克籽粒鲜样含蛋白质 8.5 克、淀粉 17.1 克、维生素 C 17 毫克、水分 62 克；经新罗区植保植检站 2009—2010 年在新罗区两年病害田间调查：平均炭疽病发病率 0.2％～2.27％，锈病发病率 0.1％～2.3％。

产量表现： 该品种经龙岩、三明等地多年多点试种，一般鲜荚亩产 800～1000 千克。

栽培技术要点： 适宜播种期 2 月下旬至 3 月上旬，亩定植 180 株；施足基肥，适时移栽；及时搭架，引蔓上架；科学肥水管理；注意轮作并及时防治炭疽病、锈病、豆荚螟等病虫害。

适宜区域：该品种适宜在福建省海拔 500～800 米山区栽培。

418. 南农菜豆 6 号

审定编号：苏审豆 200901

选育单位：南京农业大学国家大豆改良中心

品种来源：原名"南农 99C-23"，以 87C-66-3/87C-38 于 2005 年育成。

特征特性：属夏播中晚熟鲜食（菜用）大豆品种。出苗势强，生长稳健，叶片较大、卵圆形。株型半开张，有限结荚习性。白花，鲜荚绿色，茸毛灰色。省区试平均结果：播种至采收 100 天，比对照长 15 天，株高 74.1 厘米，主茎 15.5 节，分枝 2.7 个，单株结荚 36.4 个，多粒荚个数百分率 76.5%，每千克标准荚 389.9 个，二粒荚长 5.7 厘米，宽 1.4 厘米，百粒鲜重 59.6 克，出仁率 50.7%。口感品质微甜稍糯。经南京农业大学大豆所接种鉴定，中抗大豆花叶病毒病 SC3 株系。田间花叶病毒病发生较轻，抗倒性较强。

产量表现：2006—2008 年参加江苏省区试，3 年平均鲜荚亩产 612.3 千克，较对照南农菜豆 5 号（下同）增产 4.9%，2006 年增产极显著，2007 年与对照相当，2008 年增产显著，鲜粒亩产 309.6 千克，较对照增产 4.6%。2008 年生产试验平均鲜荚亩产 701.8 千克，较对照增产 14.0%，鲜粒亩产 351.0 千克，较对照增产 7.2%。

栽培技术要点：①轮作。选择前两茬未种过豆类作物的田块种植。②播种期。一般在 6 月下旬，晚播不迟于 7 月 20 日。③种植密度。每亩 1.0 万～1.2 万株，行距 50 厘米，株距 13 厘米左右，一般亩用种 6 千克左右，迟播适当增加播种量。④肥水管理。施足基肥，一般亩施纯氮 3 千克左右、五氧化二磷 2.5 千克左右、氧化钾 2.5 千克左右，初花期视苗情每亩追施纯氮 2.5 千克左右。花荚期注意抗旱排涝，保持土壤湿润。⑤病虫草害防治。播前使用土壤杀虫剂防治地下害虫。播后及时防病、治虫、除草。采收前 15 天内禁止用药治虫。⑥收获。当籽粒充实饱满，豆荚呈青绿色时，适时采摘青荚。

适宜区域： 该品种适宜在江苏省淮南地区作鲜食夏大豆种植。

419. 太空菜豆1号

认定编号： 甘认豆 2009008

选育单位： 天水绿鹏农业科技有限公司，中国科学院遗传与发育生物学研究所，中国空间技术研究院

品种来源： 将龙果 3 号刀豆种子搭载神舟 4 号飞船，经太空诱变选育而成。

特征特性： 蔓生型，长势强，株高 3.2 米，分枝性中等，第 2～第 6 节着生第一花序，叶片绿色，花白色或黄色。主、侧蔓同时结荚，主蔓结荚为主。嫩荚绿色，镰刀形，荚长 19～22 厘米、宽 1.4～1.6 厘米、厚 1.0～1.1 厘米，种播后 42 天开花，55 天始收。田间中抗细菌性疫病。

产量表现： 在 2004—2005 年多点试验中，平均亩产 2131.7 千克，比对照双丰 1 号增产 19.5%。

栽培技术要点： 播期，在天水市露地栽培 4 月上旬、塑料大棚 2 月中旬至 3 月初、日光温室早春茬 1 月下旬至 2 月初、秋延后 7 月上中旬。播种时每垄 2 行，株距 25～30 厘米，行距 50～60 厘米，每穴留 3 株健壮苗。

适宜区域： 该品种适宜在甘肃省陇南、平凉、白银、张掖、酒泉等地种植。

十五、豌　　豆

420. 定豌 6 号

认定编号： 甘认豆 2009003

选育单位： 定西市旱作农业科研推广中心

品种来源： 以 81-5-12-4-7-9 作母本、天山白豌豆作父本杂交选育而成。原代号 9236-1。

特征特性： 叶片及茎均为绿色，花白色，株高 57.6 厘米，单株有效荚数 3.39 个，单荚粒数 11.69 粒，百粒重 19.5 克。

种皮绿色。抗病性经田间调查，根腐病病情指数 36％。含粗蛋白 28.62％，赖氨酸 1.91％，粗脂肪 0.76％，粗淀粉 38.96％。

产量表现：在 2004—2006 年多点试验中，平均亩产 137.82 千克，较对照定豌 1 号增产 15.6％。

栽培技术要点：3 月中下旬播种，每亩播种量 13～14 千克。

适宜区域：该品种适宜在甘肃省定西市年降水量 350 毫米以上、海拔 2500 米以下的半干旱山坡地、梯田地和川旱地种植。

421. 固原草豌豆

审定编号：宁审豆 2009008

品种来源：宁夏固原地方品种

特征特性：春性，生育期 96 天。幼苗绿色，株高 52.7 厘米，株型直立，白花，主茎分枝 7～8 个，主茎节数 17 个，单株荚数 25.4 个，荚长 3.3 厘米，每荚 2.4 粒，千粒重 187 克。经农业部食品质量监督检验测试中心（杨凌）检测：籽粒含水分 12.16％，粗淀粉 46.41％，粗蛋白 25.52％，粗脂肪 1.15％。抗旱，较抗寒，抗倒伏，适播期长。除单种，还可与玉米、马铃薯、麻子、向日葵、枸杞等间种或套种。

产量表现：2006 年区域试验平均亩产 114.59 千克；2007 年区域试验平均亩产 157.19 千克；2008 年区域试验平均亩产 180.37 千克；3 年区域试验平均亩产 150.67 千克。

栽培技术要点：①选地。选用不重茬、不照茬的水地或地势平坦的川旱地、山台地。②施肥。以基肥为主，不宜用化肥作种肥，一般不追肥，在施农家肥 1500～2000 千克/亩的基础上，加施磷酸二铵 10～20 千克/亩。③播量：15 千克/亩。④播期：以 3 月下旬至 4 月上旬为宜，最迟不超过 5 月底。⑤田间管理。及时锄草、松土，拔大草，喷药防治蚜虫和鼠害。⑥适时收获：当茎、叶变为黄白色，籽粒与荚壳分离呈本品种颜色即可收获。收后晾晒，严防雨淋。

适宜区域：该品种适宜在宁夏西吉、盐池、原州区干旱、半干旱区种植。

422. 晋豌豆 5 号

审定编号： 晋审豌（认）2011001

选育单位： 山西省农业科学院高寒区作物研究所

品种来源： 豌豆 Y-22/保加利亚豌豆。试验名称"同豌 711"。

特征特性： 生育期 82 天，比对照品种晋豌豆 2 号（下同）早 8 天。生长势强，株型直立，茎绿色，主茎节数 13 节，主茎分枝 3 个，株高 65 厘米，复叶半无叶类型，宽托叶，花白色，单株有效荚数 9 个，成熟荚黄色、硬荚，荚长 5 厘米，荚宽 1.7 厘米，单荚粒数 5 粒，籽粒球形、表面光滑，种皮白色，百粒重 25 克。抗旱性中等，抗寒性强，抗病性强。农业部谷物品质监督检验测试中心（北京）检测：粗蛋白（干基）29.41%，粗淀粉（干基）53.11%。

产量表现： 2008—2009 年参加山西省豌豆区域试验，两年平均亩产 110.0 千克，比对照增产 10.4%，试验点 10 个，增产点 9 个，增产点率 90%。其中 2008 年平均亩产 105.4 千克，比对照增产 4.0%；2009 年平均亩产 114.6 千克，比对照增产 16.7%。

栽培技术要点： 忌连作，以禾谷类作物为前作进行合理轮作。晋北春播一般为 3 月下旬至 4 月上旬，亩播量 5～7 千克，亩留苗 2.0 万～2.6 万株，播种深度 3～7 厘米。合理施用农家肥和化肥，适当施用根瘤菌剂和叶面肥，一般亩施腐熟有机肥 1000～2000 千克、磷肥 20～30 千克、钾肥 5～8 千克，在植株旺盛生长期和开花结荚后结合浇水各追肥 1 次，亩施尿素 5～7 千克。出苗后中耕 1～2 次，注意及时防治病虫害，适时收获。

适宜区域： 该品种适宜在山西省豌豆产区种植。

423. 闽甜豌 1 号

认定编号： 闽认菜 2011021

选育单位： 福建省农业科学院作物研究所，福建省南武夷农业科技有限公司

品种来源： 法国半无叶豌豆 athos/台中 13 甜豌豆

特征特性： 属中熟甜豌豆品种，主蔓始花节位第 13 节左右，从播种到始收生育期 80 天左右。半蔓生，主蔓长 85～125 厘米，

主蔓节数 31～36 节，分枝 2～3 个。花白色，双花率高。单株荚数 23～30 个。豆荚扁圆形，荚色翠绿，长 7～9 厘米，宽 1.1～1.3 厘米，厚 1.0～1.2 厘米，单荚重 6.5 克左右。豆荚清香、味甜，食味品质优。每荚含籽粒 4～6 粒，籽粒翠绿色、圆形、饱满。成熟种子绿色，皱缩，百粒重 20 克左右。经福建省农科院植保所田间病虫害调查，结荚期叶褐斑病轻度发生；虫害有斑潜蝇和蚜虫，斑潜蝇危害较为普遍。经福建省农科院中心试验室品质检测：每 100 克鲜样含维生素 C57.7 毫克、水分 88.6 克、蔗糖 2.0 克、还原糖 2.3 克、蛋白质 2.55 克、粗纤维 0.9 克。

产量表现： 经福州、莆田、南平等地多年多点试种，一般青荚亩产 800～1000 千克。

栽培技术要点： 福建省适宜播种期 10 月中旬至 11 月中旬；宽沟高畦，每亩种植 8000～10000 株；株高 30 厘米搭矮架引蔓；田间防涝排渍，重施花荚肥；注意防治褐斑病、斑潜蝇和蚜虫等病虫害。

适宜区域： 该品种适宜在福建省冬季种植。

424. 食荚大菜豌 6 号

审定编号： 川审蔬 2010006

选育单位： 四川省农业科学院作物研究所

品种来源： 该品种是选用引进新西兰食青豆粒品种"麦斯爱"为母本、地方材料"JI1194"为父本，进行有性杂交，其杂交后代是经系统选育而成的新一代品种。

特征特性： 该品种株高 72.1 厘米，矮健，幼苗半直立，叶色灰绿、托叶斑点密集，白花。青荚绿色，果皮肉质厚，是一种食大荚菜用型豌豆，嫩荚单荚重 5.7 克，百荚重 573.9 克，平均荚长 11.6 厘米、宽 2.5 厘米，果肉率 82.0%，蛋白质含量 2.68%（嫩荚），粗纤维含量 0.744%，糖分 2.57%。种皮白，百粒重 27.7 克，粗蛋白含量 26.5%（干基），脂肪含量 1.30%，果肉率达 82.0%，播种到始收嫩荚平均 159 天，熟性和脆性较强，品质优。

产量表现： 2007 年和 2008 年两年省区试平均亩产 625.1 千克，较对照食荚大菜豌增产 16.3%。

栽培技术要点：①播期：盆地内冬播丘陵区在 10 月底左右，山区 10 月中旬播种，适当密植，亩用种 8～10 千克。②密度：净作行距 50～60 厘米，窝距 25 厘米，每窝精选种子 5 粒，保苗 3 株。③肥水管理：播种亩用过磷酸钙 30 千克、有机渣肥 2000 千克或清粪水 30 担，苗期视情况可追加 1 次。幼苗期遇旱应灌水 1 次，及时中耕除草。④病虫害防治：花期防豆象、蚜虫危害。成熟后及时收获，晒干灭豆象后储藏。

适宜区域：该品种适宜在四川食荚菜豌豆适宜栽培区种植。

425. 苏豌 6 号

鉴定编号：苏鉴豌 201204

选育单位：江苏省农业科学院蔬菜研究所

品种来源：原名"苏豌 07-13"，以食粒大粒豌为母本、奇珍 76 为父本，经杂交选育，于 2009 年育成。

特征特性：属中熟荚粒兼用型鲜食豌豆品种。植株蔓生。普通叶，幼叶呈绿色，叶椭圆形。花白色，多花花序。青荚深绿色，镰刀形，鲜荚深绿色，鲜籽粒绿色，干籽粒绿色，圆形。播种至青荚采收 192 天，株高 121.2 厘米，主茎 15.4 节，主茎分枝 2.5 个，单株结荚 18.5 个，荚长 6.7 厘米，荚宽 1.2 厘米，每荚 5.0 粒，鲜百荚重 455.3 克，出籽率 39.6%，鲜籽百粒重 43.6 克。嫩荚粗纤维含量低，鲜籽口感香甜柔糯。田间病害发生较轻，苗期抗寒性一般。

产量表现：2009—2011 年度参加省鉴定试验，两年平均鲜荚亩产 829.6 千克，较对照中豌 6 号（下同）增产 31.7%，两年增产均极显著；亩产鲜籽 331.1 千克，较对照增产 17.9%。

栽培技术要点：①适期播种。一般 10 月 15 日至 11 月 10 日播种。②栽培密度。行距 0.7 米，株距 0.3 米，每穴播种 4～5 粒种子，留苗 3 株，播种深度 6～8 厘米，留苗密度 1.2 万株/亩。苗高 30 厘米时，可插竹竿引蔓。③肥水管理。施足基肥，每亩施腐熟厩肥 3000～3500 千克、过磷酸钙 25 千克，做畦前施入；结荚后 2 周每亩追施纯氮 7～9 千克、硫酸钾 15～20 千克，追肥同时视墒情浇水。④病虫害防治。根据田间病虫害发生情况，及时防治白粉病、锈病、褐斑病、霜霉病以及蚜虫、潜叶蝇等病虫害。

适宜区域：该品种适宜在江苏淮南地区秋季栽培。

十六、豇　　豆

426. 鄂豇豆 12

审定编号：鄂审菜 2013002

选育单位：江汉大学

品种来源：用"港头占阳白豆角"作母本、"长青豇豆"作父本杂交，经系谱法选择育成的豇豆品种。

特征特性：属中熟豇豆品种。植株蔓生，生长势较强。茎粗壮，节间较短，分枝数 2～4 个。主蔓第一花序着生于第 4～第 6 节，始花后第 7 节以上均有花序，花紫色，每花序多生对荚，持续结荚能力强。荚深绿色，长圆条形，有红嘴，荚长 75 厘米左右，荚粗 0.8 厘米左右，单荚重 23 克左右，单株结荚 14 个左右，荚条均匀，极少鼠尾和鼓粒现象。种皮黑色，短肾形，单荚种子数 19～21 粒。经农业部食品质量监督检验测试中心（武汉）测定：蛋白质含量 2.01%，维生素 C 含量 143.4 毫克/千克，可溶性糖含量 2.10%。

产量表现：2008—2012 年在武汉、赤壁等地试验、试种，一般亩产 1700 千克左右。

栽培技术要点：①适时播种，合理密植。4 月下旬至 7 月中旬播种；起畦穴播，每穴 2～3 株，亩种植密度 9000 株左右，夏季种植可适当增加密度。②科学肥水管理。底肥以农家肥为主，并适量增施复合肥、尿素和钾肥。出苗后结合中耕追施速效肥 2～3 次；开花结荚期保持肥水充足，每采收 1～2 次追肥 1 次，田间注意防渍。③及时整枝引蔓。注意打顶摘心，抹除主蔓第一花序以下的侧芽侧枝；抽蔓后及时理蔓，引蔓上架。④注意防治轮纹病、病毒病、锈病、煤霉病和美洲斑潜蝇、蚜虫、豆荚螟、斜纹夜蛾等病虫害。

适宜区域：该品种适宜在湖北省种植。

427. 赣蝶 3 号

审定编号： 赣认豇豆 2009002

选育单位： 江西省赣新种子有限公司

品种来源： 28-2G8/39B 杂交选育的常规豇豆品种。

特征特性： 中早熟品种。该品种植株蔓生，生长势强，分枝力强，茎绿色较粗壮。叶片中等，叶深绿色，叶长 11.8 厘米，宽 9.1 厘米。第一花序着生节位较低，平均为第 4～第 6 节，花为水红花色。每穗花序结荚 2～4 条，每株结荚 12～16 条。商品豆荚嫩绿色，荚长 70 厘米左右，荚粗 0.8 厘米左右，荚条顺直、无鼠尾，荚肉紧实、商品性好。种子肾形，棕褐色，种皮光滑有浅纵沟，千粒重 129 克左右。

产量表现： 平均单产 2850 千克，比对照之豇 28-2 增产 27.3%。

栽培技术要点： 露地栽培，春播 4 月上旬，行株距 75 厘米×31 厘米；秋播 7 月下旬至 8 月上旬，行株距 70 厘米×26 厘米。双行定植，穴播 3～4 粒，每穴留苗 2～3 株，亩用种量 2 千克。每亩施有机肥 1000～1500 千克、复合肥 25 千克作基肥，采收期每隔 6～7 天追 1 次复合肥，连追 2～3 次，每次追施复合肥 10 千克，以避免早衰，延长采收期，增加产量。当蔓长 25～30 厘米，应及时搭架引蔓。一般开花后 7～9 天可及时采收嫩荚，以后每隔 1～2 天采收 1 次，采收时注意保护其他幼荚和花蕾。综合防治病虫害。

适宜区域： 该品种适宜在江西省各地种植。

428. 航豇 2 号

认定编号： 甘认豆 2009007

选育单位： 天水绿鹏农业科技有限公司，中国科学院遗传与发育生物学研究所，中国空间技术研究院

品种来源： 将天水长豇豆种子搭载神舟 3 号飞船，经太空诱变选育而成。

特征特性： 蔓生型，长势强，株高 3.2 米。叶色绿，心形，茸毛中等。花紫红色，主、侧蔓同时结荚，单株结荚数 14～26 条，荚

长 91.1 厘米，粗 1.1 厘米，单荚重 25～32 克，嫩荚深绿色。种子肾形，种皮黑色，近光滑。播种后 55 天开花，65 天始收，全生育期 158 天。田间中抗细菌性晕疫病。

产量表现： 在 2004—2005 年多点试验中，平均亩产 3129.2 千克，比对照之豇 28-2 增产 26.7%。

栽培技术要点： 播期在天水市露地栽培 4 月上中旬、塑料大棚 2 月中旬至 3 月初、日光温室 1 月下旬至 2 月初。

适宜区域： 该品种适宜在甘肃省陇南、平凉、白银、张掖、酒泉等地种植。

429. 太湖豇 5 号

鉴定编号： 苏鉴豇 201204

选育单位： 江苏太湖地区农业科学研究所，江苏省农业科学院

品种来源： 以宁豇 3 号为母本，以镇豇 1 号为父本，经杂交选育，于 2009 年育成。

特征特性： 属中熟豇豆品种。出苗整齐，长势强，蔓生，主茎绿色带有紫晕，叶片绿色，菱形，花紫色，豆荚绿白色，籽粒红褐色。播种至嫩荚采收 73 天，全生育期 104 天，株高 250 厘米以上，单株结荚 20.1 个，荚长 69.7 厘米，每荚 18.4 粒，单荚重 25.5 克，干籽百粒重 14.8 克。田间调查抗旱性中等，抗病性中等。

产量表现： 2010—2011 年参加省鉴定试验，两年平均鲜荚亩产 1940.0 千克，比对照早豇 4 号增产 12.0%，两年增产均极显著。

栽培技术要点： ①适期播种。春季保护地栽培南京地区播期一般为 3 月下旬，亩播种量 3 千克。各适宜种植地区应根据本地的光温条件科学安排播种期。②合理密植。在适期播种的条件下，3000～4000 穴/亩，每穴 2～3 株，搭 3 米以上"人"字架。③肥水管理。施足基肥，每亩施腐熟厩肥 3000～3500 千克、过磷酸钙 25 千克，做畦前施入；结荚后 2 周每亩追施纯氮 7～9 千克、硫酸钾 15～20 千克。阴雨天防止田间渍水，及时排水，防止豇豆烂根。及时采摘。④病虫害防治。预防为主，农业防治和药剂防治相结合，注意防治白粉病、锈病、炭疽病以及豇豆荚螟、蚜虫等病

虫害。

适宜区域：该品种适宜在江苏各地春季栽培。

430. 天畅五号

登记编号：XPD013-2009

选育单位：湖南省常德市蔬菜科学研究所

品种来源：从农家资源"杨家豇豆"与其他豇豆品种的杂交后代中系统选育而成。

特征特性：早熟品种。春季栽培，播种至始花 45 天，播种至始收 52 天，全生育期 85～95 天。夏季栽培，播种至始花 32～35 天，播种至始收 40～42 天，全生育期 70～80 天。植株蔓生，主蔓长 2.8～3.2 米，节间长 18.6 厘米左右，花序枝长 31.2 厘米左右，叶深绿色，第一花序节位 2～3 节，每一花序可结荚 2 条，最多 4 条。主蔓结荚为主，花淡紫色。豆荚白绿色，平均荚长 65 厘米、横径 0.75 厘米左右，单荚重 22 克。荚肉肥厚，肉质脆嫩，风味好，商品性好，腌制加工或鲜食均可。种子肾形，褐色，单荚种子数 12～18 粒，千粒重 150 克左右。较耐热，对枯萎病、煤霉病表现为中抗，对锈病表现为抗。鲜豆荚干物质含量 11.75％，维生素 C 含量 17.98 毫克/100 克鲜重，蛋白质含量 10.53 毫克/克鲜重，总糖含量 3.17％。

产量表现：春季栽培平均亩产 2000～2500 千克，夏、秋季栽培平均亩产 1800～2200 千克。

栽培技术要点：湖南地区于 4 月上旬至 7 月下旬播种，保护地栽培可适当提早或推迟。直播，每亩用种量 1.5 千克左右。高畦栽培，每畦播种 2 行，株行距 35 厘米×70 厘米，每亩播种 3000 蔸左右，每蔸保苗 2～3 株。整地时，每亩施入腐熟人畜粪 1500～2000 千克、饼肥 25 千克、三元复合肥 50 千克。进入抽蔓期，及时引蔓支架，搭"人"字架。进入结荚期，加大追肥量，隔 3～5 天追 1 次，以灌根为主，可结合叶面喷施。苗期主要防治蚜虫，始花期重点防治豇豆荚螟，结荚期重点防治煤霉病、锈病、白粉病。开花 7 天左右开始采收，结荚初期每隔 2 天采收 1 次，结荚盛期每天采收 1 次。

适宜区域：该品种适宜在湖南省种植。

431. 之豇 60

审定编号：浙（非）审蔬 2012005

选育单位：浙江浙农种业有限公司，浙江省农业科学院蔬菜研究所，杭州市良种引进公司

品种来源：压草豆/红豇豆

特征特性：该品种蔓生，中熟，秋季露地栽培，播种至始收需 40～45 天，花后 9～12 天采收，采收期 20～35 天，全生育期 65～80 天。植株生长势较强，不易早衰，单株分枝约 1.7 个，叶色深，三出复叶顶生小叶长和宽分别为 16.9 厘米和 10.3 厘米；主、侧蔓均可结荚，主蔓约第 6 节着生第一花序；单株结荚数 8～10 荚，每花序一般结 2 荚，平均单荚种子数 17.1 粒；商品荚绿色，平均荚长 63.3 厘米，平均单荚重 26.7 克，横切面近圆形，肉质致密（密度 0.97 克/厘米³）。种子百粒重约 16.3 克，胭脂红色，肾形。田间表现抗病毒病和根腐病，耐连作性好。

产量表现：2010—2011 年两年多点品比试验平均亩产 2018.7 千克，比对照扬豇 40（下同）增产 5.7%；大田示范亩产 1800～2000 千克，比对照增产 6.0%。

栽培技术要点：适宜行距 0.75～0.80 米，穴距 0.35～0.40 米，每穴 2 株。注意预防锈病和煤霉病。

适宜区域：该品种适宜在浙江省夏、秋季种植。

十七、蚕　　豆

432. 成胡 19

审定编号：川审豆 2010008

选育单位：四川省农业科学院作物研究所

品种来源：1992 年从叙利亚引进的有限花序材料（84-233）中，选择无限花序的优良单株，经多代定向选育而成。

特征特性：生育期 183 天左右。株高 114.9 厘米，分枝多，株

型紧凑。叶色浓绿，花紫色；株荚数 10.2 个，株粒数 20.1 粒，每荚粒数 2 粒以上，成熟时荚为黑色、硬荚型。种皮浅绿色，种子为中厚型、黑脐、粒大、百粒重 112.5 克。籽粒粗蛋白含量 32.5%，耐赤斑病、褐斑病。

产量表现： 2007—2008 年参加四川省春胡豆区试。2007 年平均亩产 129.3 千克，比对照成胡 10 号（下同）增产 9.6%；2008 年续试，平均亩产 118.4 千克，比对照增产 14.6%。两年平均亩产 123.9 千克，比对照增产 12.1%。2008 年在成都、内江、简阳三个点进行生产试验，平均亩产 143.5 千克，比对照增产 15.3%。

栽培技术要点： ①适宜播种期：10 月下旬至 11 月上旬，平均气温在 16～17℃最好。②密度：净作每亩 4000～5000 窝，每窝 2～3 粒，亩用种量 8～10 千克。③底肥增施磷肥，花荚期适当追施磷肥、钾肥，田间注意适当排灌。

适宜区域： 该品种适宜在四川平坝、丘陵区种植。

433. 凤豆十四号

审定编号： 滇审蚕豆 2009001 号

选育单位： 大理白族自治州农业科学研究所

品种来源： 1997 年用 8817-6×洱源牛街豆杂交育成。母本 8817-6 是大理州农科所 1988 年用凤豆一号×82-2 杂交育成。

特征特性： 中早熟、中厚型品种。全生育期 188 天，株高 87.5 厘米，株型紧凑，茎秆粗壮、绿色，叶色浅绿，叶形长圆形，茎枝数 4 个/株，单株有效分枝 3 个，荚长 8.72 厘米，荚宽 1.74 厘米，单株荚数 12 荚，单荚粒数 2 粒，单株产量 22.3 克，百粒重 117.2 克。种皮、种脐白色，籽粒饱满，均匀度中等。感锈病，田间抗冻力中等。品质检测：蛋白质含量 29.5%，单宁含量 0.54%，淀粉含量 42.2%，粗脂肪含量 1.04%，水分含量 11.7%。

产量表现： 2007—2008 年参加云南省蚕豆新品种区域试验。两年平均亩产 280.2 千克，比对照凤豆一号（下同）减产 0.36%，减产不显著，增产点（次）率 61.5%。生产试验平均亩产 239.24 千克，比对照增产 26.73%。

适宜区域： 该品种适宜在云南省海拔 1600～2300 米的蚕豆产

区种植。

434. 临蚕 10 号

认定编号： 甘认豆 2013002

选育单位： 临夏州农业科学院

品种来源： 以临夏大蚕豆×曲农白皮蚕为母本，以加拿大 321-2 为父本，经复合杂交选育而成，原代号 9320-1-5。

特征特性： 属中熟大粒强春性品种，生育期 120 天左右。株高 125 厘米左右，有效分枝 1～3 个，幼茎绿色，叶片椭圆形，叶色浅绿，花浅紫色，始荚高度 25 厘米左右，结荚集中，单株荚数 10～18 个，单株粒数 20～40 粒，百粒重 180 克，种皮乳白色，种脐白色。经田间调查，根腐病病情指数 6.3，低于对照临蚕 5 号（下同）。粗蛋白含量 31.76%，赖氨酸含量 1.01%，淀粉含量 54.661%，粗脂肪含量 0.863%，单宁含量 0.601%。

产量表现： 2010—2011 年多点试验，平均亩产 370.4 千克，较对照增产 11.5%。2011—2012 年生产试验，平均亩产 388.9 千克，较对照增产 12.53%。

栽培技术要点： 适期早播，增施磷、钾肥，合理密植，宽窄行种植，及时防治病虫害，适期收获。

适宜区域： 该品种适宜在甘肃省岷县、积石山、临夏县的山旱地等同类型蚕豆产区种植。

435. 陵西一寸

认定编号： 闽认菜 2010005

引进单位： 福建省农业科学院作物研究所

品种来源： 从日本引进

特征特性： 属大粒型菜用蚕豆品种。从播种至开花 110～130 天、至始收 170 天左右。株高 110 厘米，茎秆四棱、中空。单株分枝 8～12 个，有效分枝 6～8 个。叶深绿色，长椭圆形。主分枝叶片约 28 片。无限生长型，最低开花节位 6 节，主茎可连续开花 15～18 层。白花，翼瓣中央具椭圆形的黑褐色斑点，总状花序，每花序含小花 4～6 朵。单株结荚 12～18 个，以 2～4 粒荚为主，2

粒荚占单株荚重的 25% 左右，3~4 粒荚占单株荚重的 60%。鲜籽粒青绿色，阔薄形，长 2.6~3 厘米、宽 2.2~2.5 厘米，干籽粒青白色，百粒重 200 克左右。经福建省农科院植保所田间调查，采青期叶赤斑病轻度发生。经福建省农科院中心实验室测试：鲜籽粒含粗蛋白 5.64%、氨基酸总量 3.75%、粗脂肪 0.3%、淀粉 7.1%、粗纤维 2.1%、蔗糖 2.79%、还原糖 0.3%、水分 80.5%。

产量表现： 经连江、福清等地多年多点试种，一般青荚亩产量 700 千克以上。

栽培技术要点： 福建省适宜播种时间为 10 月中下旬。每亩播种 1800~2000 株。播种后灌足出苗水，现蕾期、始荚期、鼓粒期保持土壤湿润，防止田间积水。始花期疏枝，每株保留 6~7 个健壮分枝。各分枝下部出现 2~3 个幼荚时打顶。注意防治蚜虫、赤斑病等病虫害，预防病毒病。

适宜区域： 该品种适宜在福建省种植。

436. 苏鲜蚕 2 号

鉴定编号： 苏鉴蚕豆 201204

选育单位： 南京农业大学，南通恒昌隆食品有限公司

品种来源： 原名"长荚 4 号"，以葡萄牙蚕豆 B01 为基础材料，经系统选育，于 2008 年育成。

特征特性： 属中熟鲜食蚕豆品种。幼叶呈绿色，叶椭圆形。植株长势旺盛，茎秆粗壮呈青绿色。花白色，青荚绿色，鲜籽粒绿色。播种至青荚采收 211 天，株高 85.4 厘米，主茎 17.0 节，主茎分枝 4.7 个。单株结荚 14.1 个，荚长 14.1 厘米，荚宽 2.4 厘米，每荚 2.6 粒，鲜百荚重 2339.9 克，出籽率 33.6%，鲜籽百粒重 365.0 克，鲜籽长 3.0 厘米，鲜籽宽 2.0 厘米。鲜籽口感香甜柔糯，粗蛋白含量 28.6%。田间病害发生较轻，具抗倒性，苗期抗寒性一般。

产量表现： 2009—2011 年度参加省鉴定试验，两年平均鲜荚亩产 1183.3 千克，比对照日本大白皮（下同）增产 7.3%；鲜籽亩产 404.5 千克，比对照增产 9.8%。

栽培技术要点： ①适期播种。高产栽培 10 月 20 日左右播种，

苏南可以延迟 2～3 天、苏中需要提早 2～3 天；本品种为大粒种子，力争一播全苗，要求适墒播种，避免烂地或干旱时播种，采用穴播或开行点播，播深 10 厘米左右。一般避免连作。②栽培密度。高产栽培，一般中等肥力地块每亩 4000 株、0.2 万～0.25 万穴、每穴定苗 2 株为宜；根据本品种下部集中结荚特性，适宜采用大行距、小株距，行距 100 厘米、穴距 20～25 厘米。③肥水管理。基肥，中等肥力地块播种时施过磷酸钙 30～50 千克/亩；花荚肥，见花期追施碳酸氢铵 25 千克或尿素 10 千克/亩。田间要做到三沟配套，防止涝、渍危害，适时灌溉。④病虫害防治。春后返青至荚果成熟阶段需及时防治赤斑病、褐斑病和蚜虫等主要病虫害。

适宜区域： 该品种适宜在江苏淮南地区秋季栽培。

十八、莲　　藕

437. 脆佳

鉴定编号： 苏鉴藕 201202

选育单位： 扬州大学水生蔬菜研究室

品种来源： 以 XSBZ 为母本、XSHZ-H2 为父本进行杂交，经株选和系谱选育，于 2010 年育成。

特征特性： 属脆质类型莲藕品种。早中熟，生育期 90 天。株高 151.3 厘米；叶片扁圆形，绿色；叶芽淡紫红色；藕身长圆筒形，皮米白色，藕段长约 23.9 厘米，藕段粗约 6.2 厘米，粗细较均匀，藕身后把节粗 5.0 厘米、长 30 厘米，主藕 4～6 节。总淀粉含量 14.40%，直链淀粉含量 4.19%，直链淀粉/总淀粉值 0.29，脆质，肉质较细，品质较好。抗逆性较强。

产量表现： 2011 年参加省鉴定试验，平均亩产 1913.3 千克，比对照美人红增产 19.5%。

栽培技术要点： ①适期播栽。一般 4 月下旬至 5 月初露地（或 2 月底至 3 月初利用大棚等设施）以根状茎无性繁殖。亩用种量 300 千克左右，株行距 100 厘米×200 厘米。顶芽与地面水平、深入土中 10～12 厘米、朝向田块内部。②肥料运筹。每亩施优质腐熟有机肥 2500 千克或饼肥 100～150 千克，灌薄层浅水，多次深耕，使土壤软烂，在最后一次耕翻时亩施氮、磷、钾三元复合肥 30 千克，整平田块种植。第一立叶期，亩追施腐熟粪肥 1500～2000 千克，加尿素 20 千克；封行初期（6 月底至 7 月初），亩追施尿素 20 千克，加氮、磷、钾复合肥 40 千克；结藕初期亩追施尿素 20 千克。③水分管理。种植后保持 2～3 厘米浅水层，并随植株立叶生长逐渐加深水层至 8～12 厘米，夏季可深至 20 厘米左右，进入结藕期保持 5 厘米左右浅水层。④病虫草害防治。生长期间一般少有病虫危害。

适宜区域：该品种适宜在江苏省露地或设施早熟栽培。

438. 东河早藕

审定编号：浙（非）审蔬 2010013

选育单位：义乌市东河田藕专业合作社，金华市农业科学研究院，义乌市种植业管理总站，义乌市种子管理站

品种来源："金华白莲"系统选育

特征特性：早熟，春藕和夏藕生育期分别为 76 天和 75 天，分别比对照金华白莲（下同）缩短 28 天和 5 天。植株较矮，株型紧凑，抗倒性较好。顶芽尖、玉黄色；浮叶近圆形、黄绿色，完全叶近圆形、绿色；花少，白爪红色，单瓣、阔椭圆形，花瓣数 16～18 片。春藕后栋叶长约 66 厘米；子藕少，主藕长 51 厘米左右，平均节间数 2.3 个，节间长筒形、长和横径分别为 20 厘米和 6.7 厘米左右，淡黄色，表皮光滑，肉质甜脆，适宜炒食或生食。夏藕后栋叶长约 69 厘米；子藕 1～2 支，主藕长 62 厘米左右，平均节间数约 3.3 个，节间长筒形、长和横径分别为 18 厘米和 7.5 厘米左右，淡黄色，品质一般，适宜炒食或煨汤。

产量表现：2006 年多点品种比较试验，春藕和夏藕平均亩产量分别为 1285 千克和 2155 千克，分别比对照增产 6.7% 和 19.2%；2007 年春藕和夏藕平均亩产量分别为 1336 千克和 2174 千克，分别比对照增产 12.2% 和 17.8%；两年平均春藕和夏藕亩产分别为 1311 千克和 2165 千克，分别比对照增产 8.6% 和 18.5%。

栽培技术要点：气温稳定在 13℃ 以上定植为宜；栽培密度 1.2 米×（0.8～1.0）米；注意对腐败病的预防。

适宜区域：该品种适宜在浙江省种植。

439. 鄂莲 8 号

审定编号：鄂审菜 2012001

选育单位：武汉市蔬菜科学研究所

品种来源：从"应城白莲"实生苗后代中选择优良单株经无性繁殖而成的莲藕品种。

特征特性：属晚熟莲藕品种。植株高大，株高 180 厘米左右，叶柄较粗，叶近圆形，叶半径 42 厘米左右，表面粗糙，有明显皱褶，开花、结果较多，花白色。藕节间筒形、较均匀，表皮白色，皮孔凸现，藕形指数 1.8 左右，藕肉厚实，粉质，主藕 5～6 节，主节间长 15 厘米左右，粗 8 厘米左右，单支整藕质量 3.7 千克左右，主藕质量 2.5 千克左右。经农业部食品质量监督检验测试中心（武汉）测定：每 100 克鲜样含干物质 22.5 克、蛋白质 2.17 克、可溶性糖 2.6 克、淀粉 14.2 克、煨汤粉。

产量表现：2008—2011 年在武汉、荆门等地试验、试种，亩产 2200 千克左右。

栽培技术要点：①适时栽种，合理密植。3 月下旬至 4 月中旬定植，株行距（200～250）厘米×200 厘米，定植深度 5～10 厘米，每亩用种量 200～250 千克。②重施底肥，适时追肥。底肥一般亩施腐熟农家肥 2500 千克；追肥 2～3 次，追肥以三元复合肥和尿素为主，追肥时应降低藕田水位，并注意避免灼伤叶片。③加强田间管理。定植期至立叶长出前水深以 3～5 厘米为宜，立叶抽生至封行水深以 5～10 厘米为宜，封行期至结藕期保持水深 10～20 厘米，越冬期不宜浅于 10 厘米；花期注意打花摘果。④注意防治腐败病和斜蚊夜蛾等病虫害。

适宜区域：该品种适宜在湖北省莲藕产区种植。

440. 建选 35 号

认定编号：闽认菜 2011023

选育单位： 建宁县莲子科学研究所

品种来源： 红花建莲//太空莲20号/红花建莲（红花建莲是建宁县地方品种，太空莲20号是太空莲自交后代选育出的优异单株）

特征特性： 在建宁县种植，生育期220天左右，萌芽期3月中旬，现蕾期5月中旬，始花期5月底至6月上旬，盛花期7～8月，终花期9月下旬，采摘期6月底至10月底，结藕期9月上旬至10月上旬。立叶叶片大，叶秆粗壮，花柄高且粗壮，叶上花；花蕾卵形、红色，花瓣阔卵形、14～18枚，花色深红；花托倒圆锥形，边缘平；成熟莲蓬扁圆形，蓬面平略凸出，直径12～16.5厘米。平均亩有效蓬数3800蓬，每蓬心皮数28枚，结实率75%，百粒鲜重420克。干通心白莲籽粒大、卵圆形、饱满圆整、乳白色微黄、光泽度好，百粒干重110克。经建宁县农业植保植检站田间病害调查，莲腐败病总体发生危害程度比对照建选17号（下同）轻，莲叶斑病总体发生危害程度比对照略重，未发现其他病害发生。经福建省中心检验所检测：每100克干样含淀粉53.0克、粗蛋白18.5克、总糖6.4克，食用口感好，品质优。

产量表现： 该品种经建宁、政和、建阳等县（市）多年多点试验试种，一般亩产干通心白莲75千克，比对照增产5%以上。

栽培技术要点： 选择避风向阳、土层较厚、肥力中上、水源充足的田块栽植；适时栽藕，宜在4月上旬栽植；采用无性繁殖，一般每亩栽藕量150支左右，穴距3～4米，每穴3～4支藕；施足基肥（农家肥），追肥注意适量多次；加强莲叶斑病、莲腐败病等病害防治；注意做好去杂保纯工作。

适宜区域： 该品种适宜在福建省种植。

441. 京广1号

认定编号： 赣认子莲2008001

选育单位： 广昌县白莲科学研究所

品种来源： 太空莲3号经离子注入方法选育的子莲品种。

特征特性： 该品种株高138厘米，叶柄粗1.3厘米，叶径55.5厘米。花蕾卵形，红色，是叶上花。花单瓣，红色，花梗粗1厘米，花径20厘米，花瓣数17～19枚，心皮数14～17枚，雄蕊

330～450 枚。莲蓬碗形，果绿色，蓬面直径 11.5 厘米，高 4.5 厘米。种子卵圆形，颗粒饱满，黑色，纵径 1.82 厘米，横径 1.4 厘米。全生育期 170～200 天，群体花期 110 天左右。每亩花量 5500～6000 朵，每蓬实粒数 16.5 粒，结实率 85.9%，千粒重 1750～1800 克。蛋白质含量 21.8%，淀粉含量 46%，脂肪含量 3%。

产量表现： 大田种植亩有效莲蓬 5738 蓬，平均亩产干通芯白莲可达 104.4 千克。

栽培技术要点： 3 月中下旬至 4 月上旬移栽，株行距 1.5 米×3 米或 1.5 米×2 米，每亩种植 150～200 株。基肥每亩施腐熟猪牛栏粪 2500～3000 千克、撒施生石灰 50 千克、并一次性施入硼砂 2 千克、硫酸镁 6～8 千克。立叶肥：5 月上旬莲株长出 1～2 片立叶时，每亩施 45% 尿素 1.5 千克、硫酸钾 1 千克，拌匀后在抱卷叶一侧 8～10 厘米处深施，深度为入土 6～8 厘米。始花肥：5 月中下旬每亩施尿素 5 千克、氮、磷、钾三元复合肥 8 千克。花蓬肥：6 月上旬至 7 月中旬，在"芒种"、"夏至"、"小暑"三个节气前后，每亩分别撒施尿素 5 千克、硫酸钾 3 千克、氮、磷、钾三元复合肥 12 千克。壮尾肥：7 月底至 8 月，每亩补施尿素 5 千克、硫酸钾 2～3 千克。立叶抽生前灌水 3～5 厘米；6 月中旬至 7 月上旬水层逐渐加深至 10 厘米左右；7 月中旬至 8 月底，灌水 16～20 厘米深的流动深水；采摘后期至翌年 3 月，恢复浅灌水。加强白莲腐败病、叶斑病、莲纹夜蛾、蚜虫等病虫害的防治。

适宜区域： 该品种适宜在江西省子莲产区种植。

十九、其　　他

442. 金蒲 1 号

审定编号： 浙（非）审蔬 2012012

选育单位： 金华三才种业公司

品种来源： （杭州长瓜/新疆长瓜）//杭州长瓜

特征特性： 该品种植株长势较强。叶心形，叶色深绿。主蔓茎粗和叶片略大于对照杭州长瓜（下同）。春季种植，移栽至开始采收约 40 天，开花后 10～15 天可达到商品瓜采收标准。瓜呈长棒形，粗细均匀，长 41.9 厘米，粗 4.9 厘米，单瓜重 450.7 克；皮色浅绿，表面光滑；瓜肉白色，较致密，口感细嫩微甜。经浙江省农科院植物保护与微生物研究所检测，中抗枯萎病、白粉病。经农业部农产品及转基因产品质量安全监督检验测试中心（杭州）检测：可溶性固形物含量 3.35%，粗蛋白含量 0.404%，粗纤维含量 0.5%，维生素 C 含量 6.57 毫克/100 克，商品性好。

产量表现：经 2010 年和 2011 年多点试验，两年平均亩产量 4365.6 千克，比对照增产 13.3%。

栽培技术要点：立架栽培种植约 1300 株/亩，每株同时留果 2～3 个，及时分批采收，注意防治蚜虫和白粉病。

适宜区域：该品种适宜在浙江省瓠瓜生产区种植。

443. 榕菠一号

认定编号：闽认菜 2013003

选育单位：福州市蔬菜科学研究所

品种来源：原名"绿秀"，CY-3-5（圆）×JF—2-6［CY-3-5（圆）是从丹麦引进的圆叶品种多代定向选育而成的自交系，JF—2-6 是从台湾圆叶品种多代定向选育而成的自交系］

特征特性：该品种属圆叶菠菜杂交种，植株生长势强，从播种至适收 35～50 天。株型较直立，株高 30～35 厘米；叶近圆形，绿色，叶面平展，叶片数 12～15 片，叶长 15～18 厘米，叶宽 10～14 厘米；叶柄浅绿色，长 9～14 厘米；根颈粉红色；平均单株重 130 克左右，纤维少，质嫩，涩味淡，品质好。种子圆形。经福州市植保植检站田间调查，该品种未发现病毒病、霜霉病。经福建省分析测试中心品质检测：每 100 克鲜样含维生素 C13.0 毫克、粗纤维 0.92 克。

产量表现：经福州、宁德等地多年多点试验示范，亩产量 2300 千克左右，比对照全能菠菜增产 30.0%左右。

栽培技术要点：福州地区一般播种期 9 月中旬至翌年 2 月上旬。栽培过程中应注意防治病毒病、霜霉病等病害。

适宜区域：该品种适宜在福建省种植。

444. 海绿

审定编号：浙（非）审蔬 2012007

选育单位：宁波海通食品科技有限公司，浙江省农业科学院蔬菜研究所，慈溪市农业技术推广中心，浙江大学农业生物与生物技术学院

品种来源："2016-2"DH 系×"2028-4"DH 系

特征特性：该品种青花菜定植至采收 70 天左右。株型较紧凑直立，株高和开展度分别为 65 厘米和 75 厘米左右。叶片长椭圆形，叶缘波状，叶裂缺刻，叶色深绿，蜡粉厚。最大叶长 57 厘米、宽 22 厘米。花球半圆球形，直径约 14 厘米，绿色，蕾粒细、粗细均匀，单球重 490 克左右。耐密植，丰产性较好，商品性好。适合鲜食和速冻加工。

产量表现：经 2010—2011 年两年秋季多点品比试验，2010 年平均亩产量 1362 千克，2011 年平均亩产量 1570 千克，两年平均亩产 1466 千克，与对照"优秀"相当。

栽培技术要点：秋季栽培，8 月上中旬播种。亩栽 3000 株左右。

适宜区域：该品种适宜在浙江省种植。

445. 油绿 802 菜心

审定编号：粤审菜 2012013

选育单位：广州市农业科学研究院

品种来源：东莞 80 天菜心 A-7-1/香港 80 天菜心 B-6-1

特征特性：油绿菜心类型常规品种。中迟熟，播种至初收 36～45 天。生长势强，株型紧凑直立；株高 22.7 厘米，株幅 19.3 厘米；叶片油绿色、近圆形，叶片长 22.0 厘米，叶片宽 10.05 厘米，叶柄长 8.0 厘米；叶片主脉明显，主薹高 17.6 厘米，横径 1.61 厘米，菜薹矮壮、匀称，薹茎绿色、光泽度好，肉质紧实，薹重 40～45 克。田间表现抗霜霉病、软腐病等病害，耐涝性强、耐寒性较强。质地爽脆味甜，品质优，每 100 克还原糖含量为 1.15 克、维

生素 C 含量为 164 毫克、粗蛋白含量为 0.6 克、可溶性固形物含量为 3.9 克、粗纤维含量为 0.78 克。

产量表现：广州、惠州等地两年多点品种比较试验结果，2010 年秋植平均亩总产量 1191.0 千克，比对照油绿 80 天菜心（下同）增产 4.1％，增产未达显著水平；2011 年春植平均亩总产量 1092.3 千克，比对照增产 13.1％，增产未达显著水平。

栽培技术要点：①广东平原地区适播期为 10 月下旬至 12 月及翌年 2 月下旬至 3 月播种。②每亩播种量 400～500 克，种植密度 14 厘米×14 厘米。③菜薹长至与外叶平齐应及时采收。

适宜区域：该品种适宜在广东省菜心产区种植。

446. 临芦1号

认定编号：甘认菜 2013075

选育单位：临夏州农业科学院

品种来源：用潍坊芦笋的优良变异株杂交选育而成

特征特性：早熟绿笋专用型品种，全生育期 204 天，叶色深绿，定植第三年鲜笋采收时嫩茎平均粗 1.3 厘米、长 28.9 厘米，笋条直，粗细均匀，第一分枝高度 45.3 厘米，商品笋达 90％以上。鲜样含蛋白质 3.25％、脂肪 0.2％；维生素 B_1 0.38 毫克/100 克、B_2 0.679 毫克/100 克；铁 9.2 毫克/100 克、镁 172.2 毫克/100 克、钙 30.2 毫克/100 克；天冬氨酸 115.13 毫克/100 克、苏氨酸 14.13 毫克/100 克、赖氨酸 21.50 毫克/100 克等多种营养成分。在临夏抗茎枯病、根腐病等病害。

产量表现：在 2006—2007 年多点试验中，平均亩产 885.2 千克，比对照 UC800 增产 34.1％。

栽培技术要点：4 月上中旬采用阳畦、温室内塑料钵育苗。行距 0.7～1.0 米，株距 0.30 厘米，每亩施腐熟的有机肥 5000 千克，秋季小麦收获后或第二年春季定植，移栽后及时灌水。6～7 月每亩追施复合肥 20～25 千克。4 月上旬（采芦笋前半月）进行培垄。秋季定植的第二年春季或春季定植的当年不采笋进行营养生长，定植第二年或第三年 4 月中下旬开始留母茎 5～6 株采笋。采笋结束后要及时进行放垄，亩施腐熟有机肥 5000 千克、复合肥 100 千克。

适宜区域：该品种适宜在甘肃省临夏州及同类地区种植。

447. 金蒜 3 号

审定编号：鲁农审 2010063 号

选育单位：山东润丰种业有限公司

品种来源：常规品种，金乡紫皮变异株无性系选育而成。

特征特性：该品种生育期 243 天，株高约 100 厘米，株型较大，假茎粗 1.8～2.0 厘米；叶色浓绿，总叶片数 17 片；蒜头外皮微紫红色，高 4.9～5.4 厘米，单头直径 5.5～6.0 厘米，单头重 70～80 克；蒜瓣外皮紫红色，大小均匀，排列整齐而紧凑；单头瓣数外缘 9～10 个，内层 3～5 个。蒜薹直径约 0.6 厘米，长度约 70 厘米；抽薹率 96.4%。区域试验试点调查：未发现大蒜叶枯病、灰霉病、病毒病，与对照金乡紫皮（下同）相当。商品品质明显优于对照。

产量表现：在 2007—2008 年山东省大蒜区域试验中，蒜头、蒜薹平均亩产分别为 1652.3 千克、452.9 千克，分别比对照增产 3.1%、25.8%；2008—2009 年生产试验蒜头、蒜薹平均亩产分别为 2614.5 千克、406.7 千克，分别比对照增产 12.9%、7.6%。

栽培技术要点：播种期 10 月 1 日～10 日，适宜密度为每亩 22000～26000 株，地膜覆盖栽培，5 月 5 日前后蒜薹收获结束后，浇 1 次透水。其他管理同一般大田。

适宜区域：该品种适宜在山东省种植利用。

448. 华芥 1 号

审定编号：鄂审菜 2013006

选育单位：华中农业大学

品种来源：用"0912A"作母本、"X2"作父本配组育成的杂交叶用芥菜品种。

特征特性：株型直立，单株分蘖数为 18 个左右。叶缘锯齿状、深裂刻，叶面光滑，叶色淡绿；叶柄肥厚、脆嫩；外叶长 61～72 厘米、宽 17.8～22 厘米，叶柄长 7.2 厘米左右、宽 1.94 厘米左右。单株鲜重 1 千克左右。较耐抽薹。芥辣味浓、质地脆嫩，适作腌制菜食用。武汉地区 8 月中旬左右播种，生育期 60 天左右；9月上旬播种，生育期 80 天左右。经农业部食品质量监督检验测试中心（武汉）测定：蛋白质含量 1.72%，可溶性糖含量 1.24%，维生素 C 含量 855.2 毫克/千克。

产量表现： 2008—2012 年在武汉、襄阳、荆门等地试验、试种，一般亩产鲜菜 3000 千克左右。

栽培技术要点： ①适时播种，合理密植。育苗移栽种植，8月中旬至 9 月中旬播种，苗龄 25～30 天，亩定植密度 3500～4000株。②科学肥水管理。底肥以有机肥为主，适当增施磷、钾肥。定植成活后亩施尿素或三元复合肥 15 千克左右。全生育期保持土壤湿润，收获前半月停止浇水、追肥。③注意防治病虫害，并及时采收，防止抽薹。

适宜区域： 该品种适宜在湖北省种植。

449. 涪杂 8 号

审定编号： 渝审芥 2013001
选育单位： 重庆市涪陵区农业科学研究所
品种来源： 96145-1A×203
特征特性： 晚熟杂交一代茎瘤芥品种，播种至现蕾 160～165天，瘤茎膨大期 60～65 天。株高 30～35 厘米，开展度 50～65 厘米，叶长椭圆形、绿色，叶面微皱，叶背具少量刺毛但无蜡粉，叶缘浅裂细锯齿，裂片 3～4 对。瘤茎近圆球形，皮色浅绿，无蜡粉刺毛，瘤茎上每一叶基外侧着生肉瘤 3 个，中瘤稍大于侧瘤，肉瘤钝圆，间沟浅。该品种瘤茎皮薄筋少，无空心，脱水速度快，菜形及加工适应性较好。加工鲜食均可。经重庆市涪陵区农科所室内人工接种鉴定：芜青花叶病毒病平均发病率 100%，平均病情指数68.9，发病率与对照永安小叶（下同）相同，病情指数比对照低25.0，属中感品种。经农业部农产品质量安全监督检验测试中心（重庆）检测结果：瘤茎皮筋含量 4.05%，空心率 0，加工成菜率35.2%，瘤茎含水量 95.16%，菜形指数 1.06，粗纤维（干基计）11.3‰，粗蛋白（干基计）28.9‰。

产量表现： 2010 年和 2011 年两年区试，平均亩产 3104.5 千克，比对照增产 57.1%，差异极显著。2011 年重庆市茎瘤芥晚熟新品种生产试验，平均亩产 2905.5 千克，比对照增产 29.3%。

栽培技术要点：该品种 10 月 10 日前后播种。采用育苗移栽，培育壮苗。5～6 片真叶时移栽，栽插规格 19.8 厘米×33.3 厘米，每窝单株，亩植 10000 株左右。移栽前亩用过磷酸钙 50.0 千克或磷酸一铵 14 千克、氯化钾 5.0 千克作基肥窝施，移栽后及时施定根水；追肥 2 次，第一次于菜苗返青成活后用尿素 7.0 千克/亩配合适当人畜粪水施提苗肥，第二次于 12 月上中旬瘤茎膨大始期用尿素 23.0 千克/亩配合人畜粪水施膨大肥。翌年 3 月下旬至 4 月上旬收获。注意防治根肿病、病毒病。

适宜区域：该品种适宜在重庆市海拔 600 米以上茎瘤芥产区作第二季榨菜栽培。

450. 余榨 2 号

审定编号：浙（非）审蔬 2010003

选育单位：余姚市种子管理站

品种来源："余姚缩头种"系统选育

特征特性：中熟，半碎叶型；株高 50 厘米左右，株型紧凑；叶片较宽、中肋上略有蜡粉、刺毛稀疏；瘤状茎沟较浅、较大而钝圆，茎形指数 1 左右；单茎鲜重 300 克左右；播种至采收约 180 天，田间表现病毒病较轻。皮色浅绿，腌制后色泽较好。

产量表现：经多点试验，2007—2008 年度平均产量 4965 千克/亩，比对照余姚缩头种（下同）增产 10.8%；2008—2009 年平均产量 3638 千克/亩，比对照增产 10.5%。

栽培技术要点：前作是水稻的种植密度 12000 株左右，其他前作 20000 株左右。栽培上配施磷、钾肥，瘤状茎膨大后期控制肥水；稻田防渍害。

适宜区域：该品种适宜在浙江省作春榨菜种植。

451. 苏芹杂 5 号

鉴定编号：苏鉴水芹 201202

选育单位：苏州市蔬菜研究所

品种来源：以常熟白芹为母本、玉祁红芹为父本杂交，经株选和系谱选育，于 2007 年育成。

特征特性：属圆叶类型水芹品种。中熟，从种植到采收约 61 天。生长势强。株高 48.3 厘米，较直立，叶片绿色，叶尖略红，小叶卵圆形、稍尖、绿色、波状缺刻，假茎粗 1.50 厘米、略呈紫红色、分蘖力强、无分枝，株高 100 厘米，茎粗 0.72 厘米，茎色黄绿，口感脆嫩，风味好。具有抗逆性。

产量表现：2010 年参加江苏省鉴定试验，平均亩产 4285.5 千克，比对照玉祁红芹增产 19.5%。

栽培技术要点：①适期播种。露地栽培，江苏地区一般为 9 月上旬种植，用种茎无性繁殖，亩用种量 200～250 千克。株行距5～8 厘米。②肥水管理。施足基肥，一般亩施腐熟有机肥 2500 千克、45%氮、磷、钾三元复合肥 30 千克左右；种植后 20 天左右，植株高 10 厘米左右时，追施复合肥 1 次，以后每隔 15 天左右适量追肥 1 次，也可用 0.1%尿素和 0.2%磷酸二氢钾进行根外追肥。栽培过程中保持 2～3 厘米浅水层。连续阴雨天应注意防涝。③病虫害防治。预防为主，农业防治和药剂防治相结合，注意防治蚜虫。

适宜区域：该品种适宜在江苏省秋冬季和早春栽培。

452. 桂蹄 2 号

审定编号：桂审蔬 2010002 号

选育单位：广西农业科学院生物技术研究所

品种来源：对广州番禺地方荸荠种进行茎尖组织培养快速繁殖产生变异，从变异群体中选出优良变异株。

特征特性：苗期 25 天，大田繁苗期 50～60 天，大田生育期 140～150 天，有较强的分株能力，繁殖系数 20 倍，不易感秆枯病，花穗形成较早，植株高度约 95～105 厘米，球茎大，呈扁圆形，脐微凹，横径 3.5～5.5 厘米，纵径约 2.5 厘米，单球茎平均重 26 克，最大 50 克/个，鲜球茎总糖含量约 6.0%，淀粉含量约 7%，肉嫩多汁、清甜脆口，芽粗，皮红棕色、稍厚，较耐储运，亩产球茎 2500～3500 千克，大中果重占总质量的 85%以上；球茎 5.0 厘米、匍匐茎粗 0.5 厘米、茎状叶颜色浓绿。该品种以鲜食为主，也适用于加工。

产量表现：2007 年在平乐青龙乡种植 20 亩，平均产量 2750 千克/亩。2008 年在平乐青龙乡和钟山县清塘镇种植 50 亩，平均产量为 3040 千克/亩。2009 年在平乐青龙乡种植 2 亩，平均产量为 2980 千克/亩。2008 年 7 月下旬在柳城县旧县村试种 5 亩，产量 3181 千克/亩。2008 年在贵港市桥圩镇布点试种 5 亩，产量为 3435 千克/亩。2009 年 7 月下旬在贵港市桥圩镇种植 4 亩，12 月 7 日进行田间测产，产量 4335 千克/亩，大中果率 85%。2008 年在贺州市八步区、桂平管理区、桂林市荔浦县等地试种，产量都在 2500 千克/亩以上。

栽培技术要点：①在 4 月中下旬至 5 月上旬育苗，25 天后移入大田进行繁殖，繁苗时间 50 天左右，每株组培苗大约分株 15 兜。②定植时间大约在 7 月中旬至 8 月上旬，株行距 40 厘米×50 厘米。③基肥为腐熟农家肥料 500 千克/亩、复合肥 15 千克/亩、钙镁磷肥 40～50 千克/亩；定植 15 天追肥，尿素 5 千克/亩＋复合肥 5 千克/亩，30 天后复合肥 20 千克/亩，35 天后肥料比例配施按氮：磷：钾＝1：1：4，每隔 10～15 天施 1 次肥，前期以勤施薄施为主，配合使用适量微量元素肥。④定植到封行前，保持水层大约 5～10 厘米，封行后，进行 1 次排水晾田 2～3 天，11 月底（收获前 20 天）排干田水，等待采挖。⑤病虫防治：预防秆枯病、枯萎病及茎基腐病，每亩可用细硫黄粉（4～5）千克＋50%多菌灵 0.5 千克＋75%敌克松可湿性粉剂 0.5 千克分别结合施肥或单独与细泥沙 20 千克配成菌土，在 8 月中旬、9 月中旬各施 1 次，效果良好。在分蘖盛期或发病初期要及时用药，可选用 25%多菌灵可湿性粉剂和 25%敌力脱乳油等杀菌剂防治。⑥虫害防治。在田间悬挂诱虫灯诱杀成虫，并在卵块孵化高峰前 2～3 天用药，以 5%氟虫腈（锐劲特）800 倍液；或高氯氰菊酯加久效磷复配成 500 倍液喷雾。

适宜区域：该品种适宜在广西壮族自治区桂林、贺州、柳州马蹄种植区种植。

453. 兴芋 1 号

审定编号：黔审芋 2009001 号

选育单位： 黔西南州农业科学研究所

品种来源： 从芭蕉芋地方品种"紫叶红花"中发现的绿叶黄花突变株，经系统选育而成。

特征特性： 全生育期 218 天左右。株型紧凑，株高 216 厘米。平均每穴芽蘖数 12.9，叶片较小，其叶片长 44 厘米、宽 23 厘米。叶片及叶鞘绿色，芽浅绿色，花黄色。经贵州大学农学院品质分析测定：淀粉含量 57.102%（干重）。较耐瘠，较抗野菰寄生。

产量表现： 2007—2008 年区域试验两年平均亩产 2957.0 千克，比原品种增产 9.9%，增产点达 100%。2009 年生产试验平均亩产 3287.2 千克，比原品种增产 12.7%，增产点达 100%。

栽培技术要点： ①选地。应选择海拔在 900～1600 米之间，阳光充足，昼夜温差大，排灌方便的缓坡地、山间的斜坡地、谷地为宜。要求土层深厚，疏松肥沃，富含有机质和腐殖质的中性偏酸的沙壤土。整地时应做到深耕细耙，有利于播种和出苗。②选种和种子处理。芭蕉芋常用块茎芽繁殖，应选择无病菌、无破烂、适当大小的种子。如果种子较大，可以把它分割成片段，各带芽 2～3 个，伤口处最好抹草木灰消毒，然后用 75% 的多菌灵药液喷洒于种子上，稍微晾晒后即可播种。③播种。在 2～3 月即可播种。用种量每亩 200～300 千克；芭蕉芋分蘖能力非常强，播种时行株距宜（80～100）厘米×（60～70）厘米为宜，即每亩种植 1300 株左右，播种深度 8～10 厘米，播种时让种子的幼芽一律朝上，并用手轻按入细土中。每亩施农家肥 1300 千克。当土温达 16℃ 以上开始萌芽，一般在播种后 20～30 天即可出苗。④田间管理。出苗后，要及时中耕除草。为促进生长和防止倒伏，生长期需培土 1～2 次。培土、除草和施肥可根据具体情况结合操作。前期根据苗情可追施提苗肥，每亩用 15～20 千克尿素作追肥，开花前增施 1～2 次磷、钾肥，以促进茎根生长。开花后将花及时抽去，以免消耗养分，并可以促进新芽抽出，增加产量。茎根怕积水，地上茎高 1～2 米，怕强风。⑤病虫害防治。主要有芽腐病、茎腐病、野菰寄生危害，可用克菌星或腐烂灵来防治。因此，要注意轮作，减少野菰寄生。⑥采收与储藏。地上部枯萎后，即可进行采收。若要留种，抖去泥土后，需晾晒 3～5 天，可盖草帘或旧薄膜过夜，晒至微焉时，即可储藏。晾晒过程中要注意剔除破损严重的和衰老的茎块。在茎根表面喷洒 1 次 75% 多菌灵 500 倍液防治霉烂，可在窑里或冷凉的室内用湿沙埋好储藏。

适宜区域：该品种适宜在贵州省黔西南州芭蕉芋主产区种植。

454. 桂特一号大叶韭

审定编号：桂审蔬 2012009 号

选育单位：广西壮族自治区农业科学院蔬菜研究所，南宁市蔬菜研究所

品种来源：从广西金秀大瑶山野生群体种中驯化、筛选而成。

特征特性：鳞茎狭圆锥形，外皮膜质，弦状侧根发达，叶色嫩绿，叶面光滑，叶脉明显、突起，叶基生、叶片略呈三棱状长线条形。叶片宽 1.5～2.5 厘米，长 30～40 厘米，叶片厚、脆嫩。花薹圆柱状或略呈三棱状，伞形花序顶生，花白色，果实为蒴果、倒卵形，种子黑色。

产量表现：2009—2011 年在南宁、金秀等地试种，亩产 1491 千克。2011 年广西农作物品种审定委员会办公室组织有关专家在南宁市蔬菜研究所基地验收，亩产 554.3 千克。

栽培技术要点：①选择肥沃的土壤做畦种植，畦宽 100 厘米，畦沟宽 30 厘米，株行距 20 厘米×22 厘米。亩施腐熟的有机肥 2000 千克、30% 含硫复合肥 90 千克、46% 氮肥 20 千克作基肥。②采用平棚遮阳网或其他遮阳措施栽培。③每隔 30 天左右，采收 1 次。采收时，离基部 2 厘米收割。每次采收后，淋施水溶性肥或喷施叶面肥、施肥入土等方式，因桂特一号大叶韭属喜硫蔬菜，需硫量很大，栽培时要多施鸡粪等含硫肥料。④连作 3 年后，宜换地种植。

适宜区域：该品种适宜在桂中、桂南韭菜产区种植。

455. 白翠香实芹

审定编号：川审蔬 2012017

选育单位：绵阳市全兴种业有限公司

品种来源：1999 年用津南实芹与绵阳市地方品种米汤白芹天

然杂交后代中采集米汤白芹植株种子，经过 7 代系统选育而成。

特征特性： 植株健壮，成株高 40～60 厘米。叶柄壮实、白色、实心、纤维较少，叶色嫩绿；肉厚，口感脆嫩，香味浓郁，单株重 255 克，较耐储运。田间表现较抗病。

产量表现： 3 年省内多点试验，平均亩产量 7550 千克，比对照米汤白芹（下同）增产 30％。2009—2010 年生产试验，平均亩产 7599 千克，比对照增产 31.4％。

栽培技术要点： ①播期：直播、育苗移栽均可，秋播 7 月上旬至 10 月上旬分期播种。②定植。当苗长 5～6 片真叶选壮苗定植，一般秋播在 9 月上旬至 11 月上旬定植。③密度：行株距 0.2～0.15 米，亩植 2 万～3 万株。④田间管理。定植后要小水勤浇，保持土壤湿润，促进成活，重施磷肥及农家有机肥，结合各生育期勤施清淡粪水，注意中耕除草、病虫害防治。

适宜区域： 该品种适宜在四川芹菜产区种植。

456. 冠华 5 号节瓜

审定编号： 粤审菜 2012011

选育单位： 广州市农业科学研究院

品种来源： 粤农节瓜 01-2-4-2-3-1-2/茂选 025-2

特征特性： 杂交一代品种。植株生长势强，分枝性春季表现强、秋季中等，叶片绿色。从播种至始收春植 79 天、秋植 54 天，延续采收期春植 37 天、秋植 34 天，全生育期春植 116 天、秋植 88 天。第一朵雌花着生节位 7.9～10.4 节，第一个瓜坐瓜节位 9.6～12.8 节。瓜呈圆筒形，皮绿色，无棱沟，花点小而多。瓜长 20.2～20.8 厘米，横径 7.50～8.22 厘米，肉厚 1.35～1.44 厘米。单瓜重 691.2～820.2 克，单株产量 1.29～2.28 千克。肉质致密，商品率 90.11％～94.54％。抗病性鉴定结果：高感疫病，中抗枯萎病。田间表现耐热性、耐寒性和耐旱性强，耐涝性中等。品质较好，感观品质鉴定为良，品质分 82.9 分。理化品质检测结果：粗蛋白含量 0.71 克/100 克，维生素 C 含量 394 毫克/千克，可溶性固形物含量 3.7 克/100 克。

产量表现： 2010 年秋季初试，平均亩总产量 2549.56 千克，比对照冠华 3 号（下同）增产 20.48％，增产达极显著标准；前期平均亩产量 1296.75 千克，增产 29.84％，增产达极显著标准。2011 年春季复试，平均亩总产量为 4361.02 千克，比对照增产 18.17％，增产达极显著标准；前期平均亩产量 1648.44 千克，增产 31.57％，增产达极显著标准。

栽培技术要点：①12 月下旬至翌年 8 月播种。②育苗移栽每亩用种量 80～100 克，直播每亩用种量 120～150 克。③每亩种植 1800～2200 株。④注意防治节瓜蓟马和疫病。

适宜区域：该品种适宜在广东省节瓜产区春、秋季种植。

457. 揭农 4 号小白菜

审定编号：粤审菜 2011007

选育单位：揭阳职业技术学院，揭阳市保丰种子商行，仲恺农业工程学院

品种来源：从江苏地方品种矮箕大黄叶（无锡白）群体中选出的变异单株

特征特性：属常规黄叶小白菜品种。冬性较强，中早熟，从播种至初收 35～54 天。生长势强，株型紧凑较直立。商品菜株高 27.7～28.9 厘米，开展度 24.7～25.4 厘米，总叶片数 7～8 片；叶片长 26.6～27.1 厘米、宽 16.4～16.7 厘米、卵圆形、全缘、绿色；叶面平滑无刺毛、无蜡粉，主脉白色，支脉浅绿色；叶柄及中肋长 12.9～13.3 厘米，叶柄宽 2.9～3.0 厘米，叶柄厚 6.0 毫米，叶柄扁，基部内凹，无叶翼，白色；商品菜的单株净重 72.2～92.6 克，净菜率 94％。田间表现对病毒病、软腐病和叶斑病的抗性较强；耐寒性较强，耐旱性和耐涝性中等，耐热性弱。食味佳，品质优。检测结果：可溶性固形物含量 3.87％，维生素 C 含量 35.1 毫克/100 克，粗蛋白含量 1.38％，粗纤维含量 0.44％。

产量表现：2009 年冬季和 2010 年春季在揭阳市榕城区、普宁市、汕头市和潮州市四个试点进行品种比较试验，冬季平均亩产 1734.86 千克，比对照种矮箕大黄叶（无锡白）增产 30.81％，增产达极显著水平；春季平均亩产 1395.56 千克，比对照种增产 28.10％，增产达极显著水平。

栽培技术要点：①粤东平原地区适播期 11 月上旬至翌年 2 月下旬。②基肥每亩施尿素 20～25 千克或复合肥 50 千克。③追肥采用三元复合肥，每亩追肥总量 15～25 千克，追肥不宜直接施用尿素。④注意防治跳甲和小菜蛾，交替使用多种不同农药，初收前一周停止喷药。

适宜区域：该品种适宜在粤东平原地区及气候相似地区作冬、春季种植。

458. 京秋娃娃菜

审定编号：京审菜 2009003

选育单位：北京市农林科学院蔬菜研究中心，北京京研益农科技发展中心

品种来源：06-699×06-459

特征特性：秋播小株型品种，成熟期 56 天，株型半直立，株高 32 厘米，开展度 36 厘米，叶色绿，叶球合抱，筒形，球色绿，心叶浅黄色，叶球高 24 厘米，直径 10 厘米，球形指数 2.4，外叶数 8 片，球叶数 38 片，叶球重 0.6 千克，净菜率 62.4%。苗期人工接种抗病性鉴定结果为抗霜霉病，高抗病毒病，抗黑腐病。

产量表现：2007—2008 年两年区域试验，净菜平均亩产 5568 千克；2008 年生产试验净菜平均亩产 5988 千克。

栽培技术要点：7 月下旬至 8 月下旬间可排开播种，栽培简易，管理同普通早熟大白菜，要求密植。干旱半干旱地区可采用窄垄双行种植，垄宽 53 厘米，株距约 20 厘米，潮湿多雨地区可采用高畦，每畦定植 4～6 行，行株距 25 厘米×25 厘米。每亩种植密度约 8000～10000 株，亩用种量 200～300 克。

适宜区域：该品种适宜在北京地区秋播种植。

459. 浙芸 3 号

审定编号：浙（非）审蔬 2010006

选育单位：浙江省农业科学院蔬菜研究所

品种来源：武义农家品种"红花褐籽四季豆"系统选育

特征特性：植株蔓生，生长势较强，平均单株分枝数 1.9 个左

右；三出复叶长和宽分别为 11 厘米和 13 厘米左右；花紫红色，主蔓第 6 节左右着生第一花序；每花序结荚 2～4 荚，单株结荚 35 荚左右；豆荚较直，商品嫩荚浅绿色，荚长、宽、厚分别为 18 厘米、1.1 厘米和 0.8 厘米左右，平均单荚重约 11 克。豆荚商品性佳、食用品质优。耐热性较强。种子褐色，平均单荚种子数约 9 粒，种子千粒重 260 克左右。

产量表现： 2008—2009 年经杭州、遂昌、磐安多点品种比较试验，平均亩产量分别为 1544 千克和 1632 千克，分别比对照红花白荚（下同）平均增产 6.6% 和 5.8%，两年平均 1588 千克，比对照增产 6.2%。

栽培技术要点： 平原地区春、秋季分别在 2～3 月和 8 月播种；高山栽培 4 月下旬至 7 月初播种。

适宜区域： 该品种适宜在浙江省种植。

460. 浙茭 6 号

审定编号： 浙（非）审蔬 2012009

选育单位： 嵊州市农业科学研究所，金华水生蔬菜产业科技创新服务中心

品种来源： 浙茭 2 号变异株系选

特征特性： 该品种属双季茭白类型，植株较高大，秋茭株高平均 208 厘米，夏茭株高 184 厘米；叶宽 3.7～3.9 厘米，叶色比对照浙茭 2 号（下同）稍深，叶鞘浅绿色覆浅紫色条纹，长 47～49 厘米，秋茭有效分蘖 8.9 个/墩。孕茭适温 16～20℃，春季大棚栽培 5 月中旬至 6 月中旬采收，露地栽培约迟 15 天，比对照早 6～8 天。秋茭 10 月下旬至 11 月下旬采收，比对照迟 10～14 天。壳茭重 116 克；净茭重 79.9 克；肉茭长 18.4 厘米、粗 4.1 厘米；茭体膨大 3～5 节，以 4 节居多，隐芽白色，表皮光滑，肉质细嫩，商品性佳。经农业部农产品及转基因产品质量安全监督检验测试中心（杭州）检测：干物质含量 4.42%，蛋白质含量 1.12%，粗纤维含量 0.9%，可溶性总糖含量 3.01%。田间表现抗性与对照相近。

产量表现： 经 2008—2011 年三个年度多点试验，秋茭平均亩产 1580 千克，比对照增产 19.9%；夏茭平均亩产 2504 千克，比

对照增产 12.9%。

栽培技术要点：孕荚期慎用杀菌剂。

适宜区域：该品种适宜在浙江省种植。

461. 红洋 3 号

认定编号：甘认菜 2013077

选育单位：酒泉市农业科学研究所

品种来源：以黄皮 22 号为母本、红皮 19 号为父本组配的杂交种，原代号 09003。

特征特性：中早熟品种。叶鞘淡紫色，叶直立，叶色深绿，有蜡质，株高 85～90 厘米，鳞茎圆形，皮红色。纵径 9.2～10.0 厘米，横径 8.8～9.6 厘米，鳞片层数 13～15 层，单球质量 344 克，硬度中，肉质较细，肥厚多汁，不易掉皮，抗寒，抗抽薹。经田间调查：抗霜霉病、紫斑病，轻感软腐病。

产量表现：2009—2011 年多点试验，平均亩产 8110.7 千克，比对照增产 22.6%。在 2010 年和 2012 年生产试验平均亩产量 7798.0 千克，较对照增产 27.0%。

栽培技术要点：1 月初育苗 4 月初移栽，定植密度是 2.6 万株/亩。底肥一次性亩施磷酸二铵 35～45 千克，追肥，结合浇水分 4～5 次亩追施 46%尿素 61～76 千克。全生育期须浇水 6～8 次。

适宜区域：该品种适宜在甘肃省河西灌区及相同生态区种植。

Ⅷ. 食用菌

462. 闽苓 A5

认定编号： 闽认菌 2013001

选育单位： 福建省农业科学院食用菌研究所

品种来源： 原名"川杰 1 号－A5"，以"闽苓"为亲本进行原生质体紫外诱变选育而成。

特征特性： 平皿菌落形态初呈放射状生长，偏贴生，后呈浓疏相间的波浪状"同心环"，菌丝生长强壮有力，抗逆性强。接种后 3～4 个月开始结苓，结苓集中在松蔸 1 米直径范围内，10～12 个月采收。菌核形态不规则，直径 10～30 厘米，单核重 2～5 千克。经邵武市植保植检站实地调查，菌丝生长阶段有少量霉菌发生、少量白蚁，结苓后期有少量烂苓、少量白蚁，与对照 5.78（下同）相当。经福建省分析测试中心检测：茯苓块（干品）含粗蛋白 1.36%、粗脂肪 0.6%、三萜类 0.059%、总糖 0.50%、水分 14.4%。

产量表现： 经邵武、长汀、尤溪等地 3 年区试，平均单蔸（蔸直径 25±5 厘米）产量 15.89 千克，比对照增产 52.35%。

栽培技术要点： 适宜松蔸栽培，无需对松蔸断根处理。苓场海拔 300～1500 米，坡度 10°～50°，土壤 pH5～6；选择直径 20 厘米以上健康松蔸；接种前 1 个月对松蔸进行削皮处理，无需断根；

5～9 月接种，接种量依树蔸大小而定，蔸直径 20～30 厘米每蔸 1 袋（每袋 0.5 千克）、蔸直径 30 厘米以上每蔸 2～3 袋。接种 3～4 个月后要经常巡查苓场，及时培土，防止积水；接种 10～12 个月菌核成熟后及时采收。

适宜区域：该品种适宜在福建省海拔 300～1500 米有松蔸资源的地区栽培。

463. 武芝 2 号

认定编号：闽认菌 2012002

选育单位：武平县食用菌技术推广服务站，福建仙芝楼生物科技有限公司，武平盛达农业发展有限公司，福建省农业科学院食用菌研究所

品种来源：原名"S2"，从梁野山自然保护区采集的野生紫芝，通过组织分离和驯化栽培，获得的紫芝品种。

特征特性：生长周期 130 天左右，子实体多单生；菌盖近圆形，直径 8～30 厘米，中心厚 1.25～2.35 厘米，中央略下凹，紫褐色至紫黑色，表面具同心环纹和放射状纵皱或皱褶，有似漆样光泽；菌肉棕褐色，质地坚硬，朵形美观；菌柄多数中生，长度为 5～15.9 厘米。经龙岩市植保站田间调查：菌丝培养期间杂菌感染率 1.20%，低于当地主栽品种紫芝 X5，田间出芝阶段未发现病虫害。经福建省分析测试中心检测：每百克灵芝（干样）含粗蛋白 13.3 克、灵芝多糖 0.24 克（以葡萄糖计）、粗脂肪 1.5 克，品质优于对照紫芝 X5。

产量表现：经武平、上杭、新罗、永定、浦城、泰宁等地多年多点试种，平均每立方米椴木产灵芝（干品）25.05 千克，比当地主栽品种紫芝 X5 增产 9.15%。

栽培技术要点：每年 10 月下旬至翌年 3 月制作栽培袋。选用不含挥发油的枫树、锥栗等阔叶树木材，锯成 28～30 厘米长，含水量 40%～55%。菌丝培养适宜温度 23～26℃，遮光培养。菌丝走透后继续培养至表面形成黄色突起，温度稳定在 20℃以上即可下地出芝管理，覆土厚 2～4 厘米。出芝阶段适宜温度 25～30℃，相对湿度 90%～95%，保持一定的散射光。

适宜区域：该品种适宜在福建省灵芝产区椴木熟料栽培。

464. 福姬 77

认定编号：闽认菌 2013003

选育单位：福建省农业科学院土壤肥料研究所，福建农林大学生命科学学院，福建省农业科学院农业生态研究所

品种来源：原名"福姬 J$_{77}$"，以日本引进姬松茸品种'J$_1$'菌丝体为材料，采用^{60}Co γ 射线和紫外线复合照射选育而成。

特征特性：属姬松茸品种，子实体单生、群生或丛生，伞状，菌盖直径平均 4.94 厘米，菌盖厚度平均 2.67 厘米，菌肉厚度平均 0.76 厘米。原基近白色，菌盖半球形、边缘乳白色、中间浅褐色；菌肉白色，受伤后变微橙黄色。菌褶离生，密集，宽 6～8 毫米。菌柄圆柱状、上下等粗或基部膨大，初期实心，后期松至空心，表面白色，平均长度 5.45 厘米、直径 2.00 厘米。经福建省莆田市荔城区植保植检站实地调查，该品种和对照 J$_1$ 在子实体和菌床上均未发现白色石膏霉、鬼伞菌、胡桃肉状菌、疣孢霉、绿霉等病杂菌危害，均未见有线虫、螨类、菇蚊、菇蝇等虫害发生。经福建省测试所检测：子实体含粗蛋白质 40.30%、粗脂肪 2.00%、粗纤维 6.39%、镉 1.6 毫克/千克；经福建省农业科学院中心化验室检测：氨基酸总量 23.63%，品质优于对照。

产量表现：经莆田、仙游、顺昌、武夷山等地两年区域试验，平均每平方米产量 7.38 千克（生物转化率 27.6%），比对照增产 30.85%。

栽培技术要点：适宜播种期春季为 3 月中旬至 4 月中旬，秋季为 8 月底至 9 月中旬；培养基配方：稻草 78%、牛粪 16%、碳铵 1.5%、过磷酸钙 1.5%、石膏 1.5%、熟石灰 1.5%。培养料前发酵 13～18 天、翻堆 3～4 次，后发酵 57～59℃保持 10 个小时、48～52℃保持 4～5 天；培养料发酵后的 pH 6.5～7.0，含水量为 61%～66%；麦粒种播种量每平方米为 1.5～2 瓶（湿重为 1200～1600 克）；覆土材料适宜含水量为 23%～24%；菌丝生长的适宜温度为 23～26℃，子实体发育适宜温度为 22～27℃；出菇适宜的空气相对湿度为 85%～95%。

适宜区域：该品种适宜在福建省栽培。

465. 川耳 6 号

审定编号：川审菌 2012004

选育单位：四川省农业科学院土壤肥料研究所

品种来源：从毛木耳琥珀木耳中获得自然变异白色耳片，通过组织分离获得菌种，经系统选育而成。

特征特性：耳片为片状，颜色为白色，柔软，直径 13.7～26.4 厘米，厚 0.13～0.18 厘米，耳片表面有少量耳脉，腹面茸毛白色、密、短，耳片颜色不受光照影响。菌丝体生长温度为 15～35℃，最适生长温度为 30℃；耳片生长温度为 18～30℃，最适生长温度为 22～28℃。干耳片样品中蛋白质含量 7.69%、粗脂肪含量 0.152%、粗纤维含量 31.0%、氨基酸含量 6.24%。

产量表现：经过 2 年 2 批次品种比较试验，生物学效率平均为 84.69%，较对照琥珀木耳增产 11.65%。

栽培技术要点：①栽培方式为塑料袋栽。②栽培主料为棉籽壳、阔叶树木屑和玉米芯，辅料为麸皮、玉米粉等。③栽培季节。自然条件下适宜在 4～9 月栽培出耳。④出耳管理。出耳期间温度控制在 18～30℃、空气相对湿度 85%～95%、光照强度 3～300 勒克斯，通风良好。将菌袋排放在床架上，打开袋口出耳和在袋身上开口出耳。

适宜区域：该品种适宜在四川省毛木耳产区栽培。

466. 农金 3 号

认定编号：闽认菌 2012005

选育单位：福建农林大学菌物研究中心

品种来源：原名"F0303"，以三明一号与金 21 的杂交后代（F1-160）与金 3 杂交选育而成。

特征特性：属金针菇新品种，菌盖白色、半球形、圆整、边缘内卷，相对湿度低于 80% 时，菌盖中央略显淡黄色，平均直径 0.88 厘米。菌柄白色、圆柱形、中空，长度平均 12.9 厘米，基部有茸毛。菌丝灰白色、茸毛状、浓密、较细，略有爬壁现象，易形成粉孢子。栽培周期 54 天，比对照 8801（下同）短 12 天。经福建省农科院植保所实地调查，子实体黑条病发病率 0.71％，与对照相当，没有发现其他病虫害。经福建省分析测试中心检测：每百克鲜菇含粗纤维 1.8 克、粗蛋白 2.45 克、氨基酸 1.8 克，品质优于对照。

产量表现：经福州、泉州、宁德等地多年多点试种，平均每袋（干料 400 克）产量 322 克，比对照增产 9.9％。

栽培技术要点：培养料配方：棉籽壳 33％、蔗渣 33％、麦皮 30％、玉米粉 2％、碳酸钙 1.5％、石灰 0.25％、过磷酸钙 0.25％，含水量为 65％左右。装料高度约 15 厘米，干料重约 400 克。发菌期培养室温度 20～22℃、空气相对湿度 70％左右、避光并适当通风。菌丝长满袋后逐渐降温至 12～13℃，诱导菇蕾形成。采用"再生法"出菇管理。子实体生长适宜温度 6～8℃、空气相对湿度 85％～90％、弱光。

适宜区域：该品种适宜在福建省工厂化袋式栽培。

467. 川金 9 号

审定编号：川审菌 2012002

选育单位：四川省农业科学院土壤肥料研究所

品种来源：以 F2121 菌株单核体与白色金针菇 F_4 为亲本，通过双单杂交选育获得。

特征特性：商品菇子实体为菌盖白色、半球形、厚、不易开伞，菌盖直径 0.72～1.26 厘米；菌柄白色，菌柄长度 18～20 厘米、直径 0.37～0.62 厘米，大小均匀，实心硬挺，菌柄基部无茸毛、粘连度轻，较细。菌丝体生长温度为 5～30℃，最适生长温度 25℃；子实体生长温度为 6～20℃，最适生长温度为 8～16℃。干菇样品中蛋白质含量为 27.6％，脂肪含量为 1.36％，氨基酸总量为 20.8％。

产量表现：2 年 2 批次品种比较试验，人工控制温度条件下第一潮菇平均产量为 0.494 千克/袋，生物学效率 82.17％，比对照 F_4 和江山白菇分别增产 21.37％和 15.19％。自然条件下平均产量为 1.46 千克/袋，生物学效率为 97.33％，较 F_4 和江山白菇分别增产为 21.67％和 20.67％。

栽培技术要点：①栽培季节：设施栽培周年生产；自然气候条件下，在 11 月至翌年 3 月栽培；②栽培原材料：主料为棉籽壳、废棉、玉米芯等，辅料为麸皮、玉米粉和米糠等；③出菇管理：设施栽培出菇期间温度控制在 6～10℃，空气相对湿度 85％～95％，光照强度 5～50 勒克斯，二氧化碳浓度在 8000 毫克/千克以下。自然气候条件下，适宜出菇温度为 6～20℃，最适宜出菇温度为 8～16℃；④子实体生长期间，须在袋口套上直径为 20～22 厘米、长度为 42～45 厘米的塑料套袋。

适宜区域：该品种适宜在四川金针菇产区栽培。

468. 蘑菇 W2000

认定编号：闽认菌 2012008

选育单位：福建省农业科学院食用菌研究所

品种来源：原名"W2000"，以"As2796"的单孢菌株 2796-208 与"02"的单孢菌株 02-280 杂交选育而成。

特征特性：属双孢蘑菇新品种。菌落形态中间贴生、外围气生；子实体多单生，菌盖半球形、表面光滑，直径 3～5.5 厘米；菌柄近圆柱形，直径 1.3～1.6 厘米，子实体结实、较圆整。播种后萌发快，菌丝吃料较快，抗逆性较强，爬土速度较快。原基纽结能力强，子实体生长快，转潮快、潮次明显。从播种到采收 35～40 天。经宁德市植保植检站实地调查，菌丝生长阶段有少量霉菌、螨虫，出菇后期有少量细菌性斑点病及菇蚊，与主栽对照品种 As2796（下同）没有明显差异。经福建省分析测试中心检测：每百克鲜菇含粗蛋白 3.39 克、粗脂肪 0.03 克、粗纤维 0.81 克、总糖 1.08 克。

产量表现：经福安、蕉城、长乐、龙海等地多年多点试种，每平方米平均产量 15.31 千克，比对照增产 17.89％。

栽培技术要点：培养料以稻草、牛粪为主料，需二次发酵，碳∶氮≈（28～30）∶1，含氮量 1.4％～1.6％，含水量 65％～68％，pH7 左右。自然季节栽培，每平方米投干料 30～35 千克。菌丝培养阶段适宜料温 24～28℃，出菇房适宜温度 16～22℃，喷水量比对照略多，覆土薄、不均匀易出现丛菇。

适宜区域：该品种适宜在福建省蘑菇产区自然季节栽培。

469. 川蘑菇 2 号

审定编号：川审菌 2012003

选育单位：四川省农业科学院土壤肥料研究所

品种来源：以 As2796 和 F56 为亲本通过配对杂交获得杂交种 F_1 代，从自交的 F_2 代菌株中筛选出获得。

特征特性：子实体为白色，菌盖为半球形，圆整，菌盖直径 4.4～5.2 厘米，厚 1.6～1.9 厘米，菌褶肉色，菌柄长 2.5～3.2 厘米，菌柄直径 1.8～2.5 厘米。菌丝体生长温度为 5～33℃，最适生长温度 25℃；子实体生长温度为 8～25℃，最适生长温度为 14～18℃。干菇片样品中粗蛋白含量 37.2%、粗脂肪含量 2.19%、氨基酸总量 26.7%。

产量表现：经过 2 年 2 批次品种比较试验，平均产量为5.76～7.36 千克/米²，较 As2796 增产 12.28%～12.71%。

栽培技术要点：①栽培季节：自然条件下适宜在 10 月至翌年 3 月栽培。②栽培原材料：稻草、麦秸和牛粪等，经 1 次发酵或 2 次发酵后的培养料栽培，播种后覆盖土壤，或者菌丝生长满培养基后，再覆盖土壤。田间栽培，须用黑色塑料薄膜或草帘等覆盖遮光。③出菇管理：出菇期间温度控制在 8～25℃ 之间、空气相对湿度 85%～95%，不需要光照，保持通风良好。

适宜区域：该品种适宜在四川蘑菇产区栽培。

470. 湘菌秀 3 号

登记编号：XPD014-2012

选育单位：湖南省春华生物科技有限公司

品种来源：秀 6

特征特性：菌株菌丝生长速度每天约 0.698 厘米，限制性内切酶多样性分析属广温秀珍菇系列。粗脂肪含量 0.25%、粗蛋白含量 3.18%、灰分含量 0.81%、总糖含量 5.37%、氨基酸总含量 12.235%。生物转化率达 121.5%，优质菇率达到 85%，保质期长。菌丝体、子实体对细菌病害、真菌病害及虫害的抵抗力较强。

产量表现：2009 年区域试验平均每袋产量 1281.4 克/袋，比对照台秀（下同）增产 12.4%。2010 年继续试验平均每袋产量 1287.4 克/袋，比对照增产 9.7%。两年的区域试验平均每袋产量 1284.4 克/袋，比对照增产 11.1%。

栽培技术要点：大棚码堆或层架式出菇，出菇架采用铁架或木架，层高 60 厘米，4～5 层高，底层距地面 15 厘米。塑料袋规格为（20～30）厘米×53 厘米×3c（c 指丝米，1 丝米＝1/100 毫米）专用筒膜剪成，每袋装料量为 1.2 千克，两端出菇。以高压灭菌效果佳，无力购买高压灭菌设备的生产者也可以采用常压灭菌。待培养料料温降至 30℃时，方可进行接种。接种人员接种时应按无菌操作严格执行，每袋菌种可接栽培袋 30 袋左右。菌丝体生长适宜温度为 22～25℃，湿度 70%，遮光培养。秀珍菇原基的形成需要 10℃左右的温差刺激。后熟的菌袋装入周转筐内，码放在冷库内，库温尽快降到 8～10℃左右，维持 10 小时左右。经过温差刺激的菌袋进入出菇房后，根据外界自然温度协调室内温度尽量保持在 15～25℃。秀珍菇生长迅速，出菇密集，转潮快，潮次多，因此，水分消耗量大。为了保证产量和质量，必须保证菇房的空间相对湿度，和菌袋里面的水分。空中喷雾保持空气相对湿度在 85%～90% 之间。3～5 天即可出现菇蕾。此时不要向菇蕾直接喷水，以免造成菇蕾死亡。等到子实体菇柄伸长达 3～4 厘米以后，菌盖直径达 1 厘米以上时可以用喷雾器向子实体喷雾。子实体生长期间，适当减少通气，或者菇房内利用薄膜分隔成若干小区。将若干床架或菌墙用薄膜像蚊帐一样罩起来。秀珍菇子实体生长期间需要 200～800 勒克斯光照强度。

适宜区域：该品种适宜在湖南省种植。

471. 杭秀 1 号

审定编号：浙（非）审菌 2012001
选育单位：杭州市农业科学研究院
品种来源：秀珍 18 菌株变异株系选
特征特性：该品种菌丝生长最适温度 25～27℃，出菇温度

10～30℃、其中最适温度 22～28℃，接种到原基形成 38 天左右，出菇时间比对照秀珍 18 早 4 天左右；子实体单生或丛生，菇盖扇形，浅褐色到深褐色，表面光滑，边缘内卷。菌柄侧生、白色，近圆柱形，商品菇菌柄平均长度为 6.2 厘米，菌柄直径 0.95 厘米。连续出菇能力强，丰产性好，商品性优。菌盖肉质口感鲜嫩、润滑，品质经浙江省质量检测科学研究院检测：粗蛋白 38.5%（以干基计）。

产量表现：2009 年多点品比试验平均产量 434.0 克/袋，生物学转化率为 66.8%，产量分别比对照秀珍 18 和台湾秀珍菇增 5.0% 和 7.3%；2010 年平均产量 433.8 克/袋，生物学转化率为 66.7%，产量分别比对照秀珍 18 和台湾秀珍菇增 5.4% 和 6.6%；两年平均产量 433.9 克/袋，生物学转化率 66.8%，分别比秀珍 18 和台湾秀珍菇增 5.2% 和 7.0%。

栽培技术要点：春栽宜 12 月接种，秋栽宜 8 月下旬接种，出菇期棚内温度超过 28℃ 或低于 10℃ 时，应降温或增温；棚内湿度宜控制在 85%～90%，注意及时通风换气。

适宜区域：该品种适宜在浙江省自然季节种植。

472. 灰树花泰山-1

审定编号：鲁农审 2009090 号

选育单位：泰安市农业科学研究院

品种来源：野生灰树花（泰山）人工驯化选育。

特征特性：菌丝体较浓密、白。子实体覆瓦状叠生；菌柄多分枝，末端生重叠成丛的菌盖；菌盖直径 2～7 厘米，扇形，表面灰褐色，有细毛，老后光滑，有放射状条纹，边缘内卷；菌肉厚 1～3 毫米，白色，肉质；管孔延生，孔面白色，管口多角形。

产量表现：在 2007—2008 年春、夏季全省灰树花品种区域试验中，两季平均生物转化率 92.72%，比对照灰树花 1 号（下同）高 14.13%。在 2009 年春夏季生产试验中，生物转化率平均为 93.84%，比对照高 15.13%。

栽培技术要点：适宜春、秋两季常规熟料栽培。发菌温度 18～25℃、空气相对湿度 65% 以下，发菌期避光；子实体原基形成温度 16～24℃，生长温度 16～28℃，湿度 85％～95％；子实体分化需氧量大，通气不够易形成畸形，需要散射光。有条件栽培场所门窗加防虫网防止害虫进入。

适宜区域：该品种适宜在山东省灰树花种植地区利用。

473. 榆黄菇 LD-1

审定编号：鲁农审 2009095 号

选育单位：鲁东大学

品种来源：大连榆黄菇 818 经 ^{60}Coγ 射线辐射选育而成

特征特性：中高温型品种。菌丝体浓密、洁白，气生菌丝多。子实体丛生。菌盖呈漏斗形或扁扇形，平滑，不黏，鲜黄色或金黄色，直径 3～10 厘米；菌肉白色，表皮下带黄色，脆，中等厚度；菌褶白色或黄白色，延生，稍密，不等长；菌柄白色至淡黄色，中实，偏生，长 2～11 厘米，直径 0.5～1.1 厘米，有细毛，常弯曲，基部相连。孢子印白色。

产量表现：在 2008—2009 年春季山东省榆黄菇品种区域试验中，两季平均生物转化率 135.25％，比对照榆黄菇 818（下同）高 16.85％。在 2009 年春季生产试验中，平均生物转化率 139.6％，比对照高 22.4％。

栽培技术要点：适宜春夏常规熟料或发酵料栽培。菌丝最适温度 22～26℃，避光培养；子实体最适生长温度 20～24℃、空气相对湿度 85％～95％，适度散射光和通风。采用常规覆土法可以提高产量。

适宜区域：该品种适宜在山东省榆黄菇种植地区利用。

474. 蛹虫草泰山-2

审定编号：鲁农审 2009096 号

选育单位：泰安市农业科学研究院

品种来源：野生蛹虫草（泰山）人工驯化选育

特征特性：中温型品种。菌丝体洁白、浓密，气生菌丝少。子实体单生或群生，长 8～11 厘米，粗 0.30～0.35 厘米，棒状，橘红色，子囊壳埋生或半埋生。蛹虫草香味浓，所含虫草素是天然冬虫夏草的 2 倍。

产量表现： 在 2007 年秋季、2008 年春季全省虫草品种区域试验中，两季平均生物转化率 77.71%，比对照东北蛹虫草（下同）高 15.6%。在 2009 年春季生产试验中，生物转化率平均为 77.92%，比对照高 15.4%。

栽培技术要点： 适宜春、秋季常规熟料栽培。菌丝生长适宜 pH6～7、温度 16～25℃、空气相对湿度 65% 以下，黑暗条件下培养菌丝；原基分化及子实体生长控制温度 18～23℃，瓶口打微孔通风，空气相对湿度 75%～85%、光照强度 600～1500 勒克斯下每天光照 12 小时；子实体成熟后及时采收，防止气生菌丝产生、子实体自溶。

适宜区域： 该品种适宜在山东省蛹虫草种植地区利用，人工气候条件下可进行周年栽培。

475. 湘菌茶 2 号

登记编号： XPD013-2012
选育单位： 湖南省春华生物科技有限公司
品种来源： 野生白色茶树菇
特征特性： 菌株菌丝生长速度每天约 0.53 厘米，限制性内切酶多样性分析属白色茶树菇系列。粗脂肪含量 0.40%、粗蛋白含量 1.56%、灰分含量 0.82%、总糖含量 3.82%、氨基酸含量 8.34/100 克。生物转化率达 101.8%，优质菇率达到 85%，保质期长。菌丝体、子实体对细菌病害、真菌病害及虫害的抵抗力较强。

产量表现： 2010 年区域试验平均每袋产量 399.2 克/袋，比对照茶 3（下同）增产 11.3%。2011 年继续试验平均每袋产量 408.2 克/袋，比对照增产 11.6%。两年的区域试验平均每袋产量 403.7 克/袋，比对照增产 11.5%。

栽培技术要点： 采用塑料袋栽，层架式出菇，出菇架采用铁架或木架，层高 40 厘米，4～5 层高，底层距地面 15 厘米。规格为 17 厘米×（33～35）厘米×（4～5）毫米厚的丙烯或乙烯筒膜袋，每袋装料量为 320～350 克干料、750～900 克湿料，料高 12～15

厘米。以高压灭菌效果佳，无力购买高压灭菌设备的生产者也可以采用常压灭菌。待培养料料温降至 30℃时，方可进行接种。接种人员接种时应按无菌操作严格执行，每袋菌种可接栽培袋 30 袋左右。发菌温度在 15～28℃，以 25℃最佳，湿度 70％，遮光培养。催蕾温度控制在 16～22℃，空气湿度至 85％左右，1～2 天后由原基分化成菇蕾，此时加强通风，降低湿度和温度抑制措施控制幼蕾的快速生长，2～3 天抑制后，增加湿度，扯直袋口，增加袋口小环境二氧化碳浓度值为 1000～1500 微升/升。当子实体菌盖菌膜未打开，菌柄伸长时及时采收。采收后将出菇面清理干净，并打扫出菇房卫生，调整出菇房温度和湿度，重复出菇管理，3 个月左右出菇批次多，有 4～5 批。

适宜区域：该品种适宜在湖南省茶树菇种植。

476. 川姬菇 2 号

审定编号：川审菌 2010005
选育单位：四川省农业科学院土壤肥料研究所
品种来源：西德 33/姬菇 53
特征特性：子实体丛生，出菇整齐度高，大小均匀，分支多，菇脚少，菌柄适中，商品菇比例较大。干样品粗蛋白含量 30.5％、脂肪含量 1.77％、氨基酸总量 22.7％。

产量表现：平均产量比对照西德 33（下同）高 16％以上，品质优于对照，已在成都、中江县和通江县等地进行了大面积栽培，综合平均单产约为 0.62 千克/袋，平均生物转化效率约 73％。

栽培技术要点：①栽培原料。主料为棉籽壳和稻草粉，辅料为麦麸、石灰等。②栽培季节。自然条件下适宜在 10 月至翌年 3 月生产。③栽培方式。塑料袋栽。④栽培出菇管理方法。出菇期间温度控制在 8～20℃之间、空气相对湿度 85％～90％、光照强度 10 勒克斯以上，通风良好，保持空气新鲜。⑤采收标准。当一丛菇中大部分子实体菌盖直径达 1.1～2.0 厘米、菌柄长 2.5～4.0 厘米时，及时采收。

适宜区域：除甘孜州、阿坝州和凉山州部分高海拔地区外，该品种适宜在四川其他地区的冬、春季生产，即只要气温在 5～20℃ 范围内有 4 个月时间均可栽培。

477. 东达一号

认定编号： 蒙认菌 2012002 号

选育单位： 内蒙古东达生物科技有限公司

品种来源： 白灵菇变异株经分离后选育而成

特征特性： 子实体扇贝形，乳白色，个体大小 14.7 厘米× 18.3 厘米，柄长 3.7 厘米，柄粗 4.3 厘米，伞片厚 1.2～6.3 厘米，菌褶乳白色。经鉴定，高抗木霉病。2011 年内蒙古自治区农产品质量安全综合检测中心测定：粗蛋白含量 15.4%，灰分含量 5.5%。

产量表现： 2009 年区域试验，平均每千克干料产菇 0.468 千克，比对照田吉龙（下同）增产 14.9%。2010 年区域试验，平均每千克干料产菇 0.488 千克，比对照增产 16.7%。2011 年生产试验，平均每千克干料产菇 0.442 千克，比对照增产 13.9%。

栽培技术要点： ①修棚整地，做地埂，铺地膜。②科学配料：干玉米芯 30%、干沙柳木渣 30%、棉籽皮 30%、麸皮 7%、豆粕粉 2%、复合肥 1.0%、石膏粉 2%、pH 调整到 8.5、百分比含水量 70%，将这些物质与水充分拌合。③装袋：在每年 7 月初至 8 月 10 日前进行，每袋装湿料 1.9 千克，尽量装紧实，戴颈盖。注意一定将料装紧实，否则容易被杂菌污染，播种时培养料的 pH 不能低于 7.5。④灭菌：用太空包汽灶，温度达到 85℃ 以上，灭菌 12 小时，高压灭菌 2 小时。⑤接种：在无菌条件下，接入白灵菇原种，避光培养。播种期：需在保护地栽培，一般呼和浩特、包头、鄂尔多斯地区在 7 月 10 日至 8 月底拌料装袋和播种。施肥：追施豆浆和葡萄糖水。⑥发菌：温度控制在 22～28℃，培养 60 天，须经常通风换气，保持空气新鲜。⑦菌袋后熟：待白色菌丝体全部长满培养料面（约播种后 50～60 天），即可进入后熟阶段，此时温度控制在 20～22℃，再培养 20 天左右，待菌棒变硬备用。⑧低温刺激阶段：菌袋后熟以后，需把温度控制在 8～11℃ 内，需 8 天时间，在低温条件下让菌棒中的菌丝体生殖生长。⑨出菇管理：

打开袋口，把环境温度控制在 13～18℃ 之间，增加喷水量和通风量（分 3 次通风 2～3 小时），适度增加光照强度（600 勒克斯 4～6 小时）。此时温度控制在 15～18℃ 内，若此时温度偏高，可改成早晚通风，午间闷棚。出菇期间，相对湿度保持在 85% 以上，每天喷水 3～5 次，通风 3 次，每次 0.5～1.0 小时左右，早晚及时采菇，根据市场要求，采大留小。

适宜区域：该品种适宜在具备保温（12～27℃）、保湿（50%～95%）和适度避光的保护地种植。

478. 平菇 SD-1

审定编号：鲁农审 2009082 号

选育单位：山东省农业科学院土壤肥料研究所

品种来源：超强 581 与 2002-4 杂交选育而成。

特征特性：属中低温型平菇品种。菌丝体浓密、洁白、粗壮，生长整齐，气生菌丝较多。子实体丛生，菌盖扇形、平展，直径 10～15 厘米，较大，厚度 1～1.4 厘米，肉质厚、有韧性，不易破碎，菌盖在 4～15℃ 时黑色，15℃ 以上时灰黑色；菌柄原白色，实心，长 1.0～2.5 厘米，直径 1.1～1.8 厘米；菌褶白色；孢子印灰白色。

产量表现：在 2007—2008 年秋、春季山东省平菇品种区域试验中，两季平均生物转化率 130.2%，比对照丰 5（下同）高 19.58%；在 2009 年春季生产试验中，生物转化率 130.36%，比对照高 18.5%。

栽培技术要点：适宜秋、冬季栽培，选用棉籽壳、玉米芯等原料生料或发酵料栽培。菌丝适宜生长温度 22～25℃，子实体生长温度范围 3～25℃、适宜生长温度 10～18℃。发菌期料温控制在 22～25℃，避光，适度通风，25 天左右菌丝发满，发满菌后 5～8℃ 温差刺激、散射光照、提高空气相对湿度到 80%、适量通风进行催菇处理。出菇期温度控制在 8～22℃、空气相对湿度控制在 90%，适度光照，定期通风。第一茬菇采收后，停水 2～3 天，少量通风，准备第二茬菇生长。

适宜区域：该品种适宜在山东省平菇主产区栽培利用。

479. 榕杏1号

审定编号： 川审菌 2011003

选育单位： 成都榕珍菌业有限公司，四川省农业科学院土壤肥料研究所

品种来源： 该品种引自韩国

特征特性： 子实体棒状，菌盖浅褐色，直径 5.50～6.70 厘米；菌柄白色，长 20～23 厘米，直径 5.08～5.10 厘米，圆柱状，中生，上下等粗。菌丝生长温度 10～30℃，最适生长温度 25℃；子实体生长温度 12～18℃，最适生长温度 15～16℃、空气相对湿度 85%～90%、光照强度 300～500 勒克斯。干菇样品中蛋白质含量 22.7%、脂肪含量 0.76%、氨基酸总量 16.7%。

产量表现： 2 年 2 批次生产试验，平均 0.318 千克/袋，较对照杏鲍菇川选 1 号（国家认定）增产 12.7%，生物学效率 70.7%。

栽培技术要点： ①栽培方式为塑料袋栽。②栽培主料为棉籽壳、木屑和玉米芯等，辅料为麸皮、玉米粉等。③适宜在人工控制条件下栽培，出菇期间温度控制在 15～16℃、空气相对湿度 85%～90%、光照强度 100～300 勒克斯。

适宜区域： 该品种适宜在四川省内人工控制条件下栽培。

480. 蝉花草1号

审定编号： 浙（非）审菌 2011001

选育单位： 浙江省亚热带作物研究所

品种来源： 野生蝉花系选，原名 APC20。

特征特性： 该品种属药用菌蝉拟青霉新品种。斜面菌落生长快，菌苔厚，分生孢子多，长势旺；液体培养菌丝体大小均匀，透明有弹性，稠密，菌丝得率约 0.79 克/100 毫升；固体培养子实体单生或基部相连丛生，鹅黄色或浅黄色，粗壮整齐，平均长 78.65 毫米、粗 2.96 毫米，产孢期晚，最佳采收期 25～30 天。商品性好，具蝉花特殊香味。经农业部农产品质量监督检验测试中心（杭州）检测：子实体腺苷平均含量为 1.48 克/千克，N^6-（2-羟乙基）腺苷平均含量为 0.74 克/千克。

产量表现： 2008—2010 年品种比较试验，子实体平均产量分别为 5.44 克/瓶、5.47 克/瓶、5.32 克/瓶，分别比对照蝉拟青霉 PC（下同）平均增产 70.37%、73.74%、70.22%；3 年平均产量为 5.41 克/瓶，比对照增产 71.44%，平均转化率为 13.52%。

栽培技术要点： 该品种对温度等条件敏感，生产期内菌丝生长温度控制在 23~25℃，子实体生长温度控制在 20~22℃。

适宜区域： 该品种适宜在浙江省工厂化周年生产。

Ⅸ. 西甜瓜

一、西　　瓜

481. 安业 5 号

审定编号：鲁农审 2010050 号

选育单位：邹平县安业农作物研究所

品种来源：一代杂交种，组合为原 9 号/K-52。母本原 9 号为外引杂交种自交选育，父本 K-52 为外引品种查理斯顿的变异株自交选育。

特征特性：属早熟品种。生育期 91 天，果实发育期 34 天，生长势强，易坐瓜。果实椭圆形，绿皮带深绿色条带，皮厚 1.2 厘米、较硬韧，瓤红、沙质、脆软、剖面均匀、纤维少、籽小而少、汁液多、口感好，中心糖含量 10.4%、边糖含量 8.9%，平均单瓜重 5.3 千克，果实商品性好，商品果率 95.4%。区域试验试点调查：病毒病病株率 21.0%，枯萎病病株率 7.8%，炭疽病病株率 8.4%，皆与对照西农 8 号（下同）相当。

产量表现：在 2008 年全省西瓜品种露地区域试验中，平均亩产 3950.5 千克，比对照减产 0.7%；2009 年生产试验平均亩产 3670.5 千克，比对照增产 0.5%。

栽培技术要点：适于春露地栽培。三蔓整枝或免整枝，一般每亩栽植 500 株左右。容易管理，坐果期适当控制肥水。

适宜区域：该品种适宜在山东省露地种植利用。

482. 川蜜 716

审定编号：川审蔬 2009001

选育单位：四川省农业科学院园艺研究所

品种来源：2005 年用本所自育的自交系 W31 作母本、本所自育的自交系 W16 作父本配制的杂交一代新品种。

特征特性：早熟，定植到始收 75 天左右。植株生长势中等，蔓长约 2.5～3.0 米，茎粗 0.6～0.8 厘米；叶片中等大，浅裂。第一雌花节位 6～7 节，雌花间隔 5～6 节，果实发育期 30 天左右，单瓜重 5.5 千克左右，果实高圆形，果形指数约为 1.02，果皮绿色、光滑，有绿色条带 14～18 条，果面有白色蜡粉，果皮厚度 1.1 厘米左右，果肉大红色，质脆，甜而汁多，中心折光糖含量 11％～12％，风味极佳。坐果性好，在低温弱光条件下容易坐果，田间表现较抗枯萎病和炭疽病。

产量表现：2007 年在简阳、青白江、南充进行多点试验，平均亩产 3711 千克，比对照京欣 1 号（下同）增产 19％；2008 年平均亩产 3620 千克，比对照增产 16％，两年 6 点次平均亩产 3666 千克，比对照增产 18％。

栽培技术要点：该品种适用于大中小棚、露地地膜覆盖栽培等多种栽培形式；施肥以底肥为主，亩施有机肥 3000 千克，在栽培过程中追施氮、磷、钾等肥料；露地栽培 550 株/亩左右；采用三蔓整枝时，每株选坐 1 个果，坐果节位在主蔓第 12～第 16 节。采用多蔓整枝时，每株选坐 1～2 个果，以侧蔓第 2 个雌花坐果为主。当果实达到鸭蛋大时，及时灌膨果水肥，以后保持地面湿润，采收前 5～7 天，停止浇水以防裂瓜。西瓜生长期间，以防治西瓜枯萎病、炭疽病和蚜虫、红黄蜘蛛等病虫害为主。

适宜区域：该品种适宜在四川平坝、丘陵西瓜产区种植。

483. 鄂西瓜 16

审定编号： 鄂审瓜 2011002

选育单位： 武汉市农业科学研究所

品种来源： 用"01P005"作母本、"01P011"作父本配组育成的西瓜品种。

特征特性： 属早中熟有籽西瓜品种。植株生长势较强。叶片羽裂状，叶色浓绿。第一雌花着生于主蔓第 7 至第 9 节，雌花间隔 5～7 节。果实圆形，果皮绿色，上覆墨绿色锯齿状条带。区域试验平均全生育期 100.4 天，从雌花开放到果实成熟 31.4 天，坐果节位 16.4 节，坐果率 110.7％，单果重 3.25 千克，果皮厚 0.98 厘米，果实可食率 59.17％。耐湿性、耐旱性较强，对疫病、病毒病、蔓枯病、枯萎病的抗（耐）性与对照鄂西瓜 13（下同）相当。2009—2010 年参加湖北省西瓜品种区域试验，平均中心糖含量 11.13％，比对照低 0.10 个百分点，边糖含量 8.36％，比对照低 0.32 个百分点。红瓤，籽粒数多，粗纤维较少。

产量表现： 两年区域试验商品果平均亩产 2041.69 千克，比对照增产 1.32％。其中，2009 年亩产 1918.57 千克，比对照增产 10.40％；2010 年亩产 2164.81 千克，比对照减产 5.57％。

栽培技术要点： ①忌重茬。旱地要求间隔 5～7 年，水田要求间隔 3～4 年。②育苗移栽。地膜栽培于 3 月中下旬播种。营养钵育苗，2 叶 1 心移栽，一般亩栽 600 株左右。③加强田间管理。及时整枝压蔓，双蔓整枝，及时疏果，以主蔓坐果为主，每株留 1 果，禁留根瓜。坐果期间如遇低温阴雨天气，或在保护地栽培条件下，及时进行人工辅助授粉。④科学肥水管理。底肥以有机肥为主，辅以多元复合肥，控制氮肥用量，追肥以复合肥为主。膨瓜期加强肥水管理，以防出现畸形果、裂果和空心果。⑤注意防治病虫害，并适时采收。

适宜区域： 该品种适宜在湖北省西瓜产区种植。

484. 航兴天秀 1 号

审定编号： 京审瓜 2011002

选育单位：大兴区农业科学研究所

品种来源：SW-3×FW-5

特征特性：小型西瓜杂种一代。植株生长势中等，第一雌花平均节位 8.0 节，果实发育期 32.9 天。单果重 1.57 千克，果实椭圆形，果形指数 1.28，果皮绿色覆细齿条，有蜡粉，皮厚 0.5 厘米，果皮较脆。果肉红色，中心折光糖含量 11.5%，边糖含量 9.0%，口感好。果实商品率 99.0%。枯萎病苗期室内接种鉴定结果为感病。

产量表现：2009 年、2010 年北京区试平均产量 2736 千克/亩，比对照红小玉（下同）增产 6.5%，2010 年北京生产试验产量 3241 千克/亩，比对照增产 12.7%。

栽培技术要点：重茬种植，需采用嫁接栽培。爬地栽培每亩定植 500～600 株，3 蔓整枝，留 2～3 个果；搭架栽培每亩定植 1200～1400 株，2～3 蔓整枝，留 2 果。宜采用第二或第三雌花坐果。

适宜区域：该品种适宜在北京地区种植。

485. 黄玫瑰

审定编号：苏审瓜 201001

选育单位：江苏神农大丰种业科技有限公司

品种来源：以 S9801×S0205 配组，于 2002 年育成。

特征特性：属早熟黄瓤小果型西瓜。植株生长势强，第一雌花节位 8～9 节，坐果性强，春季保护地栽培从坐果到采收 28 天左右，全生育期 88 天左右。果实椭圆形，果形指数 1.2，果皮绿色覆黑色锯齿状条纹，皮厚约 0.54 厘米，单果重约 1.8 千克。中心折光糖含量 10.6%左右，边缘折光糖含量 8.2%左右，单果籽粒数约 176 粒，种子褐色，果肉黄色，质地致密，风味较好。抗逆性较强。

产量表现：2007 年参加江苏省区试，平均亩产 1706.9 千克，比对照小兰（下同）增产 7.3%；2008 年省区试，平均亩产 1915.6 千克，比对照增产 14.9%；2009 年生产试验，平均亩产 1754.6 千克，比对照增产 10.8%。

栽培技术要点：①适期播种。春季保护地栽培南京地区一般为1月下旬，爬地栽培亩用种量40克。②适宜密度。株距0.6米左右，行距2米左右，亩栽600株左右，三蔓整枝。③肥水管理。施足基肥，一般每亩施腐熟有机肥2000千克、45%硫酸钾型复合肥25千克左右；果实膨大期适时适量追施膨瓜肥。视墒情浇水。④病虫害防治。坚持预防为主，农业防治和药剂防治相结合，注意防治蚜虫。

适宜区域：该品种适宜在江苏省作春季保护地栽培。

486. 津花魁

审定编号：晋审西瓜2010002

选育单位：天津科润农业科技股份有限公司蔬菜研究所

品种来源：母本Nsug，来自美国Sugarlee与"寿山"后代杂交。父本012FL，来自韩国引进的组合后代。

省级审定情况：2008年天津市农作物品种审定委员会审定

特征特性：中熟西瓜品种，全生育期93天，果实发育期31天。植株生长势中等，易坐果。果实短椭圆形，花皮，底色深绿，红瓤，中心糖含量10.5%，边糖含量7.8%，肉质硬脆，口感好。皮厚1.2厘米，单瓜平均重5.1千克。2009年经山西金鼎生物种业股份有限公司苗期接种枯萎病鉴定，抗枯萎病。

产量表现：2008—2009年参加山西省西瓜中晚熟试验，两年平均亩产3989.5千克，与对照西农8号（下同）产量持平。2008年平均亩产4621.3千克，比对照减产1.6%；2009年平均亩产3357.6千克，比对照增产1.3%。

栽培技术要点：在华北地区4月初育苗，5月初移栽；或4月初地膜小拱棚直播，7月中下旬收获。种植密度株距0.5米、行距1.7米，三蔓整枝，每株留一个第三雌花以后的果。亩施基肥磷酸二铵15千克、尿素10千克、土杂肥4方，果实有鸡蛋大时追施磷酸二铵10千克、尿素7千克。

适宜区域：该品种适宜在山西省早春露地、地膜覆盖栽培，同时适宜在天津市地膜覆盖露地栽培种植。

487. 荆杂 18

审定编号：湘审瓜 2012002

选育单位：荆州农业科学院

品种来源：2166×2147

省级审定情况：2010 年湖北省农作物品种审定委员会审定，2011 年江西省农作物品种审定委员会审定

特征特性：中熟有籽西瓜。春季露地栽培，全生育期 95～100 天，果实发育期 32 天左右。植株生长势较强，叶片羽状深裂，叶色浓绿。主蔓长 4～5 米，第一雌花节位在第 8 至第 10 节，其后每隔 5～7 节再现一雌花。商品果率 91.8%，果圆形，果皮底色深绿，覆墨绿色条带，果肉红色。肉质脆，纤维细，汁液中，口感好。单株坐果数 1～2 个，单瓜重 3.6 千克。种子千粒重 50 克。中心可溶性固形物含量 9.9%，边糖含量 6.35%，果皮厚度 1.1 厘米。抗病性较强，抗逆性中等，储运性好。

产量表现：2010 年平均亩产 1834.1 千克，2011 年平均亩产 1747.8 千克。

栽培技术要点：露地栽培，营养钵护根育苗。每亩用种量 50 克左右。每亩栽 500 株左右，2～3 蔓整枝。基肥每亩施腐熟厩肥 1000～1500 千克、饼肥 50～75 千克、三元复合肥 30～40 千克。轻施提苗肥，适施伸蔓肥，开花期控肥水，坐果后巧施膨瓜肥促果膨大。果实稳果并达鸡蛋大小时，根据藤势每株留果 1～2 个，采收前控水分，注意防治病虫害。

适宜区域：该品种适宜在湖南、湖北、江西种植。

488. 开抗早花红

审定编号：豫审西瓜 2011001

选育单位：开封市农林科学研究院

品种来源：开封 43 号×开封 118 号

特征特性：属早熟品种，全生育期 95 天，果实发育期 28 天。长势稳健，分枝性中等；主蔓长 285 厘米，主茎粗 0.9 厘米，节间 6.5 厘米；第一雌花着生节位第 6 节，雌花间隔 7 节；果实椭圆

形，果形指数 1.3；果皮绿色上覆墨绿色锯齿条，表面光滑，外形美观，果皮厚 1.2 厘米；果肉大红色，瓤质脆，纤维少，口感好；单瓜重 5～6 千克；种子黑褐色，千粒重 38 克。2010 年中国农业科学院郑州果树研究所生物技术中心对苗期土壤接种枯萎病和苗期接种病毒病鉴定：感病毒病（病情指数 2.93），感枯萎病（病株率 81.8%）。2010 年农业部果品及苗木质量监督检验测试中心（郑州）品质检测：中心糖含量 10.8%，边糖含量 8.6%。

产量表现： 2008 年参加河南省早熟西瓜区试，6 点汇总，5 增 1 减，平均亩产 2900.2 千克，比对照京欣一号增产 13.6%，居 15 个参试品种第 11 位；2009 年续试，5 点汇总，3 增 2 减，平均亩产 2747.6 千克，比对照豫星增产 4.2%，居 14 个参试品种第 8 位。2010 年省早熟西瓜生产试验，7 点汇总，5 增 2 减，平均亩产 3141.0 千克，比对照豫星增产 12.3%，居 7 个参试品种第 2 位。

栽培技术要点： ①播期：保护地栽培 2 月中上旬育苗，地膜栽培 3 月上旬育苗，苗龄 30 天左右。重茬地种植时，应采取嫁接换根的方法防止枯萎病的发生。②种植密度：每亩种植 700 株，双蔓或三蔓整枝。坐果期及时摘除根瓜，选留第二或第三雌花留果，每株 1 果。③田间管理：施足底肥，浇足底水，果实膨大期保证充足的肥水供应，采收前 7 天停止灌水，九成以上成熟时采收，生育期间注意防治蚜虫、炭疽病、枯萎病等病虫害。

适宜区域： 该品种适宜在河南省早熟栽培种植，较适宜中棚、小拱棚、地膜等栽培形式。

489. 凯蜜 6 号

认定编号： 甘认瓜 2013010

选育单位： 酒泉凯地农业科技开发有限公司

品种来源： 以 DM109 为母本、K-04 为父本组配的杂交种，原代号 TD2008。

特征特性： 无籽西瓜品种。植株茎蔓粗壮，主蔓长 280～360 厘米，叶片较大且厚，叶色深绿，缺刻中深，叶柄较短。雌花间隔 4～6 节，果实圆形，皮黑色覆蜡粉，果瓤大红色，剖面无籽。单瓜重 8～12 千克，含维生素 C 为 6.2 毫克/100 克，可溶性固形物为 13.2 毫克/100 克。高抗西瓜枯萎病。

产量表现：在 2010—2012 年多点试验中，平均亩产 5148.0 千克，比对照黑蜜 2 号增产 4.6%，比郑抗无籽 5 号增产 5.3%。

栽培技术要点：起垄覆膜栽培，4 月下旬至 5 月上旬播种，直播和育苗均可。株距 50～60 厘米，行距 2 米，亩保苗 700～800 株。可种植比例为 1：15 的二倍体有籽西瓜作为粉源，并人工辅助授粉。

适宜区域：该品种适宜在甘肃省酒泉、张掖、武威等地种植。

490. 兴桂六号

审定编号：桂审瓜 2013001 号

选育单位：广西农业科学院园艺研究所

品种来源：母本四倍体 403 是于 1985 年用广西 402×广西 401 获得杂交一代后，累计 12 代用连续分离、自交、回交等方法筛选，于 1997 年 7 月获得的综合性状突出、遗传稳定的株系。父本 JL 是 2006 年 3 月 2 日～8 日对两份材料西瓜，共 2400 株苗进行加倍诱导滴苗处理，获得的四倍体变异株，2006 年秋季开始进行严格筛选，最终选出的小型四倍体西瓜材料 JL。

特征特性：该品种属中熟四倍体少籽西瓜。全生育期春造 90～100 天、秋造 65～80 天，果实发育期 30～35 天。生长势较强，抗病性较强，易坐果，果实圆形，表皮浅绿色条带，果肉大红色，剖面好，肉质沙脆，口感好，果皮硬韧，耐储运性好。中心可溶性固形物含量 11.2%。果实商品率 87.9%。平均单瓜重 3.73 千克。综合评定，中心含糖均明显优于对照，口感品质好，籽少。

产量表现：春造平均 2068.8 千克，秋造平均 2163.3 千克，两造平均 1952.0 千克，比对照高 0.7%。

栽培技术要点：①人工嗑种，恒温（30～32℃）催芽，采用营养钵或穴盘培育壮苗：催芽前种子用 10% 浓石灰水浸种约 10 分钟，然后用干净清水将种子表面黏液除净，再用净水浸种 2～5 小时，最后进行人口嗑开种子尖端约 1/3 后将种子置于 30～32℃ 环境进行恒温催芽，约 36 小时后，芽长 1 厘米时即可植入营养钵。苗期加强管理，培育健壮无病幼苗，2 叶 1 心时定植，露地种植密度 550～666 株/亩。②选择土层深厚、排灌方便、没有种植过瓜菜作物的稻田或旱地、坡地种植。提前 15～30 天深耕整地，每亩施沤熟农家肥 2000 千克、三元复合肥 50 千克、硫酸钾 20～30 千克作基肥，露地爬地种植方式，单行种植，按 2.5 米包沟起畦，株距 0.4 米；双行对爬种植，按 3.3 米包沟起畦，株距 0.7 米，折合每亩种植 666 株。大棚立架栽培，1.3 米包沟起畦，株距 0.5～0.6 米，双行种植，种植密度 1300～1500 株/亩。③人工辅助授粉，花期最好用二倍体西瓜如新红宝、甜王等有籽西瓜雄花进行人工授粉，以提高四倍体少籽西瓜的坐果率。1 株选留 1 果，一般选择第三雌花坐果。露地爬地种植方式采用双蔓留单瓜整枝方式；大棚立架栽培采用单蔓单瓜整枝法，主蔓长 40～80 厘米时，及时引蔓上架，并在基部选留 1 健壮子蔓待其长至 60～80 厘米摘心，以补充叶面积和防止植株过早衰老。其余侧芽及时摘除，瓜长至重约 0.5 千克时，及时用进行吊瓜，并及时疏果。坐果后视具体情况用复合肥、尿素等作水肥淋施 2～3 次，并适时加强水分供应。采收前 7 天应控水以确保果实品质。④及时防治病虫害，以防为主，把病虫害消灭于初发阶段。苗期注意预防疫病和猝倒病，一般使用 600～800 倍苗菌敌喷淋，同时注意控制水分以利加强炼苗。中后期病害主要有细菌性果腐病、炭疽病、疫病、蔓枯病，用 800 倍加瑞农可湿性粉剂＋1000 倍扑海因可湿性粉剂或 600 倍加收米＋2000 倍农用硫酸链霉素喷洒叶面和瓜蔓。虫害主要有黄守瓜、瓜绢螟、棉铃虫、甜菜夜蛾、斜纹夜蛾、蚜虫、蓟马等危害。防治方法是掌握好害虫的发生规律，在幼虫 1～2 龄时使用乐斯本、抑太保、虫敌、爱福丁、BT 等农药进行叶面交替喷杀，并注意植物采收安全期。

适宜区域：该品种适宜在广西壮族自治区推广种植。

491. 羞月 2 号

审定编号：鄂审瓜 2013001

选育单位：北京华耐农业发展有限公司

品种来源：用"AN-2"作母本、"AH-1"作父本配组育成的西瓜品种。

省级审定情况：2012 年江苏省农作物品种审定委员会审定

特征特性： 属早熟有籽西瓜品种。植株生长势较强。果实椭圆形，果皮绿色覆翠绿色细条带。区域试验中全生育期 98.9 天，从雌花开放到果实成熟 28.9 天，坐果节位 14.7 节，坐果率 148.1％，单果重 1.84 千克，果皮厚 0.67 厘米，果实可食率 60.97％。耐湿性、耐旱性较强，对炭疽病、疫病、病毒病、蔓枯病、枯萎病的抗（耐）性与对照鄂西瓜 13（下同）相当。2010—2011 年参加湖北省西瓜品种区域试验，中心糖含量 11.66％，比对照高 9.48％；边糖含量 9.32％，比对照高 12.02％。红瓤，籽粒数中等，粗纤维中等。

产量表现： 两年区域试验商品果平均亩产 1658.09 千克。其中，2010 年亩产 1973.10 千克；2011 年亩产 1343.08 千克。

栽培技术要点： ①忌重茬。旱地要求间隔 5～7 年，水田要求间隔 3～4 年。②育苗移栽。大棚等保护地栽培 12 月至翌年 2 月播种，露地栽培 3 月中下旬播种。培育壮苗，3 叶 1 心移栽。立架栽培亩栽 1500 株左右，爬地栽培亩栽 700～800 株。③加强田间管理。及时整枝压蔓，立架栽培双蔓整枝，爬地栽培三蔓整枝。每株留 2～3 果，禁留根瓜。坐果期间如遇低温阴雨天气，及时进行人工辅助授粉。注意疏果，及早摘除擦伤果、畸形果和病虫果。④科学肥水管理。底肥以有机肥为主，适量增施磷、钾肥。大棚等保护地栽培膨瓜期避免温度、水分骤变；露地栽培后期忌大水漫灌。⑤注意防治病虫害，并适时采收。

适宜区域： 该品种适宜在湖北省西瓜产区种植，同时适宜在江苏省春季保护地栽培。

492. 雪峰小玉七号

审定编号： 赣审西瓜 2009007
选育单位： 湖南省瓜类研究所
品种来源： 用 WE218（日本黄瓤西瓜变异株定向培育的自交系）为母本、ES206（日本黄小玉 F1 自交分离的自交系）为父本杂交选育而成的西瓜组合。
省级审定情况： 2008 年北京市、江苏省农作物品种审定委员会审定

特征特性：该品种为早熟有籽西瓜，小果型。果实发育期28.0天，平均单瓜重2.2千克。植株生长势中弱，抗病性中等，坐果易，坐果指数1.6个，商品果率95%，果实整齐度好，果实高圆球形，果皮深绿色。果实无空心，果肉黄色，肉质脆，纤维细，汁液多，口感佳。果实中心含糖量为10.5%，边糖含量7.1%，果皮厚度0.8厘米，储运性中等。

产量表现：2008年参加江西省西瓜生产试验，平均亩产2150千克，比对照早春红玉增产63.0%。

栽培技术要点：适时播种，春季露地栽培一般于3月中旬至4月初播种，4月中旬至5月初定植；大棚温室早熟栽培于2月中下旬播种，3月中下旬定植。夏秋延后栽培一般在7月中旬至8月上旬播种，小苗定植或大田直播。地爬栽培亩栽600～800株，三蔓整枝；立架栽培亩栽1000～1500株，二蔓整枝。施足基肥，亩施纯氮6～9千克、五氧化二磷2～3千克、氧化钾8.5～12千克、腐熟有机肥1500～2000千克或腐熟饼肥75～100千克，注意肥水均衡供应，采收前一周停止灌水。幼果杯口太小时，进行疏果留果，选择果形端正、坐果节位适中、无病虫伤害的果实留下，一般一蔓留一果，立架栽培必须用尼龙网袋吊瓜。注意病虫害的综合防治。

适宜区域：该品种适宜在江西省各地种植，同时适宜在北京地区种植和江苏省春季保护地栽培。

493. 早丰

认定编号：甘认瓜2010001

选育单位：天津科润农业科技股份有限公司蔬菜研究所

品种来源：母本Nsug，来自美国Sugarlee与台湾"寿山"后代杂交。父本003FR，来自韩国引进组合。

省级审定情况：2008年天津市农作物品种审定委员会审定

特征特性：早熟，果实发育期28天左右，全生育期92天，圆果，绿皮覆齿条带，有蜡粉，皮薄而韧，不裂果，瓤红。单瓜重6～8千克。含可溶性固形物10.1%、边糖8.3%。耐低温，易坐果。抗枯萎病能力次于对照品种美王。

产量表现：在2007—2008年多点试验中，平均亩产5170千克，比对照京欣 1 号增产 9.85％。

栽培技术要点：嫁接栽培，株距 0.5 米，行距 1.7 米，三蔓整枝，留第三雌花后一果。亩施土杂肥 4 方、尿素 15 千克、磷酸二铵 20 千克；亩追肥磷酸二铵 15 千克、尿素 10 千克。

适宜区域：该品种适宜在甘肃省兰州市种植，同时适宜在天津市地膜覆盖露地栽培种植。

494. 浙蜜 6 号

审定编号：浙审瓜 2011002

选育单位：浙江大学农业与生物技术学院，浙江勿忘农种业股份有限公司

品种来源：RYX-1×RZM-5

特征特性：该品种熟期为中早熟，两年省区试果实平均发育期 32.8 天。第一雌花节位第 8.2 节，雌花节位间隔 5.8 节，对照京欣 1 号（下同）分别为第 8.7 节和第 6.3 节；单果重 4.1 千克，对照为 4.4 千克，商品果率 89.1％，果形高圆，果形指数 1.0，果面墨绿色，覆深绿色狭齿带，果面光滑、无棱沟、覆蜡粉，果皮厚 1.1 厘米，瓤色红，汁液多，口感较好，瓤质较脆，中心折光糖度 11.0 度，边缘折光糖度 7.3 度，分别比对照高 0.1 度和 0.2 度；生长稳健，坐果性好，品质优，耐储运性中等。中抗枯萎病，比对照高一个等级。经 2009 年浙江省品审会办公室组织的品质品尝，综合评分为 91.9 分，比对照高 8.3 分，位居第一。

产量表现：2007 年省露地西瓜区试平均亩产 2451.6 千克，比对照增产 0.8％，未达显著水平；2009 年省露地西瓜区试平均亩产 2246.1 千克，比对照增产 0.5％，未达显著水平；两年省区试平均亩产 2348.9 千克，比对照增产 0.7％。2010 年省露地西瓜生产试验平均亩产 1749.5 千克，比对照增产 3.6％。

栽培技术要点：不宜过早播种。

适宜区域：该品种适宜在浙江省作露地西瓜栽培。

495. 郑抗无籽 10 号

认定编号：闽认瓜 2012003

选育单位：中国农业科学院郑州果树所

品种来源：MMD×GSS-1

特征特性：该品种属中晚熟无籽西瓜，植株生长势强，春季栽培全生育期 100～105 天，果实发育期 33～35 天。主蔓 8～9 节着生第一雌花。果实球形，果皮深绿色带墨绿色花纹、被蜡粉，厚 1.4 厘米左右，果肉鲜红、质脆，单瓜重 5～6 千克，中心可溶性固形物含量 12％左右。经长乐市植保站田间病害调查，炭疽病、枯萎病和细菌性叶斑病发病率低。品质经福建省农业科学院中心实验室检测：每 100 克鲜样含维生素 C6.88 毫克、还原糖 4.1 克、蔗糖 4.6 克、粗纤维 0.05 克、粗蛋白质 0.86 克。

产量表现：经福州、宁德等地多年多点试种示范，一般亩产 2500 千克左右。

栽培技术要点：春季栽培 3 月下旬至 4 月上旬播种、秋季栽培 7 月至 8 月上旬播种，亩种植 250 株左右，须配置 10％二倍体西瓜授粉株；注意防治炭疽病、枯萎病和细菌性叶斑病等病害。

适宜区域：该品种适宜在福建省种植。

二、甜　　瓜

496. 桂蜜 12 号

审定编号：桂审瓜 2012002 号

选育单位：广西农科院蔬菜研究所

品种来源：05-6×00610。母本 05-6 是甜瓜品种"黄蜜大果"经 6 代自交选育而成的自交系。父本 00610 是 2000 年收集到的"北海甜瓜"经 8 代自交选育而成的自交系。

特征特性：春植生育期约为 105 天、秋植生育期约为 80 天，果实发育期 35～40 天；植株生长势中等，叶色绿，叶形为五角浅裂，最大叶为 26.3 厘米×25.0 厘米，节间长约 7.5 厘米，茎粗约 0.75 厘米，雄花、完全花同株；坐果容易；果实卵圆形，果形指数 1.28，纵径 17.3 厘米、横径 13.5 厘米，果实充分成熟后果皮为金黄色，光滑或具有不稳定的稀网纹，瓜脐直径约 0.6 厘米，果肉橙色，肉厚约 3.3 厘米，肉质爽脆，味甜，果实中心可溶性固形物含量 14%～17%，果实可食率约 70%；单瓜重约为 1.5 千克。

产量表现： 2008—2011 年度在南宁、玉林、富川进行试验，大棚栽培平均亩产 1977.4 千克，比对照丰蜜 2 号（下同）减产 3.0%，可溶性固形物含量 15.8%，与对照相当；露地栽培平均亩产 1941.2 千克，可溶性固形物含量 15.4%。2011 年广西农作物品种审定委员会办公室组织有关专家在青秀区长塘验收，大棚栽培平均亩产 2177.6 千克，可溶性固形物含量 16.5%；露地栽培平均亩产 1758.7 千克，可溶性固形物含量 14.7%。

栽培技术要点： ①该品种适合大棚及露地栽培。气温稳定在 15℃以上时播种。②购买现成的育苗基质，利用大棚进行育苗后移植。春茬苗期一般为 20～25 天；秋茬苗期一般为 12 天。③定植前 5 天左右，进行炼苗。结合整地，每亩以总需肥量的 60% 为基肥，即每亩大棚基肥施优质腐熟有机肥 500 千克、生物有机肥 100 千克、硫酸钾复合肥（氮、磷、钾比例为 15 : 15 : 15）30 千克、含氮为 46% 的尿素 2 千克、含钾为 50% 的硫酸钾 8 千克，肥料与 20 厘米厚土壤混匀，露地栽培复合肥用量每亩比大棚增加 10 千克。④畦宽带沟 1.8～2 米，畦平面龟背形，地膜覆盖，双行定植，株行距（50～55）厘米 × 60 厘米，种植密度 1400～1500 株/亩。⑤及时吊蔓，侧蔓结果，每株只留 1 果，主蔓 12～16 节萌发的侧枝为预坐果枝，其余侧枝及时摘除，主蔓叶片约 33 片时打顶。果至鸡蛋大时选留健康、果形端正、色泽好的幼瓜，并及时吊瓜。果实膨大期追施速效肥，肥料以氮、钾肥为主，露地栽培追肥量比大棚栽培增加 10%～20%，土壤湿度保持在土壤最大持水量的 80%～85%，采收前 10 天控制浇水量，土壤湿度维持在土壤最大持水量的 55%～60%。

适宜区域： 该品种适宜在广西壮族自治区厚皮甜瓜产区春、夏、秋季大棚栽培与春、夏季露地栽培。

497. 红珍珠

鉴定编号： 苏鉴甜瓜 200902

选育单位： 江苏省农业科学院蔬菜研究所

品种来源： 以 M-19、M-16 为亲本，利用杂交方法，于 2005 年育成。

特征特性： 属晚熟网纹甜瓜。植株生长势强，耐低温、高温，适应性好，易坐果。果实圆形，网纹规则，中等粗密，果肉橙红色。口感风味好。区试平均结果：全生育期 110 天左右，雌花开放后约 43 天果实成熟，单果重 1.3 千克，肉厚 3.6 厘米，折光糖含量 15.3%。

产量表现： 2007 年参加区试，平均亩产 2040.0 千克，比对照蜜红（下同）增产 6.3%；2008 年区试，平均亩产 1920.0 千克，比对照增产 4.2%；2009 年生产试验，平均亩产 2005.3 千克，比对照增产 4.7%。

栽培技术要点： ①适期播种。大棚覆盖栽培，南京地区 2 月中下旬播种，采用营养钵或穴盘电热温床育苗，播种后 25～30 天、幼苗 2～3 片真叶时定植。各适宜种植地区，应根据本地的光温条件科学安排播种期。②栽培密度：栽培密度每亩 1200～1500 株，单蔓整枝，吊蔓，植株 25 片叶时摘心。选留 12～15 节子蔓雌花坐果，每株留果 1 个，坐果的子蔓雌花前留 2～3 片叶摘心。③肥水管理：要求施足基肥，每亩用腐熟厩肥 3500～4000 千克、50 千克过磷酸钙、25 千克硫酸钾混匀，做畦前施入；坐果后，果实有鸡蛋大小时开始浇水，以少量多次为原则，纵向裂纹出现时原则上要控水，横向裂纹出现时加大浇水量，网纹形成后浇水量逐渐减少。开花后 30 天果实进入充实期，停止浇水。④病虫害防治：预防为主，农业防治和药剂防治相结合，注意防治蚜虫和白粉病。

适宜区域： 该品种适宜在江苏省春季或夏、秋季大棚栽培。

498. 骄雪六号

登记编号： XPD015-2011

选育单位： 北京骄雪种苗科技开发有限公司

品种来源： 07×01M

省级审定情况： 2009 年陕西省农作物品种审定委员会鉴定，2010 年安徽省农作物品种审定委员会认定

特征特性： 植株生长较为旺盛，叶片较大。瓜码密，容易坐

果，连续坐果性强，果形较美观。开花后 30 天左右成熟，果实高圆形，果形指数 1.1，果面光滑，果皮白色，成熟后有淡淡的黄晕。果肉白色，肉厚 2.5 厘米左右，中心糖度可达 14%～15%。果实初始稍硬，储藏后渐变软，蜜软多汁，不易汤化。不脱蒂，不易裂果，较耐储运。

产量表现： 2009 年、2010 年省多点试验平均亩产 2002.7千克。

栽培技术要点： 露地双膜栽培：3 月上旬育苗，3 月下旬移栽，每亩定植 600 株左右，瓜苗 4～6 片叶时掐顶尖，每株留 3 条子蔓，自然坐果；大棚栽培：2 月上中旬育苗，3 月上中旬移栽，每亩定植 800～1000 株，瓜苗 4～6 片叶时掐顶尖，留 3 条子蔓，去掉每条子蔓第 1、第 2 节上的孙蔓，留 3～5 节上的孙蔓结果，结果节位上的孙蔓留 2 片叶打顶，子蔓第 9～第 12 片叶打顶，平均每株 5～7 个。大棚栽培在坐果期前后要注意多通风降温排湿，减少病害的发生和促进瓜胎的形成。

适宜区域： 该品种适宜在湖南省种植，同时适宜陕西省、安徽省等地种植。

499. 精源 1 号

审定编号： 晋审菜（认）2010001
选育单位： 山西省蔬菜技术开发中心
品种来源： $CIWF_2$-5-5-3-19-3-1×$CIWF_2$-1-5-5-3-18-3-2
特征特性： 厚皮网纹甜瓜。植株生长势强，子蔓结瓜，第一坐瓜节位 12～14 节，坐瓜率高。果实近圆形，纵径 16.0 厘米，横径 14.7 厘米，网纹凸起，中等粗细，分布均匀，网纹白色，瓜皮浅绿。单瓜重 2.0 千克，肉厚 3.8 厘米，含糖量 13.1%。

产量表现： 2007 年参加山西省日光温室春夏茬、秋茬网纹甜瓜区域试验，2007 年春夏茬试验，平均亩产 3982.4 千克，比对照雅春秋系增产 87.2%；2007 秋茬试验，平均亩产 3419.8 千克，比对照八江 04G2 增产 20.5%。

栽培技术要点： 浸种催芽、营养钵基质育苗、插诱蚜板。亩施 3 米³ 有机肥。4 叶 1 心定植，行距 1 米，株距 0.4 米。雄花开放打顶、雌花开放闷尖、蜜蜂传粉、适时定瓜。在授粉后 48～50 天，瓜蔓带有"丁"字形时，选择上午落露水后及时采收、冷藏。栽培中要采取避雨、防暴晒措施，以防裂瓜。

适宜区域： 该品种适宜在山西省各地春季设施栽培。

500. 千玉 1 号

登记编号： 陕瓜登字 2010002 号
选育单位： 西北农林科技大学园艺学院
品种来源： H013×P65
特征特性： 早熟种。植株长势强，节间较长，伸蔓快，叶子中等大小，五裂，叶色浅绿；雌花密，为两性花，可自花结实，易坐果；从开花至成熟 28～30 天，果实圆球形周正，成熟后果面白亮，不落把；果肉橙红色，厚 3.5～4 厘米，干腔小，可溶性固形物含量 16%～18%，肉质松脆，汁水丰沛，具有哈密瓜风味，品质佳美；果实耐储运性好，货架期长，常温下可储藏 30 天。全生育期 90 天左右，露地和秋延栽培生育期较短，春播和大棚栽培生育期较长，高抗甜瓜霜霉病、炭疽病，对叶枯病、蔓枯病抗性较好，感白粉病。

产量表现： 区域试验平均亩产 4100 千克左右。
栽培技术要点： 冬前深翻土地，重施底肥，多施有机肥，氮、磷、钾肥比例按 3∶1∶3 施入，吊蔓栽培亩留苗 1800～2000 株，棚内爬地栽培亩留苗 1200 株，北方露地种植亩留苗 1500 株，吊蔓栽培 12 叶节起留子蔓结果，爬地栽培主蔓 4 叶打顶，留 2 条子蔓，第 3 叶节起留孙蔓结果；幼瓜核桃大小时及时浇水追肥；果面转为白亮即可采收。

适宜区域： 该品种适宜在陕西省早春保护地栽培。

501. 甬甜 7 号

审定编号： 浙（非）审瓜 2012003
选育单位： 宁波市农业科学研究院
品种来源： RB20-8×丰蜜 1 号，原名甬甜 68。
特征特性： 该品种为中熟厚皮甜瓜，果实发育期 38 天左右。

植株长势中等，叶片绿色、心形，叶片长、宽分别为 25.1 厘米和 32.8 厘米，叶柄长 23.2 厘米，平均节间长 10.7 厘米左右；子蔓结果，适宜坐瓜节位为主蔓第 12～第 15 节子蔓。果实椭圆形，果形指数约 1.6，果皮米白色，网纹中密、中等粗细，平均单果重约 1.8 千克；脆肉型，果肉浅橙色，坐果性好，不易裂果。中心糖度和边缘糖度分别为 16.0％和 11.5％左右。据 2012 年农业部农产品质量安全监督检验测试中心（宁波）检测：可溶性固形物含量和可溶性总糖含量分别为 17.2％和 12％。田间表现较抗蔓枯病。

产量表现： 2010 年秋季、2011 年春季和 2011 年秋季在宁波、宁海、鄞州进行多点品种比较试验，平均亩产分别为 2278.2 千克、2189.1 千克和 2299.8 千克，2 年三季平均亩产 2255.7 千克，比对照"东方蜜 1 号"增产 8.1％。

栽培技术要点： 立架栽培单蔓整枝、亩栽 1200 株左右，单株留 1 个果；爬地栽培双蔓整枝，宜亩栽 500 株左右，每蔓每批留 1 个果，一般结果 2 批。

适宜区域： 该品种适宜在浙江省设施栽培条件下种植。

502. 中甜 1 号

认定编号： 闽认瓜 2011003

引进单位： 福建省农科院农业生物资源研究所，福州市农业科学研究所

品种来源： 从中国农科院郑州果树研究所引进

特征特性： 早熟，植株生长势强，春季栽培全生育期 85～90 天，果实发育期 25～28 天。孙蔓第 5 节着生第一朵雌花。果实长椭圆形，果皮黄色，上有 10 条银白色纵沟，果肉白色，肉厚 1.8～2.5 厘米，肉质细脆爽口，单瓜重 0.5～1.2 千克，可溶性固形物含量 13％～15％，耐储运性好。经闽侯县植保站在白沙示范片调查，主要病害有白粉病、炭疽病，但发病程度比对照金泰郎轻。经福建省农科院中心实验室品质测定，每 100 克鲜样含水分 89.7 克、还原糖 6.6 克、蔗糖 0.98 克、粗蛋白质 0.91 克、粗纤维 0.65 克、维生素 C 12.7 毫克。

产量表现： 该品种经福州、宁德等地多年多点试种示范，一般

亩产 2000～2500 千克。

栽培技术要点：该品种适播期大棚栽培 12 月播种，露地栽培 3～4 月播种，秋延栽培 7～8 月播种。选择排水良好、土层深厚沙壤土，轮作旱地 5～6 年、水田 3～4 年。整成畦带沟宽 1.4 米、沟深 30 厘米的高畦。苗龄约 30～40 天，3～4 片真叶时定植，大棚亩植 600～800 株，露地栽培 500～600 株，秋延栽培 700 株。栽培上注意防治甜瓜白粉病、霜霉病、炭疽病、枯萎病等病害。

适宜区域：该品种适宜在福建省种植。

X. 果 树

一、仁 果 类

503. 苏帅

鉴定编号： 苏鉴果 201108

选育单位： 南京农业大学，徐州市果树研究所

品种来源： 1976 年以印度×金帅杂交选育而成

特征特性： 中熟苹果品种。树势健壮，树冠紧凑，枝条粗壮，萌芽率强，为 88.9％。3～4 年生始果，以短果枝结果为主，坐果率高，无采前落果，丰产稳产。果实平均单果重 241 克，果皮光洁，对炭疽病、轮纹病和早期落叶病抗性强，不裂果。

产量表现： 在 M7 中间砧上七年生果树亩产可达 3000 千克以上。

栽培技术要点： ①栽植株行距乔砧树以 4 米×5 米为宜、矮砧树以 3 米×4 米为宜。栽植时要选择大苗，挖大坑、浇足水、培大墩、铺地膜。授粉品种可选用富士等。高接换头可在三年生以上的幼树上进行，采取多头高接枝接技术。②矮砧树选用自由纺锤形，乔砧树小冠开心形或小冠疏层形。幼树骨干枝以中短截为主，并结合春季刻芽、拉枝开张角度等促发枝条，增加短枝量，缓和生长

势，促进早期成花结果。结果后对衰弱枝组及时回缩更新。③成龄树转为中短果枝结果为主，成花率和坐果率均较高、应特别注意花前复剪，并严格进行疏花疏果，合理控制负载量，生产上按每20～25厘米左右选留1个中心果，每亩产量控制在2000～3000千克。④盛果期树，在果实采收后，每亩施入有机肥2000～3000千克、复合肥100～150千克左右。6月、7月结合灌水，根据树体生长状况，追施1～2次复合肥。

适宜区域：该品种适宜在江苏省黄河故道地区种植。

504. 烟富4号

审定编号：鲁农审2009062号

选育单位：烟台市果树工作站

品种来源：长富2着色优系，芽变选种，1995年育成。

特征特性：晚熟鲜食品种。果实圆形至长圆形，高桩，果形指数0.87～0.89；大型果，单果重262～302克；果面光洁，片红，色泽浓红艳丽；全红果比例78%，着色指数95.4%，分别比对照长富2（下同）高38.0和16.2个百分点；果肉淡黄色，脆爽多汁，风味酸甜，硬度7.5～7.9千克/厘米^2，可溶性固形物含量14.3%～15.5%；果实发育期175天，在烟台地区10月下旬成熟。

产量表现：定植后第4年亩产1655.5千克、第5年亩产3615.8千克，早果性和丰产性均优于对照。

栽培技术要点：适宜栽植密度（3～4)米×(4～5)米；采用纺锤形或细长纺锤形树形；授粉树配置、花果及肥水管理、病虫害防治等技术与对照相同。

适宜区域：该品种适宜在山东省苹果产区种植利用。

505. 翠玉

认定编号：闽认果2013001

选育单位：浙江省农业科学院园艺研究所

品种来源：西子绿×翠冠，原名5-18。

省级审定情况：2011年浙江省非主要农作物品种审定委员会审定

特征特性：该品种属早熟砂梨品种，树姿较开张，树势强健，花芽极易形成，以中、短果枝结果为主，结果性能好。在建宁县种植，春芽萌动期3月上中旬；始花期3月中下旬，终花期3月下旬至4月上旬初；落叶期11月下旬至12月初。果实成熟期6月下旬，比翠冠早7天左右。果实圆形，果形端正，果形指数平均0.89，单果重200克左右。果顶稍平，果皮浅绿色，果面光洁具蜡质，果锈少，果点极小，萼片脱落，果梗粗短。果肉白色，肉质细嫩，化渣，汁多，口感脆甜石细胞少，果心极小，可食率85%，丰产性好。经建宁县农业植保植检站田间调查，该品种梨褐斑病发病率为3.56%～15.8%，梨轮纹病果实发病率为0.21%～3.06%，其他病虫害发生情况与翠冠梨相近。经福建省农产品质量安全检验检测中心（漳州）检测：可溶性固形物含量11.5%，可溶性总糖含量7.26%，还原糖含量5.16%，维生素C含量6.19毫克/100克。

产量表现：经三明、泉州等地多年多点试种，定植第四年树株产可达15千克以上，第5年树亩产可达1500千克以上。

栽培技术要点：选择土层深厚，疏松肥沃地块建园；定植株行距4米×4米；该品种为自花不育品种，栽培上需配置授粉树，授粉品种选用翠冠梨、黄花梨，主栽品种与授粉品种的配置比例为（4～5）：1；加强水肥管理，注意防治梨褐斑病、梨轮纹病等病虫害；采用果实套袋、大棚栽培等方法，减少裂果，提高果实商品性。

适宜区域：该品种适宜在福建省闽西北、闽北中高海拔地区或年均气温小于18.5℃的区域种植，同时适宜浙江省种植。

506. 粤引早脆梨

审定编号：粤审果2009006

选育单位：广东省农业科学院果树研究所，乐昌市生产力促进中心，河源市水果生产管理办公室，东源县科技局

品种来源：台湾4029梨单株（新世纪梨/横山梨）

特征特性：树势壮旺，树姿直立。早熟，果实成熟期6月下旬至7月上旬。果实近球形，平均单果重253克，纵横径8.1厘米×

8.2 厘米；果心小，果肉乳白色，石细胞少，汁液多，口感风味清甜爽脆；可溶性固形物含量 12.10%，总糖含量 8.40%，总酸含量 0.20%，维生素 C 含量 2.45 毫克/100 克。

产量表现：早结丰产，高接树第二年株产可达 5 千克，一年生嫁接苗种植后第三年投产，第五年亩产达 1128～1250 千克。

栽培技术要点：①选砂梨作为嫁接苗砧木，春芽萌动前定植最适宜，株行距 4 米×4.5 米，每亩种植 37 株。②配置授粉树：选择英德青皮梨作为授粉树，按 10%～15% 比例配置。③施足基肥：定植前每株施腐熟鸡粪 20～30 千克、磷肥 2 千克，分层施入穴内，结果树每年要进行深翻改土培肥。④整形、疏果和套袋：幼年树要进行拉线整形，培养早结、丰产的树冠，坐稳果后适当进行疏果和套袋。

适宜区域：该品种适宜在广东省砂梨产区种植。

507. 次郎

认定编号：闽认果 2010010

引进单位：福建省仙游县农业局，福建省农业科学院果树研究所，仙游县台湾农民创业园管理委员会，莆田市山益生态农业有限公司

品种来源：原产于日本，2001 年从台湾引进。

特征特性：该品种属甜柿品种，树势强；枝密，花芽分化容易，单性结实能力强。在仙游县 4 月中下旬现蕾，5 月上旬始花，5 月中下旬盛花，6 月初终花；果实成熟期 9 月中旬至 10 月下旬；落叶期为 10 月下旬至 11 月下旬。坐果率较高，丰产性好。果实扁方圆形，具 4 条纵向的凹线成稍广纵沟，成熟果实果皮橙红色，果皮较薄，果粉多；果肉松脆；肉橙黄色，褐斑小而少；汁液较少，味甜，品质上乘。经仙游县植保植检站田间调查，次郎甜柿主要病害有柿角斑病、白粉病、炭疽病。经福建省中心检验所检测：可溶性固形物含量 16%，维生素 C 含量 56 毫克/100 克，单宁含量 625 毫克/克。

产量表现：经莆田、福州等地多年多点试种，嫁接苗定植 5 年后株产 35 千克。

栽培技术要点：小苗嫁接以君迁子、鸟柿作为砧木；种植株行距 3 米×5 米或 4 米×5 米，栽培上要采取大穴大苗种植，施足有机肥。培养开心形树冠，适时拉枝，控制直立生长，做好修剪，加强肥水管理，增施有机肥，合理控制结果量，适时套袋。栽培上注意防治角斑病、炭疽病、柿蒂虫、蚜虫、黄刺蛾等病虫害。

适宜区域：该品种适宜在福建省中亚热带气候区海拔 400～700 米的山地种植。

508. 五星红

审定编号：鲁农审 2010077 号

选育单位：聊城大学

品种来源：杂交育种，亲本为大红子×亮红子，2001 年育成。

特征特性：晚熟品种。大型果，单果重 20.7 克，比对照大金星（下同）重 7.0 克；果面深红色；果肉橙黄色；维生素 C 含量 89.8 毫克/100 克鲜果肉，可溶性糖含量 11.3%，是对照的 1.6 倍，可滴定酸含量 2.05%，比对照低 1.2 个百分点；可食率 93.7%。自花结实；果实发育期 150 天左右，临沂地区 10 月中旬成熟，比对照晚约 10 天。

产量表现：定植后第 3 年结果，第 5 年平均亩产 1652 千克，第 9 年 2873.5 千克，分别比对照高 57.3% 和 12.9%。

栽培技术要点：适宜株行距（2～3）米×（3～5）米，采用小冠形或自然圆头形树形；花果及肥水管理、病虫害防治等技术与对照相同。

适宜区域：该品种适宜在山东省山楂产区种植利用。

509. 红铃 2 号番木瓜

审定编号：粤审果 2012003

选育单位：广州市果树科学研究所

品种来源：穗中红 48/红妃

特征特性：大果型番木瓜品种，从定植到初收约为 223 天，延续采收期 60～70 天。植株长势旺盛，平均株高 200 厘米，冠幅 190 厘米；最低结果高度 60 厘米左右，高温干旱时期间断结果轻。

两性株所结果实主要为长圆形，平均单果重 1450 克，纵径 29 厘米，横径 13.5 厘米；果皮光滑，光泽强；果肉橙黄色，肉质较粗，香味较浓，果实硬度适中，可作鲜食与加工。果实可溶性固形物含量 11.14%，总糖含量 9.49%，可滴定酸含量 0.098%，果实可食率 71.3%。在水旱轮作田块种植，环斑型花叶病毒病发病较轻。

产量表现： 当年平均单株产量 27.1 千克，折合亩产 4610 千克。

栽培技术要点： ①实行严格水旱轮作，忌连作。②可用种子或组培苗进行繁殖，广州地区 10 月下旬至 11 月中旬播种育苗，2 月中旬至 3 月上旬定植，株行距 2 米×3 米左右，每亩种植 130～180 株，每穴定植 2～3 株。③现蕾期将雌性、雄性株剔除，保留两性株；开花期及坐果期及时将雄花、雄型两性花及雌型两性花摘除，每节只留两朵长圆形两性花或雌性花。④果长 2 厘米左右将生长较差的果实摘除，每节保留 1 个果。⑤初花期前后注意防治环斑型花叶病毒病及蚜虫。

适宜区域： 该品种适宜在广东省番木瓜产区种植。

二、核 果 类

510. 陇蜜 9 号

认定编号： 甘认果 2009003

选育单位： 甘肃省农业科学院林果花卉研究所

品种来源： 以临白 7 号为母本、六月桃为父本杂交选育而成，原代号 87-7-39。

特征特性： 该品种嫁接在山桃砧木上，一年生枝条阳面红色，背面绿色，节间长 3.0 厘米；长椭圆披针形叶，叶尖渐尖，蜜腺肾形、2～3 个；花芽起始节位 2～3 节，以复花芽为主；花蔷薇形，浅粉红色，萼筒内壁橙黄色，雌蕊高于雄蕊。果实近圆形，果顶平，果面大部分着玫瑰红晕，茸毛短而稀。果肉乳白色，硬溶质，纤维少。单果重 210.6 克。含总糖 10.87%、有机酸 0.3%、维生素 C 91.9 毫克/千克。粘核，无裂核，种仁苦。在兰州地区 8 月中旬成熟。全生育期 210 天。抗桃流胶病和桃细菌性穿孔病。

产量表现：在 1997～1999 年多点试验中，平均亩产 928.1 千克，比对照大久保增产 9.1％。

栽培技术要点：①栽植密度：株行距 3 米×4 米。②授粉品种：大久保、北京 7 号等，配置比例为 5：1。③整形修剪。采用自然开心形。④花果管理。成花容易，坐果率高，应进行疏花疏果。

适宜区域：该品种适宜在甘肃省兰州、天水、平凉及白银等地种植。

511. 沂蒙霜红

审定编号：鲁农审 2010080 号
选育单位：山东农业大学
品种来源：杂交育种，母本为寒香蜜，用中华寿桃和冬雪蜜混合花粉授粉。2004 年育成。
特征特性：晚熟品种。大型果，单果重 375 克；果实近圆形，果顶圆平，略凹陷，果面红色，着色面 50％～75％；果肉乳白色，肉质细，粘核；可溶性固形物含量 14.4％。自花结实；果实发育期 200 天左右，在临沂地区 10 月下旬至 11 月初成熟，比对照中华寿桃（下同）晚约 30 天。

产量表现：定植后第 2 年结果、第 3 年丰产、第 4 年平均亩产达到 3480 千克，与对照相当。

栽培技术要点：适宜株行距（3～4）米×（4～5）米，宜采用自然开心形树形，果实套袋防裂果；肥水管理、病虫害防治等技术与对照相同。

适宜区域：该品种适宜在山东省桃产区种植利用。

512. 晚红杏

审定编号：晋审果（认）2009001
选育单位：山西省农业科学院果树研究所
品种来源：串枝红的自然变异株选育
特征特性：树姿半开张，干性较强，主干老皮粗糙，纵裂，灰褐色；多年生枝灰褐色。叶片卵圆形，叶面稍纵卷，深绿色，光滑无毛，叶尖突尖。果实近圆形，果个均匀，平均单果重 68 克，最大可达 100 克。果皮底色黄色，彩色紫红，全面着色，果皮光滑，茸毛少，有光泽。果肉黄色，质地硬韧，纤维中粗，汁液中多，风味甜酸，具少许香味。离核，仁饱满、味苦。果实成熟晚，果实发育期 100～110 天，在晋中太谷地区 7 月下旬成熟。丰产性好，不裂果、抗寒、耐晚霜、雌蕊败育率低。山西农业科学院果树研究所分析检测：单糖含量 4.3%，双糖含量 5.94%，总糖含量 10.24%，可溶性固形物含量 15.0%，可滴定酸含量 3.11%，糖酸比 3.29。

产量表现： 一般五年生树株产 25 千克、七年生树株产 60 千克、十年生树株产 110 千克。在阳泉、大同等地大面积种植亩产一般能稳定在 1500 千克左右。

栽培技术要点： 适宜的授粉品种有串枝红和鸡蛋李，比例为 1：4。栽植密度为丘陵山区 3 米×4 米、平川 3 米×5 米。树形为纺锤形或改良主干形。进入结果期后要注意浇好萌芽水、花后水、采收水、采后水和冻水。要及时防治蚜虫。

适宜区域： 该品种适宜在山西晋中及其以北地区种植。

513. 隆丰黑李

认定编号： 闽认果 2012003

选育单位： 宁德市隆丰农业技术研究所

品种来源： 2004 年从福安市隆丰水果场"皇后黑李"果园中发现的优良单株选育而成，原名隆丰 1 号。

特征特性： 该品种属早中熟黑李品种。树姿较直立，分枝角度较小，生长势中等。在福安市甘棠镇种植，始花期 3 月上旬，盛花期 3 月中下旬，终花期 3 月下旬；落叶期 11 月中下旬。果实成熟期 7 月中旬，果实生育期 135 天左右，比皇后黑李早熟 5～7 天。各类结果枝均能结果，以花束状结果枝结果为主。果实扁圆形，果形端正、整齐，果粉厚，果皮紫黑色，果肉金黄色，果核小、离核，单果重 60～75 克，比皇后黑李大 7.5～9.5 克，酸甜适口，品质优。丰产性好。经福建省产品质量检验研究院检测：可溶性固形物含量 13.0%，可溶性总糖含量 7.8%，维生素 C 含量 5 毫克/100 克，可滴定酸含量 1.1%。经宁德市植保植检站田间调查，该品种主要病虫害有细菌性穿孔病、炭疽病、流胶病、蚜虫、粉蚧等。

产量表现： 经宁德、三明等地多年多点试种，嫁接苗定植 4 年后亩产可达 1032 千克（亩植 40 株）。

栽培技术要点： 砧木以毛桃为宜；一般亩植 40～56 株，按 (5～8)∶1 配置授粉树，授粉树以蜜思李为主，并搭配油木奈、青木奈、黑琥珀李等；培养自然开心形树冠；加强肥水管理，注意磷、钾、硼肥的合理施用；合理控制结果量，及时防治细菌性穿孔病、炭疽病、蚜虫、粉蚧等病虫害。

适宜区域： 该品种适宜在山东省李产区种植利用。

514. 黑珍珠

审定编号： 鲁农审 2010087 号
选育单位： 山东省烟台市农业科学研究院
品种来源： 萨姆的芽变，2003 年育成。
特征特性： 晚熟品种。大型果，单果重 11 克，比对照红灯（下同）重 2.8 克；果实肾形，果皮有光泽，紫红色；果肉深红色，脆硬，味甜；可溶性固形物含量 17.5%，比对照高 2.1 个百分点。果实发育期 60 天左右，烟台地区 6 月中下旬成熟，比对照晚约 10 天。

产量表现： 定植后第 3 年结果，第 4 年平均亩产 489 千克，第 6 年 1677 千克。

栽培技术要点： 适宜株行距 3 米×(4～5) 米，采用纺锤形树形，选用美早、先锋、斯太拉等为授粉品种；花果及肥水管理、病虫害防治等技术与主栽品种相同。

适宜区域： 该品种适宜在山东省甜樱桃产区种植利用。

515. 红灯

审定编号： 川审果树 2008005
选育（引种）单位： 四川省农业科学院园艺研究所，阿坝州农

业局经济作物管理站，雅安市汉源县农业局果树站，四川农业大学林学园艺学院，西南科技大学生命科学与工程学院

品种来源：20 世纪 80 年代从大连市农科院果树所（原大连市农科所）引进

特征特性：该品种树势强健，幼树直立性强，成龄树半开张，萌芽率高，成枝力强，叶片大，椭圆形，较宽，在新梢上呈下垂状着生，花芽大而饱满，幼龄结果树中长果枝较多，盛果期以花束状果枝和短果枝结果为主；果实肾形、较大、端正，果梗粗短，果皮红色至紫红色，富有光泽。平均单果重 9.0 克，果实可溶性固形物含量 15.1%～19.1%，每百克果肉总糖含量 10.0～13.8 克、总酸含量 0.43～0.81 克，可食率 91.3%～95.7%。果肉肥厚，汁多味甜。授粉品种有佳红、巨红、红蜜、拉宾斯。成熟期（阿坝州 5 月中旬，越西县 4 月底至 5 月上旬，汉源 5 月上中旬，广元市 5 月初）较原产地辽东半岛提早 1 个月以上，比山东半岛提早 20～30 天。成熟早，适应性和抗逆性强。

产量表现：采用 Gisela5 号、6 号和 CAB6 号作砧木，嫁接苗定植后第 3 年试花结果，株产 1.0～3.0 千克；第 5～第 7 年进入盛产期，株产 15.0～30.0 千克。高接树第 2 年试花，第 3 年结果株产 5.0～12.5 千克，第 4 年株产 15.0～20.0 千克，第 5 年进入丰产期，株产 25.0～30.0 千克，盛产期亩产可达 1200 千克。

栽培技术要点：①建议株行距 3 米×5 米，选择土层深厚，有机质含量高，排水良好的微酸性沙壤地建园，壕沟或定植穴改土定植。②按 1：4 配置适宜的授粉品种。③有机肥为主，氮、磷、钾肥配合。盛果期后加强肥水管理，每年落叶前重施基肥，花前、花后和果实膨大期及时追施速效肥。秋季施肥占全年施肥量的 70%。④整形修剪成纺锤形和"Y"字形，幼树应多次摘心，促进发枝、扩大树冠，并通过拉枝开张角度，缓和树势，提早结果。⑤综合防治病虫害，在防治适期施药，搞好田间监测，使用无公害低毒、低残留农药。

适宜区域：该品种适宜在四川省 1000～2200 米高海拔甜樱桃地区种植。

516. 鑫众 1 号

审定编号： 晋审果（认）2011002

选育单位： 山西鑫众农业科技有限公司，山西省农业科学院作物科学研究所

品种来源： 从中条山、华山野生欧李中选育的自由授粉、实生繁殖的群体品种，原名"中华欧李"。

特征特性： 中晚熟欧李品种。三年生株高1米以上，枝条丛生（同灌木类），丛占地面积0.2～0.5米^2；当年生枝条年生长量超过了0.6米，长的可达1米以上，副梢平均长度0.3～0.5米；一年生枝条绿色，表皮蜡质层厚；两年生及以上枝条灰褐色；叶片倒卵圆形，基部楔形，长3.69厘米，宽2.05厘米，叶片平展，叶背叶脉突出，叶缘锯齿细密，较浅；开白花至粉红花，结核果；果实扁圆形，果顶平，稍凹陷，果柄长，果实缝合线明显，成熟后果实为枣红色，汁液多，味甜爽口。平均单果重9.1克左右，可食率94.7%，果实纵径2.20厘米、横径2.72厘米；果核硬、圆形，果实粘核。在山西南部一般4月下旬至5月上旬开花，成熟期7月下旬至8月上旬，11月上旬开始落叶。农业部农产品质量监督检验测试中心（太原）分析：果实硬度4.7千克/厘米^2，可溶性固形物含量12.36%；可滴定酸含量0.8%。

产量表现： 永济伍姓湖农场三年生试验地平均亩产612千克，比对照欧李红亩产390千克增产56.9%；永济良种场四年生试验地平均亩产1160千克；运城空港四年生试验地平均亩产1580千克。

栽培技术要点： 种子须经60天以上低温沙藏处理方可播种。苗木移栽最好用1～2年苗木进行，移栽过程中必须修根，干旱地区用生根粉和保水剂进行处理，有灌溉条件的栽后立即浇水，确保成活。移栽最佳时间在秋季落叶后和春季萌芽前。防风治沙工程栽植密度每亩600～1000株；有灌溉条件的果园栽植密度为每亩400～600株，最好采用宽窄行搭架栽培。4年生以上植株，需要去除老的结果枝，利用根蘖苗更新结果。"三北"防风治沙工程最好6年一次性平茬更新。

　　适宜区域：该品种适宜在山西省冬季低温不低于－30℃的地区种植。

三、浆　果　类

517. 无核翠宝

审定编号：晋审果（认）2011001
选育单位：山西省农业科学院果树研究所
品种来源：瑰宝/无核白鸡心
特征特性：属欧亚种早熟无核葡萄品种。从萌芽到果实充分成熟需 115 天左右。篱架整枝株高 180 厘米，棚架整枝株高 300～400 厘米；新梢黄绿色带紫红色，具稀疏茸毛；幼叶浅紫红色，有光泽，叶背具有稀疏直立茸毛，叶面具稀疏茸毛；新梢第一卷须着生位置为新梢的第 7 节，卷须为间隔性，单分叉；第 1 花序一般着生在第 4 节，第 2 花序着生在第 5 节，第 3 花序着生在第 7 节；新梢开始成熟期为 7 月中旬。一年生枝条成熟时节间颜色为淡黄色，节为棕红色，节间平均长度为 7.6 厘米，最长 10.5 厘米，最短 4.5 厘米；叶片近圆形，绿色，平展，中等大小，中等厚度，五裂，上下裂刻深，叶柄洼为窄拱形，叶缘锯齿锐，叶表面无茸毛、光滑，叶背面有稀疏刚状茸毛，叶脉花青素着色程度中等；生长季节一年生枝条上冬芽花青素着色程度中等；花为两性花。果穗形状为双歧肩圆锥形，果穗中等大小，平均长 16.6 厘米、宽 8.6 厘米，平均穗重 345 克，最大穗重 570 克。果粒着生紧密，大小均匀，果粒为倒卵圆形，果粒大，纵径 1.9 厘米、横径 1.7 厘米，平均果粒重 3.6 克，最大粒重 5.7 克。具玫瑰香味，酸甜爽口、风味独特，品质上等，果皮黄绿色、薄；果肉脆、硬；果刷较短，果粒比较容易脱落；无种子（果核）或有 1～2 粒残核。生长势强，自然授粉花序平均坐果率为 33.6%；萌芽率 56.0%，结果枝占萌发芽眼总数的 35.9%，每果枝平均花序数为 1.46 个。在晋中地区，萌芽期为 4 月 15 日左右，开花期为 5 月下旬，果实开始着色期为 7 月 10 日左右，果实完全成熟为 8 月上旬。2009 年山西省农科院综合利用研究所重点实验室分析：可溶性固形物含量 17.2%，单糖含量 13.49%，双糖含量 1.31%，总糖含量 15.65%，总酸含量 0.39%，糖酸比为 40：1。

产量表现：2007 年在绛县、清徐、大同定植，2009 年 3 点平均亩产 865 千克，比对照无核白鸡心（下同）增产 1.8%；2010 年 3 点平均亩产 1069.7 千克，比对照增产 8.5%。

栽培技术要点：篱架栽植行距为 2.3～2.5 米、株距为 0.7 米；棚架栽培行距为 2.8～3.5 米、株距为 0.5～0.7 米；"V"形架栽培行距为 2.8～3 米、株距为 0.5～0.7 米。葡萄出土后浇水配施尿素，花前、花后浇水配施磷酸二铵，果粒开始着色时浇水配施磷酸二氢钾或硫酸钾，果实采收后及时施入有机肥。该品种产量过大会影响商品性，建议亩产量应控制在 1000 千克左右。开花后 1 周应采用奇宝 30 微升/升处理 1 次增大果粒，在果实上色前（山西晋中为 6 月上旬）需对果穗进行顺穗整理并套袋。果实套袋前喷布"福星"和"施佳乐"，以防治果实白腐病和灰霉病。

适宜区域：该品种适宜在山西省全省种植。

518. 夏黑

认定编号：闽认果 2013002

选育单位：日本山梨县果树试验场

引进单位：福建省农业科学院果树研究所，三明市梅列区农业局，福安市农业局

品种来源：巨峰×无核白，原产日本，原名サマーブラック，2004 年从江苏省张家港市神园葡萄科技有限公司引进

省级审定情况：2011 年浙江省非主要农作物品种审定委员会审定，2012 年四川省农作物品种审定委员会审定

特征特性：该品种属欧美杂交种，为三倍体无核早熟葡萄品种。生长势强，芽眼萌发率和成枝率较高，隐芽寿命长，花芽易分化。在三明市梅列区种植，萌芽期 2 月下旬，始花期 4 月下旬，终花期 5 月上旬，落叶期 10 月下旬至 11 月上旬。果实成熟期 7 月上旬。丰产。自然状态下，果穗重 350 克左右，果粒大小整齐，椭圆形或近圆形，单果重 3.4～4.0 克，果皮紫黑色或蓝黑色，上色快，

着色一致，果粉厚，果肉脆硬，有香气，品质优。经福建省分析测试中心检测：可溶性固形物含量 20.9％，可溶性总糖含量 18.3％，可滴定酸含量 0.37％，维生素 C 含量 4.66 毫克/100 克。经建瓯市植保植检站田间调查，该品种葡萄霜霉病发病率为 5％～8％、葡萄灰霉病发病率为 3％～5％，其他病虫害发生情况与巨峰相近。

产量表现：经三明、南平、宁德等地多年多点试种，嫁接苗定植第 4 年亩产可达 1500 千克。

栽培技术要点：应设施避雨栽培，选择排灌良好、土层深厚、疏松肥沃地块建园；定植株行距（1～1.5）米×（2～3）米；早春增温破眠促早，花果精细管理，控产提质增色。自然生长果粒较小，应注意疏果。注意防治灰霉病、霜霉病、白腐病、炭疽病、黑痘病和二斑叶螨、蛾类、叶蝉类等病虫害。

适宜区域：该品种适宜在福建省避雨设施栽培，同时适宜在浙江省、四川省种植。

519. 红什 1 号猕猴桃

审定编号：川审果树 2010006

选育单位：四川省自然资源科学研究院

品种来源："红阳"与"SF1998M"杂交，经多年试验选育而成。

特征特性：属红肉猕猴桃雌性品种。树冠紧凑，长势较强，一年生枝条浅褐色，嫩枝薄、被灰色茸毛，早脱，光滑无毛，皮孔长梭形、灰白色。叶扁圆形、钝尖，幼叶基部开阔，叶缘锯齿多，叶柄花色素着色弱。花芽易分化，花序数和侧花数较多。子房球形，纵切面淡红色。果实椭圆形，有缢痕，果顶浅凹或平坦，果柄较长而粗。平均单果重 85.5 克。果皮较粗糙，黄褐色，具短茸毛，易脱落。果肉黄色，子房鲜红色，呈放射状。维生素 C 含量 147.1 毫克/100 克，总糖含量 12.01％，总酸含量 0.13％，可溶性固形物含量 17.6％，干物质含量 22.8％。抗旱性和抗病力较强，抗涝力较弱。在什邡湔氏镇（海拔 700 米）和都江堰市青城山镇（海拔 800 米）4 月中旬开花，9 月上中旬成熟，属早中熟品种。

产量表现：丰产稳产，定植后第三年全部结果，第四年进入盛果期。株产 20～30 千克，亩产 1000～1500 千克。

栽培技术要点：①建园：选择排水良好、土壤疏松、灌溉方便、背风向阳、pH5.5～6.5、海拔 1000 米以下、年平均气温 12℃以上地区建园，于早春或晚秋栽苗，栽植密度 2 米×3 米，配红什 1 号专用雄株，雌雄比例为 8：1。②肥水管理：1 年施肥 5 次，即早春肥、展叶抽梢肥、花前肥、壮果肥和采果后肥。③整形修剪：采用"T"形架或大棚架，少抹芽多留长枝，8 月下旬后除去晚秋梢，冬季修剪疏除过密枝、弱枝，留强壮的长枝，每株树留 10～15 个结果母枝。④病虫害防治：重点防治叶斑病和介壳虫类。

适宜区域：该品种适宜在四川省龙门山脉海拔 1000 米以下地区种植。

520. 源红

登记编号：XPD027-2011

选育单位：长沙楚源果业有限公司

品种来源：红阳猕猴桃实生选种

特征特性：该品种属中华猕猴桃极早熟品种，在长沙地区 8 月上旬成熟。嫩梢底色为灰绿色，有白色浅茸毛，皮孔稀、灰白色；一年生梢棕褐色，皮光滑无毛，皮孔稀、灰白色、中等大、长椭圆形；多年生梢深褐色，皮孔纵裂有纵沟。叶片厚，正面油绿色，蜡质多，有明显光泽，叶背面浅绿色，上有白色茸毛。叶形近圆形或阔椭圆形、长 9.2～12.6 厘米、宽 10.4～15.8 厘米，基部心形，叶柄褐绿色、有浅茸毛、长 6.1～6.5 厘米、直径 4.0～4.4 毫米。花多为单花，少数聚伞花序，萼片 6 枚，绿色瓢状，花瓣 6～7 枚，倒卵状，盛花期白色；子房长圆形，有白色茸毛。果实呈近椭圆形，果顶部略凹陷，果面光洁无茸毛，果皮深绿色，光滑细腻，皮孔小。果实中等大小，平均果重 59.8 克，经过果实膨大剂 CPPU 处理后，平均单果重 81 克，最大果重 110 克，平均纵径 5.7 厘米，横径 4.5 厘米，侧径 4.1 厘米。果实中轴周围呈鲜艳的红色，果肉颜色为黄色，中轴部位呈白色，果心部位较小。肉质细嫩多汁，风味浓甜，可溶性固形物含量平均达 17.6%，维生素 C 含量 204～258 毫克/100 克。较抗高温干旱，抗病虫害能力较强。

产量表现：定植后第二年即可结果，第三年平均株产 18 千克以上，盛产期平均株产 32 千克以上，每亩产量可达 2000 千克。

栽培技术要点：选择土层深厚、疏松肥沃、有机质含量高、排水良好的地点建园。定植密度以行距 3 米、株距 4.5～5 米为宜，每亩栽 45～50 株。雌雄株比例按（5～8）：1 配置。大棚架架式，单主干、双主蔓形。冬季修剪采用回缩修剪、疏剪和短剪相结合的方法，选留粗壮的结果母蔓，并在架面上合理排布。建园时要进行高标准土壤改良，全园土壤深翻，每亩施入 4000～5000 千克有机肥。果园建成后，要持续施肥，一般重施冬肥（基肥），辅以壮果肥。果园雨季要及时排水，7～9 月干旱季节及时灌溉。谢花后 14 天左右及时疏除侧花果、畸形果、小果，保留主花果、大果。一般长果枝留果 4～5 个，中果枝留果 2～3 个，短果枝留果 1～2 个或不留果。谢花后 14～21 天，可使用果实膨大剂 CPPU，以促进果实生长发育。8 月上旬至 8 月下旬采收期，采收前 2～3 天，全园喷一次杀菌剂，以增强果实储藏性。果实采收后 24 小时内入库冷藏，储藏条件为温度（0±0.5）℃、相对湿度 90％～95％。

适宜区域：该品种适宜在湖南省猕猴桃产区种植利用。

四、坚 果 类

521. 陇薄香 3 号

认定编号：甘认果 2010004

选育单位：甘肃省农业科学院林果花卉研究所

品种来源：从甘肃省地方核桃资源中通过系统选育而成，原代号 95-2-5。

特征特性：树姿开张，分枝力强，雄先型。一年生枝条呈灰褐色，枝条无茸毛。小叶 7～9 片，呈卵圆形，叶尖渐尖，叶缘少锯齿。混合芽三角形，雄花序平均长 4 厘米，雄花芽多，柱头呈黄绿色。坐果率 67.3％，多为双果。青果皮黄绿色。坚果近圆形，三径（纵径、横径、扁径）平均 3.4 厘米，平均单果重 11.1 克，壳厚0.98 毫米。内褶壁退化，横膈膜膜质。出仁率 63.3％，核仁黄白色，含脂肪 69.2%、粗蛋白 18.2%、磷 0.41%、钙 610.71 毫克/千克、铁 13.70 毫克/千克。在陇南地区 8 月下旬坚果成熟。抗核桃白粉病、炭疽病。

产量表现： 嫁接苗定植后第 3 年结果，六年生树平均株产坚果 4.52 千克，最高株产 6.14 千克，亩产 103.96 千克。

栽培技术要点： 建园栽培适宜株行距 5 米×6 米，果粮间作适宜株行距 8 米×10 米；树形一般采用疏散分层行或自然开心形；进入盛果期，应加强肥水管理；雄花芽萌动前 20 天疏雄，保持水分和养分。

适宜区域： 该品种适宜在甘肃省陇南、天水、陇东等地种植。

522. 早香 1 号板栗

审定编号： 粤审果 2011001

选育单位： 广东省农业科学院果树研究所，封开县果树研究所

品种来源： 封开县长岗镇"封开油栗"老树实生群体

特征特性： 油栗类型板栗品种。树姿开张，果前枝长。早熟，果实在 8 月中下旬成熟，比对照封开油栗（下同）早熟 15 天左右；单果（种子）重 11.56 克，总糖含量 4.53%，还原糖含量 1.62%，淀粉含量 26.40%，蛋白质含量 3.62%，脂肪含量 0.85%，水分含量 48.40%。种皮深褐色、有光泽，果肉淡黄色，风味香浓，品质优。

产量表现： 封开试验点两年品比结果，三年生树平均株产 2.3 千克、四年生树平均株产 4.9 千克，比对照增产 9.5% 和 20.0%；折合亩产 92 千克和 196 千克，比对照增产 9.5% 和 16.7%。

栽培技术要点： ①采用南方板栗群品种或野生板栗作砧木，选择通气性好，排灌方便，pH5.0～6.5 的沙壤土或壤土种植。②从冬季落叶休眠到春芽萌动前均可种植，以春芽萌动前种植最好，株行距 4 米×4 米或 4 米×5 米，每亩种 33～40 株，密植果园株行距不低于 3.5 米×4 米，每亩种 47 株，种植穴覆土时高出地面 15～25 厘米。③按 10% 比例配置 1～2 个花期相近的板栗品种作授粉树，均匀分散种植。④培养矮化"开心形"树冠，成年树按每平方米树冠投影面积保留 10～13 条有效结果母枝。⑤注意防治疫病、

果实炭疽病、桃蛀螟、栗瘿蜂、木蠹蛾等病虫害。

适宜区域： 该品种适宜在广东省板栗产区种植。

五、杂 果 类

523. 银枣 1 号

认定编号： 甘认枣 2013001

选育单位： 白银市农业技术服务中心

品种来源： 从白银地区栽培的小口枣变异株中选育

特征特性： 鲜食制干兼用枣品种，生育期 160 天。树势较强，生长健壮，自然纺锤形树形。六年生平均树高 2.7 米，冠径 2.1 米×1.4 米。每个主枝平均抽生 4.4 个二次枝，平均枣吊个数为 2.3 个，枣吊长度为 41.3 厘米。叶片平均厚度 0.53 毫米，叶片长 8.7 厘米、宽 4.3 厘米。果实短圆筒形，成熟时果皮为红褐色，果肉浅绿色。果实大小均匀，整齐度高，单果重 26.5 克。种子百粒重 0.12 千克。果实含水分 66.8%、总糖 233.5 克/千克、维生素 C1453.8 毫克/千克、可溶性固形物 270 克/千克、有机酸 3.71 克/千克。抗锈病、炭疽病。

产量表现： 在 2009—2011 年多点试验中，平均亩产 885 千克，较对照小口枣平均增产 15.6%。

栽培技术要点： 选择向阳避风处建园，株行距 3 米×4 米。秋季落叶后或早春枣树萌芽前种植。在萌芽期、展叶期、开花坐果期、果实膨大期适时灌溉，并结合灌水施足基肥。

适宜区域： 该品种适宜在甘肃省靖远、景泰及平川区等地种植。

六、柑 橘 类

524. 彭祖寿柑

审定编号： 川审果树 2010005

选育单位：彭山县农林局，四川省农业科学院园艺研究所

品种来源：宽皮橘与甜橙天然杂交后代，经多年试验选育而成。

特征特性：树势强，树冠自然圆头形，树姿较开张，幼树枝梢直立。萌芽抽枝力强，枝条健壮。节间稀，有短刺。果实扁圆形，果形端正。果蒂果顶平，果顶柱点微凹、部分有印圈。单果重180～250克，果皮橘红色、鲜艳，果面细、光滑、具光泽，果皮厚度0.3～0.4厘米、包着紧。果肉橙红色，汁胞粗短，纺锤形。可溶性固形物含量11.24%，每100毫升果汁含总糖9.02克、总酸0.36克、维生素C 28.42毫克，果汁率42%～50%，可食率68%～75%。单独栽植时无核或少核，混栽时产生8～20粒种子。12月中下旬成熟，适应性强、结果早、丰产稳产。

产量表现：嫁接苗定植后3～4年结果，株产10.0～15.0千克，亩产1000～1500千克；高接树1年后可全面结果，株产20.0～60.0千克；3～4年后，株产25.0～150.0千克，亩产2000～5000千克。

栽培技术要点：①建园：选择土层深厚，有机质含量高，排水良好的酸性土壤建园。以红橘、枳或资阳香橙为砧木，2～3月或8月下旬至10月上旬栽植，株行距（3～4）米×（4～5）米。②肥水管理：幼树每月施1～2次清粪水加少量尿素；结果树每年施肥3～4次，即萌芽肥、稳果肥、壮果肥、采果肥。春、夏、秋三季注意防止干旱，适时灌水，花期和花芽分化期适当控水。③整形修剪：幼树摘心轻剪，培养主干和主枝，自然开心形、塔形等树冠结构，剪除病虫枝、弱枝及无用枝。④花果调节：以春梢有叶单花枝结果为主，根据树势和气候条件确定保花保果或疏花疏果。⑤病虫害防治：综合防治红蜘蛛、黄蜘蛛、天牛类、潜叶蛾、凤蝶、炭疽病等。

适宜区域：该品种适宜在四川省甜橙、宽皮柑橘主产区种植。

525. 夏红

审定编号：浙（非）审果2010002

选育单位：衢州市柑橘科学研究所，龙游县金秋果树研究中心，龙游县夏红种植场

品种来源： 橘柚类的自然杂种，原名夏红柑。

特征特性： 该品种幼芽、幼果略带紫红色，随生长发育变为绿色。叶片浓绿色，叶翼较大。成年树高 214～325 厘米，冠径 225～372 厘米。果实高扁圆形，果皮表面较光滑，色泽鲜亮，单果重 298～327 克，采收时为黄绿色，储藏 1 个月后变为橙红色。11 月中旬采收时果实可溶性固形物含量 11.2%～12.0%、可滴定酸含量 2.17%，储藏至翌年 5 月可滴定酸含量降至 1% 以下，储藏期可达 180 天，抗逆性较强。

产量表现： 龙游县模环乡东徐村"夏红"示范点面积 18.1 亩，近 3 年平均亩产 6151.6 千克，比对照胡柚增产 54.9%。经考察现场测产，亩产 6104 千克。

栽培技术要点： 适当稀植。

适宜区域： 该品种适宜在浙江省柑橘产区种植。

526. 大浦 5 号

认定编号： 闽认果 2012009

选育单位： 日本佐贺县太良町

引进单位： 福建省种植业技术推广总站，永安市经济作物站

品种来源： 从山崎早熟温州蜜柑的枝变选育而成，2002 年从中国农科院柑橘研究所引进

特征特性： 该品种属特早熟温州蜜柑品种。树势较强，树姿开张；枝梢生长势较强、丛生，枝条披张；萌芽力、成枝力中等。在永安市小陶镇种植，春芽萌动期为 3 月上旬，现蕾期 3 月下旬，始花期 3 月底，盛花期 4 月上旬，终花期 4 月下旬。第一次生理落果期 5 月上旬，第二次生理落果期 5 月中旬至 5 月下旬，果实成熟期 8 月底至 9 月初。初结果树以秋梢为主要结果母枝，成年树以春梢为主要结果母枝。果形扁圆形，果形指数 0.76，单果重 80～140 克。果皮黄绿色，光滑；肉质柔软，较化渣，风味较浓。经漳州市农业检验监测中心检测：可食率 75.2%，可溶性固形物含量 11.0%，可溶性总糖含量 5.6%，可滴定酸含量 0.76%，维生素 C 含量 27.3 毫克/克。经永安市植保植检站田间调查，该品种主要病虫害有疮痂病、炭疽病、全爪螨、锈壁虱等，病虫害发生情况与普

通温州蜜柑相似。

产量表现: 经三明、南平、龙岩等地多年多点试种,嫁接苗定植 6 年后亩产可达 2000 千克以上。

栽培技术要点: 选择土层较深厚、中等肥力、排水良好、昼夜温差大的缓坡地建园;定植株行距 2.5 米×3 米;控制挂果量,叶果比以 35∶1 左右为宜;夏肥少施或不施,重施秋肥;对强势结果枝组应通过修剪给予弱化,疏删纤细枝,保持结果母枝中庸;注意防治疮痂病、炭疽病、全爪螨、锈壁虱等病虫害。

适宜区域: 该品种适宜在闽西北地区中海拔柑橘产区种植。

527. 少核默科特

审定编号: 渝审柑橘 2008001

选育单位: 中国农科院柑橘研究所,重庆市恒河果业有限公司

品种来源: 来源于摩洛哥"阿福来"果园的一株 35 年生默科特树的实生后代,中国农业科学院柑橘研究所 2001 年通过"948"项目从美国加州布洛卡瓦苗圃引进脱毒接穗,重庆市恒河果业于 2004 年从澳大利亚昆士兰州再次引入。

特征特性: 该品种属晚熟易剥皮宽皮柑橘,平均单果重 146 克,果实横径 7.1 厘米,纵径 5.4 厘米,果形指数 0.76,果皮厚 0.42 厘米,种子数 7 粒。可溶性固形物含量 10.7%,还原糖含量 3.94 克/100 毫升,转化糖含量 9.75 克/100 毫升,总糖含量 9.46 克/100 毫升,可滴定酸含量 0.96 克/100 毫升,维生素 C 含量 25.35 毫克/100 毫升,糖酸比 9.85,固酸比 11.15,可食率 69.80%,出汁率 58.2%。通过多年的结果分析,少核默科特具有高糖、低酸、果实酸甜爽口、细嫩化渣等特点,果实成熟期 1 月下旬至 2 月中旬。

产量表现: 在重庆、云南、四川等地区域试验均表现早结、丰产、稳产的特性。该品种高接换种第 2 年就可试花挂果,第 3 年产量可达 13 千克/株,第 4 年单株产量可达到 27.8 千克,高换 5 年后的株产可达 68 千克/株。幼苗定植第 3 年,产量可以达到 16.3 千克/株,且无明显的大小年结果现象,果实留树到 3 月底采收,不会对翌年的产量造成影响。

栽培技术要点：①该品种早结丰产性强，坐果过多会引起果实偏小并降低果实商品性能，为保持连续丰产和提高果实品质，须加强树势管理，同时注意适时疏果。在采果后应及时增施尿素和有机肥，以提高树势，促进稳产和丰产。②该品种在与其他有花粉的柑橘品种混栽后，果实种子数量会增多，因此注意避免混栽，以保持果实少核的特性。③为防止冬季低温落果，应在果实转色前的11月上旬树冠喷施2，4-D，12月上旬再喷施1次，浓度以15～20毫克/升为宜。

适宜区域：该品种适宜在重庆优质柑橘项目规划区及其他相似生态区推广种植。

528. 桂柚1号

审定编号：桂审果2010002号

选育单位：广西壮族自治区柑橘研究所，阳朔县科技局

品种来源：沙田柚变异单株

特征特性：树势强，植株高大，树形开张，树冠圆头形。枝梢无刺、密生、较粗，呈菱形。单身复叶，叶片卵圆形，叶翼大，基部楔形与叶身相叠成倒心形，叶缘具波状浅锯齿，叶面深绿有光泽，叶面主脉平滑，叶背主侧脉突出，叶片平均长15.6厘米、宽7.7厘米、厚0.031厘米。花大，完全花，以花序花为主，少量无叶或有叶单花。果实梨形，油胞大、明显，果顶微凹、有印圈，10月下旬至11月上旬成熟，初呈黄绿色，12月中下旬或经储藏后转为橙黄色。果实纵径16.3～16.5厘米、横径13.5～13.7厘米，果形指数1.20～1.21，果皮厚1.77～1.82厘米，囊瓣12～15瓣，种子数99.0～110.5粒，可食率42.69%～47.75%，维生素C含量82.74～97.97克/100毫升，柠檬酸含量0.25～0.32克/100毫升，可溶性固形物含量12.3%～14.0%，固酸比43.8～50.0。

产量表现：1年生苗木或驳枝苗木定植，一般定植后3～4年开始结果。在管理水平较高的果园，三年或六年生树株产量达16千克和88千克左右，进入盛果期后，产量达2500～4000千克/亩。

栽培技术要点：①株距4～5米，行距5～6米，亩栽22～33株。②定植第1年，注意选留健壮、角度及位置合理的3～5条春

梢作主枝，定植第 2～第 3 年，每年放梢 3 次，放夏梢、秋梢前要将零星抽出的梢及时抹掉，待全树约有 70％的梢萌发时再统一放梢。盛果期每年只放 1 次春梢。对树冠中上部的过密枝、直立或交叉枝适当疏剪，开"天窗"，近地面阴枝在结果后逐年疏剪。③每年 6～7 月或 10～12 月深施重肥改良土壤，每株施入绿肥、杂草、农家肥、堆肥或土杂肥 15～25 千克、菜麸或其他麸肥 2.5～3 千克、石灰 1～1.5 千克、钙镁磷肥 1.5 千克等。④将树冠整形成为多主枝自然圆头形或圆头形。修剪时保留内膛弱枝、无叶枝。⑤及时做好柑橘黄龙病、溃疡病、炭疽病、褐腐病、疮痂病、红蜘蛛、锈蜘蛛、潜叶蛾、木虱、介壳虫、粉虱、蚜虫、黑蚱蝉、花蕾蛆、桔实瘿蚊、天牛类和蜗牛类等主要病虫害的防治。

适宜区域：该品种适宜在广西壮族自治区沙田柚适栽区种植。

529. 三红蜜柚

认定编号：闽认果 2013004

选育单位：福建省国农农业发展有限公司，福建农林大学园艺学院，福建省平和县琯溪三红蜜柚开发有限公司

品种来源：2004 年从平和县小溪镇厝垅村农户蔡火成的红肉蜜柚果园发现的芽变单株选育而成

特征特性：该品种属早熟红肉柚品种。树冠半圆头形。在平和县低海拔地区种植，结果树以春梢为主要结果母枝。始花期 3 月中旬至 3 月下旬，盛花期 3 月下旬至 4 月上旬，终花期 4 月中旬。自花结实率高。果实较早熟，成熟期 9 月底至 10 月上旬。单果重 1300～1800 克，果实倒卵圆形，果皮淡黄色，用专用果袋套袋可显淡紫红色；海绵层和瓤衣淡紫红色，果肉为紫红色；果汁较丰富，酸甜适口，可食率 64％～71％，总酸 0.60％～0.68％，品质优良；种子退化。早结、丰产。经福建省农产品质量安全检验检测中心（漳州）检测：可溶性固形物含量 10.0％，可溶性总糖含量 7.9％，可滴定酸含量 4.5 克/1000 克，维生素 C 含量 36.5 毫克/100 克。经平和县植保植检站田间调查，该品种病虫害主要有炭疽病、红蜘蛛和潜叶蛾等，病虫危害轻，病虫害发生情况与琯溪蜜柚相近。

产量表现： 经平和、南靖等地多年多点试种，高接换种 3 年亩产可达 1500 千克以上。

栽培技术要点： 选择土层深厚，肥力中上地块建园；平地种植株行距以 4.0 米×4.0 米为宜，山地种植以（3～4）米×4 米为宜；以酸柚为砧，采用自然开心形树冠，合理修剪；适时进行环割（剥）；果实于 5 月中下旬采用专用果袋套袋，果皮可显淡紫红色；注意防治炭疽病、红蜘蛛和潜叶蛾等病虫害。

适宜区域： 该品种适宜在福建省漳州柚产区种植。

530. 纽荷尔脐橙

审定编号： 川审果树 2010002

引种单位： 四川省农业科学院园艺研究所，四川省农业厅经济作物处

品种来源： 原产美国，是华盛顿脐橙早熟芽变种。我国 1980 年从美国、西班牙同时引进，四川 20 世纪 80 年代从国内引进试栽。

省级审定情况： 2008 年重庆市农作物品种审定委员会审定

特征特性： 树势较强，树冠自然圆头形，树姿开张，萌芽抽枝力强，枝条粗长。果实椭圆形，果形端正，单果重 180～300 克。果顶稍凸，脐小，多为闭脐。果皮深橙色或橙红色，鲜艳，果面细、光滑、具光泽，果皮厚度 0.35～0.50 厘米，包着紧，较易剥皮。果肉深橙色，汁胞细长，直立着生，果肉紧密、脆嫩、化渣、多汁、无核。囊瓣肾形，单果囊瓣数 9～11 瓣，中心柱半充实，易分瓣。可溶性固形物含量 11％～14％。每 100 毫升果汁含总糖 8.5～10.0 克、总酸 0.50～1.0 克、维生素 C 40～60 毫克，可食率 70％以上，果汁率 45％～55％。

产量表现： 丰产性和适应性强。定植后 7～8 年进入盛果期，亩产 2000～3000 千克。

栽培技术要点： ①建园：选择土层深厚、有机质含量高、排水良好的微酸性土壤建园，株行距（3～4）米×（4～5）米。②肥水管理：幼树每月施 1～2 次清粪水加少量尿素，结果树每年施肥 3～4 次，即萌芽肥、壮果肥和采果肥，视情况酌加根外追肥；花芽分

化期适当控水，采前不宜灌水，以防止裂果、落果和降低品质。③整形修剪：幼树宜摘心轻剪，成年树适时剪除病虫枝、衰弱枝及无用枝。④花果调节：谢花后1周至第二次生理落果前进行保果，谢花一周后环割促花。⑤病虫害防治：综合防治红蜘蛛、黄蜘蛛、蚜虫、天牛类、潜叶蛾、凤蝶、炭疽病等。

适宜区域：该品种适宜在四川省柑橘主产区种植，同时适宜在重庆市鲜食脐橙规划区域内种植。

531. 粤引奥灵达夏橙

审定编号：粤审果2009009

选育单位：广东省农业科学院果树研究所，龙门县农业局

品种来源：奥灵达夏橙

特征特性：夏▉▉▉▉▉树势强健，枝条粗壮，分枝能力强，幼树树冠扩张▉▉▉▉▉▉圆头形；果实成熟期为4月中下旬，结果能力▉▉▉▉▉▉实圆球形，果皮橙黄色，果肉爽脆汁多，风味好，品质优良；果形指数0.96，单果重180克；果实可食率74.5%，单果种子数2～6粒；可溶性固形物含量11.6%，固酸比14.15∶1，总糖含量8.94克/100克，维生素C含量37.4毫克/100克。可鲜食与加工兼用，适应性强。

产量表现：定植后2～3年开始结果，五年生树平均株产32千克。

栽培技术要点：①选地：选择土质疏松肥沃的丘陵山坡地种植。定植时挖穴深约60厘米，长、宽各80厘米。②适时移植：春季或秋季均可种植，选用江西红橘和枳壳作砧木的嫁接苗种植，株行距2.5米×3.0米，每亩种植90株。③施肥：基肥每株施腐熟有机肥10～15千克、复合肥0.5千克。幼年树全年追肥4～5次，每次每株施复合肥0.15千克。④控梢和保花保果：疏除部分过旺春梢，及时抹除夏梢。生理落果前喷1次"九二〇"，隔10～15天喷1次"2,4-D"，并结合进行1～2次环割。11月下旬喷1次"2,4-D"，隔10～15天喷第2次，防冬季落果。⑤春季防返青：在2～3月通过套袋和覆盖遮阳网减缓果实返青。⑥病虫害防治：嫩梢期、幼果期及时防治溃疡病、炭疽病、螨类、潜叶蛾等病

虫害。

适宜区域：该品种适宜在广东省夏橙产区种植。

532. 早丰黄皮

审定编号：粤审果 2010004

选育单位：广东省农业科学院果树研究所

品种来源：广东省农业科学院果树研究所黄皮实生苗

特征特性：早熟，果实 6 月上旬开始成熟，比对照白糖类黄皮早熟 7～15 天。平均单果重 8.03 克，单果种子数 2～3 粒，果实可食率 67.04%，总酸含量 1.10 毫克/克，可溶性固形物含量 11.10%～15.90%，维生素 C 含量 34.10 毫克/100 克。果肉清甜软滑，汁多，品质良好。裂果较少。

产量表现：嫁接树平均株产四年生 ▉▉▉▉▉▉ 五年生为 7.4 千克，比对照白糖类黄皮增产 10% 以上▉▉▉▉

栽培技术要点：①选择排灌良好、疏▉▉▉▉▉▉▉▉土种植。②采用本砧或其他黄皮品种作砧木，培育健壮的嫁接苗或圈枝苗。③幼年树每次新梢长至 20～30 厘米时摘顶，留 2～3 条侧枝，培养丰产树冠。④现蕾期淋水或施水肥促进花穗抽发，并通过控梢促花，提高早期花的坐果率。⑤在果实膨大期喷 2～3 次农用核苷酸或施 1～2 次钾肥防裂果。

适宜区域：该品种适宜在广东省黄皮产区种植。

七、热带及亚热带果类

533. 桂早荔

审定编号：桂审果 2012010 号

选育单位：广西农业科学院园艺研究所，灵山县水果局

品种来源：从灵山县佛子镇青湖村委青湖塘村的一株荔枝实生变异单株中选出。

特征特性：树冠圆头形，树干表面光滑，呈灰褐色。一年生枝梢节间长 6.5 厘米；皮孔短圆形、密。小叶立面互生、对数 2～3

对，多为 3 对，复叶主轴 7.5 厘米，复叶柄横断面扁圆形；小叶长椭圆形，小叶长 10.8 厘米、宽 3.5 厘米，叶尖长尾尖，叶基楔形，叶缘呈波浪状，叶面绿色、叶背灰绿色、叶面光泽中等，侧脉不明显。花序形状为长圆锥形，花序长 30.6 厘米、宽 21.6 厘米，有雄花、雌花、两性花 3 种，其中雄花雌蕊退化，雄蕊 7～10 枚，雄花高 8.51 毫米、宽 6.95 毫米，雄花花萼形状为碟状，半展开；雌花雄蕊退化，雌花高 7.33 毫米、宽 3.69 毫米，子房直径 2.28 毫米，雌蕊 1 枚，花柱长度 2.45 毫米，二裂柱头形态为弧形，柱头开裂程度为深裂，雌花花萼形状为碟状，半展开；两性花雌蕊、雄蕊均发育正常，但数量极少。果实卵圆形，果肩一平一隆起，果顶浑圆；果皮鲜红色，厚度 1.00 毫米；果皮缝合线红色、深度浅、宽度窄；龟裂片排列不整齐、中等大、呈平滑或锥尖状突起，龟裂片峰形状平滑或锐尖，龟裂片放射纹明显，龟裂纹明显、深度浅、宽度中等；平均穗重 126.9 克，平均单果重 26.7 克，纵径 36.65 毫米，大横径 36.80 毫米，小横径 32.98 毫米；果肉质地软滑，果肉蜡白色，色泽均匀，无杂色，干苞不流汁。可溶性固形物含量 19.0%，味甜有蜜香；果肉厚 7.71 毫米，可食率为 67.2%；种子纵径 25.62 毫米，大横径 17.25 毫米，小横径 14.75 毫米。

产量表现：1996 年，灵山县佛子镇试种用"桂早荔"荔枝母树驳枝繁殖的驳枝苗，2011 年平均株产 97.5 千克。2002 年，灵山县佛子镇种植"桂早荔"荔枝驳枝，2011 年平均株产达 57 千克。2003～2006 年，灵山县灵城镇试种用"桂早荔"荔枝芽条高接换种黑叶荔枝，2011 年平均株产 63.5～75 千克。2011 年由广西壮族自治区农作物品种审定委员会办公室组织专家，到灵山县佛子镇验收，平均穗重 126.9 克，平均株产 75.0 千克，亩产 1650.0 千克，果实可食率 67.2%，可溶性固形物含量 19.0%。

栽培技术要点：①选择土壤疏松、土层深厚的缓坡地或丘陵山地建园，行株距 6 米×5 米。种植坑为 1 米×1 米×1 米的穴中施入绿肥、猪牛禽畜粪、土杂肥等有机肥，并在基肥中加入 0.5～1 千克钙镁磷肥。②定干高度 30～40 厘米，培养分布均匀的 3～4 个主枝。③培养采果后抽出 2 次秋梢作为结果母枝。④控末次梢转绿老熟后喷布适宜浓度的乙烯利和多效唑控冬梢并促进成花。⑤重点抓好壮花肥、壮果肥、采果前肥和攻秋梢肥的施用，土施与根外追肥相结合。以有机肥为主，配施速效氮、钾肥。⑥应用果实套袋技术和注意病虫害防治。

适宜区域：该品种适宜在广西壮族自治区荔枝产区种植。

534. 庙种糯荔枝

审定编号：粤审果 2011004

选育单位：华南农业大学园艺学院

品种来源：广州市白云区太和镇沙亭岗村荔枝自然杂交变异株

特征特性：迟熟，果实 6 月底至 7 月上旬成熟。果正心形、中等大，平均单果重 17.0～20.6 克，果皮浅红色，果肉爽嫩、味清甜、品质较优。可溶性固形物含量 17.5%，可滴定酸含量 0.14%，总糖含量 14.3%，还原糖含量 9.76%，维生素 C 含量 21.0 毫克/100 克果肉，可食率 79%，焦核率 90% 以上，裂果少。

产量表现：嫁接苗七年生树平均株产 18.0 千克，折合亩产 360.0 千克；圈枝苗十年生树平均株产 28.0 千克，折合亩产 560.0 千克。

栽培技术要点：①嫁接育苗或高接换种，适宜砧木及换种对象为怀枝、糯米糍、桂味等，宜在春、秋季进行。②选择 25°以内的坡地春季种植，挖宽 1 米、深 0.6 米的种植坑并施足基肥，株距 4～5 米，行距 5～6 米，每亩种植 22～33 株。③采收后培养 2 次健壮的秋梢，以 11 月中上旬充分老熟的末次秋梢作为翌年的结果母枝，秋梢老熟后应及时控梢，11 月底或 12 月初环割主枝。

适宜区域：该品种适宜在广东省中南部荔枝产区种植。

535. 南岛无核

认定编号：闽认果 2010004

选育单位：海南行署农业处等

引进单位：福建省种植业技术推广总站，厦门市农业技术推广中心，集美区农业局

品种来源：原产海南省，2001 年从海南省引进

特征特性：该品种属晚熟荔枝品种，树形紧凑，长势偏弱，新

梢抽发较缓。在集美种植一般萌动期为 3 月中旬；始花期 4 月上旬，盛花期 4 月中旬，终花期 4 月下旬；果实成熟期 7 月中下旬；晚熟，一般比兰竹迟 10 天左右。结果母枝以秋梢为主。花穗为长穗型，花量大；雌雄花在花期中多次相遇；坐果率较高。果实较大，果近圆形、果肩微耸，果顶浑圆，龟裂片乳状隆起，裂片峰钝，缝合线明显；皮红色带绿色；果肉色泽乳白；果肉质地软滑多汁，味清甜，品质优，无核（种子均退化成痕迹状）。经福建省农产品质量安全检验检测中心（漳州）检测：单果重 21.9 克，可食率 79.0%，可溶性固形物含量 14.5%，可滴定酸（以苹果酸计）含量 0.29%。经厦门市植保植检站田间调查，该品种荔枝霜疫霉病、炭疽病等主要病害发生危害程度低于兰竹等主栽品种，其他病虫害发生情况与兰竹相近。

产量表现：经厦门、漳州、福州、宁德等地多年多点试种，五年生树平均株产量 13.28 千克。

栽培技术要点：选择土壤疏松、肥沃、排灌方便、无霜冻的地块建园；定植株行距 4 米×（4～5）米；以开张半球形树冠为佳；控冬梢促花、适当剪穗减少花量；不宜环剥控梢；适时采用二次疏果；重施采果肥，注意病虫害防治。

适宜区域：该品种适宜在福建省荔枝主产区种植。

536. 四季蜜

认定编号：闽认果 2010008

选育单位：广东省肇庆市科委龙眼研究所

品种来源：原产于广西与越南交界地区，2001 年从广东省肇庆市引进。

特征特性：该品种属一年可多次开花结果的龙眼品种。树势中等，树冠圆头形，树姿开张。一年抽梢 4～6 次，一年可多次开花结果，在漳州市云霄县种植，春梢于 2 月初萌发、3 月底老熟，晚春梢于 4 月初萌发、5 月底老熟，夏梢分别在 5 月底和 7 月中旬萌发，秋梢分别在 9 月中旬和 10 月中下旬萌发，冬梢在 11 月萌发。正造果花穗生长期为 3 月，开花期为 4 月初至 5 月初，果实成熟期为 8 月上旬。果穗重 250～400 克，单果重 9～12 克，可溶性固形物含量 20%～22%，可食率 65%；冬春果，单果重 6～8 克，可溶性固形物含量 16%～17%，可食率 58%～60%。果皮黄褐色，并蒂，灰白网纹，皮较厚，果肉质脆，浓甜，易离核。经漳州市农产品检测中心检测：正造果实可溶性固形物含量 23.0%、总酸含量 0.06%、维生素 C 含量 62.6 毫克/100 克。经云霄县植保植检站田间调查，未发现霜霉病、疫霉病、鬼帚病，其他病虫害发生情况与福眼相似。

产量表现： 经漳州、厦门、泉州等地多年多点试种，嫁接苗定植 9 年后正造株产 18.5 千克。

栽培技术要点： 选择在疏松肥沃、肥水条件好的土地种植，密植（60 株/亩）；加强肥水管理；按不同产期需要回缩修剪，促发结果母枝；控梢促花培养优良花穗。

适宜区域： 该品种适宜在福建省漳州以南沿海地区种植。

537. 粤引双季龙眼

审定编号： 粤审果 2010006

选育单位： 华南农业大学园艺学院，广东省揭西龙源农业科技发展有限公司

品种来源： 1992 年从云南省西双版纳引进（嫁接苗）

特征特性： 该品种为双季龙眼品种。树势较强，易成花，具有一年多次开花结果的特性，通过修剪、促花等配套技术，可控制在5～6 月开花，果实在 10～12 月成熟。果实圆球形，果皮浅褐色，平均单果重 9.98 克；肉质爽脆，不流汁，味甜，易离核，可食率70.0%，果汁可溶性固形物含量 20.8%，全糖含量 18.41%，维生素 C 含量 67.6 毫克/100 克。

产量表现： 在揭西县龙源科技生态园种植第三年平均株产 5 千克，折合亩产 275 千克；第四年平均株产 7.5 千克，折合亩产412.5 千克；第五年平均株产 12.5 千克，折合亩产 687.5 千克；第六年平均株产 15 千克，折合亩产 825 千克；第七年平均株产 20千克，折合亩产 1100 千克；第八年平均株产 30 千克，折合亩产1650 千克。

栽培技术要点： ①修剪前 10～15 天施促梢肥，每株（八年生

树）撒施优质复合肥 0.75～1.0 千克。②春节后进行修剪，剪去衰退枝、弱枝、枯枝，对末级枝或结果枝进行短截。③每条基枝留1～3 条强壮的新梢，多余的摘去，保留粗壮枝作为结果母枝。④修剪后第一次新梢转绿喷 1 次促花药，重点喷新梢。⑤开花后每隔5～7 天摇花 1 次，共摇花 3 次。⑥谢花后进行保果，用细胞分裂素＋氨基酸糖磷脂喷洒 1～2 次。

适宜区域： 该品种适宜在广东省龙眼产区肥水条件好的园地种植。

538. 新白1号

认定编号： 闽认果 2012001

选育单位： 福建省农业科学院果树研究所

品种来源： 1999 年由莆田市涵江区新县镇文笔村方寿泉枇杷园中发现的优良实生单株选育而成，原名黄蜜。

特征特性： 该品种属晚熟白肉枇杷品种。树势中庸偏强，树姿开张，树冠圆头形，分枝力较强。在福州市种植，春梢 2 月初至 4 月下旬，夏梢 6 月上中旬至 8 月上旬（1～2 次），秋梢 9 月上旬，冬梢 12 月初至 1 月上旬；抽穗期 10 月下旬至 11 月上旬，初花期 11 月中下旬，盛花期 12 月，终花期 1 月中旬。果实成熟期 5 月上中旬。叶片长倒披针形，深绿色，质地硬、厚，有光泽，先端渐尖或钝尖，基部窄楔形，叶缘上部锯齿较明显，微内卷，叶脉轮廓分明。果实卵圆形或近圆形，单果重 59.0～68.0 克，果皮黄色，皮厚易剥离；果肉黄白色，质细化渣，可食率 70％以上，品质优；丰产性好。经福建省分析测试中心测定：可溶性固形物含量 12.2％，可溶性总糖含量 9.68％，可溶性还原糖含量 9.55％，可滴定酸含量 0.30％，维生素 C 含量 2.2 毫克/100 克。经福建省农业科学院植物保护研究所田间调查，该品种病虫害主要有炭疽病、叶斑病、苹掌舟蛾、蚜虫、天牛等，病虫害发生情况与"解放钟"、"长红 3 号"相似。

产量表现： 经福州、莆田、漳州等地多年多点试种，嫁接苗定植 4 年后亩产可达 400 千克以上。

栽培技术要点： 选择土层深厚、肥力中上地块建园；平原种植株行距以 4 米×5 米，山地种植以 3 米×4 米为宜；该品种结果早，丰产性好，栽培上要做好疏花、疏果及增施有机肥等工作；果实套袋宜在果皮由青转白时进行，以利于提高品质；及时做好炭疽病、叶斑病、苹掌舟蛾、蚜虫、天牛等病虫的防治。

适宜区域：该品种适宜在福建省枇杷产区种植。

539. 惠圆 1 号

认定编号：闽认果 201109

选育单位：福州市经济作物技术站

品种来源：由闽侯县上街镇岐头村农户王钦华的祖传惠圆单株选育而成

特征特性：该品种属加工和鲜食兼用的橄榄品种。乔木型，树姿开张，树冠圆头形，中心主干明显，分枝能力较强，顶端优势明显。在福州种植，5 月中旬现蕾，5 月下旬至 6 月上中旬花期，10 月上旬果实成熟。一般年抽 3 次梢，当年春梢为结果枝，以秋梢为主要结果母枝。雌蕊发达、雄蕊萎缩或痕迹。果实中等，单果重 18 克左右；广椭圆形，果皮浅绿色，果基部有放射状条纹；果肉黄白色，肉质较松脆，味香，微涩，回甘好，可食率 81% 左右，适宜加工或鲜食。经福州市植保站田间调查，该品种常见的病害有叶枯病、果实灰斑病、炭疽病，虫害主要有橄榄星室木虱、卷叶蛾等。经福建省分析测试中心检测：可溶性固形物含量 9.0%，维生素 C 含量 5.2 毫克/100 克，粗纤维含量 3.4%，可溶性总糖含量 1.5%，可滴定酸含量（以苹果酸计）0.74%，钙含量 669 毫克/千克。

产量表现：经福州等地多年多点试种，小树嫁接后第二年即可挂果，第五年投产，株产 25～35 千克，亩产可达 1000 千克左右。

栽培技术要点：选择土层深厚的洲地和山地栽培，山地栽培要逐年扩穴改土，洲地栽培要注意培土；种植密度，洲地种植株行距 5.5 米×5.5 米、亩植 20 株，山地种植株行距 5 米×4 米、亩植 25 株左右；繁殖宜茎粗 5 厘米以上幼树高接；注意及时防治橄榄星室木虱和果实灰斑病；加工用果适当早采，以利于稳产。

适宜区域：该品种适宜在福建省橄榄产区种植。

540. 东魁杨梅

审定编号： 粤审果 2013003

引种单位： 广东省农业科学院果树研究所

品种来源： 1993 年从浙江省农业科学院园艺研究所引进

省级审定情况： 2012 年福建省农作物品种审定委员会认定

特征特性： 树势强健，较早结。果实晚熟，成熟期 5 月下旬至 6 月中旬，从南到北渐次成熟；果实特大、圆球形、深红色至紫红色，平均单果重 24.9 克，可溶性固形物含量 11.4％、总糖含量 8.5 克/100 克、总酸含量 0.62 克/100 克、维生素 C 含量 4.4 毫克/100 克，果面缝合线明显，果蒂突起，肉柱稍粗，先端钝尖；肉质柔嫩多汁、风味酸甜可口，可食率 93.1％。

产量表现： 四年生平均株产 14.1 千克，折合亩产为 465.3 千克，比对照乌酥杨梅（下同）低 11.9％；七年生、十年生平均株产分别为 42.0 千克和 49.1 千克，折合亩产分别为 1386.0 千克和 1620.3 千克，比对照增产 43.8％和 53.0％。

栽培技术要点： ①种植时把苗木嫁接口埋入土中约 3～5 厘米，浇足水，覆盖杂草保湿。②幼年树每次新梢萌发前施 1 次肥，促进斜生枝条生长。③结果树管理每年施肥 2 次，夏季采果后去除中心直立大枝，疏掉强壮大枝和过密中小枝。④7～9 月喷药防治卷叶蛾危害，果实着色期至采摘期，预防果蝇危害。

适宜区域： 该品种适宜在广东省杨梅产区种植，同时适宜在福建省杨梅适栽区种植。

541. 桂热芒 3 号

审定编号： 桂审果 2012009 号

选育单位： 广西壮族自治区亚热带作物研究所

品种来源： 从黄象牙芒的实生变异单株中选育而成

特征特性： 树冠圆形，主干黄褐色，分枝角度中大，枝条较短、树姿较开张。新梢浅紫绿色至浅黄绿色。叶片长 14～30 厘米、宽 4～7.5 厘米，呈椭圆披针形，叶基狭楔形，先端渐尖，叶缘浅波状，叶面平展至轻度上卷。新叶浅砖红绿色，老叶绿色至古铜绿色。花序塔形至圆锥形，长 20～26 厘米，宽 10～12 厘米。花轴浅红绿色，分枝鲜红色。花瓣乳白色转粉红色，彩腺黄色至粉红色。两性花比率 14.4%～33.3%。果实椭圆形，平均单果量 305 克。果长 11.0～17.6 厘米、宽 7.0～9.3 厘米、厚 6.8～8.8 厘米，腹肩圆、稍上升，背肩圆、急低斜。果基圆形至卵圆形，无果窝。果顶圆锥形，果弯深，果咀无或仅为一圆点。果皮绿色至碧绿色，皮孔多、中小、白色，蜡粉层薄、白色，成熟时果皮橙黄色。果核长椭圆形，种胚发育饱满，胚性为多胚。

产量表现： 嫁接苗定植后第 2 年可结果，第 5 年株产 22.75 千克。成龄树高接换种第 3～第 6 年连续 4 年平均株产 68.93 千克，折合亩产 3101.85 千克；在百色市，嫁接苗定植第 4 年株产达 45.5 千克，折合亩产 3958.5 千克。2011 年由广西壮族自治区农作物品种审定委员会办公室组织专家，到热作所基地和百色基地验收，热作所基地平均单株产量 23.8 千克、平均亩产 1261.4 千克，百色基地平均单株产量 90.7 千克、平均亩产 4081.5 千克，可食率 72.2%，可溶性固形物含量 25.0%。

栽培技术要点： ①选择土壤疏松、土层深厚的缓坡地或丘陵山地建园。采用带土嫁接苗种植，行株距 4 米×3 米或 5 米×3 米，每亩种 56 株或 45 株。②种植当年对幼树进行整形修剪，定干高度约离地面 30～40 厘米，在苗圃整形的基础上，继续进行树冠整形和修剪，培养形成自然圆头形和主枝分层形的树冠，采果后适当短截结果枝，疏除内堂的细弱枝、过密枝，保持结果性良好的树形。③于生理落果后进行疏果，每个果穗留 1～2 个果，同时要剪除花穗残梗。然后选择晴天喷 1 次防病药剂，药液完全干后再进行套袋。④采果后及时攻梢肥促二次秋梢，过冬前重施有机肥 1 次。另外，果实发育中期，根据植株挂果情况，每株适当补施肥。

适宜区域： 该品种适宜在桂南、百色右江河谷地区种植。

542. 海大 1 号菠萝蜜

审定编号： 粤审果 2013004

选育单位： 广东海洋大学

品种来源： 2004 年从干苞类菠萝蜜实生群体变异株中选育而成

特征特性： 树势较旺盛，树冠圆锥形，分枝力中等；雌雄同株。小果型，果实近椭圆形，端正美观，单果重 2.48 千克，果肉金黄，爽脆浓香，品质优，可溶性固形物含量 27.20%，维生素 C 含量 11.27 毫克/100 克，可溶性糖含量 292.30 毫克/克，可溶性蛋白质含量 9.35 毫克/克，熟果黏胶较少，可食率 62.30%。

产量表现： 四年生、五年生树平均株产分别为 16.55 千克和 38.45 千克，折合亩产分别为 238.32 千克和 692.10 千克。

栽培技术要点： ①选择本地菠萝蜜品种作嫁接砧木。②宜选低坡度丘陵山坡地种植，株行距 5 米×6 米，亩栽 22 株。③幼龄树每年冬季施 1 次有机肥，每次新梢生长期追施 1 次速效氮、钾肥。结果树全年施肥 3 次，分别在花蕾抽出、果实膨大和采收后施肥。④树干环割促花：对生长壮旺的树于冬季进行树干环割处理，幼龄树菠萝园采用间种短期作物或生草法栽培。⑤适时采收：果柄流胶变少即可采收。

适宜区域： 该品种适宜在广东省雷州半岛菠萝蜜产区种植。

543. 大果甜杨桃四号

审定编号： 桂审果 2013001 号

选育单位： 广西农业科学院园艺研究所

品种来源： 从大果甜杨桃一号优良单株成熟果实采取种子，后从种子实生苗中筛选育成。

特征特性： 枝条开张，树冠呈疏散分层形，叶长椭圆形，叶尖渐尖，叶基圆楔形，叶色绿；复叶长 8～20 厘米、宽 9～16 厘米，小叶数目多为 9～11 片；花序长 2～3 厘米，单花较小，淡白紫红色。果实长纺锤形，横切面呈五角星形，果实较大，纵径 13.32～15.36 厘米，横径 7.55～8.68 厘米，棱厚 1.88～2.09 厘米，棱高 3.19～3.47 厘米，果尖内凹明显，平均单果重 205～209 克；果皮金黄色；果肉浅黄色至黄色，可溶性固形物含量 9.0%～10.5%，质地爽脆，味清甜，口感好，品质优。一年可采三批果，第一批果 7 月上旬至 7 月下旬成熟；第二批果 8 月下旬至 9 月下旬成熟；第三批果翌年 1 月中旬至 2 月下旬成熟。

产量表现： 两年生植株平均单株产量 21.3 千克，平均亩产 1576.2 千克；三年生植株平均单株产量 31.8 千克，平均亩产 2353.2 千克；四年生植株平均单株产量 46.8 千克，平均亩产 3463.2 千克。

栽培技术要点： ①选择水源充足、有机质含量高、土质疏松、坡度较小的南向或东南向避风的平地或缓坡地建园。②采用嫁接苗，种植株行距 3 米×3 米。种植前施足腐熟有机肥作基肥。③坡地果园可采用自然圆头形整形法，平地果园则可采用倒圆锥形整形法。树高尽可能控制在 2～3 米。每年分 2 次进行修剪，第一次在秋冬采果后至春芽萌动前，第二次于 5 月下旬进行。④在果实拇指大小时进行第一次疏果，疏去过多小果、畸形果和病虫果；到果实鸡蛋大小时进行第二次疏果，疏去畸形果和病虫果，然后进行套袋。

适宜区域： 该品种适宜在桂南杨桃产区种植。

544. 紫红龙

审定编号： 黔审果 2009005 号

选育单位： 贵州省果树科学研究所

品种来源： 从火龙果"新红龙"中发现的芽变单株，经系统选育而成的紫红肉类型品种。

特征特性： 四季均能生长，每年结果 10～12 批次，从现蕾到开花 15～21 天，从开花到果实成熟 28～34 天。果实圆形，果形指数 1.03，平均单果重 330 克，果肉紫红色，种子黑色，可食率 83.96%，可溶性固形物含量 12.0%。果实鳞片红色、基部鳞片反卷；果皮红色，较原品种深，厚度 0.25 厘米。枝条平直、粗壮，整体绿色，刺座周围木栓化及缺刻不明显，且着生于突起点前端。外花被片末端圆钝、边缘紫红色，花瓣米黄色，柱头黄色，末端分叉。果实营养丰富，风味独特，香甜可口。具有较强的抗旱性。

产量表现： 2006—2008 年三年区域试验平均亩产 1996.7 千克，比原品种增产 11%；2006—2007 年两年生产试验平均亩产 1447.5 千克，比原品种增产 11.2%。

栽培技术要点：①建园：选气候适宜，土壤疏松的平地、坡地、喀斯特石山区均可建园。用高强度水泥桩和方盘（轮胎圈＋十字钢架）构成支架，亩栽 111 柱水泥桩、333 株苗。②苗木定植及管理：选择 30 厘米以上的壮苗定植，以水泥桩为中心，将周围耕作土堆成 30 厘米高的定植面，施适量腐熟的有机肥（鸡粪、鸭粪或猪粪等，每桩约 10 千克）即可定植。尽量靠近桩定植，便于以后绑苗。定植后，浇适量定根水。定植最好选在阴天或晴天。适期进行绑苗和修剪，当苗长至方（圆）盘位置时，让其下垂以提早开花结果。③结果园的肥水管理：肥水勤施薄施，每年施肥 2 次。1月中旬每桩施腐熟有机肥 10～12.5 千克（约 1250 千克/亩）；7月中下旬每桩施硫酸钾复合肥 0.5 千克（约 60 千克/亩）。④花果管理：采用人工授粉，及时疏花疏果。需采取人工授粉来提高产量和质量，如果自花授粉会造成结实率低且果实质量不好（整齐度差）。开花当天 22：00 至次日 8：30 以前完成授粉。另外，还需人工疏花疏果，增加结果率。在现蕾后的 5～7 天，疏去连生和发育不良的花蕾，尽量保留不同棱柱上的花蕾，每节茎只留 1～2 个花蕾。在自然落果后，摘除病虫果、畸形果，对坐果偏多的枝蔓进行疏果，同一结果枝约 30 厘米留 1 果。⑤病虫害防治：可采用 800 倍的粉锈宁、1000 倍的强力氧化铜等无公害药剂主要对茎斑病、茎腐病进行防治。虫害主要是蜗牛、蚂蚁、蛞蝓等，蜗牛可采用在园内养鸭进行生物防治，效果较好。

适宜区域：该品种适宜在贵州省南盘江、北盘江、红水河谷海拔 700 米以下、赤水河谷海拔 500 米以下、年均温 18.5℃以上、常年 1 月气温高于－1℃的区域种植。

545. 粤引珍珠番石榴

审定编号：粤审果 2009005
选育单位：广州市果树科学研究所
品种来源：台湾珍珠番石榴
特征特性：该品种为引进大果型番石榴品种。生长势较强、成花能力强，喜肥、早结、丰产、稳产，产期易调节、可周年挂果，适应性强，遗传性状稳定。3 月种植，当年 9 月就可以投产。果实圆形或椭圆形，果棱纹明显，闭脐或露脐；单果重 300～400 克，大的可达 800～900 克；果实品质优良，表现为肉厚、肉质脆嫩化渣、风味清甜、口感好、耐储运。可溶性固形物含量 8.5%～12.0%，总糖含量 6.12%～10.40%，维生素 C 含量 0.14%～0.17%。

产量表现：经多年多点试种表明，两年生树平均株产 18.9 千克，三～四年生树平均株产 24.9～32.3 千克。

栽培技术要点：①选择有水源的平地、水田、平缓山坡地种植。②挖大穴：穴深 60 厘米，长 80 厘米，宽 60 厘米。水田种植起墩，高 30 厘米，直径 100 厘米。③定植规格：株行距 3 米×4 米，每亩种 55 株，选用以本地番石榴作砧木的健壮嫁接苗种植。④肥水管理：基肥每株施腐熟鸡粪 15 千克、过磷酸钙 1.5 千克。幼树全年施肥 6～7 次，每次每株施复合肥和尿素 0.1 千克，果实膨大期和高温季节要适当灌水保湿。⑤幼树整形修剪：当新梢长至 20 厘米时进行摘心。⑥疏花、疏果和果实套袋：疏除畸形花和多余的花，套袋前进行疏果，采用泡沫网袋外加专用薄膜袋套果。⑦防病：果实套袋前喷药防治炭疽病。⑧适时采收：夏、秋季套袋后约 60 天，冬、春季套袋后 80～90 天，果实颜色由青色转为淡绿白色即可采收。

适宜区域：该品种适宜在广东省中南部番石榴产区种植。

八、多年生草本果类

546. 粉杂 1 号

认定编号：闽认果 2012012

选育单位：广东省农业科学院果树研究所，广东省中山市农业局

品种来源：由"广粉 1 号"粉蕉的偶然实生苗选育而成

省级审定情况：2011 年广东省农作物品种审定委员会审定

特征特性：该品种属高抗枯萎病粉蕉品种。树势中等，叶片开张、较短窄，假茎高 323 厘米。在长泰县种植，组培苗 5 月上旬种

植，1～2 月抽蕾，6～8 月采收，生育期 13～15 个月。果梳 6～8 梳，果指短而粗，果指长 12～16 厘米，果指数 75～118 条。成熟果皮黄色，单果重 100～157 克，可食用率为 75%～80%，果肉奶油色或乳白色，肉质软滑，味甘甜带微酸、淡香，品质优。丰产性能较好，抗枯萎病能力强。经福建省分析测试中心检测：可溶性固形物含量 28.6%，可溶性糖含量 25.5%，维生素 C 含量 21.6 毫克/100 克，可滴定酸含量 0.37%。经长泰县植保植检站田间调查，该品种香蕉枯萎病发病率为 0.5%～5%，表现高抗。

产量表现：经漳州等地多年多点试种，种植组培苗蕉园单株产量在 15 千克左右，亩产约 1800 千克。

栽培技术要点：适合旱田和山地种植，高畦宽沟栽培，该品种忌涝，应注意排水；选用组培苗大苗或健壮吸芽苗，适宜种植期 3 月中下旬；可在香蕉枯萎病轻至中等蕉园种植；种植密度每亩 120～130 株；挂果株要立防风桩。

适宜区域：该品种适宜在福建省香蕉、粉蕉产区种植，同时适宜在广东省香蕉产区尤其是香蕉枯萎病区种植。

547. 中粉 1 号

审定编号：桂审果 2013004 号

选育单位：广东省农业科学院果树研究所

品种来源：在广州市南沙区万顷沙镇农家蕉园群体中筛选出的优良单株

省级审定情况：2011 年广东省农作物品种审定委员会审定

特征特性：新植蕉株属开放型，假茎带紫红色。茎高 342.5～442 厘米，茎围 72.1～93.13 厘米；叶片绿色，叶基两边圆形，叶柄基部带紫红色有蜡粉，叶片长度 165.45～218.33 厘米、宽度为 56～72.33 厘米；花蕾深紫红色，雄花苞片披针形，背面紫红色，腹面深红色，没有退色线，尖端钝圆开裂。穗柄绿色略带紫纹，少短毛。果穗圆柱形，平均长度 80 厘米，围度 110.5 厘米。果顶长尖，瓶颈形。果指平均长度 16.22 厘米、围度 14.15 厘米、果柄长 3.12 厘米，果棱角不明显，未熟果皮青绿色，成熟的呈黄色，极少被蜡粉，果肉橙黄色。单果重平均 144.38 克。平均果实可食率

82.2％，可溶性固形物含量 27.71％，可溶性糖含量 18.4％，还原糖含量 13.2％，可滴定酸含量 0.36％，维生素 C 含量 22.05 毫克/千克，钾元素含量 0.41％。春植正常采收约需 17 个月，冬植生育周期约需 19 个月。

产量表现：2010 年在南宁市坛洛镇、2011 年在钦北区大垌镇分别种植 1 亩，平均株产 25.27 千克，亩产 2679 千克。一般单株产量 20.81 千克，亩产 2289.1 千克。

栽培技术要点：①宜选择避风向阳、土层深厚、肥沃、通透性良好、排灌方便的地块作为蕉园。栽培密度每亩 100～110 株为宜。②定植前应施足基肥，基肥主要用农家肥，以沤熟的鸡粪肥为佳。定植后要薄肥勤施，多施腐熟有机肥，化肥为辅。做好过冬肥、回暖肥和花芽分化肥三个关键时期的施肥，多施钾肥，一般不施化学氮肥。③重点预防枯萎病。

适宜区域：该品种适宜在桂南香蕉产区种植，同时适宜在广东省香蕉产区种植。

548. 晶玉

审定编号：鄂审果 2012001

选育单位：湖北省农业科学院经济作物研究所

品种来源：以"甜查理"为母本、"晶瑶"为父本进行人工杂交，选择优良单株经无性繁殖而成的草莓品种。

特征特性：成熟期早，休眠期短。株型直立，株高 28 厘米左右，株冠径 40 厘米左右。叶片长圆形，叶面光滑，托叶小，生育后期腋芽抽生较多。主花序和第一侧花序大多从基部分枝，花序平或低于叶面。果实长圆锥形或楔形，果面鲜红色，有光泽，果肉橙红色，髓心中等，白色至浅红色，果形指数 1.1 左右，一级序果平均单果重 21 克左右，果实易软，货架期不长。较抗炭疽病、白粉病。经农业部食品质量监督检验测试中心（武汉）测定：总糖含量 8.46％，可滴定酸（以柠檬酸计）含量 0.44％，维生素 C 含量 450.7 毫克/千克，可溶性固性物含量 11.0％。果实颜色鲜艳，甜酸适口。

产量表现：2008—2011 年在武汉、宜昌、荆州等地试验、试种，亩产 2000 千克左右。

栽培技术要点： ①培育壮苗，适时定植。3 月中下旬育苗，该品种腋芽抽生较多，宜适当控制繁殖系数，及时拔除弱小苗和近母株的老化苗。9 月上中旬起垄定植，双行三角形种植，亩栽植 5800 株左右。②科学施肥。底肥一般亩施腐熟油菜饼 100 千克、复合肥 50 千克、硫酸钾 10 千克，结合整地于定植前施入；顶果拇指大小时、始采期和盛采期各追肥 1 次，每次亩追施复合肥 8 千克、磷酸二氢钾 4～5 千克。③加强田间管理。定植后浇透定根水，生育期间可结合追肥采用软管滴管补水，禁大水漫灌。生育后期注意及时去除腋芽，每株留 3～4 个腋芽为宜。④病虫害防治。注意防治白粉病、灰霉病和蚜虫等病虫害。采收前一周内严禁使用农药。⑤适时采收，忌过度成熟变软时采收。

适宜区域： 该品种适宜在湖北省种植。

549. 紫金四季

鉴定编号： 苏鉴果 201104

选育单位： 江苏省农科院园艺所

品种来源： 于 2006 年以甜查理×林果杂交选育而成

特征特性： 该品种为优质四季性草莓。株高 10.5 厘米左右，叶近圆形，花粉发芽力高，授粉均匀。果实圆锥形，红色，光泽强，外观整齐漂亮。果基无颈无种子带，种子分布稀且均匀。果肉全红，肉质韧，风味佳，酸甜浓。果面平整，坐果率高，畸形果少。日中性，夏季亦可正常开花结果。耐热，抗炭疽病、白粉病、灰霉病、枯萎病。白粉病、炭疽病、枯萎病抗性皆优于丰香、红颊。

产量表现： 株产 297 克，平均亩产 2000 千克以上。

栽培技术要点： ①定植时间及栽植密度。8 月 25 日至 9 月 5 日期间定植。株距 18～20 厘米，行距 25 厘米，每垄栽 2 行。每亩 7000～7500 株。②育苗管理。须选用脱毒种苗或者未生产结果的母株进行繁苗，3 月初早育苗，繁苗期间喷施 30～50 微升/升的赤霉素以促进匍匐茎的抽生，及时摘除花序。苗期注意"前促、后控"，8 月中旬后控制肥水，使苗矮壮。可通过假植、断根、遮光、摘老叶和控氮等综合措施，力争提早花芽分化。③植株及花果管理。及时做好大棚通风换气，以免高湿不利引起授粉受精不良，建议放蜂辅助授粉。注意冬季夜间保温，0℃以下建议加盖小拱棚。④土肥水管理。育苗期保持土壤湿润，注意防涝，设施生产期采用滴灌适时浇水，防止过干过湿，忽干忽湿。注意施足基肥，并适时追肥。基肥应施用农家肥，追肥以复合肥为主。⑤病虫害的综合防治。在育苗期及大棚定植后喷施杀菌剂预防好病害，开花结果期基本不需施用农药。

适宜区域：该品种适宜在江苏省草莓产区栽培。

XI. 花 卉

550. 初夏

鉴定编号：苏鉴花 201101

选育单位：南京林业大学

品种来源：于 2008 年以金角×布鲁内诺杂交选育，2010 年育成。

特征特性：属切花型百合品种。植株株型直立，株高 65～70 厘米，中等，叶片少，叶长 14.1 厘米，宽 1.8 厘米，叶形披针形。顶生近伞形花序，花朵 3～4 朵，花喇叭形，单瓣，花径 16 厘米；单色橙色，花蜜沟绿色，无斑点，花瓣端部外弯，花瓣基本皱褶；花丝橙色，花粉黑褐色，花药短，花柱橙色，无香。花期 5 月 18 日始，抗性强，三倍体。

产量表现：种球周径 6～8 厘米，成花 3～4 朵；种球周径 8～10 厘米，成花 5～6 朵；种球周径 10～12 厘米，成花 7～8 朵。

栽培技术要点：①定植前的准备。种球种植前冷藏在温度 4℃条件下，6～7 周后取出播种。要求土层深厚、土壤疏松。种植前需深翻 40 厘米以上。为利于排水，可起高畦栽种。设施栽培基质配方为珍珠岩∶泥炭＝4∶6。②定植方法。周径 6～8 厘米左右的种球，栽培密度 40～50 个/米²。定植深度冬季可在 6 厘米左右。定植时间以正常产花计，11 月下旬至翌年 1 月上旬切花上市，可在 8 月下旬至 9 月上旬定植；如要在 11 月至翌年 4 月连续产花，可将种球冷藏，在 1 月前陆续取出定植。③田间管理。定植后随即灌透水 1 次，以后保持湿润。喜凉爽湿润、阳光充足的环境，定植后的前 4～6 周，适温为 18℃，白天可高到 20℃，夜间在 12～13℃，不低于 10℃。冬季经常清洁棚膜，必要时补光，用白炽灯 20 瓦/米²。④病虫害防治。主要在生长盛期防治白粉病与蚜虫。

适宜区域： 该品种适宜在江苏省百合产区种植。

551. 春之梦

认定编号： 闽认花 2010001

引进单位： 福建省农业科学院作物研究所

品种来源： 从荷兰引进

特征特性： 该品种属荷兰鸢尾切花型品种，秋植球根花卉，切花产量高，观赏性状好，种球繁殖系数高、质量好。一般在 10 月中下旬种植，生根萌芽期 10 月下旬至 11 月下旬，抽薹期为翌年 2 月中下旬，始花期 3 月上旬，终花期 4 月上旬，种球成熟期 5 月上旬，全生育期 160～180 天。叶披针形、对折，基部为鞘状，全缘，中肋明显，光滑，绿色，有光泽，成熟期叶片 8～11 枚；双花茎，花顶生，着花 1～2 朵，花茎长 50.0～75.0 厘米、粗 0.75～1.10 厘米；花蝶形辐射对称，花径 11.0～16.0 厘米；垂瓣 3 枚，心形，黄色，具琴状瓣柄，中央部具匙形橙黄色条斑，瓣缘向下弯垂，长 7.0～11.5 厘米、宽 3.0～5.0 厘米；旗瓣 3 枚，长椭圆形，斜立，白色中略带淡紫色，长 6.0～11.0 厘米、宽 2.0～3.0 厘米；地下球茎卵圆形，外被褐色皮膜；每粒母球茎花后可形成 1 粒卵圆形中心球和 4～7 粒子球，平均繁殖系数达 5.54；成熟开花商品球茎周径 8～12 厘米，少数可达 14 厘米。

产量表现： 经福州、漳州、泉州等地多年多点试种，平均亩产切花 2.0 万～2.2 万枝。

栽培技术要点： 选择排水良好、微酸性沙壤土，忌连作；选择健壮、无病虫、周径 8.0 厘米以上的种球做切花生产，周径 4.5～6.0 厘米仔球作开花商品球培育的种源，种植前进行消毒处理；露地种植一般在 10 月中下旬，温度 0℃以上可露地栽植，生长适温

18～23℃；花芽分化温度 8～15℃，最适温度 13℃，高于 25℃ 或低于 -2℃ 花芽发育受阻、易枯死；加强水肥管理，注意病虫害防治，整个生长期内，土壤保持充分湿润，施肥以基肥为主，追肥 2～3 次，花采切后，施 1 次营养肥，以利于球茎生长；当花蕾先端着色时为采切适期，切花采切后植株保留 2～3 枚叶片，以利新球生长；待地上部枯黄时选择晴天挖掘种球，晾干后，分级储藏。

适宜区域：该品种适宜在闽东、闽南等低海拔地区生产。

552. 冬花夏草

认定编号：甘认花 2012001

选育单位：中国科学院近代物理研究所

品种来源：市售白花紫露草（Tradescantia fluminensis）

特征特性：茎秆肉质，紫色，节处膨大，贴地茎节生根。叶互生，长椭圆形，叶片颜色随季节、温度变化为粉色、绿色。始花期 10 月中旬，终花期翌年 3 月下旬。伞形花序，花瓣 3 片，花小，白色，花瓣尖端呈淡紫色。部分花萼出现绿白斑或呈全白色，花柄紫色。

栽培技术要点：喜明亮散射光。一年四季均可扦插。当冬季温度达到 0℃ 以下时，需搬到室内培养，室温保持在 5℃ 以上。

适宜区域：该品种适宜在甘肃省大部分地区盆栽种植。

553. 凤粉 1 号

审定编号：浙（非）审花 2012001

选育单位：浙江省农业科学院花卉研究开发中心

品种来源：合萼光萼荷 A050/曲叶光萼荷 A064

特征特性：该品种属光萼荷凤梨，耐低温性强，生育期短，繁殖便利，栽培容易，观赏性好。2010—2011 年多点品种比较试验结果，该品种株型小，叶深绿色，叶缘有刺，叶长 25 厘米左右，叶宽 2.3～2.8 厘米，单株总叶数约 21 片。平均花茎高 18 厘米、粗 0.6 厘米，平均花序长 6.4 厘米、直径 3.5 厘米，每花序平均有小花 44 朵，花萼玫红色，花瓣蓝色，自然花期 15～30 天，观赏期 80 天以上。

栽培技术要点：可用不加温的单栋或连体大棚生产，遇零下温度时需盖无纺布或遮阳网防冻害，夏季注意通风降温、遮阳。

适宜区域：该品种适宜在浙江杭州、嘉兴等地区种植。

554. 古彤

鉴定编号：苏鉴花 201103

选育单位：苏州农业职业技术学院

品种来源：于 2004 年以引进品种的优选单株×本地常绿优选野生单株杂交选育而成

特征特性：该品种为长花期、常绿的矮生大花萱草品种。定植当年开花，一年抽薹开花 1～2 次，花期 6～9 月。小花直径均在 6.5～7.5 厘米之间，花暗红色，稍皱边冬季不枯，四季常绿，植株矮小。

栽培技术要点：①栽植株行距 30 厘米×30 厘米。②施肥。种植前每亩施腐熟厩肥 500～800 千克，并注意地下害虫的防治，生长期的施肥可分 2～3 次进行，第一次在 2 月发芽前，第二次在 5 月开花前，第三次在 9 月初，秋叶萌发前进行。③摘除残花梗。及时剪除残花梗，有利景观与植株的发育。④分植。栽植 2～3 年后，需要进行分植，一般每株萱草每年的增殖系数为 1：3 左右。通常每丛可保持 15 个分枝以下，株丛超过 20 枝必须进行分植。

适宜区域：该品种适宜在江苏省地区种植。

555. 贵妃花叶芋

审定编号：粤审花 2013006

选育单位：国家植物航天育种工程技术研究中心，广州蕙华园艺有限公司，佛山市南海区国芋农业生物科技有限公司，华南农业大学农学院

品种来源：从雪花花叶芋无性系变异株选育而成。

特征特性：生长势强，株型紧凑，叶片直立、深绿色有不规则白色斑块、卵形、草质、叶缘光滑；与对照雪花花叶芋相比，植株更高大，叶片更圆、更厚，从直径 1 厘米左右块茎长出的 5 个月植株平均株高 19.6 厘米、叶展幅 27.1 厘米、叶片长 5.0 厘米、叶片

炭土，种下后每10天一次……
上，生长4个月后可成为成品。

适宜区域：该品种适宜在广东省设施栽培。

556. 航选1号醉蝶花

审定编号：粤审花2010003

选育单位：深圳市农科植物克隆种苗有限公司

品种来源：从中国科学院遗传与生物发育研究所引进经太空诱变的皇后醉蝶花 SP4 种子繁殖后代群体中选育

特征特性：属草本花境植物醉蝶花品种。植株较矮，株高90厘米左右，比对照皇后醉蝶花（下同）矮20～30厘米，多分枝；开花比对照早10～20天，花期长20天左右，红色花。耐热性较好，抗病性较强。

栽培技术要点：①采用种子繁殖，春季在2月、秋季在9月播种，1个月后移植。②幼苗4～5片真叶时第一次摘心打顶，开花前打顶2～3次。③夏季每天至少浇水1次，秋季减少浇水量，待盆土或表土干燥后再淋水。④每周追肥1次，用均衡复合肥（15：15：15）对水1000倍淋施。⑤注意防治病虫害。

适宜区域：该品种适宜在广东省各地春植和粤北以外地区秋植。

557. 红观音姜荷花

审定编号：粤审花2011003

选育单位：中国科学院华南植物园，珠海市花卉科学技术推广站

品种来源：泰国引进的姜荷花变异株

特征特性：多年生球根花卉。全光照下株高约50厘米，花茎高于叶片。地下球茎纺锤形至圆球形。叶基生，长椭圆形、革质、

花期保持（　　　　），在开花后期防止积水。⑥注意防治夜蛾、蝼蛄、赤
斑病、炭疽病和疫病等病虫害。

适宜区域： 该品种适宜在广东省各地春季种植。

558. 黄花水仙 2 号

认定编号： 闽认花 2012001

选育单位： 福建农林大学园艺学院，福建农林大学园艺植物遗传育种研究所

品种来源： 从二倍体黄花水仙（野生资源 48 号）自然授粉获得的同源三倍体选育而成

特征特性： 该品种属多花水仙品种。在泉州种植，10 月下旬播种，11 月上旬萌芽；初花期 1 月中旬，盛花期 1 月下旬至 2 月中下旬，花期长达 40 天左右；6 月上旬叶片逐渐枯黄，鳞茎进入休眠期时收获种球；全生育期 226～235 天。鳞茎卵球形，三年生鳞茎围径 20～26 厘米，鳞片紧实，外被黄褐色膜质；内有抱合状鳞片数层，层间有数个叶芽或混合芽；叶基生，挺立，成熟叶长48～60 厘米、宽 2.4～2.8 厘米；叶呈扁平带状，先端钝圆，二列互生，每鳞芽叶数 6～9 枚；叶片厚，叶色浓绿，叶脉明显，表面稀被白粉霜；花葶绿色、直立、近圆筒状、中空，高度 45～60 厘

米；三年生鳞茎可抽花葶 2～4 枝，每枝着生小花 12～25 朵，小花直径 4.2～4.5 厘米；花被 6 片、黄色、盘状；副冠橙黄色，浅杯状，直径 1.2～1.4 厘米，深 0.5～0.6 厘米；雄蕊 6 枚，花丝 3 长3 短；花具香气；同源三倍体，无种子。经福建省农业科学院植物保护研究所田间调查，未发现病虫害危害症状。

产量表现： 经福州、泉州、厦门、漳州等地多年多点试种，三年生商品球亩产 5000～5400 粒，鳞球围径 20～26 厘米；两年生种球亩产 15800～17700 粒，种球围径 12～14 厘米。

栽培技术要点： 10 月下旬至 11 月上旬，选择横径 4.5 厘米以上、纵径 6 厘米以上的鳞茎，阉割后按株行距 20 厘米×40 厘米播种；覆土、盖草，随后引水入沟，灌至沟深 2/3 处，2～3 天后排水；除施足基肥外，在齐苗后、抽葶期和开花期追肥；齐苗期、鳞茎膨大抽葶期和主芽迅速增长期适量灌水，5 月中下旬应注意排水，避免鳞茎腐烂；6 月上中旬待叶片 1/3 干枯，选择晴天收获，阴干后储藏。

适宜区域： 该品种适宜在福建省福州、泉州、厦门、漳州和三明等地平原或丘陵山地种植。

559. 金冠红掌

审定编号： 粤审花 2013004
选育单位： 广州花卉研究中心，华南农业大学农学院
品种来源： 粉冠军红掌/珍妮红掌
特征特性： 属红色系列中型盆花品种。生长势强，株型紧凑，分蘖性中等，生长 18 个月平均株高为 43.1 厘米，冠幅 51 厘米。叶片平均长 19.2 厘米、宽 10.8 厘米、绿色、卵形、革质、有光泽、凹陷程度弱，叶基圆裂片向上弯曲。花梗挺直，浅褐色。佛焰苞平均长 6.6 厘米，宽 6.1 厘米，红色，夏季不退色；高于叶，与花梗的角度为钝角，富有光泽，凹陷程度中等，阔卵形，冬季无明显变形，基部圆裂片接触。肉穗花序直立，平均长 4.6 厘米，中部直径 0.7 厘米，佛焰苞盛开时肉穗花序基部和先端的主色分别为乳白色和黄色。与对照粉冠军红掌相比，生长势更强，叶片更平滑、富有光泽，佛焰苞更圆整，颜色深红。在设施栽培下表现出较强的

……应性。

栽培技术要点： ①组培苗高 2～4 厘米出瓶移植，小苗用清水冲洗干净，并进行消毒处理，种植不宜过深，移栽后 10 天内基质保持湿润。②小苗高 8 厘米即移至口径 8 厘米的营养钵中，每钵种植 2 株苗，上盆后喷施杀菌剂防病。③苗高 15～25 厘米移至口径 15 厘米或稍大的塑料盆中定植。④注意防治茎基腐病和叶疫病等病害。

适宜区域： 该品种适宜在广东省温室设施栽培。

560. 金红彩叶草

审定编号： 粤审花 2013018

选育单位： 东莞市粮作花卉研究所，仲恺农业工程学院花卉研究中心，广东升威实业有限公司

品种来源： 2007 年从紫黑彩叶草群体中选择芽变，经无性扩繁选育而成。

特征特性： 属大叶型红色系列彩叶草新品种。植株长势旺盛，株型直立，叶片卵形，叶面鲜红色，有金黄色边，花冠唇形，紫色；秋季栽培 4 个月植株平均株高为 66.1 厘米、株幅为 56.1 厘米、叶长为 9.4 厘米、叶宽 6.9 厘米、总状花序长为 22.1 厘米、花朵 190 枚。花期秋季和春季。珠江三角洲地区露地栽培病害少、抗逆性较强。与对照航路彩叶草相比，植株长势更旺，叶片更大，颜色更红，红色面积更大。

栽培技术要点： ①全年均可扦插育苗，选择生长健壮的顶芽作插穗扦插于沙床，株行距 5 厘米×5 厘米，保持沙床湿润。②起畦宽 60～70 厘米、高 30～40 厘米，行距 40～50 厘米，株距 30～40 厘米。③苗高 10 厘米时打顶芽，留 3 个侧芽，定植后进行摘心处理，保留分枝 3～4 个大小一致的芽。④夏季适当遮阳，冬季注意防寒。

适宜区域： 该品种适宜在广东省珠江三角洲地区露地栽培。

561. 玛瑙桂莪术

审定编号： 粤审花 2012004

选育单位： 仲恺农业工程学院，广州市东篱环境艺术有限公司

品种来源： 从桂荪术中广西栽培种中经系统选育而成

特征特性： 该品种为桂荪术盆花品种。株型挺立，长势旺。株高约 80 厘米，叶片长椭圆状披针形，叶色灰绿，长 43 厘米，宽 7 厘米。花序长约 35 厘米，花序冠幅约 10 厘米；上部苞片玫瑰红，中部苞片绿色、先端紫红色；周径 10 厘米以上种球大田种植开花率达 40%，花序观赏期 30 天，先花后叶、间隔时间 4 天；促成栽培 90 天可开花，开花率达 85%，花序观赏期 40 天，先花后叶、间隔时间 20 天。适应性好，抗逆性强。与桂荪术广西栽培种相比，花期更早，开花率更高，花序更长，种球产量更高。

栽培技术要点： ①大田种植技术。采用种球繁殖，3～4 月定植，每畦种 4 行，株行距 15 厘米×20 厘米，每亩用种球 5000 个左右。②室内催花技术。把采挖后种球放置在 15℃下储藏 30～60 天，再置于 30℃下催芽 30～40 天，水养 22～25 天进入初花期，初花期至盛花期约 1 个月，初花至枯萎约 40 天。③种苗组培快繁技术。取 0.5 厘米的嫩芽放在 MS＋噻苯隆 0.5 毫克/升＋萘乙酸 0.01 毫克/升培养基上 30 天左右可生成不定芽，芽高约 3～5 厘米时切出转接入相同的培养基进行继代增殖。将生长到 3～5 厘米高的芽切出转接到 MS 基本培养基上进行壮苗和生根培养，1 个月后移苗定植于基质中。

适宜区域： 该品种适宜在广东省露地栽培和水养促成栽培。

562. 南农舞风车

鉴定编号： 苏鉴花 201110

选育单位： 南京农业大学

品种来源： 2004 年从"香槟红"中实生选育，2010 年育成。

特征特性： 属雀舌型多头切花品种。每亩产切花 25000 枝/茬。株型直立，花颈硬，株高 89 厘米。叶色深绿。花簇轮廓呈拱圆顶状，每枝着花 13～17 朵。雀舌花型，花径约为 5.7 厘米。舌状花为匙瓣，1 轮，平均 18 枚，匙端红色，匙身橙粉色。自然花期 10 月 25 日左右。生长势强，对锈病、灰霉病抗性强。花枝离体水养

期达 16～22 天。

栽培技术要点： ①定植时间。自然条件下，摘心栽培于 7 月上旬定植，不摘心栽培于 8 月上旬定植，加光栽培在 8 月下旬至 9 月下旬（一般为目标花期前 14～16 周）。②种植密度。摘心栽培约 25 株/米²，不摘心栽培约 64 株/米²。③摘心。缓苗约 20 天后，植株展开叶片达 5～6 片时进行摘心，每株保留 3～4 个分枝，张网设支架。作独本栽培的，不进行摘心处理。④肥水管理。定头10～15 天后适当控制肥水 1～2 周，以促进花芽分化。现蕾后需水分充足。生长期每亩施用尿素 4～5 千克追肥 1～2 次。花芽形成期和花蕾膨大期，叶面喷施 0.2%～0.3%磷酸二氢钾 3～4 次，促进花芽发育。

适宜区域： 该品种适宜在江苏省菊花产区种植。

563. 闪亮一品红

审定编号： 粤审花 2011011

选育单位： 东莞市农业种子研究所，仲恺农业工程学院花卉研究中心

品种来源： 威望/金奖

特征特性： 该品种为鲜红色一品红品种。植株挺立，生长势好。叶片长卵形、平展、浅绿色，倒二叶叶长平均 14.8 厘米、叶宽平均 10.5 厘米，叶柄红色。枝秆粗壮，平均粗 8.3 毫米，顶部绿色；花苞直径平均 25 厘米，平均苞片数 35 枚，颜色亮丽艳红，苞片平整。田间表现耐热性和耐寒性较强，抗病性中等。自然花期在春节前后，从短日处理到开花约需 65 天。与对照品种天鹅绒相比，花期较晚，花苞更大、颜色更艳。

栽培技术要点： ①选择顶芽饱满、根系粗壮的健壮种苗种植。②定植后 15 天内定期在室内进行喷雾或洒水，结合用液肥灌根。③生长期内进行 2 次摘心和打顶，补充养分，并施矮化剂进行矮化处理。④在花芽分化前，增施磷、钾肥，减少氮肥施用量，夜间温度保持在 21℃。⑤注意防治粉虱等害虫。

适宜区域： 该品种适宜在广东省各地设施栽培。

564. 汕农王子蝴蝶兰

审定编号： 粤审花 2011005

选育单位： 汕头市农业科学研究所

品种来源： 汕选 167 号/汕引 204 号

特征特性： 中花型蜡质黄色斑点花系列蝴蝶兰品种。株型匀称。叶 4～5 枚，卵圆形、挺立，叶色翠绿；花梗长 40～50 厘米，花 9～11 朵，间距约 2.5 厘米，半蜡质花，花型端正，花朵横径 8.0 厘米，纵径 7.7 厘米，花底色深黄，密布鲜红斑点，斑点由基部到边缘逐步变少变小，唇瓣深红色。与对照汕农金凤蝴蝶兰相比，花瓣底色更深黄，斑点由基部到边缘逐步变少变小。

栽培技术要点： ①组培苗种植适期为每年的 4～6 月，采用水苔作栽培基质，炼苗后，分别栽种在 3.81 厘米、6.35 厘米和 8.89 厘米白色塑料杯中 12～15 个月再进行促成栽培。②组培苗出瓶后用清水冲洗干净，并进行消毒，种植不宜过深，移植后 10 天内保持基质湿润。③注意组培苗定植、换盆后遇寒冷、闷热或连续下雨天气时浇半透水，晴朗天气且植株生长状况较好的时候浇透水。④保持环境清洁，及时去除病株并加强空气流通，注意防止煤烟病、软腐病和镰刀菌病。⑤利用黄板诱捕叶蝉、红蜘蛛，人工抓捕或用菜叶诱捕蜗牛和蛞蝓，或在大棚四周及栽培架下撒石灰粉，防止其爬上栽培架为害植株。

适宜区域： 该品种适宜在广东省各地设施栽培。

565. 神州红

认定编号： 浙认花 2008001

申报单位： 杭州市农业科学研究院

品种来源： 帝王自交系航空选育

特征特性： 该品种为一串红新品种，2007—2008 年多点品种比较试验结果，该品种从播种至始花春季 135 天、秋季 101 天，与"帝王"、"展望"相仿；单花序观赏期长，春、秋季分别为 38 天、20 天，比"帝王"和"展望"长 2～4 天。株型紧凑，叶色绿，分枝性强，始花期平均株高 17.9 厘米，冠幅 20.9 厘米；平均花序长

15.1 厘米，比"帝王"和"展望"略长，着花较密，花色鲜红；较耐高温，夏季种植成活率比"帝王"高 11.1 个百分点。

栽培技术要点：根据供花要求选择合适的播种期，播种适温 20～22℃，穴盘育苗，适时移栽，2～3 对真叶摘心。高温季节适度遮阳。

适宜区域：该品种适宜在浙江省杭州、衢州及气候相似地区种植。

566. 苏红

鉴定编号：苏鉴花 201004

选育单位：苏州农林职业技术学院

品种来源：1998 年以母本米来威×红孔雀杂交选育，2008 年育成。

特征特性：属大花重瓣型朱顶红品种。每亩产种球 5300～5500 枚。株高 27 厘米。花色朱红色与纯白色相间。大花重瓣，花瓣 20 瓣，冠径 18 厘米，花葶中空，顶端着花 4 朵，花喇叭形。花期 4～5 月。蒴果球形，种子扁平。喜温暖、湿润气候，耐干旱，稍耐寒，喜光又不耐强光。生长适温 18～28℃，鳞茎在 5℃以上能安全越冬，喜沙质壤土。

栽培技术要点：①栽培方法：在苏州露地栽培，3 月种植，5～6 月开花，种球露地越冬日平均温度低于 5℃需用地膜覆盖；大棚栽培 11 月种植，4～5 月开花。成球株行距为 30 厘米×40 厘米，籽球株行距 10 厘米×20 厘米，按大小分级栽培。②肥水管理：5～6 月和 9～10 月间施追肥 5～6 次，以复合肥 300 毫克/升水溶液为主，最后一次可施磷酸二氢钾 300 毫克/升水溶液，促进鳞茎发育。全年须清除杂草 4～5 次，梅雨期和覆盖地膜前要彻底清除一次。冬季清沟，对裸露在畦面的鳞茎用土覆盖。③病虫害防治：易发生红褐斑病。在发病初期要剪除病叶，并每隔 10 天左右喷洒 1 次 1000 倍液的退菌特或 500～600 倍液的百菌清等农药进行防治。4～6 月、9～10 月每月喷洒 1 次杀菌剂，秋季枯叶前再喷洒 1 次杀菌剂。夜蛾幼虫为害叶片，喷洒杀虫剂防治。

适宜区域：该品种适宜在江苏省大棚栽培或冬季覆盖地膜露地

栽培。

567. 穗龙非洲菊

审定编号： 粤审花 2011013

选育单位： 华南农业大学园艺学院，广州市萝岗区穗龙鲜花种植场，中山大学生命科学学院

品种来源： 从引进的台湾 0205 非洲菊植株的变异芽选育而成

特征特性： 该品种为大花型切花非洲菊品种。株高 58 厘米，全株有茸毛；叶柄基部紫色，中间绿色，长 4～7 厘米，多被毛，叶长椭圆状披针形，长 20～25 厘米，宽 11～15 厘米，基部渐狭，边缘具不规则深裂，顶端短尖或略钝，双面被短柔毛，侧脉 8～10 对，网脉略明显；花葶单生，被毛，长 54～61 厘米，总苞片 87～104 片，有或无小苞片，舌瓣深粉红色，展开直径 10～12.5 厘米；外围雌花 3 层，中间雌、雄蕊黄色，或外为黄色、中心深褐色，直径 19～22 毫米；花期 1～12 月，切花的瓶插寿命约 22 天。适应性好，田间表现较抗白粉病，耐寒性较好。与亲本台湾 0205 非洲菊相比，开花早 4～5 天，花瓣颜色较深、鲜艳，花径较大，花葶较长，产量较高。

栽培技术要点： ①选用沙质微酸性壤土，深耕翻土 30～40 厘米，施足基肥。②选 4～5 片真叶的种苗定植，深穴浅植，根部离表土 1.0～1.5 厘米。③定植后用 70% 的遮阳网覆盖 20～30 天，每隔 10 天施一次水溶性肥料。④种植后 2 个月左右，植株开始现蕾时适当遮阳，每隔 30 天清除部分老叶。

适宜区域： 该品种适宜在广东省各地设施栽培。

568. 太红 1 号孔雀草

审定编号： 粤审花 2011001

选育单位： 深圳市农科植物克隆种苗有限公司，中国科学院遗传与发育生物学研究所

品种来源： 美国迪阿哥系列孔雀草太空诱变群体变异株

特征特性： 多年生草本花卉品种。植株矮壮，株型半球形，整齐一致。平均株高 31 厘米，冠幅 34 厘米。分枝性强、分枝数 10

条以上。羽状复叶，披针形，叶色浓绿。头状花序顶生，重瓣黄蕊，深红色花，花色纯化率＞95％，平均花径 5.5 厘米，平均单株花数 59 朵。从播种到开花 70 天，花期长达 54 天，田间表现抗病性较强，耐热性、耐寒性比对照增强。与亲本对照种相比，花大深红色、花量多、花期长，分枝性好。

栽培技术要点：①广东省各地周年均可播种，采用扦插或种子繁殖，夏季高温期采用遮阳网覆盖育苗。②4 月在沙床进行播种育苗，苗期 30 天，苗高 5～7 厘米即可移栽。③选用细碎泥炭土作为盆栽基质，幼苗长至 4 片叶时进行摘心，全生长期摘心 2～3 次。④少施或不施铵态氮，播后 70 天左右开花，通过控制播期和光照调节花期。⑤苗期每天上午淋 1 次水，每周施 1 次肥，花期每隔 10 天喷施 1 次 0.3％的磷酸二氢钾叶面肥。⑥注意防治软腐病、叶斑病、潜叶蝇、红蜘蛛、蚜虫等病虫害。

适宜区域：该品种适宜在广东省各地春、秋季种植。

569. 通菊一号

认定编号：蒙认花 2010001 号
申请单位：通辽市农业科学研究院
品种来源：以雄性不育系通 0664 为母本、恢复系通 0679 为父本组配而成
特征特性：幼茎紫色。株型紧凑，茎秆紫色，株高 120 厘米，茎粗 1.9～2.1 厘米，一级分枝数 13.7 个，叶浓绿色，披针形，羽状全裂，叶缘锯齿状，对生或互生，叶缘背面具有数个油腺点。舌状花，呈球形，头状花序单生，单株花朵数 126.4 朵，单朵花重 26.5 克，花冠表面呈蜂窝状，深橘黄色，花瓣密实，完全重瓣，花直径 10.3 厘米。种子为针状，瘦果，黑色，下端浅黄，冠毛黄白色，千粒重 3.9 克。2009 年山东诸城莲春天然色素提纯有限公司检测：色素含量为 25.4‰。自然条件下，未发现病毒病、疫病、青枯病等病害。

产量表现：2007 年试验，平均亩产 2417.0 千克，比对照杂交一号（下同）增产 4.7％。2008 年参加内蒙古自治区色素万寿菊区域试验，平均亩产 3957.9 千克，比对照增产 21.8％。2009 年参加

内蒙古自治区色素万寿菊生产试验，平均亩产 4361.4 千克，比对照增产 28.6%。

栽培技术要点：3 月底至 4 月初育苗，5 月 10 日移栽，亩保苗 2500～2800 株。

适宜区域：该品种适宜在内蒙古自治区通辽市种植。

570. 香玫

认定编号：闽认花 2010003

选育单位：福建省农业科学院作物研究所，福建省农业科学院生物技术研究所

品种来源：从荷兰引进的小苍兰"玫瑰玛丽"（Rose Marie）品种种植群体中发现的自发突变单株选育而成

特征特性：该品种为秋植球根花卉小苍兰品种，一般于 9 月中下旬种植，抽薹期为翌年 1 月中下旬，2 月下旬始花、花期 30～40 天，种球成熟期 5 月上中旬，全生育期 210～225 天。叶线状剑形、套褶着生，绿色，成熟期叶片 10～12 枚；花茎自叶丛中抽出，直立，具 3～4 个分枝，长 45～55 厘米，粗 0.4～0.5 厘米；穗状花序顶生，主花序下有 1～3 个侧花序，花序轴平生或倾斜，花偏生一侧；主花序着花 9～12 朵，长 6.8～8.7 厘米；侧花序着花 5～8 朵，与花茎呈直角自下而上顺次向上开放；花钟状，重瓣，花瓣 12 枚，花径 4.5～5.3 厘米；花色深粉红色，具芳香；蒴果小，种子小，黑褐色；球茎圆锥形或卵圆形，外被棕褐色纤维状皮膜；种球繁殖系数 9～13。

产量表现：经福州、漳州、泉州等地多年多点试种，平均亩产切花 3.9 万～4.3 万枝。

栽培技术要点：选择沙壤土，忌连作；选择健壮、无病虫、周径 3.5 厘米以上的种球做切花生产，周径 2.0～3.5 厘米仔球作开花商品球培育的种源，种植前进行消毒处理；露地种植一般在 9 月中下旬，生长适温 18～23℃，花芽分化适温 8～13℃；加强水肥管理，注意病虫害防治，整个生长期内，土壤保持充分湿润，施肥以基肥为主，追肥 1～2 次，一般拉 2 层支撑网防止植株倒伏；当主花序花蕾着色、第一朵小花花瓣刚分离时为采切适期；待地上部枯

黄时选择晴天挖掘种球，晾干后分级储藏。

适宜区域：该品种适宜在闽东、闽南等平原地区生产。

571. 玉桃石斛兰

审定编号：粤审花 2012010

选育单位：东莞市粮作花卉研究所，叶世贤

品种来源：蒙娜丽莎石斛兰/久美石斛兰

特征特性：属中、小型紫花系列盆花品种。生长势较强，株型匀称，两年生植株平均株高 35.4 厘米，平均叶展幅 23.4 厘米。3～4 月开花，花期 30～48 天，开花性好，每个茎节着花 3～4 朵，花朵横径 6.3 厘米，纵径 6.0 厘米，花淡紫色，具香味，单枝花数 20～30 朵。设施栽培条件下抗病性、抗逆性较强。与目前流行白色花品种甜心石斛兰相比，花更大，花淡紫色，花期更长，唇瓣眼晕色不明显。

栽培技术要点：①组培苗 3 月出瓶后用杀菌剂浸泡 1～2 分钟，在阴凉地方晾干后定植于 5 厘米穴盘。②选择苔藓、兰石、松树皮或椰壳作栽培基质材料。③植株高达 20 厘米时开始插竿固定假鳞茎。④花芽分化期间夜间温度控制在 9～13℃，白天控制在 25℃左右。

适宜区域：该品种适宜在广东省设施栽培。

572. 粤引红火炬郁金

审定编号：粤审花 2012003

引种单位：珠海市花卉科学技术推广站，中国科学院华南植物园

品种来源：从北京天利合花卉中心引进的荷兰选育品种

特征特性：为多年生球根花卉。露地栽培条件下株高约 36 厘米，地下主根茎纺锤形至圆球形，直径约 3.3 厘米。叶片绿色、长椭圆形、长约 39.9 厘米、宽约 20 厘米，叶背有茸毛。花葶从叶间抽出，低于叶片，直立坚挺，穗状花序长约 19.9 厘米，花梗长约 14.8 厘米、粗约 0.8 厘米。苞片约 81.4 枚，莲座状排列，阔卵形，顶端苞片紫红色，下部苞片深红色。小花生于下部苞片腋部，

黄色。花期夏、秋季，地栽单花序观赏期超过 30 天，切花瓶插寿命约 15 天。与对照品种亮叶郁金相比，植株高大，花序更长、苞片数更多，花色更艳丽，观赏性更强。

栽培技术要点：①采用分球繁殖，露地栽培于 4 月初种植，设施栽培可提早在 2 月中下旬种植，生长期 8～9 个月。②起畦约 1.5 米包沟，2 行植，株距 30～35 厘米，行距 50 厘米，每亩用种球 2500 个左右，种植后覆土 2～3 厘米。③夏季采用 30%～40% 遮阳网覆盖遮光降温，盛花期保持土壤湿润。④注意防治赤斑病、炭疽病及夜蛾、蝼蛄等病虫害。

适宜区域：该品种适宜在广东省春季设施种植。

573. 早妆

审定编号：浙（非）审花 2012002

选育单位：宁波市农业科学研究院

品种来源：丽达×丹麦，原名 Z-05。

特征特性：该品种为蟹爪兰新品种。2010～2011 年多点品种比较试验结果，该品种茎节直立、小茎节，茎节裂刻数为 3 对，裂刻深、锐角；三年生植株株高平均 18.5 厘米，第四茎节宽 1.6 厘米，花冠径 6.6 厘米，花瓣数 19.2 片，花蕾紫红色、花瓣紫红白心、花筒乳白色。花期 11 月下旬至 1 月上旬，盛花期 12 月中旬，单花时间平均 19 天。单茎节扦插植株一年生花量 10.3 朵，花蕾数多，开花集中，观赏效果优于对照丽莎；田间观察耐热性强，较抗基腐病和炭疽病。

栽培技术要点：植株生长发育适宜光照强度 6000～15000 勒克斯，现蕾后以全光照为主；适宜生长温度 15～25℃。肥料以平衡肥为主，薄肥勤施。

适宜区域：该品种适宜在浙江省地区种植。

574. 紫金玫鹃

鉴定编号：苏鉴花 201001

选育单位：江苏省农科院

品种来源：2005 年以韩引 2 号×金蝴蝶杂交选育，2007 年育成。

特征特性：属重瓣早花型西鹃品种。花为橙红色。雄蕊完全瓣化。花径 6.5～7.0 厘米。叶片长椭圆形，长 2.5～3.5 厘米，宽1.0～1.5 厘米。年冠径增长量为 15～20 厘米。花期早，比对照玉麒麟早 10 天左右。花期 20～25 天左右。生长势强，对叶斑病抗性较强。

栽培技术要点：①设施要求：普通大棚即可。②栽培基质：泥炭、椰糠、腐叶土或以 1/4 珍珠岩与其中之一混合使用。③繁殖方式：以扦插为主，也可嫁接和组培。④肥水管理：浇水宁少勿多，忌梅雨季盆土积水。随植株生长及时换盆。⑤修剪：3 月将半成品或者开花后的植株进行修剪，枝条留 3～5 厘米长，疏剪病枝、弱枝和多余枝。对春节上市的植株，可在 6 月修剪；如不上市，10月继续修剪。⑥病虫害防治：3～5 月、8～10 月防治红蜘蛛，5～9月防治根腐病等。

适宜区域：该品种适宜在江苏省设施栽培。

参 考 文 献

[1]　国家农作物品种审定委员会办公室.全国农作物审定品种（2001）.北京：中国农业出版社，2003.

[2]　郭恒敏等.主要农作物新品种及栽培要点.北京：中国农业出版社，1997.

[3]　农业部.2009年农业主导品种和主推技术.北京：中国农业出版社，2009.